云技术应用

潘涛 王晶 张蕾 陈硕◎编著

清華大学出版社
北 京

内容简介

云技术应用是高等学校云计算技术与应用专业的一门实践性很强的专业核心课程。本书的主要内容包括云计算、云服务器应用、云网络应用、CDN与加速应用、云存储应用、云数据库应用、基于LAMP架构Web网站云主机部署实战，以及云+课堂平台云化应用实战，帮助读者理解云产品的应用，为后续公有云相关技术的深入学习和应用实践奠定基础。

本书适合作为高等学校“云技术应用”等相关课程的教材，也可供计算机相关专业的学生使用。

图书在版编目(CIP)数据

云技术应用/潘涛等编著. —北京：清华大学出版社，2024.2
ISBN 978-7-302-65449-0

Ⅰ. ①云…　Ⅱ. ①潘…　Ⅲ. ①云计算　Ⅳ. ①TP393.027

中国国家版本馆CIP数据核字(2024)第043357号

责任编辑：郭　赛　常建丽
封面设计：杨玉兰
责任校对：王勤勤
责任印制：宋　林

出版发行：清华大学出版社
网　　址：https://www.tup.com.cn，https://www.wqxuetang.com
地　　址：北京清华大学学研大厦A座　**邮　　编：**100084
社 总 机：010-83470000　**邮　　购：**010-62786544
投稿与读者服务：010-62776969，c-service@tup.tsinghua.edu.cn
质量反馈：010-62772015，zhiliang@tup.tsinghua.edu.cn
课件下载：https://www.tup.com.cn，010-83470236
印 装 者：三河市龙大印装有限公司
经　　销：全国新华书店
开　　本：185mm×260mm　**印　　张：**19　**字　　数：**461千字
版　　次：2024年3月第1版　**印　　次：**2024年3月第1次印刷
定　　价：58.00元

产品编号：100142-01

前　　言

从云产品开发、运维、系统管理、应急响应、云上业务运营等几大企业常见招聘岗位所需要解决的典型工作任务中梳理出各个岗位需要掌握的基础知识，主要集中在C语言、Python语言、网络基础、云计算技术、云安全、云存储、虚拟化技术、Linux基础、数据库技术原理等。作为一个云计算从业者，无论从事任何岗位，基础能力都是入行的前期，是基本功，而且基本技术课＋行业认知课是初学者必须掌握的。

考虑到当下云计算教材资源不足，尤其是与腾讯认证体系关联的教材尚无规范的出版物，本书围绕云服务操作管理职业技能等级证书中的初级核心考点，梳理出与证书体系及教学体系关联较大的几门课程，如C语言、云存储、数据库、云产品应用等，同时也是联合兄弟院校共同开发教材，弥补云计算教材资源不足的现状，拟定校本教材《云技术应用》。

本书主要编写人员均为一线教师，有着多年实际项目开发经验，都曾带队参加省级或国家级的各类技能大赛，并有多年的教育教学经验，完成了多轮次、多类型的教育教学改革与研究工作。在本书的编写过程中得到了腾讯云计算（北京）有限责任公司的大力指导，以及深圳第一职业学校的易敏、张璟燕、陈晓兰、赵霞、冀亮、郦梦楠、杨琳芳、彭德欣等老师的技术支持，在此一并表示感谢！

在本书的编写过程中，参考了互联网上的大量资料（包括文本和图片），以此对资料原创的相关组织和个人深表谢意。编者也郑重承诺，引用的资料仅用于本书的知识介绍和技术推广，绝不用于其他商业用途。

由于编者水平有限，书中难免存在疏漏和不足之处，殷切希望广大读者批评指正。同时，恳请读者一旦发现错误，望于百忙之中及时与编者联系，以便尽快更正，编者将不胜感激。

编　者

2024年1月

目　录

第1章　云　计　算

1.1　云计算和云分类

1.1.1　云计算概念

云计算概念不像它的名字一样凭空出现，它是IT产业发展到一定阶段的必然产物。在云计算概念诞生之前，许多大型IT公司通过互联网实现订票、地图、搜索等服务，以及其他硬件租赁业务，随着服务内容和用户规模的不断增加，为了满足不同的需求变化，通过服务器集群方式难以满足要求，各公司解决方案通过在各地建设数据中心来解决，Google和Amazon具有实力的大公司有能力建设分散于全球各地的数据中心来满足各自业务发展的需求，并且有富余的可用资源，于是Google、Amazon等就将自己的基础设施能力作为服务提供给相关的用户，这就是云计算的由来。云计算从2007年兴起以来，经过多年的发展，目前对于云计算的定义和内涵，不同公司和不同专家定义各不同，还没有公认的定义。

云计算概念最早是由Google提出的，它是一种网络应用模式。狭义上，云计算指IT基础设施的交付和使用模式，指通过网络以按需、易扩展的方式获得所需的资源；广义上，云计算是指服务的交付和使用模式，指通过网络以按需、易扩展的方式获得所需的服务。

IBM认为，云计算是一种计算风格，其基础是用公共或私有网络实现服务、软件及处理能力的交付。

微软公司认为，云计算就是计算服务的提供(包括服务器、存储、数据库、网络、软件、分析和智能)——通过Internet(云)提供快速创新、弹性资源和规模经济。对于云服务，通常使用多少支付多少，从而帮助降低运营成本，使基础设施更有效地运行，并能根据业务需求的变化调整对服务的使用。

网格计算之父Ian Foster认为，云计算是一种大规模分布式计算的模式，其推动力来自规模化所带来的经济性。

美国国家标准与技术研究院(NIST)定义：云计算是一种按使用量付费的模式，这种模式提供可用的、便捷的、按需的网络访问，进入可配置的计算资源共享池(资源包括网络、服务器、存储、应用软件、服务)，这些资源能被快速提供，只需投入很少的管理工作，或与服务供应商进行很少的交互。

云计算(Cloud Computing)，是分布式计算技术的一种，其最基本的概念是通过网络将庞大的计算处理程序自动拆成无数个较小的子程序，再交由多部服务器所组成的庞大系统经搜寻、计算分析之后将处理结果回传给用户。通过这项技术，网络服务提供者可以在数秒之内达成处理数以千万计甚至亿计的信息，达到和“超级计算机”同样强大效能的网络服务。

最简单的云计算技术在网络服务中已经随处可见，例如搜寻引擎、网络信箱等，使用者只要输入简单指令即能得到大量信息。未来如手机、GPS等行动装置都可以通过云计算技术，发展出更多的应用服务。进一步的云计算不仅只有资料搜寻、分析的功能，未来如分析

DNA 结构、基因图谱定序、解析癌症细胞等，都可以通过这项技术轻易达成。

通过百度指数搜索云计算，2011—2021 年呈现高峰时期为 2011—2012 年和 2016—2017 年两个时间段，如图 1-1 所示。随着数字化技术的蓬勃发展，作为数字化基础设施之一的“云计算”，经历多年的迭代发展后，正以空前的发展速度迎来自己的“大机会时代”。

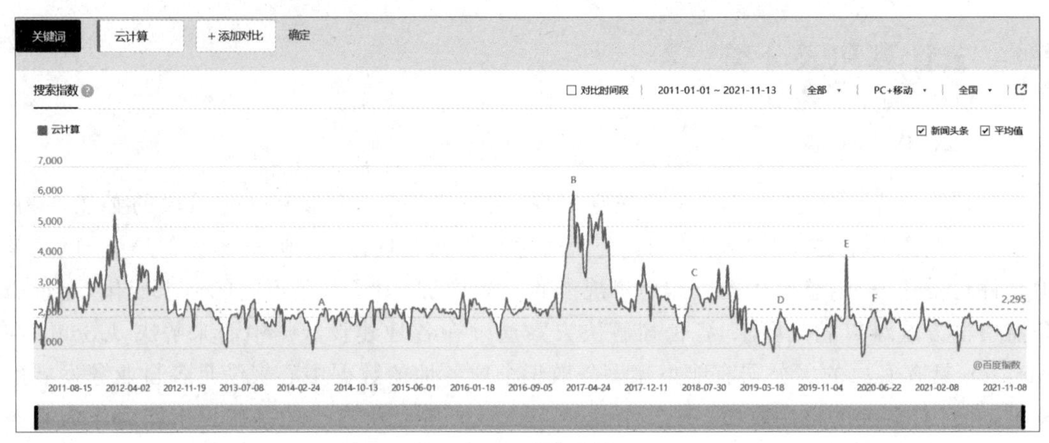

图 1-1　云计算关键词

1.1.2　云计算的分类

云计算有两种分类方法：第一种，按照层次可分为四类，即基础设施即服务（IaaS）、平台即服务（PaaS）、软件即服务（SaaS）、数据即服务（DaaS）；第二种，按照所有权分为三类，即私有云、联合云和公共云。

1. IT 环境的组成

一台计算机系统包括硬件、软件、操作系统和数据资源。软件可分为平台软件（如操作系统、数据库软件）和应用软件（如聊天软件、办公软件、上网软件、音视频软件等）。计算机的层次结构如图 1-2 所示。

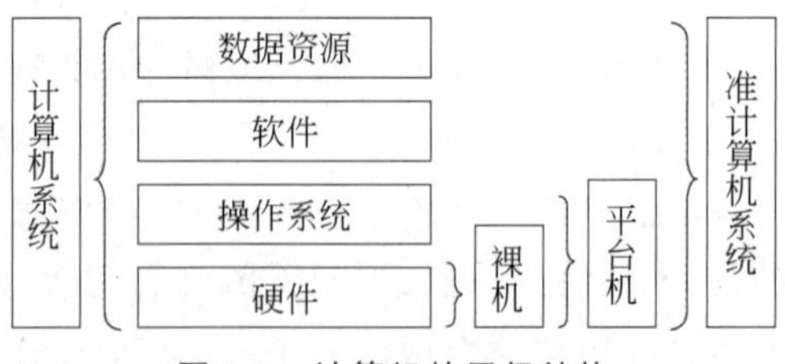

图 1-2　计算机的层级结构

企业通常使用计算机处理日常事务，随着企业业务不断发展，企业中所使用的计算机网络越来越复杂，IT 环境和拓扑结构越来越异构。一般企业 IT 应用环境的搭建，大致会经过以下几个步骤。

（1）基础设备建设：机房选址、装修、供电、温湿度控制、门禁和监控。

（2）组建计算机网络：综合布线、机柜安装、网络设备采购、安装和调试。

（3）安装存储设备：光纤存储、网络存储。

（4）购买服务器：实体服务器和虚拟服务器。

（5）安装操作系统、数据库、中间件和各种应用软件。

（6）导入公司业务数据初始化，进行系统运行。

依据上面的操作步骤，企业IT应用环境的逻辑结构层次如图1-3所示。

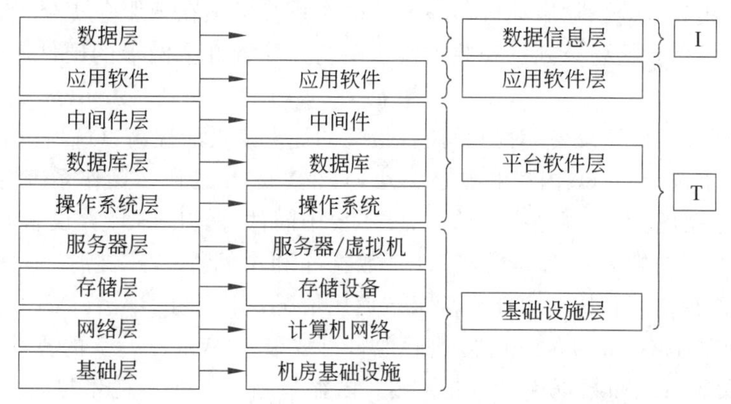

图1-3 企业IT应用环境的逻辑结构层次

一个典型的IT应用环境从逻辑上可分为9层，施工时也是严格按照从第1层到第9层的顺序进行的。9层归并之后分成4层结构：基础设施层、平台软件层、应用软件层和数据信息层。数据信息层就是I(Information的首字母，表示信息)，基础设施层、平台软件层和应用软件层可进一步归并到T(Technology的首字母，表示技术)，这也就是IT的含义。

2. 云计算按照层次划分

云计算按照层次可划分为四类，即基础设施即服务、平台即服务、软件即服务和数据即服务。

1）基础设施即服务

基础设施即服务(IaaS)是Infrastructure as a Service的缩写，即把IT环境的基础设施层作为服务出租出去，由云服务提供商把IT环境的基础设施建设好，然后直接把硬件服务器或虚拟机对外出租，提供给租户，云服务提供商负责管理机房基础设施、计算机网络、存储设备、硬件服务器和虚拟机，租户自己安装和管理操作系统、数据库、中间件、应用软件和数据信息，如图1-4所示。

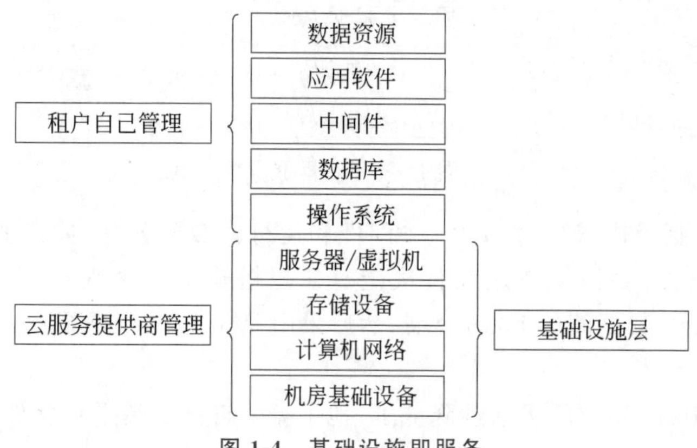

图1-4 基础设施即服务

租户是如何使用这些租来的虚拟机和硬件服务器的呢？租用设备位于计算机网络的另一端，登录云服务提供商网站，租户交了租金，会收到云服务提供商公司发送给租户的账号和密码，租户可在此管理自己的计算设备，包括启动和关闭机器、安装操作系统、安装和配置数据库、安装应用软件等。除启动机器和安装操作系统必须在云服务提供商的网站上完成外，其他操作都可以直接登录到已安装了操作系统并配置好了网卡的硬件服务器或虚拟机中完成。

基础设施即服务计算设备，对租户而言最大的优点是灵活性高，可以直接登录云服务提供商的网站，自由选择 CPU、内存和硬盘大小，自主决定安装什么操作系统、需不需要数据库及安装什么数据库、安装哪些应用软件、要不要中间件等。IaaS 计算设备有管理难度大、计算资源浪费严重的缺陷。因为操作系统、数据库和中间件本身要消耗大量的计算资源(CPU、内存和磁盘空间)，比如可能出现极端使用情况：用户租了一个 CPU 为 1 核，内存为 1GB，硬盘空间是 10GB 的 IaaS 机器，然后他自己安装了 Windows 7 的操作系统、MySQL 数据库，由于操作系统和数据库已经把 CPU、内存和磁盘空间消耗殆尽，因此他还想安装并运行一个绘图软件，但做不到。需要升级机器的配置，购买更高配置的虚拟机才能解决。

2) 平台即服务

平台即服务(PaaS)是 Platform as a Service 的缩写，即把 IT 环境的平台软件层作为服务出租出去：云服务提供商要做的事情更多，他们需要准备机房，布好网络，购买设备，安装操作系统、数据库和中间件，把技术设施层和平台软件层都建好，然后在平台软件层上划分小块(又称为容器)对外出租。相反，租户要做的事情更少了，只安装、配置和使用应用软件就可以了，如图 1-5 所示。

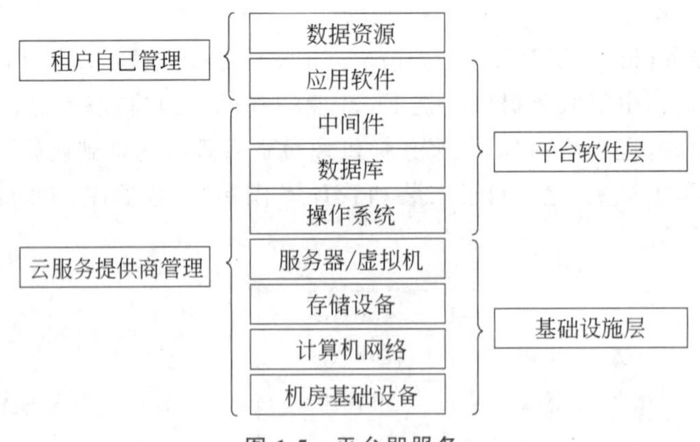

图 1-5 平台即服务

平台软件层包括操作系统、数据库、中间件和运行库四部分，具体需要哪部分以及安装什么种类的平台软件，要根据应用软件决定。如想搭建一个个人博客网站，租一个支持 PHP 语言和 MySQL 数据库的 PaaS 容器，然后采用 WordPress 开源建站工具，只需几步就能完成搭建。

相对于 IaaS，PaaS 租户的灵活性降低了，他不需要自己安装平台软件，只能在有限的范围内选择，租户可以从高深烦琐的 IT 技术中解放出来，专注于应用和业务。

3）软件即服务

软件即服务(SaaS)是 Software as a Service 的缩写，即把 IT 环境的应用软件层作为服务出租出去：云服务提供商需要搭建整个 T 层(基础设施层、平台软件层和应用软件层)，对外直接出租应用软件，他们一般会选择使用面广且有利可图的应用软件，如 ERP(企业资源计划)、CRM(客户关系管理)、BI(商业智能)等，并精心安装和运维，租户直接使用即可，如图 1-6 所示。

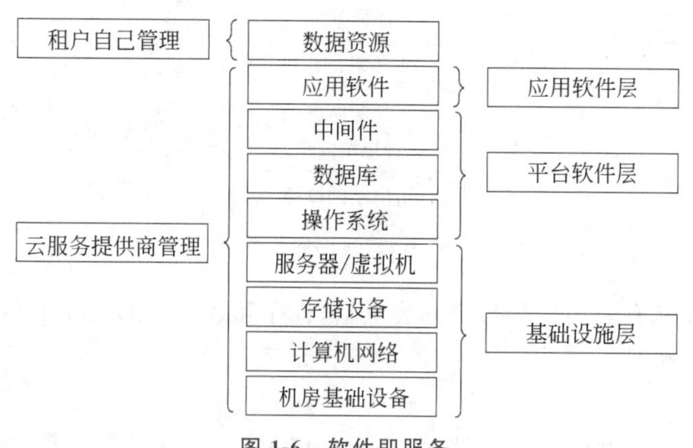

图 1-6　软件即服务

适合做 SaaS 的应用软件一般有如下特点。

(1) 软件安装复杂，费用昂贵，因为大多数服务由云服务提供商提供，所以用户只需要维护自己的数据资源。

(2) 主要面向企业用户，面向个人用户较少。

(3) 多租户，可以同时提供多个企业用户，互相不影响。

(4) 模块化，根据企业实际需要，自由组合选择需要的功能模块。

4）数据即服务

数据即服务(DaaS)是 Data as a Service 的缩写。云服务提供商变成了数据处理公司，他们搭建了全功能的 IT 应用环境，一方面收集有用的基础数据；另一方面对这些基础数据做分析，最后销售分析结果或算法的编程接口。DaaS 云端公司需要从数据积累、数据分析、数据交付三方面积累自身的核心竞争力。SaaS 租户需要自己输入日常数据，并做相应的处理，在规定的时间输出结果，DaaS 用户在需要的时候只询问“把资产负债表给我”“告诉我现在的准确位置”“我今天吃什么最好”等，就能得到相应的结果反馈。DaaS 是大数据时代的特征，在因果关系、相关关系、预测、残缺信息补齐方面有广泛的用途，如图 1-7 所示。

3. 云计算按照云端所有权分类

根据云端的所有权分类，简单介绍什么是私有云、联合云和公共云。

1）私有云

终端用户自己出资建设云端，并拥有全部的所有权和使用权，即私有云。云端的所在位置没有要求，可以在单位内部，也可以在别人的机房，比如将服务器托管在电信机房。云端的管理页没有严格限制，可以自己维护，也可以外包给他人维护。

私有云可分为家庭私有云和企事业单位私有云。家庭私有云可以说是最小的云端：用一台配置好一些的计算机充当云端，客厅、书房、卧室等地方各放一些终端(如手机、平板电

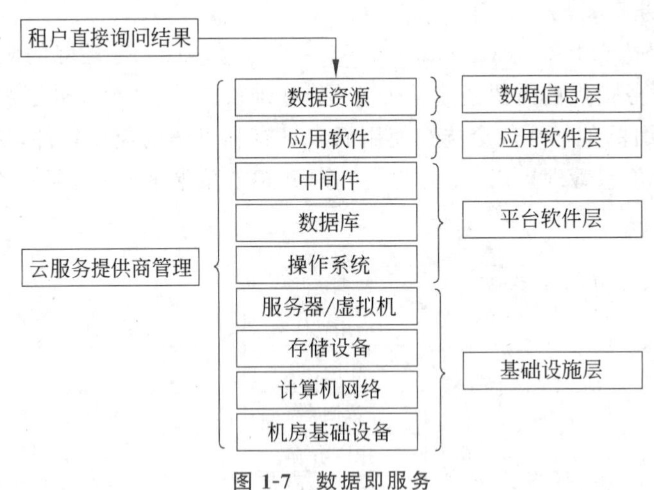

图 1-7　数据即服务

脑、电视等)。企业私有云用终端替换办公电脑,程序和数据全部放在云端,并为每个员工创建一个登录云端的账号。

2) 联合云

几个单位联合出资共同建设云端,分享云端使用权,且满足各个单位的终端用户需要,即联合云。具有业务相关性或隶属关系的单位组建联合云的可能性更大,因为一方面能够降低各自的费用,另一方面还能共享信息。

比如,深圳地区的酒店联盟组建酒店联合云,以满足数字化客房建设和酒店结算的需要;再如,一家大型企业牵头,与他的供应商一起组建联合云。但如果由卫生部出资组建云端,然后要求各家医院接入,这样的云端就不是联合云,而是公共云。

3) 公共云

终端用户只租用云端计算资源而对云端没有所有权,云端公司负责组建和管理云端并对外出租,那么这样的云端对于用户来说就是公共云(比如亚马逊的 EC2、微软的 Azure、腾讯云的 CVM、深圳的超算中心等)。公共云的管理比私有云复杂得多,还涉及租户管理、结算管理、更高要求的安全管理等。

1.2　云计算的核心特征

云计算环境有超大规模、按需计算、较强的扩展性、按使用付费、高度可用性、安全性和广泛的网络访问 7 方面核心特征。

1. 超大规模

云计算的云端是由成千上万台甚至更多服务器组成的集群,它具有无限空间和无限速度。用户可以在任何时间和地点,采用任何设备登录到云计算系统,进行所需的任何计算服务。"云"具有相当的规模,Google 云计算已经拥有 100 多万台服务器,亚马逊、IBM、微软、Yahoo!等的"云"均拥有几十万台服务器。腾讯云在全球范围内运营的可用区达到 68 个,共覆盖 27 个地理区域;地理区域扩张是腾讯云全球化布局的首要任务,2022 年陆续上线多个区域和可用区,为更多的企业和创业者提供集云计算、云数据、云运营于一体的全球云端服务体验,腾讯云也由此成为全球云计算基础设施最广泛的中国互联网云服务商。企业私有云一般拥有数百上千台服务器。"云"能赋予用户前所未有的计算能力。

2. 按需计算

用户单击按钮或API调用,腾讯云、华为云、阿里云和其他公共云平台即可为用户提供资源。由于拥有和运营的数据中心分布全国,因此这些云计算提供商拥有大量的计算和存储资源。云计算的自助服务提供特性与随需应变计算能力密切相关,开发人员无须采用更多的服务器交付到私有数据中心,而是可以选择所需的资源和工具,通常通过云计算提供商的自助服务门户,根据实际需要选择合适的硬件和软件,付费后能够立即构建。

3. 较强的扩展性

首先,整个资源集成管理是动态可扩展的,包括硬软件系统的增加、升级等;其次,根据用户的业务需求可动态调用和管理"云"中的资源,即"云"的规模可以动态伸缩,以提高"云"处理能力,满足应用和用户规模增长的需要等。"云"中的服务器上千万,若某服务节点出现故障,则可动态调度别的节点接替该节点的任务,在节点恢复后再实时加入云中。

公共云提供商依靠多租户架构来同时容纳更多用户。客户的工作负载是从硬件和底层软件中抽象出来的,它们在同一主机上为多个客户提供服务。云计算提供商越来越依赖定制硬件和抽象层来提高安全性,并加快用户对资源的访问。资源池可为云计算提供商和用户提供可扩展性,因为可以根据需要添加或删除计算、存储、网络和其他资产,这样有助于企业IT团队优化其云平台托管的工作负载并避免最终用户瓶颈。云计算可以垂直或水平扩展,云计算提供商可以提供自动化软件为用户处理动态扩展。

4. 按使用付费

云计算特性将IT支出从资本支出转移到运营支出,因为云计算提供商提供每秒计费服务。采用的虚拟机应该大小合适,在不使用时关闭,或者根据情况缩小规模。衡量服务使用情况对于云计算提供商及其客户都是有用的。提供者和客户监视并报告资源和服务的使用情况,例如虚拟机、存储、处理和带宽。该数据用于计算客户的云计算资源消耗,并输入按使用付费模型。

云计算对用户端的硬件设备要求比较低,使用起来也很方便。"云"是一个庞大的资源池,可以按照需要购买,并且服务定制即可,就像自来水、电、煤气那样计费,费用按照资源实际使用情况计算。"云"中也可以用价格低廉的PC提供环境支撑,而计算能力却可超过大型主机,同时对用户的技术要求也比较低,投入也相对较低。

5. 高度可用性

云计算提供商使用多种技术来防止停机,最大限度地减少对区域的依赖性,以避免单点故障。用户还可以跨可用区扩展工作负载,这些可用区具有冗余网络,这些冗余网络将相对较近的多个数据中心连接在一起。

6. 安全性

到目前为止,还没有发现主要云计算平台的基础资源遭到破坏。尽管许多企业出于安全考虑而不愿迁移工作负载,但这些担忧很大程度上已经消失,部分原因是云计算的上述特性带来的好处。全球主要云计算提供商雇佣的全球最优秀的安全专家,通常比大多数内部IT团队更能应对威胁。实际上,全球一些规模最大的金融机构表示云计算是一种安全资产。

7. 广泛的网络访问

云计算的一个优势就是无处不在。用户可以通过全球互联网连接从任何地方访问数据或将数据上传到云平台。由于大多数企业混合使用操作系统、平台和设备，因此云计算是一个有吸引力的选择。云计算不针对特定的应用，在“云”的支撑下可以构造出千变万化的应用，同一个“云”可以同时支撑不同的应用运行。用户只要有一台安装有浏览器且可上网的计算机，就能在终端获取“云”所提供的各式各样的服务。

1.3 云计算关键技术

目前，对云计算关键技术的说法比较多，没有统一的说法，综合而言，虚拟化技术、分布式资源管理技术和并行编程技术是比较公认的关键技术。中国报告大厅发布的《2014—2020年中国云计算行业深度调研及发展趋势分析报告》指出云计算的五大关键技术。

1.3.1 虚拟化技术

虚拟化技术是指计算元件在虚拟的基础上而不是真实的基础上运行，它可以扩大硬件的容量，简化软件的重新配置过程，减少软件虚拟机相关开销和支持更广泛的操作系统方面。通过虚拟化技术可实现软件应用与底层硬件相隔离，它包括将单个资源划分成多个虚拟资源的裂分模式，也包括将多个资源整合成一个虚拟资源的聚合模式。虚拟化技术根据对象可分成存储虚拟化、计算虚拟化、网络虚拟化等，计算虚拟化又分为系统级虚拟化、应用级虚拟化和桌面虚拟化。在云计算实现中，计算系统虚拟化是一切建立在“云”上的服务与应用的基础。虚拟化技术目前主要应用在CPU、操作系统、服务器等多方面，是提高服务效率的最佳解决方案。

目前，虚拟化厂家在所有虚拟化主流产品中位居领导者象限的分别是VMWare和Microsoft。其他厂商，如RedHat、Citrix、华为、Oracle也榜上有名。那么多的虚拟化产品有何区别，性能优劣，如何选型呢？

1. VMware

VMware可谓服务器虚拟化的老大，客户数量多、功能强大、稳定，但价格贵，让一些小企业望而止步。同时，VMware缺少公有云产品，现在主要依靠与AWS或其他公有云厂商的合作。

2. Microsoft

微软的虚拟化产品Hyper-V起源于Windows Server 2008 R2，因搭乘Windows Server系统，所以在市场份额上有一定的先天优势。且微软有自己的公有云Azure产品，Hyper-V与Azure的互操作性和整合性越来越强，也为Hyper-V的发展带来生态的支撑。Hyper的价格比VMware便宜，但即使如此，Hyper-V这个虚拟化界的老二，依然远远落后于VMware。

3. Citrix

在桌面虚拟化领域，XenApp和XenDesktop绝对处于领导者位置。近年来，Citrix提出Citrix Workspace的概念，即在企业交付中涵盖包括Windows桌面、应用，新型的移动设备管理和原生应用交付，以及企业数据在不同设备中的交互。但从服务器虚拟化领域，

XenServer的口碑明显低于VMware和Hyper-V。同样,XenServer在其他服务器虚拟化产品中服务器虚拟化的市场份额也较低。

4. RedHat

RedHat位于"远见者"象限,这主要是由于KVM与OpenStack有着紧密关系。RedHat由于领导着核心KVM OSS开发社区,因此有忠实的RHEL开发者和客户群,但主要的竞争也来源于基于开源的解决方案。

5. 华为

华为FusionSphere在2014年首次进入x86服务器虚拟化基础设施魔力象限。最早的产品是基于XEN开发的,从6.3版本开始转为KVM,在功能和性能上提高迅速。华为有自己的虚拟化、私有云和公有云产品,有针对运营商的云解决方案。作为硬件厂商,它又拥有自己品牌的服务器、网络设备、存储设备等,其解决方案可以结合使用其软硬件,这样兼容性更好,在所有虚拟化厂商中,生态最为健全,周边配套最为齐备,这也是华为产品最为独特且较难超越的优势。

虚拟化技术作为云计算基础架构层面(IaaS)的核心技术,打破了计算机内部实体结构间不可切割的障碍,使用户能够以比原本更好的配置方式应用计算机硬件资源,为实现云数据中心奠定了基础。它帮助企业降低了TCO(整体拥有成本),不仅节省了服务器成本,同时也大大降低了能源消耗、占地成本和管理成本,帮助企业实现了向IT服务(ITaaS)转型,对信息化技术的推进与变革都有积极意义和深远影响。

1.3.2 海量数据存储

云计算系统由大量服务器组成,同时为大量用户服务,因此,云计算系统采用分布式存储的方式存储数据,用冗余存储的方式(集群计算、数据冗余和分布式存储)保证数据的可靠性。冗余的方式通过任务分解和集群,用低配机器替代超级计算机的性能来保证低成本,这种方式保证分布式数据的高可用、高可靠和经济性,即为同一份数据存储多个副本。云计算系统中广泛使用的数据存储系统是Google的GFS(谷歌文件系统)和Hadoop团队开发的GFS的开源实现HDFS。

1.3.3 数据管理技术

云计算需要对分布的、海量的数据进行处理、分析,因此,数据管理技术必需能够高效地管理大量的数据。云计算系统中的数据管理技术主要是Google的BT(big table)数据管理技术和Hadoop团队开发的开源数据管理模块HBase。由于云数据存储管理形式不同于传统的RDBMS数据管理方式,如何在规模巨大的分布式数据中找到特定的数据,也是云计算数据管理技术所必须解决的问题。同时,由于管理形式的不同,造成传统的SQL数据库接口无法直接移植到云管理系统中,目前一些研究在关注为云数据管理提供RDBMS和SQL的接口,如基于Hadoop子项目HBase和Hive等。另外,在云数据管理方面,如何保证数据安全性和数据访问高效性也是研究关注的重点问题之一。

1.3.4 并行编程方式

云计算采用的是并行编程模式。在并行编程模式下,并发处理、容错、数据分布、负载均衡等细节都被抽象到一个函数库中，通过统一接口，用户大尺度的计算任务被自动并发和分布执行，即将一个任务自动分成多个子任务，并行地处理海量数据。

云计算提供了分布式的计算模式，客观上要求必须有分布式的编程模式。云计算采用了一种思想简洁的分布式并行编程模型 Map-Reduce。Map-Reduce 是一种编程模型和任务调度模型，主要用于数据集的并行运算和并行任务的调度处理。在该模式下，用户只需要自行编写 Map 函数和 Reduce 函数即可进行并行计算。其中，Map 函数中定义了各节点上的分块数据的处理方法，而 Reduce 函数中定义了中间结果的保存方法，以及最终结果的归纳方法。

1.3.5 云计算平台管理技术

云计算资源规模庞大，服务器数量众多并分布在不同的地点，同时运行着数百种应用，如何有效地管理这些服务器，保证整个系统提供不间断的服务是巨大的挑战。云计算系统的平台管理技术能够使大量的服务器协同工作，方便地进行业务部署和开通，快速发现和恢复系统故障，通过自动化、智能化的手段实现大规模系统的可靠运营。

1.4 云计算影响与市场

对于云计算产业来说，2020 年称得上是"风云变幻"的一年。

一是新冠疫情，加速了远程办公、在线教育等云服务发展，也加快了云计算应用落地进程，中央全国深化改革委员会第十二次会议就提出要鼓励运用云计算等数字技术在新冠疫情分析、病毒溯源、防控救治、资源调配等方面发挥作用。

二是全球数字经济背景下，云计算成为企业数字化转型的必然选择，以云计算为核心，融合人工智能、大数据等技术实现企业信息技术软硬件的改造升级，创新应用开发和部署工具，加速数据的流通、汇集、处理和价值挖掘，有效提升了应用的生产率。

三是随着新基建的推进，云计算承担了类似"操作系统"的角色，是通信网络基础设施、算力基础设施与新技术基础设施进行协同配合的重要结合点，也是整合"网络"与"计算"技术能力的平台。这些都为云计算产业带来了新机遇和新格局。

可依据中国信息通信研究院的《云计算发展白皮书(2020 年)》全面了解云计算产业发展动态。

1.4.1 全球增速首次放缓，我国逆势上扬

1. 全球计算市场增速明显滑坡

过去几年，全球云计算市场保持稳定增长态势。2020 年，全球经济出现大幅萎缩，以 IaaS、PaaS 和 SaaS 为代表的全球云计算市场增速放缓至 13.1%，市场规模为 2083 亿美元，如图 1-8 所示。

2. 我国云计算市场呈爆发式增长

2020 年，我国经济稳步回升，云计算整体市场规模达 2091 亿元，增速为 56.6%。我国 SaaS 市场稳定增长，IaaS、PaaS 迎突破。2020 年，我国公有云 SaaS 市场规模达到 279 亿元，较 2019 年增长了 43.1%，受新冠疫情对线上业务的刺激，SaaS 市场有望在未来几年迎

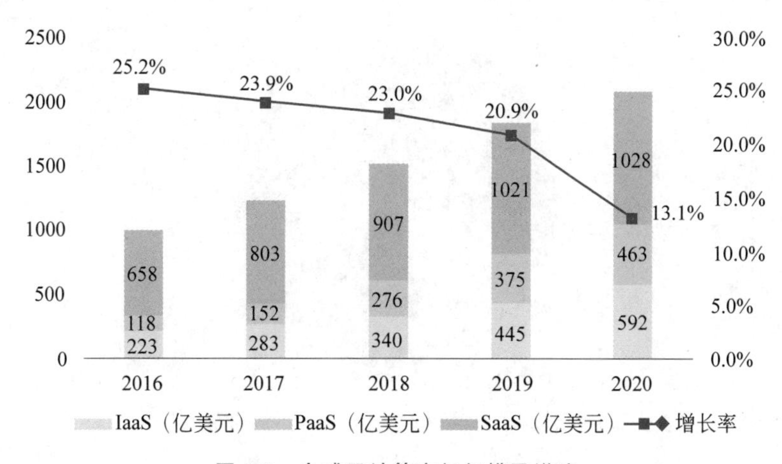

图 1-8 全球云计算市场规模及增速

数据来源：Gartner，2021 年 4 月

来增长高峰；公有云 PaaS 市场规模突破 100 亿元，与 2019 年相比提升了 145.2%，随着数据库、中间件、微服务等服务的日益成熟，PaaS 市场仍将保持较高的增速；公有云 IaaS 市场规模达到 895 亿元，比 2019 年增长了 97.6%，随着云计算在企业数字化转型过程中扮演越来越重要的角色，预计短期内企业将继续加大基础设施投入，市场需求依然保持旺盛(图 1-9)。

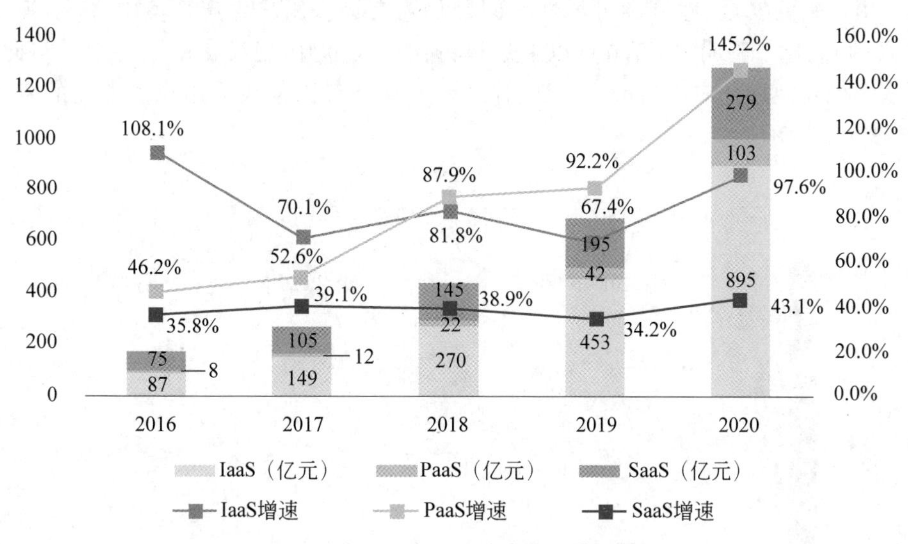

图 1-9 中国公有云细分市场规模及增速

数据来源：中国信息通信研究院，2021 年 5 月

3. 厂商市场份额方面

据中国信息通信研究院调查统计，阿里云、天翼云、腾讯云、华为云、移动云占据公有云 IaaS 市场份额前五(图 1-10)；公有云 PaaS 方面，阿里云、腾讯云、百度云、华为云仍位于市场前列。

1.4.2 云原生持续落地，行业应用加速

我国云原生发展呈现出几大特征：一是互联网和信息服务业应用占比显著下降，垂直

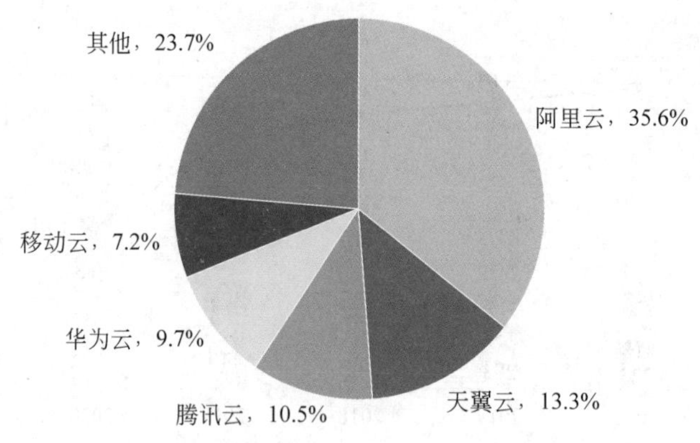

图 1-10　2020 年中国公有云 IaaS 市场份额占比

行业快速崛起。中国信息通信研究院的云原生用户调查报告显示，2020 年我国互联网和信息服务业云原生应用占比同期下降 14.11%，金融、制造、服务业、政务、电信等行业的应用占比则有所攀升，行业数字化转型的带动效应初步显现。二是云原生技术价值进一步为用户所接受。云原生技术在提升资源利用率、弹性效率、交付效率，以及简化运维系统和便于现有系统的功能扩展等方面的价值认可较前一年全面提升，分别为 14.59%、13.98%、28.83%、37.57%和 23.02%(图 1-11)。三是采用云原生架构的生产集群规模显著提升，但规模化应用带来的安全、性能和可靠性等问题仍需考虑。用户生产环境中，中小集群规模(100 节点内)同比下降明显，百节点以上规模占比全线上升，规模化应用持续。与此同时，云原生技术栈在规模化应用时的安全性、连续性及性能等因素成为用户侧落地的主要顾虑(同比增长 14.59%)。

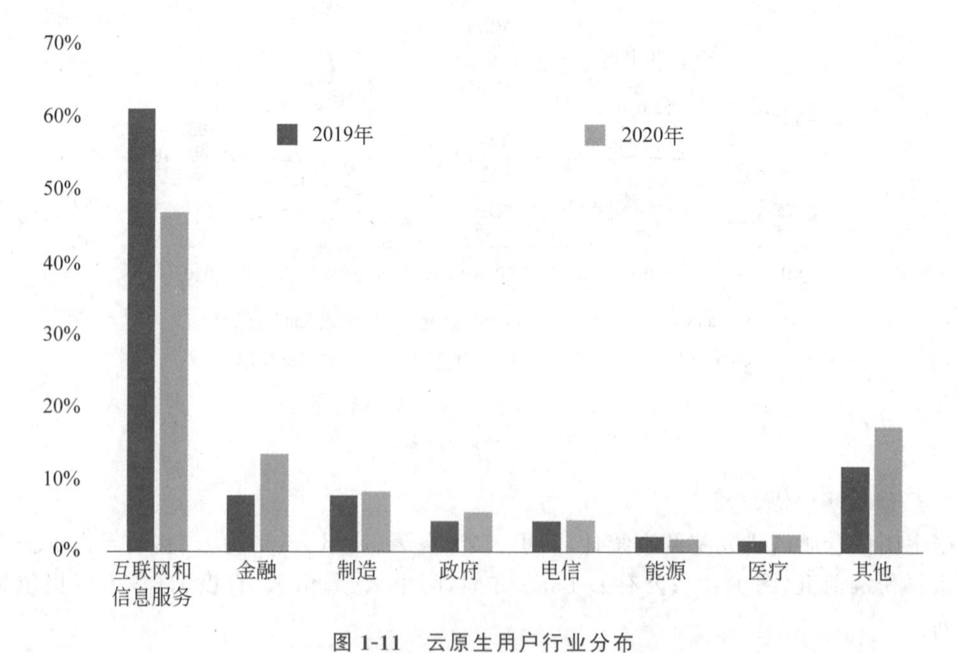

图 1-11　云原生用户行业分布

数据来源：中国信息通信研究院，2021 年 5 月

1.4.3 云网融合需求强，边缘侧潜力大

企业上云扩大了云网融合需求。随着我国各行业上云进程不断加快，用户对云网融合的需求日益增强。中国信息通信研究院的云计算发展调查报告显示，2020年超过半数的企业对本地数据中心与云资源池间的互联需求强烈。

边缘计算需求潜力巨大。随着国家在5G、工业互联网等领域的支持力度不断加深，边缘计算的市场需求也在快速增长。中国信息通信研究院的云计算发展调查报告显示，2020年我国已经应用和计划使用边缘计算的企业占比分别为4.9%、53.8%。

1.4.4 安全方面，能力提升受关注，信任体系兴起

1. 云计算安全能力提升备受关注

随着企业上云进程的不断深化和云安全态势日益严峻，传统安全架构已无法满足企业需求，改造或升级安全架构以应对云环境威胁挑战成为企业的首要选择。*Internet Defense for Cloud Environments in 2020* 统计显示，超65%的企业将会重新部署专门面向云计算环境的抗DDoS攻击解决方案和应用防火墙，超28%的企业将对已有安全解决方案进行升级，以适应云计算环境的网络安全需求。

2. 以信任机制为突破的安全体系开始兴起

国际上，Forrester、Gartner、NIST等纷纷定义零信任理念或架构，云安全联盟(CSA)提出软件定义边界(SDP)模型，打破了边界安全理念中网络位置和信任间的默认关系，以适应云计算网络边界模糊状态下的安全需求。Gartner认为，向云计算快速迁移仍是目前最大的安全挑战之一，零信任网络访问(zero-trust network access，ZTNA)将会是企业更安全的选择；IDC预测，随着应用从集中式数据中心向边缘的IaaS/PaaS/SaaS迁移，到2022年，遵循零信任规则的软件定义安全访问解决方案预算成倍增长。在国内，工业和信息化部发布的《关于促进网络安全产业发展的指导意见(征求意见稿)》，将“零信任安全”列入需要“着力突破的网络安全关键技术”。

1.4.5 管理方面，用云面临新挑战，优化需求凸显

企业用云程度加深引发新问题。早期，企业用户主要关注如何上云，需求通常来自咨询规划、迁移实施和资源管理等。

随着用云程度加深，企业面临新的问题：一是上云后云上支出浪费严重。Flexera 2021年云状态报告数据显示，企业上云后平均浪费了30%的云支出，云成本预算处于失控状态。二是上云后部分业务性能下降。中国信息通信研究院的云MSP服务发展调查报告显示，接近50%的企业在上云后存在系统性能下降的情况，性能优化成为必然。三是上云后业务与安全结合不深。随着原生安全理念的兴起，云服务商开始以原生的思维构建云安全产品及解决方案，而上云企业并未将自身业务场景与云上安全产品进行很好的结合。

1.4.6 软件方面，研发流程重定义，新格局逐渐形成

1. 云计算正在重新定义软件研发流程

在疫情影响全球的背景下，软件作为链接我们日常生活与全球经济的新命脉，显得更为

重要。传统软件开发时间长、迭代更新慢、灵活性差。云计算的发展促进软件开发流程的改革，DevOps理念从项目管理、应用开发、软件测试、运维运营对软件的全生命周期进行了规范，为云上开发具备多云部署能力、可移植性、可扩展性和高可用性的软件应用提供了清晰的实践流程。

2. 云软件新格局逐步形成

随着数字化转型的推进，各行业头部企业都已经开始云上软件开发实践，并形成了良好的带头和示范作用。随着实践不断深入，云架构重塑了开发和运维模式，云测试打破了效能瓶颈进而提升了软件质量，混沌工程保障了云上系统的稳定性。云软件工程正从技术架构升级、软件质量提升、系统稳定性保障三个维度打造云软件新格局。

1.4.7 赋能方面，助力数字化转型，成熟度待提升

1. 云计算成企业数字化转型的充分必要条件

以云计算为承载，融合大数据、人工智能、区块链、数字孪生等新一代数字技术于一体的平台底座，是当前企业数字基础设施数字化转型发展的重要方向。2021年3月，国有资产管理监督委员会发布的《关于发布2020年国有企业数字化转型典型案例的通知》中，30多个优秀案例均使用了云计算技术建立系统平台，提升生产运营数据价值，提高工作生产流程自动化水平和工作效率，为企业创造了显著的经济效益。

2. 企业数字化转型成熟度有待提升

随着数字经济发展的深入，数字化转型已经成为各企业未来发展的“必选项”。目前，企业数字化转型的整体成熟度，以及数字化转型在企业的战略高度均有提升，但整体企业数字化发展仍有很大的上升空间。《中国企业数字化转型研究报告》显示，中国有近四成的企业还未提出明确的数字化转型战略，仅两成的企业能够制定数字化文化建设方案并推动落地。

1.5 腾讯云的发展与优势

1.5.1 腾讯云的发展情况

1. 1999—2010年，腾讯云雏形初具

在QQ、QQ空间等王牌产品高速发展中，历经海量服务考验，积累了丰富的云经验，打下了坚实的基础，腾讯云雏形初具。

2. 2010年2月—2013年9月，专注为腾讯开放平台

在腾讯开放平台上的创业者提供稳定、可靠、安全的底层架构，解除了后顾之忧，成就了他们的创业梦想。2010年2月，腾讯开放平台接入首批应用，腾讯云正式对外提供云服务(包括CDN等)。

2010年12月，云服务器、云监控上线，华南区(广州)数据中心开放。

2011年2月，云数据库、NoSQL高速存储上线。

2011年12月，Web弹性引擎上线。

2012年12月，腾讯开放平台的第三方开发者累计收益总额超过50亿元，腾讯云在互联网开发者中赢得良好口碑。

2013 年 5 月，腾讯云分析（MTA）上线。

2013 年 6 月，云拨测上线。

3. 2013 年 9 月至今，腾讯云全面开放

所有用户都有机会使用腾讯的云服务，借助云计算加速成功之路。

2013 年 9 月，腾讯云（yun.qq.com）面向全社会开放，云安全上线。

2013 年 10 月，负载均衡、对象存储服务上线、移动加速服务“追风”上线。

2013 年 12 月，腾讯云自主研发的革命性虚拟化平台 V-Station 上线。

2014 年 2 月，关键因子上线。

2014 年 3 月，亿元扶持计划上线、腾讯 Open Data（TOD）上线、推出密钥登录方案。

2014 年 4 月，华东区（上海）数据中心开放、DDoS 分布式防护系统“大禹”上线。

2014 年 5 月，移动推送平台“信鸽”上线、云安全认证上线。

2014 年 6 月，腾讯云计算有限公司成立、香港数据中心开放、应用安全服务“应用加固”上线。

2014 年 7 月，获工业和信息化部首批“可信云服务认证”、移动解决方案获“2013—2014 年移动应用云”大奖、网站安全防护（WAF）功能上线。

2014 年 8 月，深度整合 DNSPod 的域名解析服务、与 ISP 深度合作推出 DDoS 智能防护服务、移动推送平台“信鸽”最高同时在线设备超过 5000 万，日推送量突破 5 亿。

2014 年 9 月，“蓝鲸”游戏运维平台上线、“安全 API”上线。

腾讯云团队面向金融、政务、零售、大企业等市场全面开进。2014 年，腾讯云陆续和富途证券、泰康保险达成了合作。2014 年 9 月，腾讯云拿下微众银行软件系统。

2015 年，腾讯云开始布局政务云市场，相继推出包括警务云、政务云、工业云、税收云、气象云等在内的不同服务。2016 年，腾讯云获得四川省政务云订单，并在 60 天内完成了交付。2017 年，腾讯云获得广东省“数字广东”订单，并按时交付，助力广东的全国省级政府网上能力从 2016 年的全国第九提升到 2018 年的全国第一。至此，腾讯云实现了 B 端和 G 端业务全面并进。与此同时，在腾讯具备传统优势的游戏、视频领域里，云计算服务的推进速度更快，连续拿下斗鱼等标杆性平台的服务合同。到 2019 年，腾讯云全球市场份额超过 IBM，在全球云厂商里排名第五，并且连续多年保持全球主要云计算厂商中增速最快的纪录。

如今的腾讯云，已经服务了国内最多的主流电商平台、超过 70%的游戏公司、在视频行业的渗透率超过 90%。此外，在政务、金融、工业等领域，腾讯云也是最重要的云服务提供商之一。那个发端于“开心农场”的腾讯云，早已经稳居世界顶级云计算科技基础设施平台之列。在 2020 云原生技术大会上，腾讯云公布了其在云原生领域的亮眼成绩，腾讯云原生产品 API 每日调用量已经超过 100 亿次，拥有超过 100 万的开发者，同时服务超过 50 万的客户，腾讯云实际上已经成为国内服务开发者最多的云原生平台。

1.5.2 腾讯云的优势

腾讯云的优势包括完整的产品矩阵、快速增长的使用规模，以及大量优秀的落地实践。

1. 强大的技术支持，打造最全云原生产品阵列

作为新基建下企业数字化转型的强大驱动力，云原生已在物联网、大数据、边缘计算、

5G 等众多新兴领域提供重要的技术服务支持。而腾讯云在多年技术沉淀和广泛实践的基础上，目前已可以提供覆盖基础设施、产品化服务和应用场景解决方案在内的国内最为完备的云原生产品矩阵。腾讯云重磅推出的安全稳定、开箱即用的弹性容器服务(EKS)广泛应用于直播、IoT、车联网、5G 等多个场景的边缘容器服务 TKE-Edge，可提供统一、可靠、透明服务的管控平台——服务网格 TCM、端云一体化开发平台 CloudBase、函数即服务产品 SCF、一站式开发运维平台 Coding DevOps 等多款云原生新品。通过阵容强大、功能完备、适用场景广的产品布局，腾讯云在云原生上可提供完善的组件服务。

2. 云原生优势凸显，众多明星产品增速迅猛

作为腾讯云的在云原生领域的布局重点，云开发平台、容器技术及产品平台、Serverless 无服务器技术等产品以显著的特点，深受用户喜爱，均显示出强势的用户增长势头。在 Serverless 这一关键领域上，腾讯云通过与全球最受欢迎的开发平台 Serverless 形成大中华区独家合作伙伴关系，联手打造出下一代的无服务器开发平台 Serverless Cloud，以免费开源的 Severless 框架，全面支持开发者极速部署，实现“三步上云”，云函数的整体规模在 2020 年上半年已实现 500%的高速增长，大盘调用量已超过百亿级别。

目前，腾讯云已拥有国内最大规模的容器集群。腾讯云基于云原生的开发方式、Serverless 技术服务和国内最大规模的容器集群，进一步提高了企业的开发效率，缩短了项目交付周期，节省了企业的运维成本。据国际权威咨询机构 Forrester 发布的权威报告 *The Forrester New WaveTM：Public Cloud Enterprise Container Platforms，Q3 2019*，腾讯云容器产品以卓越的表现正式被评为“实力竞争者”，进入全球容器厂商 Top 阵营。

3. 覆盖多个行业场景，持续推动云原生落地进程

通过强大的技术支持、完备的产品矩阵和丰富的行业经验，目前腾讯云已将一系列云原生技术服务应用到各个行业场景中，助力企业业务持续增长。如跨境电商公司 ASINKING 和深圳本地智能货柜公司 EasyGo 将企业的业务系统、业务架构构建在腾讯云的云函数上，在云原生技术服务的支持下，快速开展线上业务，从而实现了疫情下的“逆风飞翔”。

在 Serverless 服务上，腾讯云推出以 1ms 计费粒度全新的计费模式，真正实现了按量收费。上线以来便与数百家企业达成合作，月增速持续超过 100%，帮助用户将资源利用率提升了 30%以上，并与猎豹移动、新东方、哔哩哔哩等头部互联网企业形成合作关系，提供稳定可靠、灵活便捷的扩容服务。

从青涩走到成熟，再到如今领跑云原生领域，腾讯云走的每一步都堪称稳健。未来，随着更多腾讯内部经过海量业务打磨的云原生实践以产品和服务的形式对外开放，相信腾讯云原生能够为更多用户提供更加极致流畅的云原生开发体验，全面助力各行各业数字化转型。

4. 提供面向政务服务的一站式整合解决方案

腾讯云充分发挥腾讯技术优势，在技术上不断突破和创新，为各行各业向数字化转型升级创造了更多的可能。腾讯云通过将公有云能力与微信、网站、小程序等深度整合，提供面向政务服务的一站式整合解决方案，以云为载体，将政务微信、大数据、人工智能、自然语言处理、人脸识别、IoT、容器等丰富的创新技术，应用到政府机构数字化转型中，与全国 15 多个省、50多个城市签署合作协议，为包括四川省政务云、广东省政务云、云南公安厅警务云等在内的各级政府和企业构建基于OpenStack的云平台。如腾讯云与深圳市公安局联合打造的“深圳公安民生警务深微平台”，整合公安内部118项民生服务事项，通过微信公众号、门户网站两种访问方式，整合了集人口、出入境、交警等多警种单一的业务办理终端设备功能，实现足不出户就能一站式办理民生业务。该平台目前已被选为信息化应用典型案例报送国务院常务会。此外，腾讯云为政府机构、部门提供互联网专有云，其采用高性能、物理隔离、网络独立资源环境，既满足政府客户对互联网高吞吐、动态资源管理的要求，又满足政务处理独有的安全隔离的要求。例如，2017年9月，在厦门举办的金砖国家会议期间，腾讯云团队主持构建的外网专有云平台TStack，为本次峰会期间的业务运行提供了支持环境，确保其稳定运行。完善的安全发现能力与防护能力，保障了金砖国家领导人会晤的云上安全。在与政府机构合作过程中，腾讯政务云的“深度定制云”，可以满足民生政务高度定制化和安全的要求，提供腾讯人脸识别、语音识别、大数据等能力输出，满足客户在独立、隔离的环境中定制化构建云的需求。例如，腾讯通过优图人脸识别能力开发出了天眼人脸识别系统，在毫秒时间对比数亿人脸特征库，实现精准匹配。

腾讯云一直在积极布局政务领域，为了推动互联网+政务的快速发展，腾讯云以云为载体，通过大数据、云计算、人工智能三驾马车共同推动数字中国发展，与合作伙伴一同构建互联网+政务生态体系，推动政府、企事业单位及市民尽享互联网+政务带来的便利。腾讯云作为互联网+的倡导者，已经在深圳、四川、贵州、上海、重庆、河南、广州、佛山等20多个省市陆续落地互联网+战略。政府及企事业单位方面，腾讯云与湖南省政府、四川省政府、深圳市政府、深圳市公安局、上海市政府、上海市公安局、广东省交通厅、广东省旅游局、广东省气象局、河南省高级人民法院、人民日报社、成都传媒集团等机构签署战略合作协议，逐步利用云计算为群众提供更好的服务。

1.6 项目开发及实现

1.6.1 项目描述

你是某公司网络中心的员工，主要负责云产品部署及人员培训等工作。为了让新入职员工更好地了解云计算概念、分类、云计算核心特征、云计算关键技术、云计算影响与市场，以及腾讯云的发展与优势，你接到部门主管的任务，需要为新员工进行云计算概念、分类、云计算核心特征、云计算关键技术、云计算影响与市场，以及腾讯云发展与优势的培训。

1.6.2 项目实现

云计算信息资源的收集与实现，具体要求如下。

(1) 收集并分析云计算概念描述，比较其异同。

(2) 分析云计算分类方法，制作云计算思维导图。

(3) 分析云计算核心特征。

(4) 收集并分析云计算关键技术。

(5) 分析虚拟化技术,选择合适的虚拟化技术。

(6) 分析云计算市场的发展情况。

(7) 制作云计算市场发展情况思维导图。

(8) 制作云计算市场发展情况 PPT。

(9) 制作云计算关键技术 PPT。

(10) 制作云计算核心特征 PPT。

(11) 制作云计算特点 PPT。

1.7 实验任务 1：云计算信息资源收集与实现

1.7.1 任务简介

假设你是某公司网络中心的员工,主要负责云产品部署及人员培训等工作。为了让新入职员工更好地了解云计算概念、分类、云计算核心特征、云计算关键技术、云计算影响与市场,以及腾讯云发展与优势,你接到部门主管的任务,需要为新员工进行云计算概念、分类、云计算核心特征、云计算关键技术、云计算影响与市场,以及腾讯云发展与优势的培训。

1.7.2 任务实现

具体实现步骤如下。

(1) 收集并分析云计算概念描述,比较其异同。

(2) 分析云计算分类方法,制作云计算思维导图。

(3) 分析云计算核心特征。

(4) 收集并分析云计算关键技术。

(5) 分析虚拟化技术,选择合适的虚拟化技术。

(6) 分析云计算市场的发展情况。

(7) 制作云计算市场发展情况思维导图。

(8) 制作云计算市场发展情况 PPT。

(9) 制作云计算关键技术 PPT。

(10) 制作云计算核心特征 PPT。

(11) 制作云计算特点 PPT。

1.7.3 实验报告

完成以上内容,并完成实验报告。实验至少包含以下 4 方面内容。

(1) 制作云计算市场发展情况 PPT。

(2) 制作云计算关键技术 PPT。

(3) 制作云计算核心特征 PPT。

(4) 制作云计算特点 PPT。

1.8 课后练习

一、选择题

1. 云计算概念最早由(　　)提出。
   A. 亚马逊　　B. 百度　　C. Google　　D. 腾讯
2. 以下不是云计算按层次的分类是(　　)。
   A. NaaS　　B. IaaS　　C. PaaS　　D. SaaS
3. 以下选项(　　)不属于腾讯云服务器提供的云服务。
   A. Web弹性引擎　　B. CCA　　C. CDN　　D. CDB
4. 以下选项中,(　　)不是云计算环境的核心特征。
   A. 超大规模　　B. 安全性　　C. 高度可用性　　D. 经济性

二、简答题

1. 画出云计算分类的思维导图。
2. 论述云计算市场的发展情况。
3. 论述云计算关键技术有哪些,以及主要厂商。
4. 腾讯云主要产品有哪些?
5. 腾讯认证有哪些?
6. 如果你计划成为一名腾讯云计算工程师,应如何规划?

第 2 章　云服务器应用

2.1　云服务器的发展历史

2.1.1　云服务器的概念

云服务器(Cloud Virtual Machine,CVM)可提供安全可靠的弹性计算服务。只需几分钟,您就可以在云端获取和启用 CVM,用于实现您的计算需求。随着业务需求的变化,您可以实时扩展或缩减计算资源。CVM 支持按实际使用的资源计费,可以为您节约计算成本。使用 CVM 可以极大地降低您的软硬件采购成本,简化 IT 运维工作。

2.1.2　云服务器的发展

1. 第一阶段:虚拟主机时代

互联网诞生至今,云服务器发展是从“虚拟主机”(virtual hosting)开始的,2007 年是虚拟主机非常火爆的一年,中国各大虚拟主机提供商都推出各种各样的个性化虚拟主机,主要有专业型、商务型和自由型等。所谓虚拟主机,也叫“网站空间”,就是把一台运行在互联网上的服务器划分成多个“虚拟”的服务器,在网络服务器上划分出一定的磁盘空间供用户放置站点、应用组件等,提供独立的域名和完整的 Internet 服务器功能。

2. 第二阶段:独立主机走红

随着 Web 2.0 到来,网络视频、网络播客等新生事物的火爆,对网络资源的需求逐步增大,从带宽、磁盘空间和管理等方面提出新要求,许多大中型企业和大网站都希望拥有独立管理权,能够实现自主管理重要数据和资源,虚拟主机产品是无法满足市场需求的。

2006 年后,独立主机也逐渐开始走红。独立主机是指客户独立租用一台服务器来展示自己的网站或提供自己的服务,比虚拟主机有更大的空间,速度更快,CPU 计算独立等优势,独享整台服务器,性能和自由度更好,当然费用也更昂贵,缺点是对服务器安全要进行管理,否则出了安全漏洞,损失就很大了。

3. 第三阶段:虚拟专用服务器爆发

虚拟主机容易产生服务器故障,导致所有网站无法访问,稳定性相对较差,而独立主机价格又偏高。虚拟专用服务器的优势刚好介于两者之间,2009 年开始大范围普及,虚拟专用服务器技术,将一部服务器分割成多个虚拟专享服务器的优质服务。每个虚拟专用服务器都可分配独立公网 IP 地址、独立操作系统、独立超大空间、独立内存、独立 CPU 资源、独立执行程序和独立系统配置等。用户除可以分配多个虚拟主机及无限企业邮箱外,更具有独立服务器功能,可自行安装程序,独立重启服务器,成为高端虚拟主机用户的最佳选择。

4. 第四阶段:云服务器崛起

云服务器是一种类似虚拟专用服务器的虚拟化技术。虚拟专用服务器是采用虚拟软件,在一台主机上虚拟出多个类似独立主机的部分,每个部分都可以做单独的操作系统,管理方法同主机一样。而云服务器是在一组集群主机上虚拟出多个类似独立主机的部分，集群中每个主机上都有云服务器的一个镜像，从而大大提高了虚拟主机的安全稳定性，除非所有集群内主机全部出现问题，云服务器才会无法访问。作为新一代的主机租用服务，它整合了高性能服务器与优质网络带宽，有效克服了传统主机租用价格偏高、服务参差不齐等缺点，可全面满足中小企业、个人站长用户对主机租用服务低成本，高可靠，易管理的需求。

2.1.3 云服务器、虚拟专用服务器和独立服务器的形象比喻

1. 虚拟专用服务器

如果将虚拟专用服务器比作一个水龙头，服务器的计算和存储资源则是一根水管，水管上有很多水龙头。你需要付出租用这个水龙头的费用，而它的水流量是有限的。如果你想获得更大的水流，就需要租用更多的龙头，同时，如果所有的龙头都在流水，那么每个龙头的水流量都会降低。

2. 云服务器

你所获得的是一个流量可大可小的龙头，服务器由一台变成一组，就像一个水管变成很多条水管组成的大水管。当你需要更大的水流时，可以直接控制你的龙头加大水流，同时，即便所有水管都在流水，也不会影响你的水流。更有甚者，你需要付出的费用，不再是租用水管产生的，而是你所需要的水流量。

3. 独立服务器

至于自己架设或者租用整个服务器，目前来看经济型就差很多了，因为你要连水龙头和水管都买下来，不够用的时候还要再买。我们都知道，服务器资源通常使用率为20%，除非业务非常稳定，不会明显增长，可以考虑自建。

2.2 腾讯云服务器概述

2.2.1 腾讯云服务器概念

腾讯云服务器是腾讯云提供的可扩展的计算服务，使用云服务器避免了使用传统服务器时需要预估资源用量及前期投入，有助于在短时间内快速启动任意数量的云服务器并即时部署应用程序。云服务器支持用户自定义一切资源，如CPU、内存、硬盘、网络、安全等，并可以在需求发生变化时轻松地调整它们。

2.2.2 腾讯云服务器的优势

1. 腾讯云服务器可提供全面广泛的服务内容

(1) 多地域多可用区。中国大陆地域覆盖华南、华东、华北、西南4个地域。境外节点覆盖东南亚、亚太、北美、美西及欧洲5个地域。在靠近用户的地域部署应用可获得较低的时延。

(2) 多种机型配置。主要分为7种类型。

① 标准型(适合中小型Web应用、中小型数据库)。

② 内存型(适合需要大量的内存操作、查找和计算的应用)。

③ 高 I/O 型(适合低时延、I/O 密集型应用)。

④ 计算型(适合大型游戏服务器和广告服务引擎、高性能计算,以及其他计算密集型应用程序)。

⑤ 大数据型(适合 Hadoop 分布式计算、海量日志处理、分布式文件系统和大型数据仓库等吞吐密集型应用)。

⑥ 异构型(适合深度学习、科学计算、视频编解码和图形工作站等高性能应用)。

⑦ 批量型(适合渲染、基因分析、晶体药学等短时频繁使用超大规模计算节点的计算密集型应用)。

2. 腾讯云服务器是业界最为弹性的云端服务器管理平台

腾讯云服务器是业界最为弹性的云端服务器管理平台,主要提供以下 8 种弹性能力。

(1) 硬件配置:基于云硬盘的云服务器即时提升/降低硬件配置(不区分包年、包月或按量计费类型)。

(2) 磁盘变更:基于云硬盘的云服务器即时扩容磁盘(不区分包年、包月或按量计费类型)。

(3) 网络带宽:云服务器即时升级/降级带宽。

(4) 计费模式:云服务器支持带宽计费模式及流量计费模式的互相切换。

(5) 操作系统:中国大陆地区的云服务器可随时切换 Windows 与 Linux 系统(不区分包年、包月或按量计费类型),其他地区暂不支持互相切换。

(6) 弹性 IP :支持绑定各种网络环境下的主机。

(7) 镜像种类:公有镜像、服务市场镜像及自定义镜像,同时支持跨地域调整和镜像复制。

(8) 自定义网络架构:私有网络(VPC)提供用户独立的网络空间,自定义网段划分、IP 地址、路由策略等,提供端口级出入访问控制,实现全面网络逻辑隔离。

3. 腾讯云服务器是业界最为可靠的云服务器之一,主要包括以下 3 方面的可靠性

(1) CVM 可靠性:单实例服务可用性 99.975%,数据可靠性 99.9999999%。支持死机迁移无感知、数据快照、自动告警等功能,为服务器保驾护航。

(2) 云硬盘策略:提供三副本专业存储策略,消除单点故障,保证数据可靠性,让您可以放心地将数据放在云端,无须担心数据丢失的问题。

(3) 稳定网络架构:成熟的网络虚拟化技术和网卡绑定技术可保证网络高可用性。在 T3+以上数据中心中运行,可保证运行环境的可靠性,把用户从网络可用性中解放出来。

4. 无论用户操作还是云服务器性能,都致力于提供极速便捷的服务

(1) 操作便捷快速:只需几分钟时间即可轻松获取一个、数百个,甚至数千个服务器实例,您可以一键购买、配置、管理、扩展自己的服务。

(2) 极速公网质量:超过 20 线 BGP 公网,会覆盖几乎所有的网络运营商。无论您的客户使用哪家 ISP,均可享受相同的极速带宽和秒级故障切换体验。

(3) 极速内网质量:腾讯云同地域机房内网互通,底层均为万兆或千兆网络,保证内网通信质量。

5. 腾讯云服务器提供了多种方案保障云服务器安全，并提供了备份及回滚机制的数据安全性

(1) 多种方式远程登录云服务器：提供多种登录方式，包括密钥登录、密码登录、VNC登录等。

(2) 丰富的安全服务：提供DDoS防护、DNS劫持检测、入侵检测、漏洞扫描、网页木马检测、登录防护等安全服务，为您的服务器保驾护航。

(3) 免费提供云监控：支持多种实时预警。

(4) 回收站保护机制：支持包年、包月类型云服务到期后进入回收站一段时间，规避因立即销毁带来的数据丢失等重大影响。

(5) 自定义访问控制：通过安全组和网络ACL自定义主机和网络的访问策略，灵活自由地为不同实例设定不同的防火墙。

6. 易用

腾讯云服务器提供基于Web的用户界面，即控制台，可以与实体机器一样对云服务器实例进行启动、调整配置、重装系统等操作。如果已注册腾讯云账户，可以直接登录云服务器控制台，对云服务器进行操作。

腾讯云服务器提供了API体系，可使用API便捷地将云服务器与您的内部监控、运营系统相结合，实现贴近业务需求、完全自动化的业务运维体系。这些请求属于HTTP或HTTPS请求。如果您倾向于使用API的方式对自己的资源、应用和数据进行管理操作，可以使用SDK(支持PHP/Python/Java/.NET/Node.js)编程或使用腾讯云命令行工具调用云服务器API。

7. 节约

腾讯云提供了多种计费方式，并简化了传统的运维工作，不仅价格合理，同时减少了额外的IT投入成本。

云服务器实例及其网络部署均支持包年、包月或按量计费购买，满足不同应用场景需求。可按需购买，合理消费，无须预先采购、准备硬件资源，这样有助于降低基础设施建设投入。

2.2.3 腾讯云服务器选型

腾讯云服务器选型结合实际业务场景选购云服务器，主要从实例功能特性、常见业务场景、注意事项及最佳实践等进行实例选型。

1. 选择地域及可用区

选择原则为就近接入、国内访问海外质量和不同地域网络延迟差异。地域(Region)规定了购买的云计算资源所在的地理位置，直接决定您及您的客户访问该资源的网络状况。如您有选购境外地域的需求，则需要重点关注网络质量因素、相关合规政策因素，以及部分镜像使用限制(如Windows系统与Linux系统在境外地域无法互相切换等)。

一个地域会包含一个或多个可用区(Zone)，同一地域下不同可用区之间所售卖的云服务器实例类型可能有差异。同时，不同可用区之间的资源互访可能存在一定的网络延迟差异。

2. 选择实例类型

腾讯云提供多种不同类型的实例,每种实例类型包含多种实例规格。按照架构,可分为x86计算、ARM计算、裸金属计算、异构计算(GPU/FPGA)、批量计算等。按照特性能力,可分为标准型、计算型、内存型、高I/O型、大数据型等。

1) 标准型

标准型实例各项性能参数平衡,适用于大多数常规业务,例如Web网站及中间件等。标准型实例主要系列如下。

(1) S及SA系列:S系列为Intel核心,SA系列为AMD核心。相同代次与配置的S系列与SA系列相比有更强的单核性能,而SA系列则性价比更高。

(2) 存储优化型S5se系列:基于最新的虚拟化技术SPDK,专门对存储协议栈进行优化,全面提升云硬盘的能力,适用于大型数据库、NoSQL数据库等I/O密集型业务。

(3) 网络优化型SN3ne系列:最高内网收发能力达600万pps,性能相比标准型S3实例提升近8倍。最高内网带宽可支持25Gb/s,内网带宽相比标准型S3提升2.5倍,适用于高网络包收发场景,例如视频弹幕、直播、游戏等。

2) 计算型

计算型C系列实例具有最高单核计算性能,适合批处理、高性能计算和大型游戏服务器等计算密集型应用。例如,高流量Web前端服务器、大型多人联机(MMO)游戏服务器等其他计算密集型业务。

3)内存型

内存型M系列实例具有大内存的特点,CPU与内存配比为1∶8,单位内存价格最低,主要适用于高性能数据库、分布式内存缓存等需要大量的内存操作、查找和计算的应用,例如MySQL、Redis等。

4) 高I/O型

高I/O型IT系列实例数据盘为本地硬盘存储,搭配最新NVMe SSD存储,具有高随机IOPS、高吞吐量、低访问延时等特点,以较低的成本提供超高IOPS,适合对硬盘读写和时延要求高的高性能数据库等I/O密集型应用。例如,高性能关系数据库、ElasticSearch等I/O密集型业务。

IT系列实例由于数据盘是本地存储,因此有丢失数据的风险(例如,宿主机死机时)。如果您的应用不具备数据可靠性的架构,强烈建议使用可以选择云硬盘作为数据盘的实例。

5) 大数据型

大数据型D系列实例搭载海量存储资源,具有高吞吐特点,适合Hadoop分布式计算、海量日志处理、分布式文件系统和大型数据仓库等吞吐密集型应用。

大数据机型D系列实例数据盘是本地硬盘,有丢失数据的风险(例如,宿主机死机时),如果您的应用不具备数据可靠性的架构,强烈建议使用可以选择云硬盘作为数据盘的实例。

6) 异构计算

异构计算实例搭载GPU、FPGA等异构硬件,具有实时高速的并行计算和浮点计算能力,适合于深度学习、科学计算、视频编解码和图形工作站等高性能应用。NVIDIA GPU系列实例采用NVIDIA Tesla系列GPU,包括主流的T4/V100,以及新一代的A100。提供杰出的通用计算能力,是深度学习训练/推理、科学计算等应用场景的首选。

7）黑石物理服务器 2.0

它是基于腾讯云虚拟化技术研发的一款拥有极致性能的弹性裸金属云服务器。黑石物理服务器 2.0 兼具虚拟机的灵活弹性和物理机的高稳定性，与腾讯云全产品无缝融合，例如网络、数据库等。黑石物理服务器 2.0 实例矩阵覆盖标准、高 I/O、大数据和异构计算场景，可以在分钟级为您构建云端独享的高性能、安全隔离的物理服务器集群。同时，可以支持第三方虚拟化平台，通过先进的嵌套虚拟化技术实现 AnyStack 的混合部署，构建先进、高效的混合云方案。

8）高性能计算集群

高性能计算集群以黑石物理服务器 2.0 为计算节点，提供高速 RDMA 互联网络支持的云上计算集群，可广泛支持例如汽车仿真、流体力学、分子动力学等大规模计算场景，同时提供高性能异构资源，可以支持大规模机器学习训练等场景。

3. 根据业务场景的不同选择不同的机型

根据业务场景的不同选择不同的机型，见表 2-1。

表 2-1　根据不同的场景选择不同的机型

业务场景	常用软件	场景介绍	推荐机型
Web 服务	Nginx Apache	Web 服务通常包括个人网站、博客、小程序，以及大型电商网站等，对计算、存储、内存等资源需求平衡，推荐满足业务需求配置的标准型实例	标准型 S 及 SA 系列
中间件	Kafka MQ	消息队列业务对计算和内存资源需求相对平衡，推荐标准型机型搭载云硬盘作为存储	标准型 S 系列 计算型 C 系列
数据库	MySQL	数据库对 I/O 性能有非常高的要求，推荐使用 SSD 云硬盘以及本地盘（本地盘机型需要注意数据备份，存在数据丢失风险）	高 I/O 型 IT 系列 内存型 M 系列
缓存	Redis Memcache	缓存型业务对内存要求较高，而对计算的要求不高，推荐高内存配比的内存型实例	内存型 M 系列
大数据	Hadoop ES	大数据业务需要海量存储，并且对 I/O 吞吐有一定需求，推荐专用的大数据型 D 系列（本地盘机型需要注意数据备份，存在数据丢失风险）	大数据型 D 系列
高性能计算	STAR-CCM WRF-Chem	高性能计算业务需要极致的单机算力，同时也需要高效的多机扩展。推荐搭配高速 RDMA 网络的高性能计算集群或计算型实例族	高性能计算集群 计算型 C 系列
虚拟化	Kvm OpenStack	虚拟化应用需要云上服务器具备嵌套虚拟化的能力，同时不引入额外性能开销，保持与传统物理机的虚拟化能力一致。推荐黑石物理服务器 2.0 产品	高性能计算集群 黑石物理服务器 2.0
视频渲染	Unity UE4	视频渲染场景需要 DirectX 和 OpenGL 等图形图像处理 API 支持。推荐 GPU 渲染型 GN7vw	GPU 渲染型 GN7vw
AI 计算	TensorFlow CUDA	AI 计算业务需要并行处理能力，对 GPU 算力、显存有明确的需求	GPU 计算型 高性能计算集群

2.3 腾讯云服务器特性

腾讯云服务器特性主要有9方面。

(1) 腾讯云服务器提供了各种开发者熟悉的应用部署环境。让广大开发者无须关心复杂的基础架构,如IDC环境、服务器负载均衡、CDN、热备容灾、监控告警等,让开发者可以将精力集中于用户和服务,提供更好的产品,从而帮助用户降低创业门槛。

(2) 腾讯云服务器提供了Web弹性引擎、云服务器、云存储、云监控、CDB、CMEM、CDN等在内的云服务。腾讯云平台又名"腾讯开放平台",可为广大技术开发者提供低成本创业的舞台,借助各种开放API,发出优秀有创意的社交游戏及实用工具,并通过腾讯社交平台提升流量和收入。

(3) 腾讯云服务器提供了技术开发者施展舞台的空间,有助于创业者开发应用程序、推广品牌进行各类合作。也就是说,其更多的是基于商用领域的客户市场,在提供的云服务中很好地利用了既有的社交平台进行展现。

(4) 资源灵活度强。在腾讯云上,可以在几分钟内快速增加或删减云服务器数量,以满足快速变化的业务需求,通过相关设置,服务器规模可以按需要自动扩张和缩减。

(5) 灵活快速配置。提供多种实例类型,操作系统和软件包供选择。每个实例中的CPU、内存、硬盘和带宽也可以灵活调整。

(6) 稳定可靠性好。腾讯云提供99.95%的服务可用性和99.999999%的云硬盘数据可靠性;CVM搭载的云硬盘提供三副本存储策略,保证能在任何一个副本故障时快速进行数据迁移恢复;CVM搭载稳定的网络架构,采用成熟的网络虚拟化技术和网卡绑定技术,在T3+以上数据中心中运行,保证网络的高可用性。

(7) 网络安全。私有网络功能在腾讯云上提供了一个逻辑隔离的网络,网络访问控制(ACL)可以在子网级别上控制进出流量;可灵活配置的安全组策略,能够在实例级别对进出网络的流量进行安全过滤。

(8) 全面防护。提供木马检测、暴力破解防护、漏洞扫描等基础防护功能;提供DDoS防护和DNS劫持检测等高级安全防护服务。

(9) 计费灵活。CVM部署在云端,极大节省了前期搭建基础网络设施的成本和后期维护的成本;支持按量付费和包月、包年两种计费方式,可以根据使用场景灵活选择。

2.4 腾讯云服务器应用场景

腾讯云服务器应用场景非常广泛,按照不同类型具有不同的应用场景。

2.4.1 腾讯云服务器的类型

腾讯云服务器的类型分为标准型实例族、内存型实例族、高I/O型实例族、大数据型实例族、计算型实例族、异构计算实例族、批量型实例族、黑石物理服务器2.0、高性能计算集群。其子类型如表2-2所示。

表 2-2 类型分类

类型	子类型	描述
标准型实例族	• 标准型 S6 • 标准型 SA3 • 标准型 S5 • 标准存储增强型 S5se • 标准型 SA2 • 标准型 S4 • 标准网络优化型 SN3ne • 标准型 S3 • 标准型 SA1 • 标准网络优化型 S2ne • 标准型 S2 • 标准型 S1	均衡的计算、内存和网络资源,可满足大多数场景下的应用资源需求
内存型实例族	• 内存型 M6 • 安全增强内存型 M6ce • 内存型 M6p • 内存型 M5 • 内存型 MA2 • 内存型 M4 • 内存型 M3 • 内存型 M2 • 内存型 M1	具有大内存的特点,适合高性能数据库、分布式内存缓存等需要大量的内存操作、查找和计算的应用
高 I/O 型实例族	• 高 I/O 型 IT5 • 高 I/O 型 IT3	具有高随机 IOPS、高吞吐量、低访问延时等特点,适合对硬盘读写和时延要求高的高性能数据库等 I/O 密集型应用
大数据型实例族	• 大数据型 D3 • 大数据型 D2	搭载海量存储资源,具有高吞吐特点,适合 Hadoop 分布式计算、海量日志处理、分布式文件系统和大型数据仓库等吞吐密集型应用
计算型实例族	• 计算型 C6 • 计算型 C5 • 计算型 C4 • 计算型 CN3 • 计算型 C3 • 计算型 C2	最高 3.8GHz 睿频,具有最高单核计算性能,适合批处理、高性能计算和大型游戏服务器等计算密集型应用
异构计算实例族	—	搭载 GPU、FPGA 等异构硬件,具有实时高速的并行计算和浮点计算能力,适合于深度学习、科学计算、视频编解码和图形工作站等高性能应用
批量型实例族	• 批量计算型 BC1 • 批量计算型 BS1	具有最优单位核时性价比,适用于渲染、基因分析、晶体药学等短时频繁使用超大规模计算节点的计算密集型应用
黑石物理服务器 2.0	—	黑石物理服务器 2.0 是基于腾讯云虚拟化技术研发的一款拥有超高性能的裸金属云服务器,兼具云服务器的灵活弹性和物理机的高稳定、强劲的计算性能,和腾讯云全产品无缝融合

续表

类　型	子　类　型	描　　述
高性能计算集群	—	高性能计算集群以黑石物理服务器 2.0 为节点，通过 RDMA 互联，提供了高带宽和极低延迟的网络服务，能满足大规模高性能计算、人工智能、大数据推荐等应用的并行计算需求

2.4.2 应用场景

1. 标准型实例族

标准型实例是计算、内存和网络资源的均衡，可满足大多数场景下的应用资源需求。

(1) 标准型 S6 实例可应用于以下场景：

- 各种类型和规模的企业级应用；
- 中小型数据库系统、缓存、搜索集群；
- 计算集群、依赖内存的数据处理；
- 高网络包收发场景，如视频弹幕、直播、游戏等。

(2) 标准型 SA3 实例可应用于以下场景：

- 各种类型和规模的企业级应用；
- 搜索等计算集群；
- 视频编解码、视频渲染等对单核性能敏感的应用。

(3) 标准型 S5 实例可应用于以下场景：

- 各种类型和规模的企业级应用；
- 中小型数据库系统、缓存、搜索集群；
- 计算集群、依赖内存的数据处理；
- 高网络包收发场景，如视频弹幕、直播、游戏等。

(4) 标准存储增强型 S5se 实例可应用于以下场景：

- 各种类型和规模的企业级应用；
- 大型数据库、NoSQL 数据库、音视频处理、ElasticSearch 集群等 I/O 密集型应用。

(5) 标准型 SA2 实例可应用于以下场景：

- 各种类型和规模的企业级应用；
- 搜索等计算集群；
- 视频编解码、视频渲染等对单核性能敏感的应用。

(6) 标准型 S4 实例可应用于以下场景：

- 各种类型和规模的企业级应用；
- 中小型数据库系统、缓存、搜索集群；
- 计算集群、依赖内存的数据处理；
- 高网络包收发场景，如视频弹幕、直播、游戏等。

(7) 标准网络优化型 SN3ne 实例可应用于以下场景：

- 各种类型和规模的企业级应用；
- 中小型数据库系统、缓存、搜索集群；

- 计算集群、依赖内存的数据处理；
- 高网络包收发场景，如视频弹幕、直播、游戏等。

(8) 标准型 S3 实例可应用于以下场景：

- 各种类型和规模的企业级应用；
- 中小型数据库系统、缓存、搜索集群；
- 计算集群、依赖内存的数据处理。

(9) 标准型 SA1 实例可应用于以下场景：

- 各种类型和规模的企业级应用；
- 中小型数据库系统、缓存、搜索集群；
- 计算集群、依赖内存的数据处理。

(10) 标准网络优化型 S2ne 可应用于以下场景：

- 高网络包收发场景，如游戏业务、视频业务、金融分析等对实时性要求较高的业务场景；
- 各种类型和规模的企业级应用。

(11) 标准型 S2 可应用于以下场景：

用于中小型数据库和需要附加内存的数据处理任务以及缓存集群，也用于运行 SAP、Microsoft SharePoint、集群计算和其他企业应用程序的后端服务器。

(12) 标准型 S1 实例用于各种大中小型应用、大中小型数据库等不同场景。

2. 内存型实例族

内存型实例族具有大内存的特点，适合高性能数据库、分布式内存缓存等需要大量内存操作、查找和计算的应用。

(1) 内存型 M6 适用于下列场景：

- 高性能数据库、分布式内存缓存等需要大量内存操作、查找和计算的应用；
- 基因计算等自行搭建 Hadoop 集群或 Redis 的用户；
- 高网络包收发场景，如视频弹幕、直播、游戏等。

(2) 安全增强内存型 M6ce 适用于下列场景：

- 数据共享与计算，可保护不同用户或厂商之间共享机密数据；
- 区块链应用，可增强事务、密钥存储等的隐私性和安全性；
- 有高安全可信要求的场景，如金融、政府机构、医疗等；
- 机密计算场景，如数据加密应用等。

(3) 内存型 M6p 适用于下列场景：

- 高性能数据库、分布式内存缓存等需要大量内存操作、查找和计算的应用；
- 基因计算等自行搭建 Hadoop 集群或 Redis 的用户；
- Hadoop 或 Redis 集群等大内存应用场景；
- 高网络包收发场景，如视频弹幕、直播、游戏等。

(4) 内存型 M5 适用于下列场景：

- 高性能数据库、分布式内存缓存等需要大量内存操作、查找和计算的应用；
- 基因计算等自行搭建 Hadoop 集群或 Redis 的用户；
- 高网络包收发场景，如视频弹幕、直播、游戏等。

(5) 内存型 MA2 适用于下列场景:

- 高性能数据库、分布式内存缓存等需要大量内存操作、查找和计算的应用;
- 基因计算等自行搭建 Hadoop 集群或 Redis 的用户;

高网络包收发场景,如视频弹幕、直播、游戏等。

(6) 内存型 M4 适用于下列场景:

- 高性能数据库、分布式内存缓存等需要大量内存操作、查找和计算的应用;
- 基因计算等自行搭建 Hadoop 集群或 Redis 的用户;
- 高网络包收发场景,如视频弹幕、直播、游戏等。

(7) 内存型 M3 适用于下列场景:

- 高性能数据库、分布式内存缓存等需要大量内存操作、查找和计算的应用;
- 基因计算等自行搭建 Hadoop 集群或 Redis 的用户。

(8) 内存型 M2 适用于下列场景:

- 高性能数据库、分布式内存缓存等需要大量内存操作、查找和计算的应用;
- 基因计算等自行搭建 Hadoop 集群或 Redis 的用户。

(9) 内存型 M1 适用于下列场景:

- 高性能数据库、分布式内存缓存等需要大量内存操作、查找和计算的应用;
- 基因计算等自行搭建 Hadoop 集群或 Redis 的用户。

3. 高 I/O 型实例族

高 I/O 型实例具有高随机 IOPS、高吞吐量、低访问延时等特点,适合对硬盘读写和时延要求高的高性能数据库等 I/O 密集型应用。

(1) 高 I/O 型 IT5 使用场景:

- 高性能数据库,如 NoSQL 数据库(例如 MongoDB)、群集化数据库;
- 联机事务处理(OLTP)系统、Elastic Search 搜索等需要低时延的 I/O 密集型应用。

(2) 高 I/O 型 IT3 使用场景:

- 高性能数据库,如 NoSQL 数据库(例如 MongoDB)、群集化数据库;
- 联机事务处理系统、Elastic Search 搜索等需要低时延的 I/O 密集型应用。

4. 大数据型实例族

大数据型实例搭载海量存储资源,具有高吞吐的特点,适合 Hadoop 分布式计算、海量日志处理、分布式文件系统和大型数据仓库等吞吐密集型应用。

(1) 大数据型 D3 使用场景:

- Hadoop MapReduce/HDFS/Hive/HBase 等分布式计算;
- ElasticSearch、日志处理和大型数据仓库等业务场景设计;
- 互联网行业、金融行业等有大数据计算与存储分析需求的行业客户,进行海量数据存储和计算的业务场景。

(2) 大数据型 D2 使用场景:

- Hadoop MapReduce/HDFS/Hive/HBase 等分布式计算;
- ElasticSearch、日志处理和大型数据仓库等业务场景设计;
- 互联网行业、金融行业等有大数据计算与存储分析需求的行业客户,进行海量数据存储和计算的业务场景。

5. 计算型实例族

计算型实例提供了高达3.8GHz的CPU频率，具有最高单核计算性能，适合批处理、高性能计算和大型游戏服务器等计算密集型应用。

(1) 计算型C6使用场景：

- 批处理工作负载、高性能计算(HPC)；
- 高流量Web前端服务器；
- 大型多人联机(MMO)游戏服务器等其他计算密集型业务。

(2) 计算型C5使用场景

- 批处理工作负载、高性能计算；
- 高流量Web前端服务器；
- 大型多人联机游戏服务器等其他计算密集型业务。

(3) 计算型C4使用场景：

- 批处理工作负载、高性能计算；
- 高流量Web前端服务器；
- 大型多人联机游戏服务器等其他计算密集型业务。

(4) 计算型CN3使用场景：

- 批处理工作负载、高性能计算；
- 高流量Web前端服务器；
- 大型多人联机游戏服务器等其他计算密集型业务。

(5) 计算型C3使用场景：

- 批处理工作负载、高性能计算；
- 高流量Web前端服务器；
- 大型多人联机游戏服务器等其他计算密集型业务。

(6) 计算型C2使用场景：

- 批处理工作负载；
- 高流量Web服务器、大型多人联机游戏服务器；
- 高性能计算以及其他计算密集型应用程序。

6. 异构计算实例族

异构计算实例搭载GPU、FPGA等异构硬件，具有实时高速的并行计算和浮点计算能力，适合于深度学习、科学计算、视频编解码和图形工作站等高性能应用。

7. 批量型实例族

批量型实例具有最优单位核时性价比，适用于渲染、基因分析、晶体药学等短时频繁使用超大规模计算节点的计算密集型应用。

(1) 批量计算型BC1使用场景：

- 视频/影视渲染；
- 基因组学、晶体药学等；
- HPC计算密集型业务，如气象预测、天文学等。

(2) 批量计算型BS1使用场景：

- 视频/影视渲染；

- 基因组学、晶体药学等；
- HPC 计算密集型业务，如气象预测、天文学等。

8. 黑石物理服务器 2.0

黑石物理服务器 2.0(Cloud Physical Machine，CPM)是一种兼具虚拟机弹性及物理机性能的裸金属云服务，与腾讯云全产品(如网络、存储、数据库等)无缝融合，能提供云端独享的高性能、安全隔离的物理服务器集群。您的业务应用可以直接访问黑石物理服务器 2.0 的处理器和内存，无任何虚拟化开销。使用该服务，只需根据业务特性弹性伸缩物理服务器数量，获取物理服务器的时间将缩短至分钟级。您可将容量管理及运维工作交由腾讯云的专业团队处理，而专注于业务创新。

9. 高性能计算集群

高性能计算集群以黑石物理服务器 2.0 为节点，通过 RDMA 互联，提供了高带宽和极低延迟的网络服务，能满足大规模高性能计算、人工智能、大数据推荐等应用的并行计算需求。

2.5 项目开发及实现

2.5.1 项目描述

小东是某公司网络中心的员工，主要负责云产品部署及人员培训等工作。为了让新入职的员工更好地了解腾讯云服务器情况，小东接到部门主管的任务，需要为新员工进行腾讯云服务器概述培训，并为参加培训的人员演示云服务器的创建过程，具体要求如下。

(1) 收集并分析腾讯云服务器概念描述；

(2) 分析腾讯云服务优势，制作云计算思维导图；

(3) 创建腾讯云服务器。

2.5.2 项目实现 1：CVM 的创建

(1) 登录腾讯云官网，选择【云产品】-【计算】-【云服务器】，打开云服务器控制台，如图 2-1 所示。

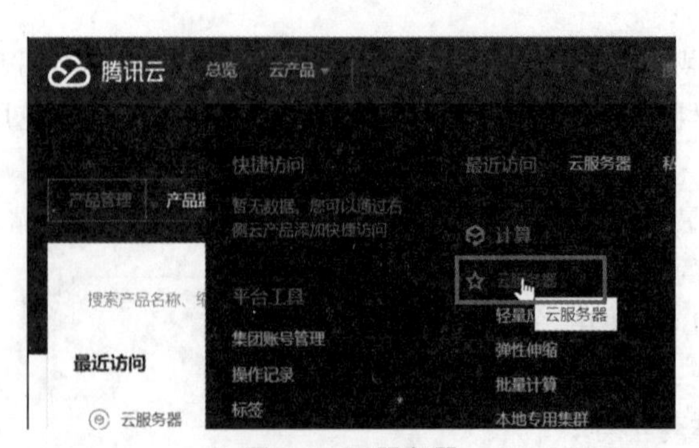

图 2-1 云服务器

(2) 在控制台中选择左侧 CVM 云服务器面板中的【实例】，单击【新建】按钮，进入云服务器创建页面。

(3) 在云服务器 CVM 页面中,选择“自定义配置”;为了节省实验资源,“计费模式”选项选择“按量计费”;“地域”选项选择“广州”;“可用区”选项选择“广州六区”;“网络”选项保持默认状态,如图 2-2 所示。

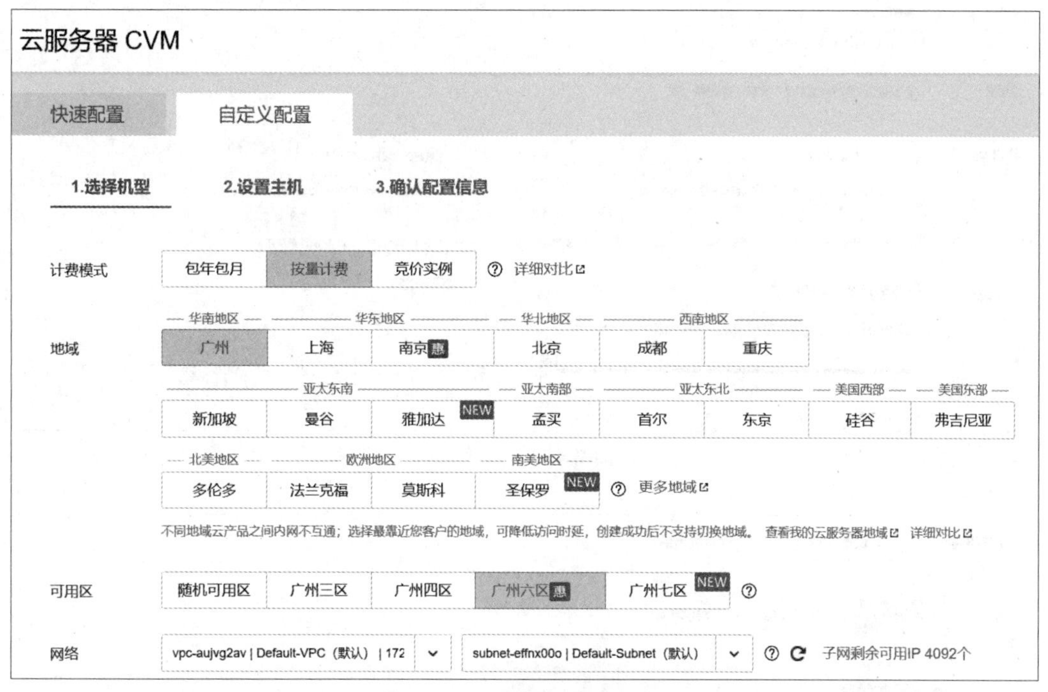

图 2-2 CVM 参数设置

(4) 在“实例”选项中选择“标准型”的“标准型 SA2”,配置为“1 核,1GB”,如图 2-3 所示。

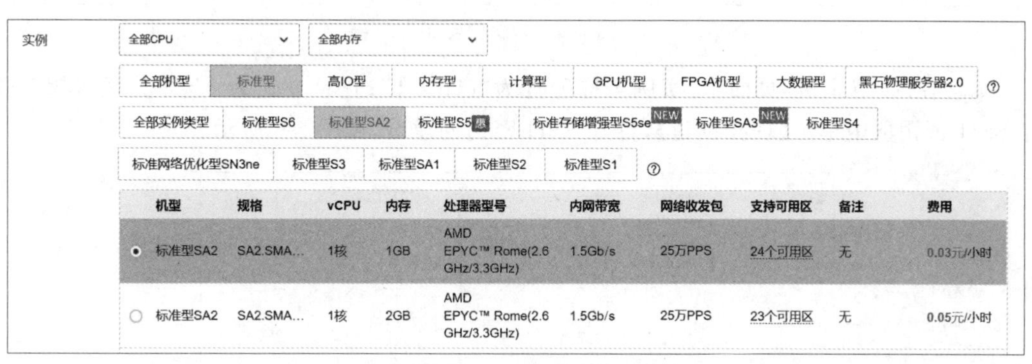

图 2-3 选择标准型

(5) 镜像部分选择“公共镜像”-“CentOS、64 位、CentOS 7.9 64 位”系统;系统盘保持默认状态;公网带宽中勾选“免费分配独立公网 IP”,计费类型选择“按使用流量”,带宽值为 20Mb/s。具体配置如图 2-4 所示,配置完毕后单击【下一步:设置主机】按钮进行下一步的配置操作。

(6) 在“设置主机”页面中,安全组配置为“新建安全组”,并勾选所有端口,如图 2-5 所示。

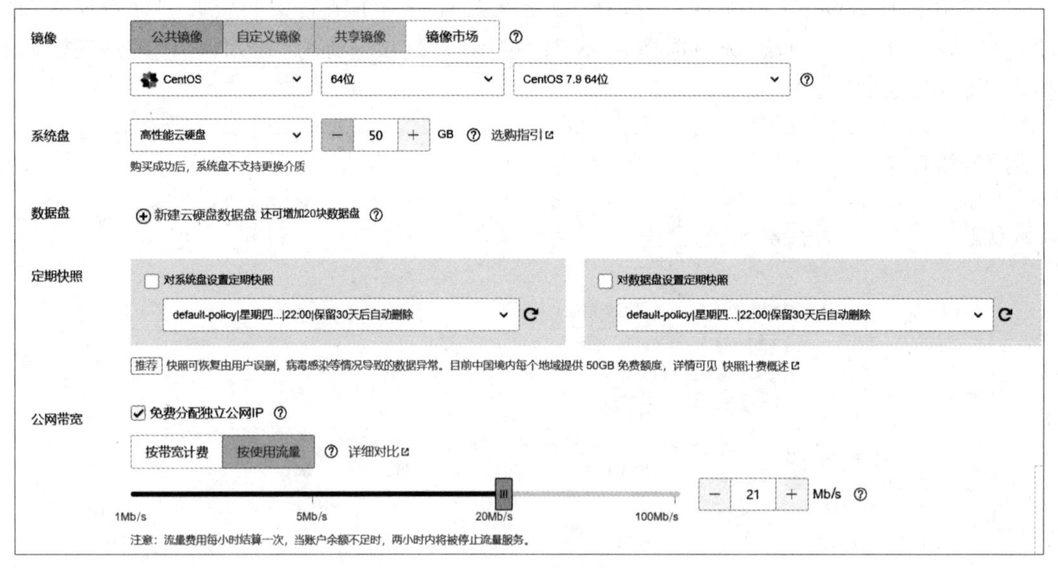

图 2-4　公共镜像

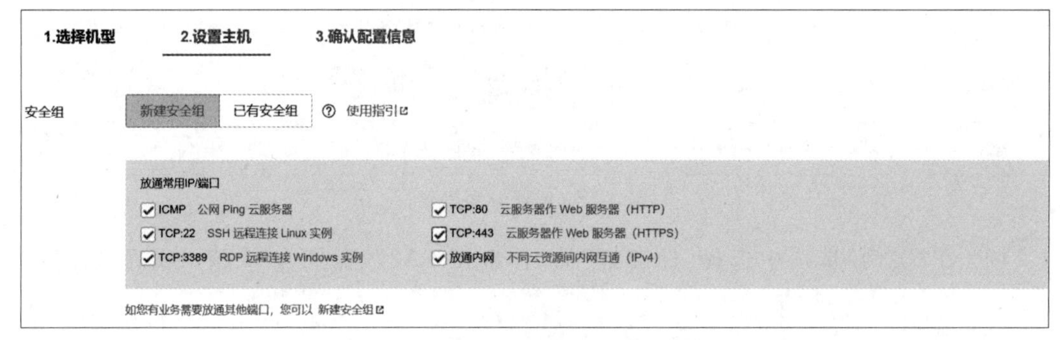

图 2-5　新建安全组

（7）在“设置主机”页面中，实例名称配置为“cvm2-1”；登录方式为“立即关联密钥”，并在 SSH 密钥项中单击【现在创建】，打开 SSH 密钥创建页，如图 2-6 所示。

图 2-6　安全设置

（8）在 SSH 密钥创建页中单击【创建密钥】，在弹出的对话框中选择“创建新密钥对”，并填写密钥名称为“cvm2_1”，完成后单击【确定】按钮，如图 2-7 所示。此时系统会下载所生成的私钥。注意，私钥只有一次下载机会，务必保管好，如图 2-7 所示。

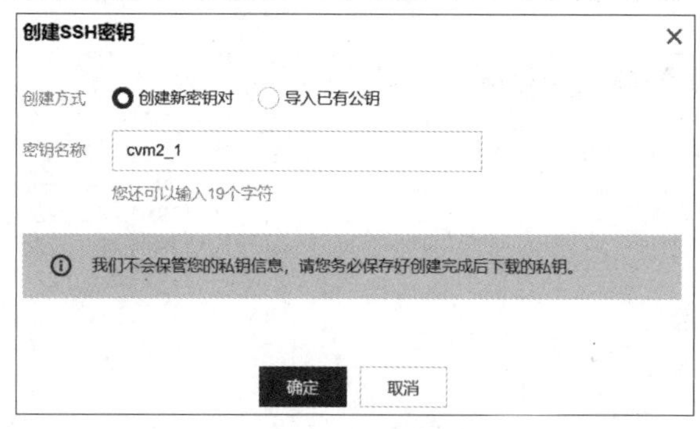

图 2-7　创建密钥

(9) 完成 SSH 密钥创建后，返回 CVM 创建页面，单击【↻】按钮刷新密钥。完成刷新后，选择所创建的“cvm2_1”密钥，如图 2-8 所示。

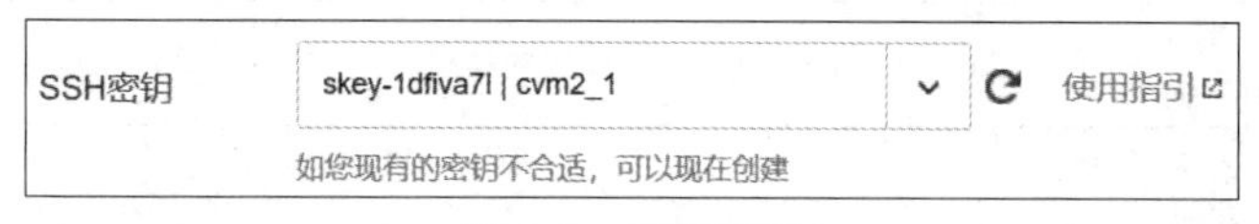

图 2-8　刷新密钥

(10) 配置完毕后，单击【下一步：确认配置信息】，进行下一步的配置操作。

(11) 在确认配置信息页面查看配置信息及费用是否正确后，勾选“同意《腾讯云服务协议》”，并单击【开通】按钮，即可完成云服务器的创建。

2.5.3　项目实现 2：云服务器进行远程配置管理

具体步骤如下。

(1) 登录腾讯云官网，选择【云产品】-【计算】-【云服务器】，打开云服务器控制台。

(2) 在云服务器控制台中查看 2.6.2 项目实现 CVM 的创建中所创建的 CVM 云服务器的公网地址，并单击右侧的【复制】按钮，如图 2-9 所示。

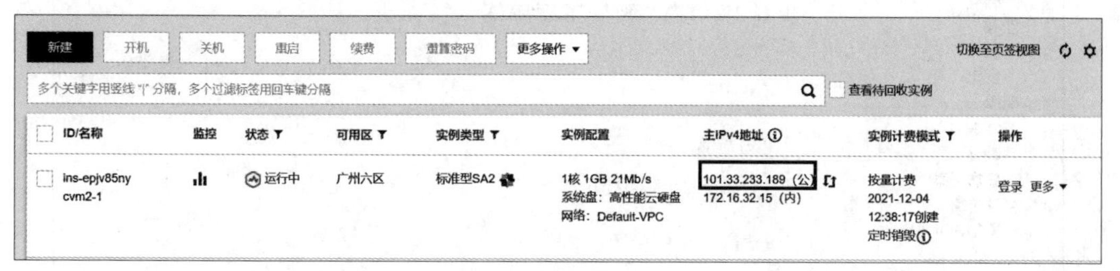

图 2-9　复制公网

(3) 打开 Xshell 软件，在“会话”对话框中单击【新建】按钮，如图 2-10 所示。

(4) 在“新建会话属性”对话框中输入会话名称“cvm2_1”；主机名为云服务器的公网 IP，如图 2-11 所示。

(5) 在“新建会话属性”对话框左侧的“类别”栏中单击【用户身份验证】，在用户身份验证页中的方法配置为“Public Key”，用户名为“root”。单击用户密钥右侧的【浏览】按钮，导入上例中下载的云服务器私钥，如图 2-12 所示。

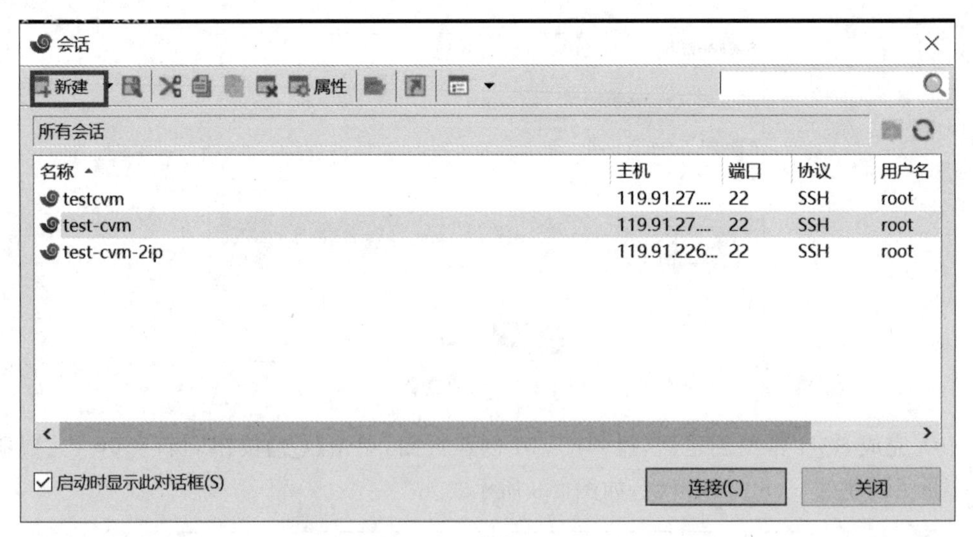

图 2-10　新建 cvm2_1

图 2-11　设置参数

(6) 完成配置后，单击【连接】按钮即可进行服务器连接。建立连接时，会弹出“SSH 安全警告”对话框，单击【接受并保存】按钮即可完成服务器连接，如图 2-13 所示。

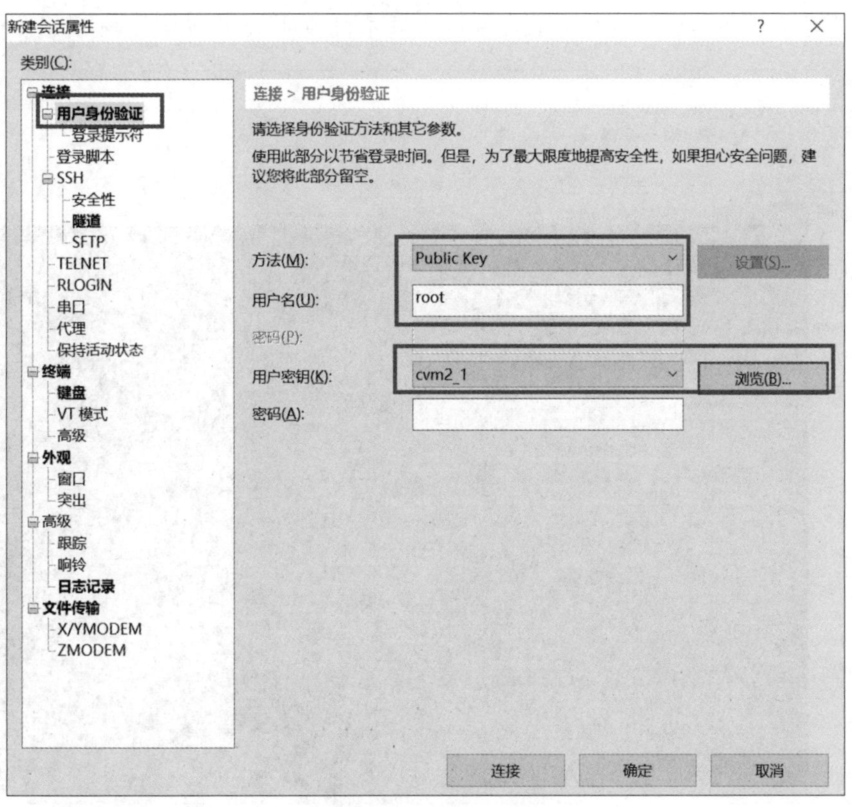

图 2-12 导入云服务器私钥

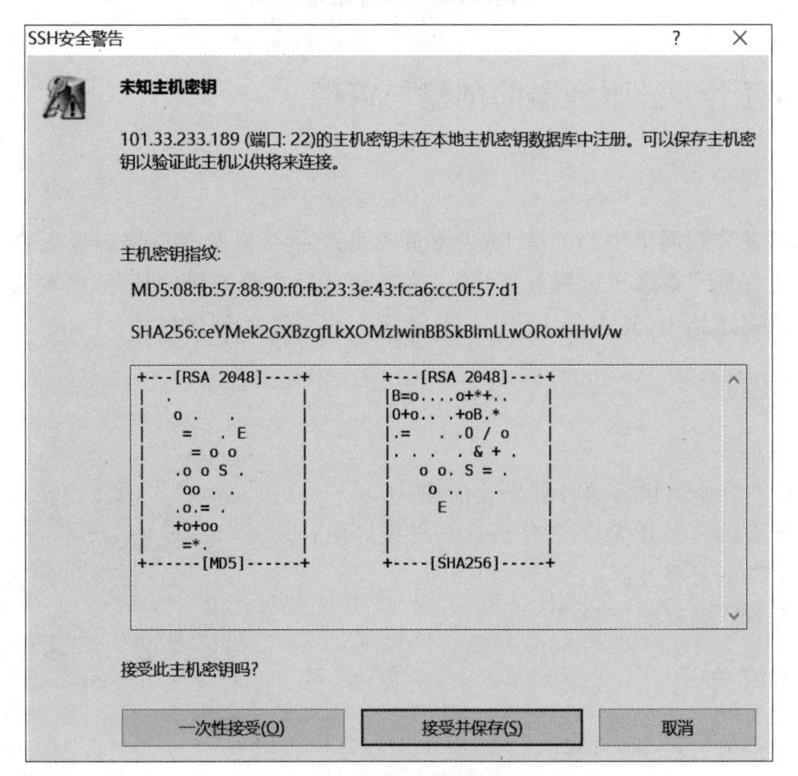

图 2-13 SSH 安全警告信息

（7）连接云服务器后，使用 ifconfig 命令查看本机地址，效果如图 2-14 所示。

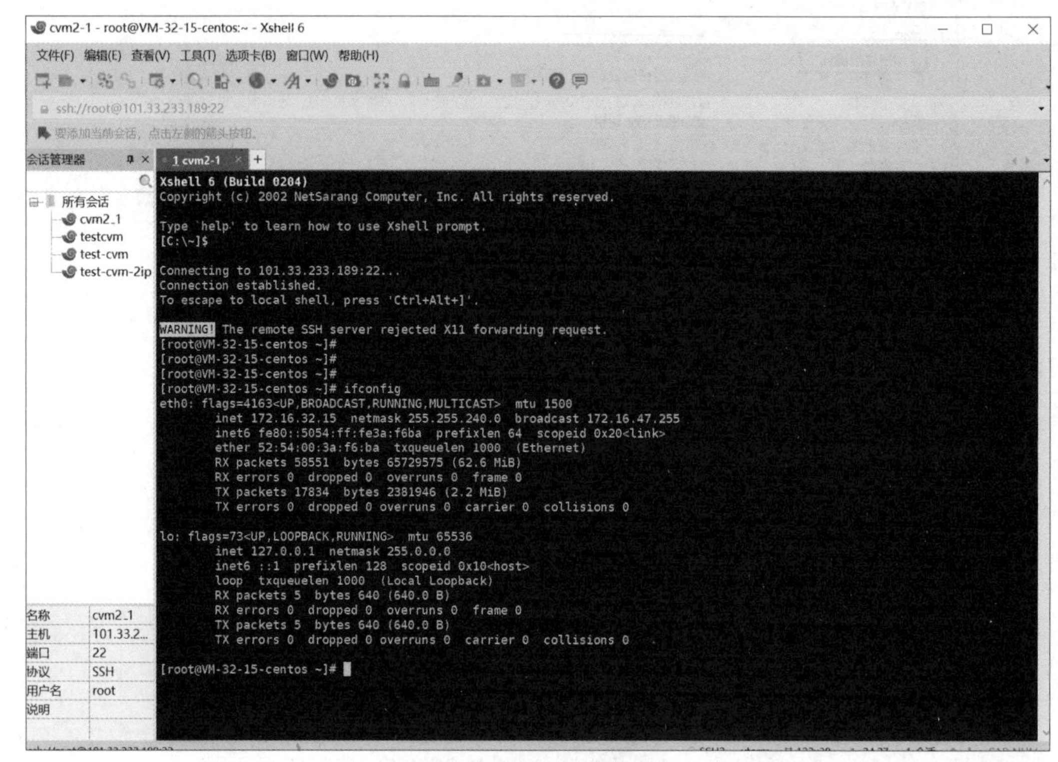

图 2-14 查看本机地址

2.6 实验任务：云服务器的创建与管理

2.6.1 任务简介

假设你是某公司网络中心的员工，主要负责云产品部署及人员培训等工作。为了让新入职的员工更好地了解腾讯云服务器情况，你接到部门主管安排的任务，需要为新员工进行腾讯云服务器概述培训，并为参加培训人员演示云服务器的创建过程。

2.6.2 项目实现

具体实现如下。

（1）收集并分析腾讯云服务器概念描述；

（2）分析腾讯云服务优势，制作云计算思维导图；

（3）创建腾讯云服务器；

（4）云服务器远程配置管理。

2.6.3 实验报告

完成以上内容，并完成实验报告，实验至少包含以下内容。

（1）分析腾讯云服务优势，制作云计算思维导图；

（2）创建腾讯云服务器；

（3）云服务器远程配置管理。

2.7 课后练习

一、选择题

1. 云服务器的发展经历了（　　）个阶段。

A. 一　　B. 二　　C. 三　　D. 四

2. 腾讯云服务器简称（　　）。

A. CVM　　B. CCM　　C. BVM　　D. BCM

3. 以下选项中，（　　）不属于腾讯云服务器提供的云服务。

A. Web 弹性引擎　　B. CCA　　C. CDN　　D. CDB

4. 以下选项中，（　　）不属于腾讯云服务器的类型。

A. 内存型实例族　　B. 黑石物理服务器 2.0

C. 高性能计算集群　　D. 个人型实例

二、简答题

1. 画出云服务器发展的思维导图。

2. 论述腾讯云服务器的优势。

3. 论述腾讯云服务器的特性。

4. 腾讯云服务器连接的步骤有哪些？

5. 腾讯云服务器高性能计算集群应用场景有哪些？

6. 计算型实例族，应用场景主要有哪些？

第 3 章　云网络应用

3.1　云服务器的发展历史

3.1.1　云网络的发展

从技术视角看，云网络分为云设备和云服务两部分。云设备包含了云数据计算处理的服务器、用于数据保存的存储设备和用于数据通信的交换机设备。云服务包含物理资源虚拟化调度管理的云平台软件和用于向用户提供服务的应用平台软件。

如图 3-1 所示，云网络的技术发展趋势主要是海量低成本服务器代替专有大型机、小型机、高端服务器，分布式软件代替传统单机操作系统，以及自动管控软件代替传统集中管理。大型机时代的核心代表为 IBM，大型机集中于大型应用的处理，并且受限于数据中心内部；到 PC 时代，Intel 和微软用 PC 颠覆了 DEC 和 IBM，通过客户端-服务器模式将应用从数据中心走进千家万户；云计算时代的出现是为了应对爆炸性的信息增长和满足动态灵活架构的迫切需求而产生的。

图 3-1　云网络技术

云网络好比从以前的单台发电机模式转化为电厂集中供电模式，云网络就是建设信息电厂，提供 IT 服务。通过互联网提供软件、硬件与服务，并由网络浏览器或轻量级终端软件获取和使用服务，使服务从局域网向 Internet 迁移，使终端计算和存储向云端迁移。

云部署模式分为公有云、私有云和混合云 3 种。

1. 公有云

公有云是指由 IDC 服务商或第三方提供商以共享资源（如硬件、存储和带宽等）的方式，面向大众提供计算资源的服务。公有云的最大意义是使客户能够访问和共享基本的计算机基础设施，因此能够以低廉的价格，提供有吸引力的服务给最终用户。

2. 私有云

私有云通常由单一组织使用,同时由该组织来运营。数据中心就是典型的私有云模式,自己是运营者,也是使用者。在企业内提供的云服务,使用者和运营者是一体的。

3. 混合云

混合云的基础设施由两种或更多的云组成,但对外呈现的是一个完整的实体。企业正常运营时将重要数据保存在自己的私有云里,把不重要的信息放到公有云里,两种组合形成的一个整体就是混合云。如电子商务网站,日常业务量较为稳定时可使用自己的服务器搭建私有云运营,而在“双十一”等促销日业务量较大时则从公有云运营商租用服务器来分担节日的高负荷,形成混合云并统一调度资源。

3.1.2 云网络的硬件技术

1. 企业数据中心的联网

随着云计算的发展,越来越多的业务承载在数据中心的虚拟机上。业务数据的流动从南北向转变成东西向,对数据中心网络的需求和冲击提出很大的挑战。数据中心内部的虚拟机迁移时,虚拟机之间需要实时同步大量的数据,这样就促进了大二层网络虚拟交换技术的发展,支持大容量数据的通信和超高的端口密度,可以连接更多的服务器,提升数据中心的处理能力,如图 3-2 所示。

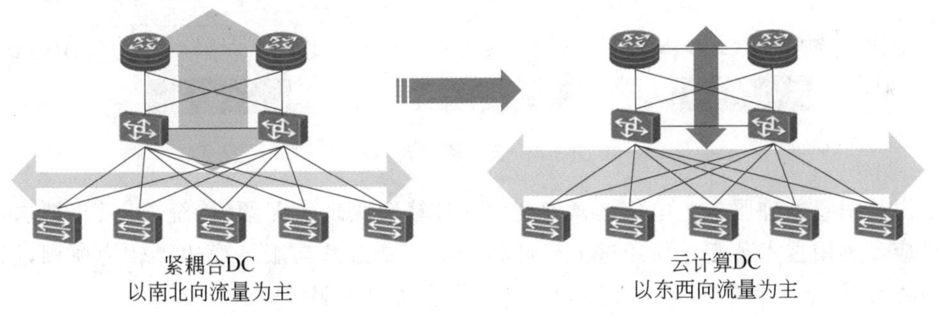

图 3-2 业务数据

2. 企业存储系统

企业存储一般采用专用的存储设备,成本较高。而分布式存储系统是用价格低的 IDE 或 SATA 硬盘的服务器本地存储构建存储资源池,这样既降低了服务器的成本,也降低了存储成本,可以构建最低成本的计算和存储。通过分布式存储和多副本备份可解决海量信息的存储和系统可靠性问题。数据存储可以复制多个副本,保证了数据的安全性。分布式存储和企业存储示意图如图 3-3 所示。

3.1.3 云网络的行业趋势

云网络产业中心包括云网络设备商、云网络服务商和云网络使用者,如图 3-4 所示。

云网络设备商指的是提供搭建云计算环境所需的软硬件的设备厂商,包括硬件厂商,如服务器、存储设备、交换机、安全设备等;软件厂商,如云虚拟化平台、云管理平台、云存储软件等。

云网络服务商是云计算的先行者,是先进技术及创新商业模式的领导者,主要基于云计

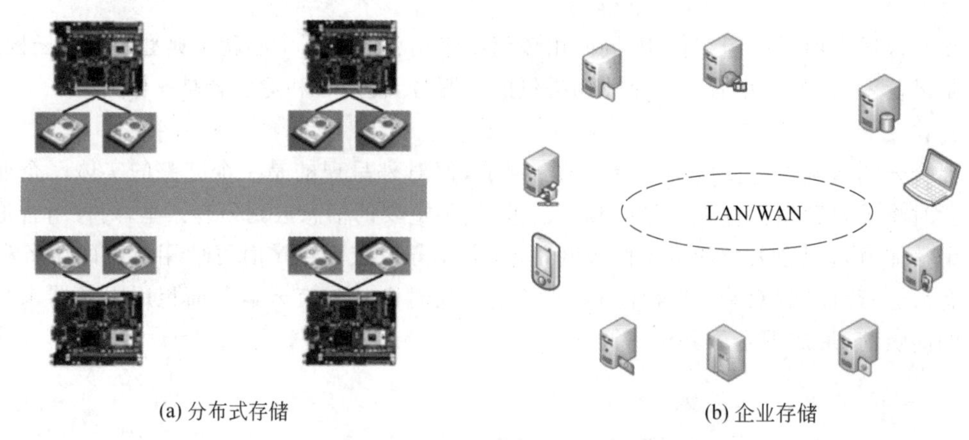

(a) 分布式存储 (b) 企业存储

图 3-3 分布式存储和企业存储示意图

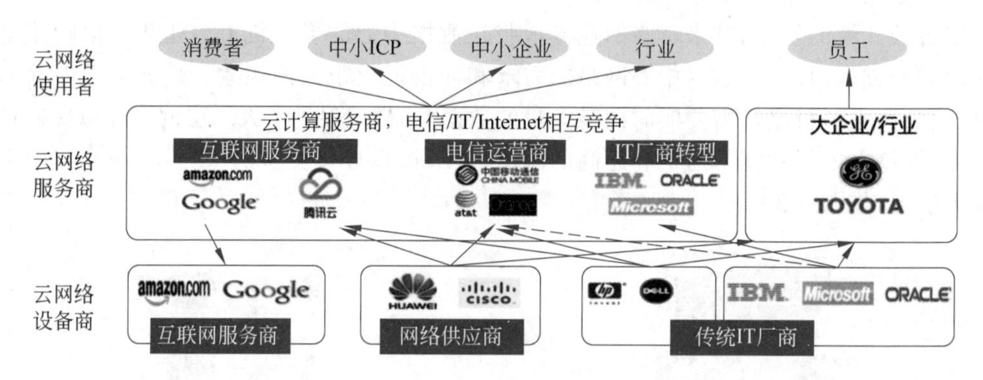

图 3-4 云网络产业中心

算提供海量信息处理服务。电信运营商利用云计算解决现实问题，传统 IT 巨头被迫转型，网络供应商利用技术革新也纷纷进入云计算领域。制造商与服务商边界较为模糊，制造商进入服务领域，而大型的网络服务商则自己开发设备提供服务。

用户对网络的稳定性、可用性、低延迟、高转发率要求越来越高。网络管理的难度越来越大，网络运维人员对网络的管理需求是简单易操作、容灾、自动化运维、安全可靠。两者存在一定的矛盾点，综合性的解决方案就是云网络。

3.1.4 云网络架构的演进

腾讯云早期的网络架构是一个比较简单的三层网络架构，如图 3-5 所示。这个网络架构最大的特点是简单，所有的 IP 地址都是事先规划好的，并且静态绑定到交换机上。这个架构最大的问题是内网 IP 只在一个交换机下可用，如果将主机迁移到另外一个交换机下，主机原有的 IP 就不能用了。而且 IP 地址需要事先规划，这将会引入另外一个问题——地址规划过多时，一旦用不完，就会造成 IP 地址浪费；如果规划少，主机的虚拟比就会受限于 IP 地址数目，所以三层网络架构不太适合在公有云机房采用。

为了解决 IP 地址跨交换机迁移的问题，后来腾讯云采用了大二层网络。在这个网络架构下，交换机主要依赖 MAC 地址和端口的映射关系来转发数据包。当这个映射关系缺失时，交换机会给包进行广播处理。这时一些软件一旦出现 BUG，或是用户伪造 MAC 地址

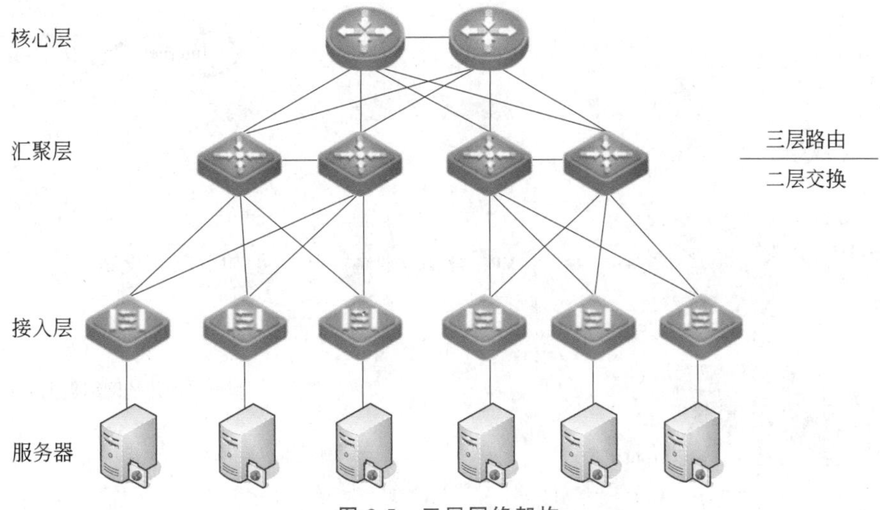

图 3-5 三层网络架构

行为，就会造成交换机所维护的映射关系错乱，从而造成大量广播，引发网络泛洪，严重时可能导致整个网络中断。这在腾讯云的历史上曾有过惨痛的教训，因为交换机的 MAC 表项规模有上限，对于主机虚拟化来说，同样会约束虚拟比，如图 3-6 所示。

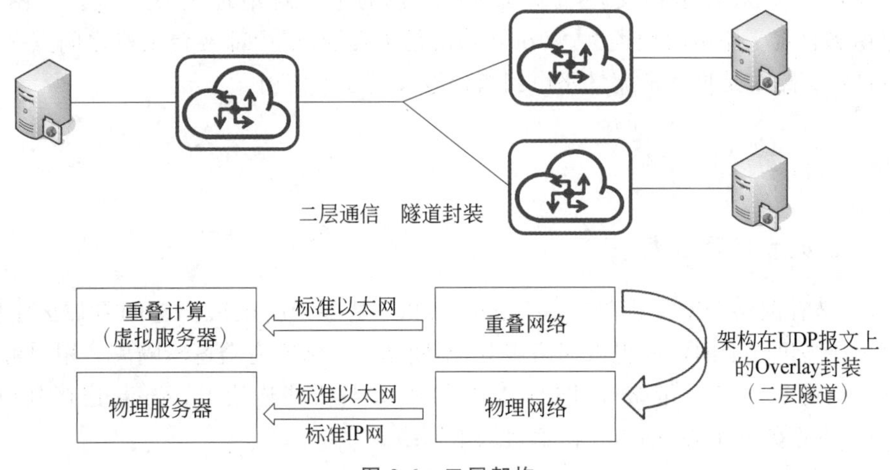

图 3-6 二层架构

出于对大二层网络稳定性的疑虑，腾讯云结合大二层和三层网络设计，采用 Overlay 网络实现虚拟网络的弹性。Overlay 的核心是分布在所有宿主机上面的虚拟交换机，它是通过一个内核模块的方式实现的。宿主机上面运行的所有虚拟机都位于虚拟交换机下的虚拟网络中。虚拟机之间的通信，必须通过各自宿主机上面的虚拟交换机完成。简单地说就是二层通信，隧道封装和解封装。

如图 3-7 所示，设计的 Overlay 网络主要解决的是 IP 地址跨交换机迁移的问题，然后基于 Overlay 网络再演进为私有网络（VPC）。这个演进核心引入了以下两个能力。

1. 名字空间

名字空间用来隔离不同的 VPC，每个 VPC 都有一个唯一标准 ID。每个 ID 都有自己的独立地址空间，从而做到不同 VPC 之间的地址可以重叠。在自己的地址空间范围里，用户

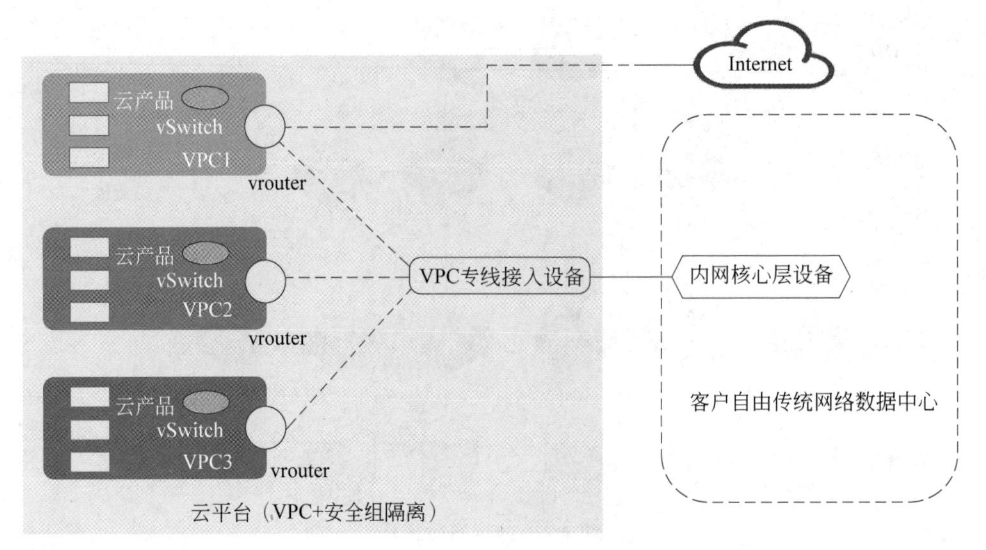

图 3-7 VPC 网络

还可以随意划分子网。

2. 子网路由功能

这个功能的核心是虚拟交换机对 Overlay 包的下一跳地址进行寻址。子网路由有 Local 路由和自定义路由两种类型。Local 路由是负责 VPC 内部两台主机之间点对点通信的路由；自定义路由是将特定流量路由到指定网关设备上使用。

3.2 腾讯云私有网络

3.2.1 腾讯云私有网络概述

腾讯云私有网络（Virtual Private Cloud，VPC）是基于腾讯云构建的专属云上网络空间，为用户在腾讯云上的资源提供网络服务，不同私有网络间完全逻辑隔离。用户可以自定义网络环境、路由表、安全策略等；同时，VPC 支持多种方式连接 Internet、连接其他 VPC、连接用户的本地数据中心，助力轻松部署云上网络。

1. 腾讯云 VPC 的核心组成部分

腾讯云 VPC 有 3 个核心组成部分，分别为私有网络网段、子网、路由表。

1）私有网络网段

用户在创建私有网络时，需要用 CIDR（无类别域间路由）作为私有网络指定 IP 地址组，在内网实现复用。私有网络可类比为一个云上的内网，腾讯云私有网络 CIDR 支持使用如下的私有网段：

10.0.0.0～10.255.255.255（掩码范围为 16～28）

172.16.0.0～172.31.255.255（掩码范围为 16～28）

192.168.0.0～192.168.255.255（掩码范围为 16～28）

2）子网

子网用于管理云上资源的一个网络，一个私有网络由至少一个子网组成。私有网络中的所有云资源(如云服务器、云数据库等)都必须部署在子网内,而子网的 CIDR 必须在私有网络的 CIDR 内。

此外,根据腾讯云机房不同的地址位置,私有网络具有地域(Region)属性(如广州、北京等),而子网具有可用区(Zone)属性(如广州一区、广州二区等),如图 3-8 所示。用户可以为私有网络划分一个或多个子网,同一私有网络下不同子网默认内网互通,不同私有网络间默认内网隔离。

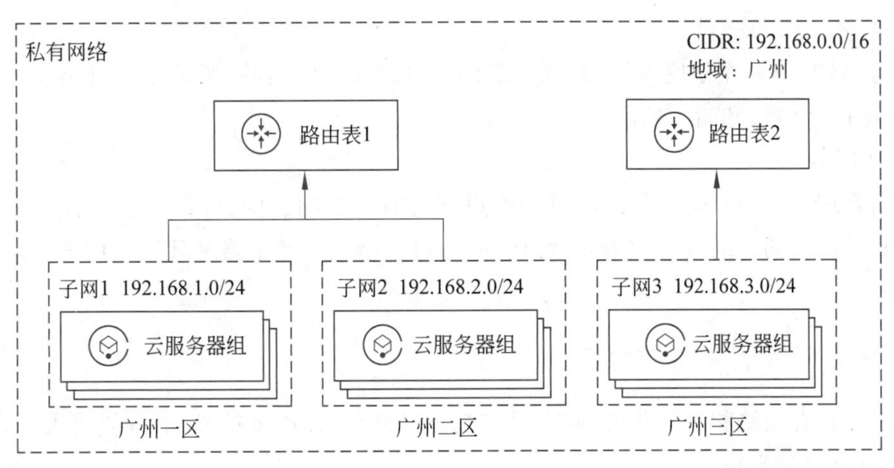

图 3-8 腾讯云私有网络

3) 路由表

路由是指导 IP 报文发送的路径信息,主要保存在路由表中。腾讯云私有网络的路由表由多条路由策略组成,用于控制私有网络内子网的出流量走向。用户在创建私有网络时,系统会自动为其生成一个默认路由表,以保证同一私有网络下的所有子网互通。当默认路由表中的路由策略无法满足应用时,用户可以创建自定义路由表。

注意:

- 每个子网能且只能关联一个路由表,一个路由表可以关联多个子网。
- 自定义路由策略时,目的端不能为路由表所在私有网络内的 IP 地址段。
- 路由表不支持 BGP 和 OSPF 等动态路由协议。
- 每个私有网络最大只能支持 10 个路由表,而每个路由表只能包含 50 条路由策略。

2. 私有网络连接 Internet

私有网络是基于腾讯云构建的专属网络空间,与数据中心运行的传统网络类似,但拥有可自定义网络、灵活、稳定可靠、多维度保护等特征。腾讯云私有网络提供了多种连接方式,可实现资源互通及访问互联网,可以满足私有网络内的云服务器、数据库等实例连接公网(Internet)、连接其他私有网络内的实例,或与互联网数据中心(IDC)互联的需求。其中,VPC 连接 Internet 主要有以下两种方式。

- 弹性公网 IP:与账号关联的静态 IP 地址,是可供访问 Internet 的独立云资源。
- NAT 网关:实现私有 IP 与公有 IP 的转换,提供 SNAT 源地址转换和 DNAT 目标地址转换。

3. 私有网络安全

私有网络是云上逻辑隔离的网络空间，不同私有网络间相互隔离，保障用户的业务安全。腾讯云私有网络安全包含安全组、网络 ACL、访问管理(CAM)等内容。

1) 安全组

安全组是一种有状态的包过滤虚拟防火墙，用于控制实例级别的出入流量，是重要的网络安全隔离手段。

2) 网络 ACL

网络 ACL 是一个子网级别的、无状态的包过滤虚拟防火墙，用于控制进出子网的数据流，可以精确到协议和端口粒度。

3) 访问管理

访问管理提供用户安全管理腾讯云账户下所有资源的访问权限。通过访问管理，用户可以对私有网络的访问进行权限管理，例如，通过身份管理和策略管理控制用户访问私有网络的权限。

3.2.2 腾讯云私有网络的优势

腾讯云私有网络相对于传统网络，具有自定义网络、弹性可扩展、丰富的接入方式、安全可靠、简单易用等优势。

(1) 自定义网络：腾讯云私有网络提供了强大的网络管理能力。用户可以自定义网段，像传统网络一样按需划分子网，并通过灵活配置路由表和路由规则，定制化地部署云上业务。腾讯云私有网络还提供可视化的网络拓扑，帮助用户更好地规划网络。

(2) 弹性可扩展：使用私有网络时，用户可以根据业务需要进行弹性部署，通过在一个或多个私有网络内创建不同的子网部署不同的业务部分。此外，还可以通过将私有网络与本地数据中心、其他私有网络、基础网络相连，按需扩展网络架构。

(3) 丰富的接入方式：腾讯云私有网络提供了多种形式的网络接入，用户可以按需选择专线接入、私有网络连接等方式，连接本地数据中心与腾讯云上的资源。

(4) 安全可靠：私有网络基于隧道技术，在物理网络上构造虚拟网络。腾讯云通过 Overlay 技术，实现不同私有网络之间 100%完全逻辑隔离，为用户提供独立、隔离的安全云网络。同时，对私有网络内的云服务器，还提供安全组、网络 ACL 等不同层面的网络访问控制方式。

(5) 简单易用：用户可以通过控制台、API 等方式，快速创建、管理私有网络，产品化的网络功能、丰富的排障功能，可以大幅降低运维成本。

3.3 腾讯云网络连接服务

3.3.1 弹性网卡

1.弹性网卡概述

弹性网卡(ENI)是绑定私有网络(VPC)内云服务器的一种弹性网络接口，可在多个云服务器间自由迁移。弹性网卡对配置管理网络与搭建高可靠网络有较大的作用。用户可以在云服务器上绑定同一个 VPC 中的相同可用区下的多张弹性网卡，以实现高可用网络方案；也可以在弹性网卡上绑定多个内网 IP，实现单主机多 IP 部署。

2. 弹性网卡的特点

1）支持多网卡绑定

云服务器除了在创建时自动产生的主网卡外，还支持绑定多个辅助弹性网卡。弹性网卡可以属于相同私有网络和可用区下的不同子网，每个网卡支持配置独立的安全组，网卡所在子网可以配置独立的路由转发策略。

2）迁移灵活

弹性网卡可以在相同私有网络、可用区下的云服务器间自由迁移，弹性网卡与云服务器解绑时，保留已绑定内网 IP、弹性公网 IP 和安全组策略，迁移后无须重新配置关联关系。

3）多 IP 支持

根据云服务器配置不同，弹性网卡最多可支持绑定 30 个内网 IP 地址，而每个内网 IP 地址可以绑定独立的弹性公网 IP。单台云服务器可以通过多个弹性公网 IP 开放多个相同端口。弹性网卡和内、外网 IP 的绑定关系，不会随着弹性网卡解绑云服务器而变化。

3.3.2 对等连接

1. 对等连接概述

对等连接(Peering Connection)是一种大带宽、高质量的云上资源互通服务，可以打通腾讯云上的资源通信链路。对等连接具有多区域、多账户、多种网络异构互通等特点，轻松实现云上两地三中心、游戏同服等复杂网络场景。同时，对等连接还支持 VPC 间互通、VPC 和黑石私有网络互通，满足不同业务的部署需求。

VPC 对等连接是一种用于办公数据同步的跨 VPC 网络互联服务，可以使两个 VPC 间的路由互通，就像它们属于同一网络一样。通过在两端配置路由策略，可实现同地域或跨地域之间，相同或不同用户的 VPC 互联。对等连接不依赖于某个独立硬件，因而不存在单点故障或带宽瓶颈的问题。

2. 对等连接的优势

对等连接服务相比于 Internet 传输，具有高质量、安全、节省成本的优势。对等连接服务与腾讯集团业务共享同一自建内部网络，不受公网质量影响，可用性、时延、丢包率保障大大提高。此外，不经过广域 Internet 和运营商链路，避免报文在公网传输可能被窃取的风险。

3. 建立对等连接的流程

建立对等连接的流程如图 3-9 所示。

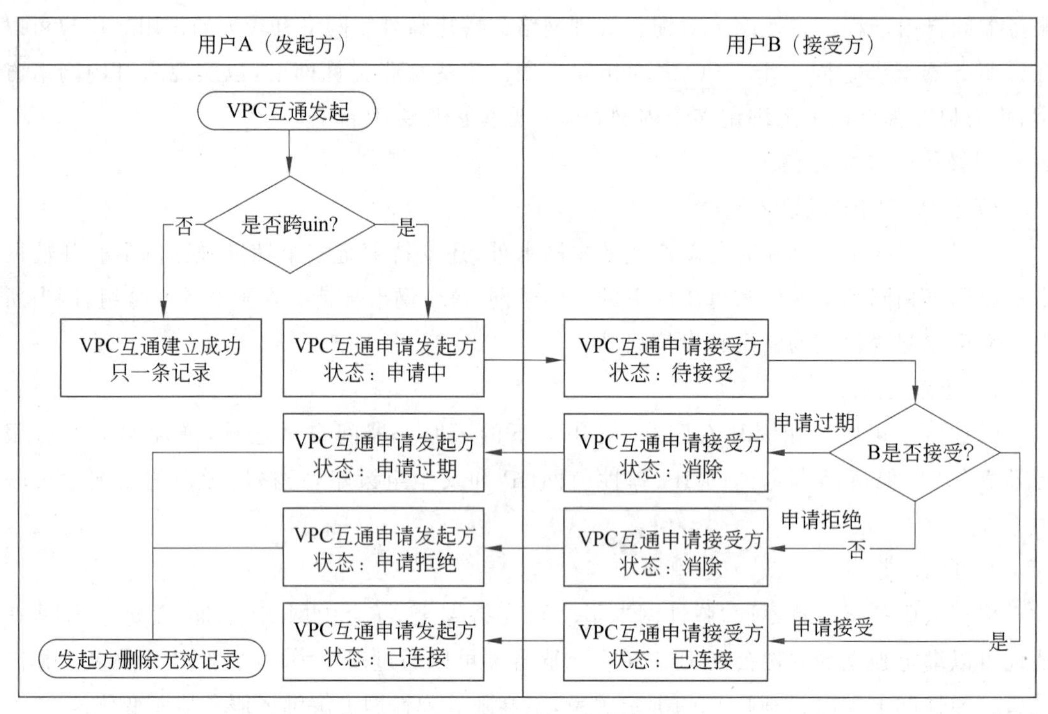

图 3-9 建立对等连接的流程

4. 对等连接建立的参数

建立对等连接时，需要对名称、本端地域、本端网络、对端地域等参数进行配置，具体参数配置内容如表 3-1 所示。

表 3-1 对等连接建立参数

字 段	说 明
名称	自定义对等连接 ID/名称
本端地域	本端所在地域，如华南地区（广州）
本端网络	本端的 VPC
对端账户类型	选择“我的账户”
对端地域	对端所在地域，如华北地区（北京）
对端网络	对端的 VPC
带宽上限	同地域带宽上限无限制，跨地域带宽上限支持选择 10Mb/s、20Mb/s、50Mb/s、100Mb/s、200Mb/s、500Mb/s、1Gb/s

3.3.3 私有连接

1. 私有连接概述

VPC 是独有的云上私有网络，不同 VPC 之间默认完全隔离。私有连接（Private Link）提供腾讯云 VPC 通过内网访问同地域其他 VPC 的能力，可以在跨 VPC 之间快速建立访问连接。与公网服务相比，私有连接可以节约公网带宽，并拥有较高的安全性，同时能大幅简化网络架构。

私有连接主要包含两部分：终端节点服务和终端节点。

1）终端节点服务

终端节点服务是可以被其他 VPC 通过创建终端节点建立私网连接的服务。终端节点服务由服务提供方创建和管理。

2）终端节点

终端节点由服务使用方创建和管理。终端节点可以与终端节点服务相关联，以建立通过 VPC 访问其他 VPC 网络内服务的网络连接。

如图 3-10 所示，用户可以通过私有连接将终端节点和终端节点服务相连，实现 VPC 与云上服务器建立安全稳定的私有连接，避免通过公网访问服务带来的潜在安全风险。

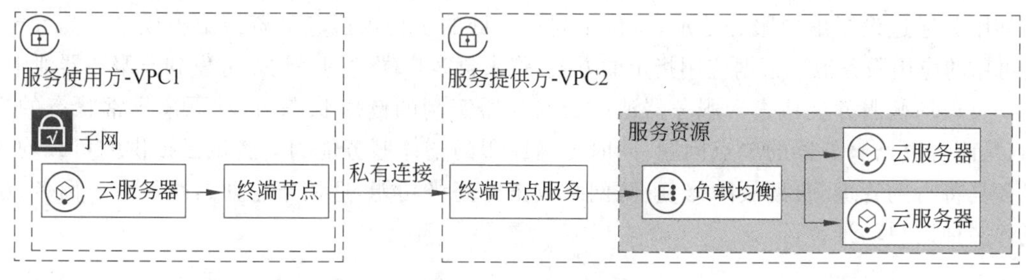

图 3-10　VPC 连接

2. 私有网络连接的优势

腾讯云私有网络具有大带宽、低延时、安全、易于管理等优势。通过私有网络访问 VPC 内的服务，所有流量均在腾讯云内网转发，不会经过公网，因此避免了通过公网访问服务带来的潜在安全风险。同时，基于腾讯云安全稳定的内网，可提供大带宽、低延时的高质量通信服务。

私有连接支持为服务使用方的终端节点绑定安全组来控制访问终端节点的客户端流量，同时支持在服务提供方通过添加白名单管理服务使用方的账号接入权限，使得通信安全可控。此外，私有连接通过在服务使用方和服务提供方之间建立终端节点和终端节点服务的连接，支持同账号或跨账号，在同一地域下实现跨 VPC 服务访问，避免配置复杂的路由和安全配置。

3. 创建私有网络的注意事项

(1) 私有网络和子网的网段创建后无法修改。

(2) 腾讯云保留了各个子网的前面两个 IP 地址和最后一个 IP 地址，以作 IP 联网之用。例如，子网 CIDR(无类别域间路由)为 172.16.0.0/24，则腾讯云保留的 IP 地址为 172.16.0.0、172.16.0.1 和 172.16.0.255。

(3) 向私有网络中添加云服务器时，系统会在指定子网内为该实例默认随机分配一个内网 IP，用户可以在云服务器创建后，重新指定每台云服务器的内网 IP。

(4) 在私有网络内，云服务器一个内网 IP 对应一个公网 IP。

(5) 基础网络云服务器不支持和辅助 CIDR 内的云资源互通。

(6) 对等连接不支持传递辅助 CIDR。

(7) 云联网、VPN 网关、标准型专线网关支持传递辅助 CIDR。

3.4 腾讯云负载均衡服务

3.4.1 负载均衡概述

传统的 LVS 负载均衡是一种集群(Cluster)技术,采用了 IP 负载均衡技术和基于内容请求的分发技术。LVS 有 3 种工作模式: DR 模式、NAT 模式及 TUNNEL 模式,这 3 种模式分别都有各自的局限性。

负载均衡(Load Balance)是对多台云服务器进行流量分发的服务。负载均衡可以通过流量分发扩展应用系统对外的服务能力,通过消除单点故障提升应用系统的可用性。负载均衡服务通过设置虚拟服务地址,将位于同一地域的多台云服务器资源虚拟成一个高性能、高可用的应用服务池。根据应用指定的方式,将来自客户端的网络请求分发到云服务器池中。

负载均衡服务会检查云服务器池中云服务器实例的健康状态,自动隔离异常状态的实例,从而解决云服务器的单点问题,同时提高应用的整体服务能力。腾讯云提供的负载均衡服务具备自助管理、自助故障修复、防网络攻击等高级功能,适用于企业、社区、电子商务、游戏等多种用户场景。

3.4.2 负载均衡的组成

腾讯云负载均衡由负载均衡器、虚拟服务器地址、后端服务器、VPC 网络 4 部分组成。

1. 负载均衡器

负载均衡器是腾讯云提供的一种网络负载均衡服务,主要用于流量分发。可以结合 CVM 云服务器为用户提供基于 TCP/UDP 以及 HTTP 的负载均衡服务。

2. 虚拟服务器地址

虚拟服务器地址是系统向客户端提供服务的 IP 地址,用户可以选择该服务地址是否对外公开,分别创建公网和私网类型的负载均衡服务。

3. 后端服务器

后端服务器是接受负载均衡分发请求的一组云服务器实例,负载均衡服务将访问请求按照用户设定的规则转发到这一组后端 CVM 上进行处理。

4. VPC 网络

VPC 网络是指 VPC 内的 IP 地址。

3.4.3 负载均衡的工作原理

1. 基本工作原理

负载均衡器接受来自客户端的传入流量,并将请求路由到一个或多个可用区的后端云服务器实例上进行处理。负载均衡服务主要由负载均衡监听器提供。监听器负责监听负载均衡实例上的请求、执行策略分发至后端服务器等服务,通过配置客户端-负载均衡和负载均衡-后端服务器两个维度的转发协议及协议端口,负载均衡可以将请求直接转发到后端云服务器上,如图 3-11 所示。

2. 请求路由选择

客户端请求通过域名访问服务,在请求发送到负载均衡器之前,DNS 将会解析负载均

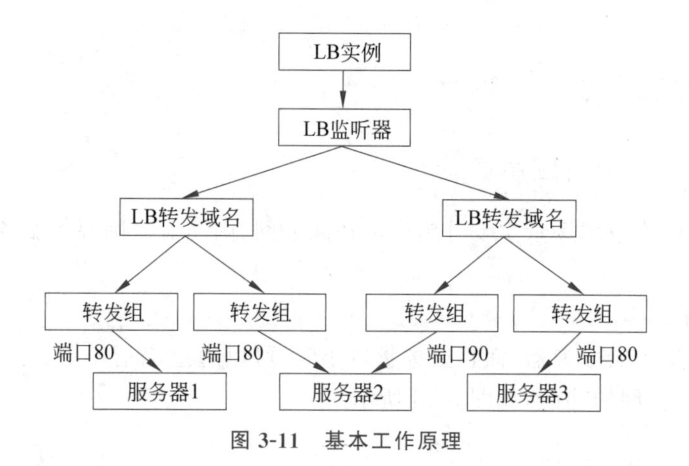

图 3-11　基本工作原理

衡域名，并将收到请求的负载均衡 IP 地址返回到客户端。当负载均衡监听器收到请求时，将会使用不同的负载均衡算法将请求分发到后端服务器中。

3.4.4　负载均衡基础架构

负载均衡 CLB 提供四层（TCP、UDP、TCP SSL 协议）和七层（HTTP、HTTPS）负载均衡。用户可以通过 CLB 将业务流量分发到多个后端服务器上，消除单点故障，并保障业务可用性。

腾讯云负载均衡当前提供四层和七层的负载均衡服务，如图 3-12 所示。四层主要基于腾讯自研的统一接入网关实现负载均衡，腾讯接入网关具有可靠性高、扩展性强、性能高、抗攻击能力强等特点，支持 Data Plane Development Kit（DPDK）高性能转发，单集群可支持亿级并发、千万级 PPS。七层主要基于 Secure Tencent Gateway（STGW）实现负载均衡，STGW 是腾讯基于 Nginx 自研的支持大规模并发的七层负载均衡服务，承载了腾讯内大量的七层业务流量。

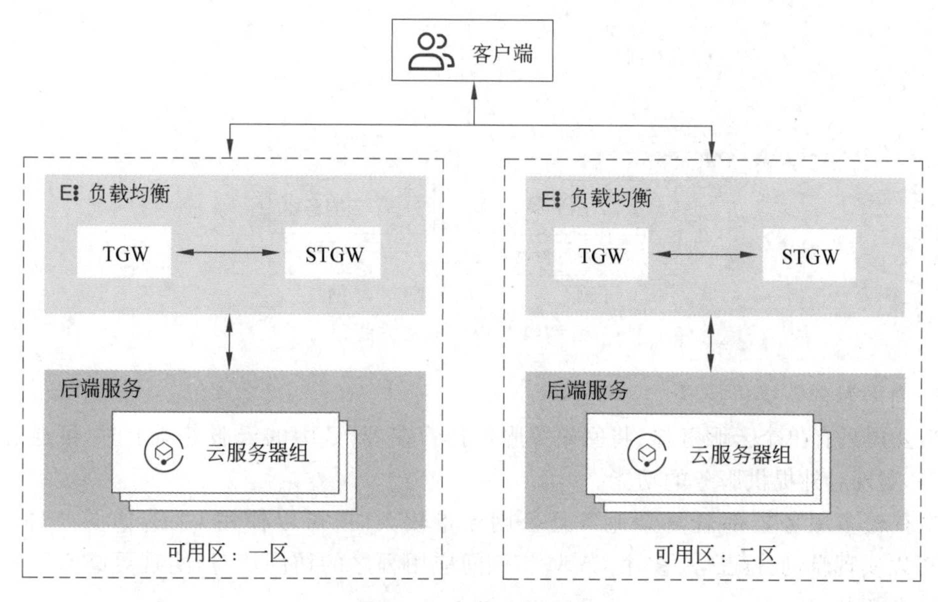

图 3-12　负载均衡架构

3.5 常用云网络的应用场景

3.5.1 腾讯云私有网络应用场景

腾讯云私有网络应用场景主要分为内网访问公网、内网对公网提供服务、应用容灾及部署混合云。

1. 内网访问公网

当公司只有单个云服务器，而且业务量较小时，可以通过申请一个公网 IP 绑定在云服务器上，实现访问公网的功能，如图 3-13 所示。

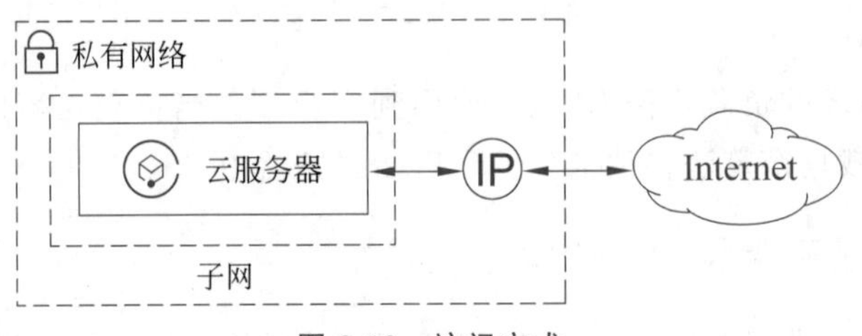

图 3-13 访问方式

当公司有多个云服务器需要同时访问公网，而且不希望暴露云服务器的内网地址时，可以使用 NAT 网关。NAT 网关具有 SNAT 功能，可以使多个云服务器都通过 NAT 网关上的公网 IP 访问公网，且在未配置 DNAT 功能时，外部用户无法直接访问 NAT 网关，保证了安全性。当 NAT 网关上有多个公网 IP 时，NAT 网关会自动做负载均衡，如图 3-14 所示。

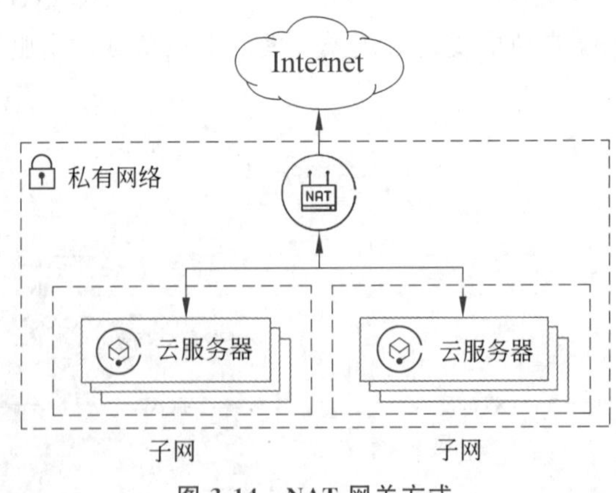

图 3-14 NAT 网关方式

2. 内网对公网提供服务

当公司只有单个云服务器，将网站等服务托管在 VPC 中的云服务器上时，可通过一个公网 IP 实现对外提供服务的功能。

当有较多服务器部署复杂业务且公网流量较大时，可以使用 CLB，如图 3-15 所示。CLB 可以实现自动分配云中多个 CVM 实例间应用程序的访问流量，实现更高水平的应用程序容错能力。

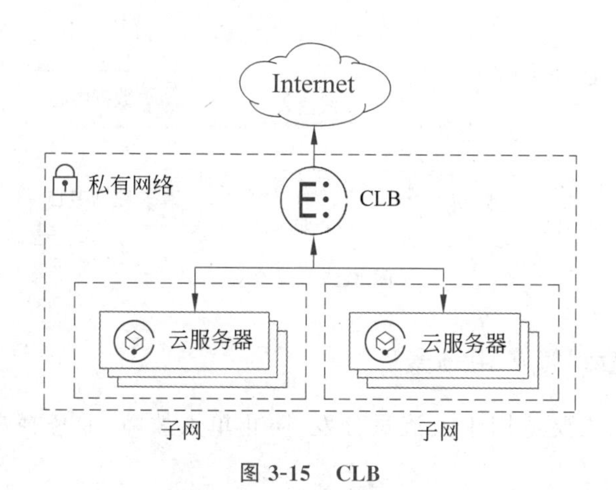

图 3-15 CLB

3. 应用容灾

当云服务器在同一地域的不同可用区，且子网具有可用区属性，如图 3-16 所示，则可以在一个地域的私有网络下创建属于不同可用区的子网，同一私有网络下不同子网默认内网互通，用户可以在不同可用区的子网中部署资源，实现跨可用区容灾。

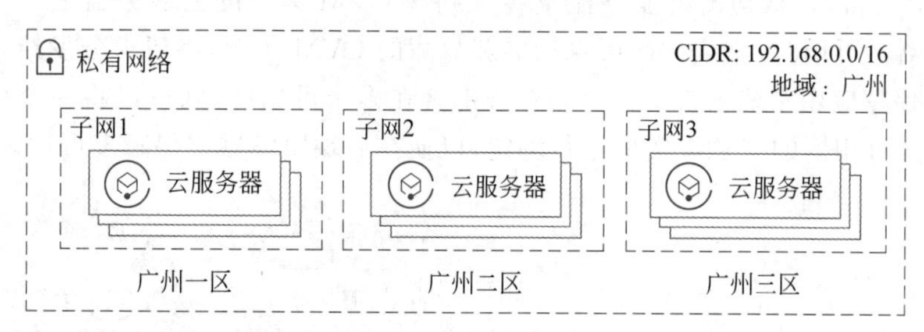

图 3-16 跨可用区容灾

当然，如果云服务器在跨地域部署业务，例如两地三中心方案，则可以实现跨地域容灾，如图 3-17 所示。

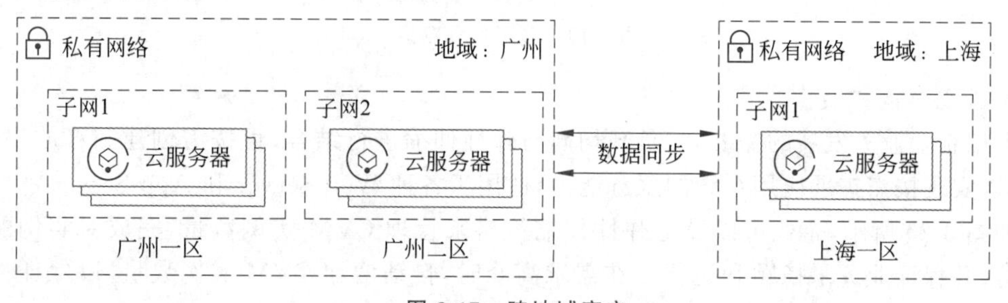

图 3-17 跨地域容灾

4. 部署混合云

腾讯云私有网络提供专线接入、VPN 连接等多种方式，公司可以将本地数据中心和云上私有网络连接，轻松构建混合云架构，如图 3-18 所示。使用本地数据中心，可以保证核心数据的安全性，还可以根据业务量扩展云上的资源数量（如云服务器、云数据库等），降低 IT 运维成本。

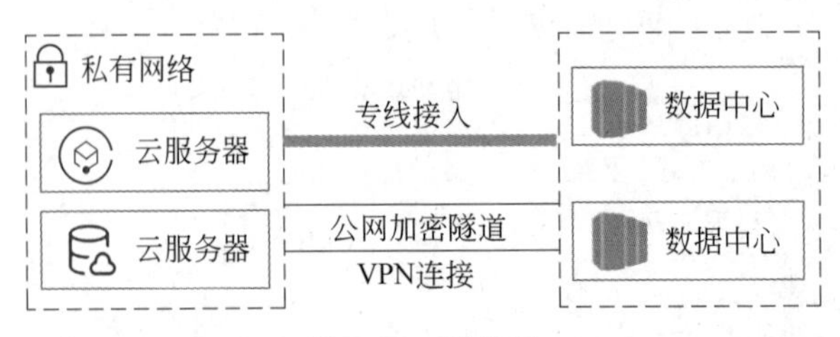

图 3-18　混合云

3.5.2　腾讯云负载均衡应用场景

腾讯云负载均衡主要适用于大流量分发、防止单点故障、业务横向扩展、异地容灾等场景。

1. 大流量分发和防止单点故障

在企业中高访问量的业务可以通过负载均衡分发到多台云服务器上。而且当其中一部分云服务器不可用时，负载均衡可以自动屏蔽故障的 CVM 实例，保障应用系统正常工作。

如图 3-19 所示，业务的客户端访问负载均衡 CLB。多台云服务器构成一个高性能、高可用的 CVM 集群，负载均衡将业务流量转发到该 CVM 集群的云服务器上。当某台或某几台云服务器不可用时，负载均衡可自动屏蔽故障的 CVM 实例，将请求分发给正常运行的 CVM 实例，保障应用系统正常工作。若业务部署在多个可用区，则可以将一个负载均衡实例同时与多个可用区的 CVM 实例进行绑定，以便在后端服务器层保障多可用区容灾。

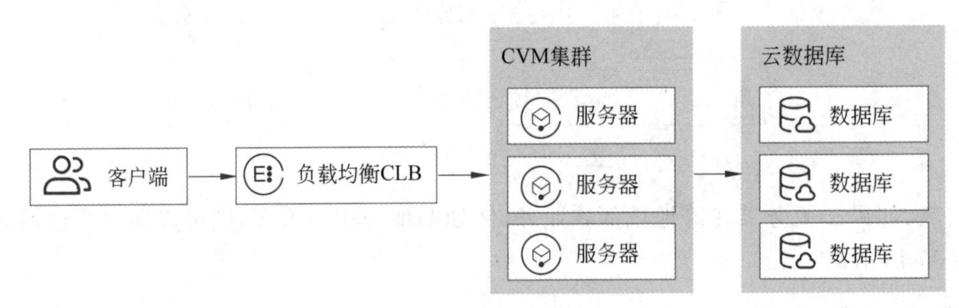

图 3-19　多可用区容灾

2. 业务横向扩展

根据企业业务发展的需要，将负载均衡与弹性伸缩进行结合，可按需创建和释放 CVM 实例，以实现按需扩展应用系统的服务能力，适用于各种 Web Server 和 App Server。

如图 3-20 所示，企业可以设定弹性伸缩策略来管理 CVM 实例数量，完成对实例的环境部署，并保证业务平稳顺利运行。在需求高峰时，自动增加 CVM 实例数量，以保证性能不受影响。当需求较少时，则会减少 CVM 实例数量以降低成本。电商行业的“双十一”“6・18”等大促活动，Web 访问量可能瞬间陡增多倍，且只持续短暂的数小时，因此使用负载均衡及弹性伸缩能最大限度地节省 IT 成本。

3. 异地容灾

通过负载均衡结合 DNS 解析 DNSPod，可以实现业务流量解析到全局各个地域的负载均衡，保障异地多活和容灾。

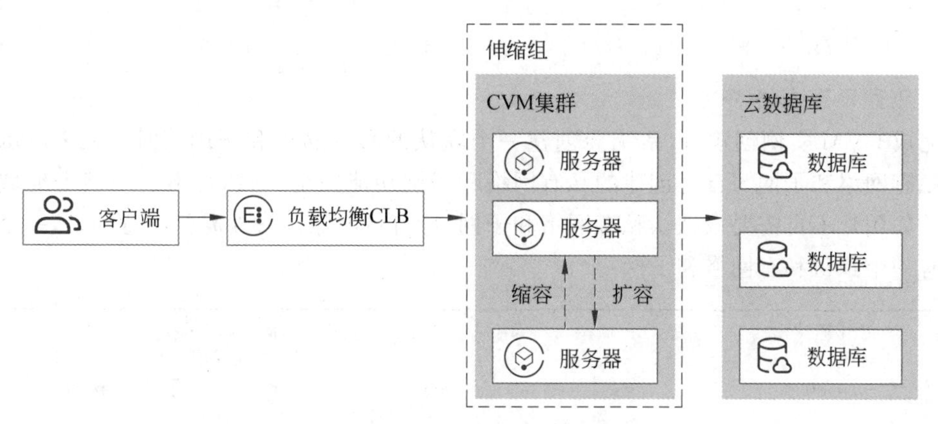

图 3-20 弹性伸缩策略管理

如图 3-21 所示，企业可以在不同地域部署负载均衡实例，分别绑定对应地域的云服务器，并使用 DNS 解析 DNSPod 将域名解析到各个地域的负载均衡 VIP 下。业务流量会通过域名解析和负载均衡转发到多个地域的多个云服务器上，以此实现全局负载均衡。当某个地域不可用时，暂停对应地域负载均衡 VIP 的解析即可保障业务不受影响。

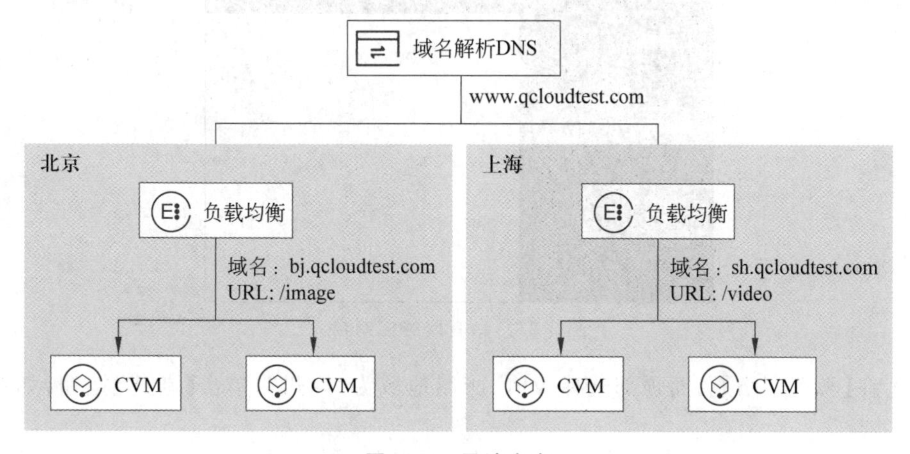

图 3-21 异地容灾

3.6 项目开发及实现 1：创建并配置私有网络

3.6.1 项目描述

曹明是某公司网络中心的员工，主要负责云产品部署及维护。公司在完成 CVM 实例创建后，需要创建一个私有网络和子网。部门主管要求曹明根据现有情况进行私有网络 VPC 的创建，具体要求如下。

（1）创建私有网络 VPC。

（2）修改私有网络的 DNS 信息。

（3）为私有网络 VPC 添加子网。

3.6.2 项目实现

1. 创建私有网络 VPC

完成 CVM 实例创建后，系统会创建一个默认的私有网络和子网，如图 3-22 所示。该默认私有网络和子网与自行创建的私有网络和子网功能完全一致，且不占用某个地域下的配额。如用户不再需要该默认私有网络和子网，可自行删除。另外需要注意的是，一个地域只能有一个默认私有网络和子网。

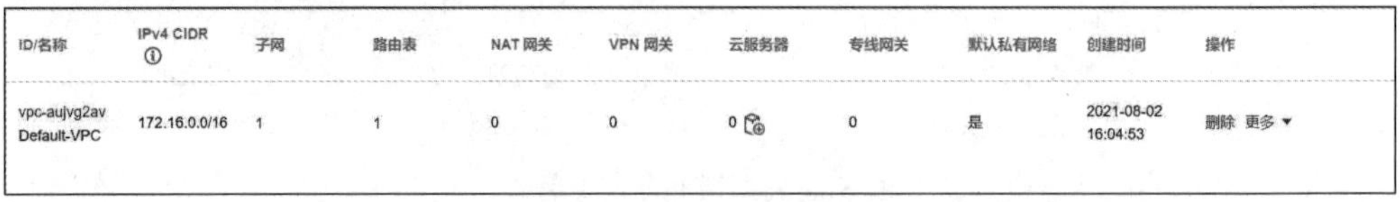

ID/名称	IPv4 CIDR ⓘ	子网	路由表	NAT 网关	VPN 网关	云服务器	专线网关	默认私有网络	创建时间	操作
vpc-aujvg2av Default-VPC	172.16.0.0/16	1	1	0	0	0	0	是	2021-08-02 16:04:53	删除 更多 ▾

图 3-22　腾讯云私有网络

在广州区域创建一个新的 VPC，并指定子网可用区为“广州一区”。

（1）登录【私有网络控制台】，单击左侧菜单栏中的【私有网络】产品，如图 3-23 所示。

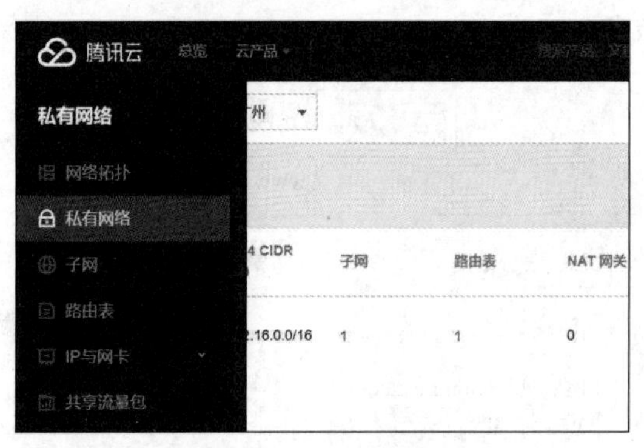

图 3-23　私有网络控制台

（2）在【私有网络】页面顶部选择 VPC 所属地域为“广州”，单击【新建】按钮，如图 3-24 所示。

图 3-24　新建 VPC

（3）如图 3-25 所示，在弹出的【新建 VPC】对话框中，填写 VPC 的名称为“my-vpc-3-2”，网段为“10.0.0.0/16”；在“初始子网信息”中填写子网名称为“my-subnet-3-2”，子网段为

“10.0.0.0/24”，并指定可用区为“广州一区”。参数设置完成后，单击【确定】按钮完成 VPC 的创建。

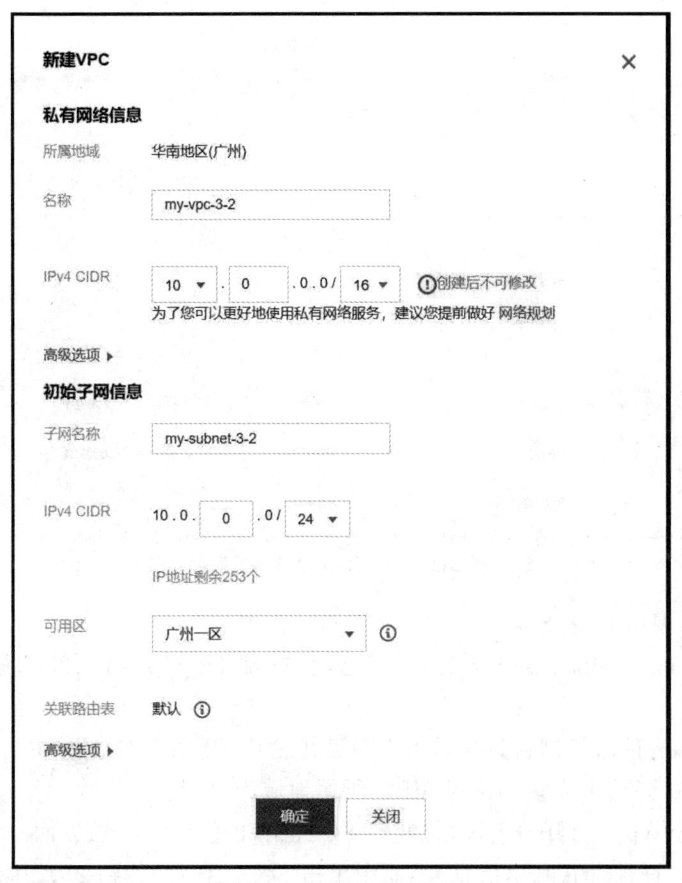

图 3-25　填写 VPC 信息

（4）创建成功的 VPC 将展示在列表中，如图 3-26 所示，新创建的 VPC 包含一个初始子网和一个默认路由表。

ID/名称	IPv4 CIDR	子网	路由表	NAT 网关	VPN 网关	云服务器	专线网关	默认私有网络	创建时间	操作
vpc-fyu22txj my-vpc-3-2	10.0.0.0/16	1	1	0	0	0	0	否	2021-08-11 11:41:41	删除 更多
vpc-aujvg2av Default-VPC	172.16.0.0/16	1	1	0	0	0	0	是	2021-08-02 16:04:53	删除 更多

图 3-26　VPC 列表

（5）单击新建的【my-vpc-3-2】ID/名称，打开“详情页”，其中展示了该 VPC 的基本信息、云联网的关联情况，以及包含资源，如图 3-27 所示。单击资源数目，可进入相应的资源管理界面。

提示：在创建 VPC 过程中，VPC 和子网的 CIDR 创建后不可修改。

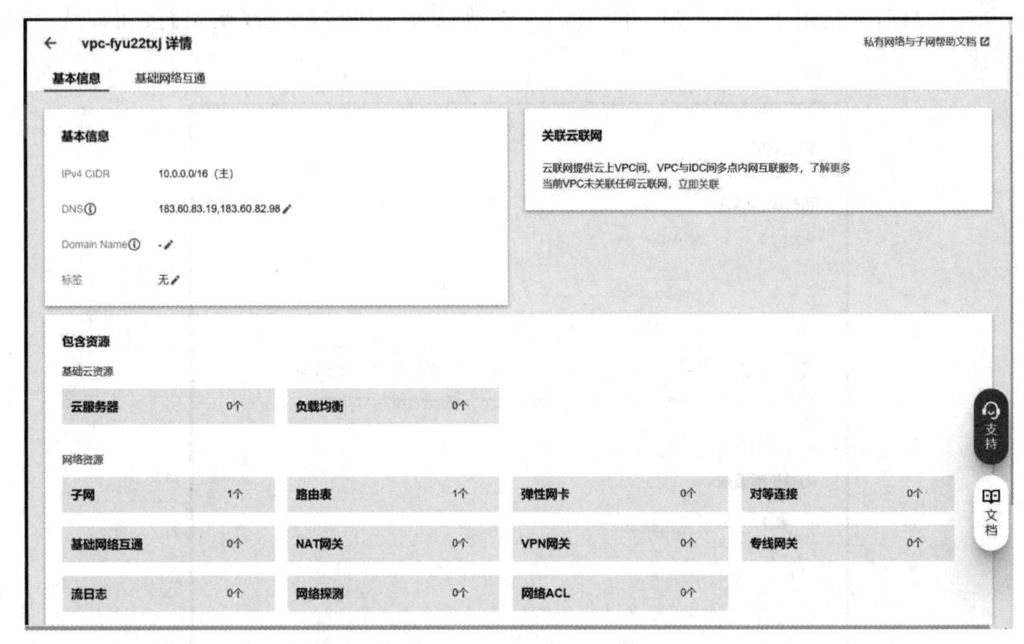

图 3-27 “my-vpc-3-2”详情页

2. 修改私有网络的 DNS 信息

为“my-vpc-3-2”私有网络修改 DNS 信息，将内部 DNS“10.0.1.250”添加至私有网络 DNS 信息中。

（1）登录【私有网络控制台】，并单击左侧菜单栏中的【私有网络】产品。

（2）在【私有网络】页面顶部选择 VPC 所属地域为“广州”。

（3）单击【my-vpc-3-2】ID/名称，打开“VPC 详情”的【基本信息】界面。

（4）在“VPC 详情”的【基本信息】界面中单击 DNS 右方的按钮，如图 3-28 所示。

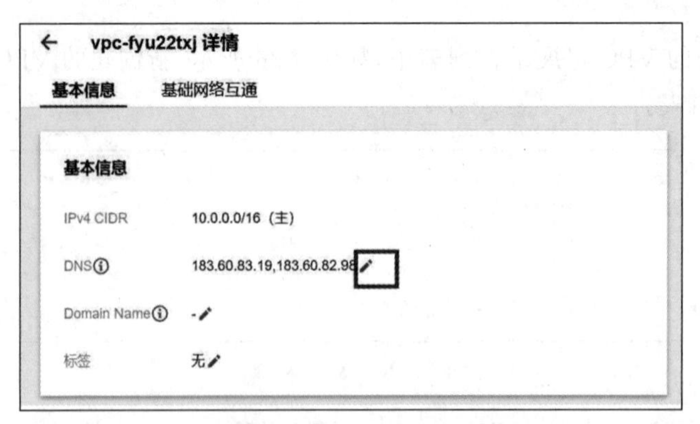

图 3-28 VPC 基本信息界面

（5）弹出“DNS 编辑框”中，在原有 DNS 地址的基础上添加“10.0.1.250”，并使用逗号分隔，如图 3-29 所示。

（6）DNS 参数设置完成后，单击【确定】按钮即可完成 VPC 的 DNS 信息修改，如图 3-30 所示。

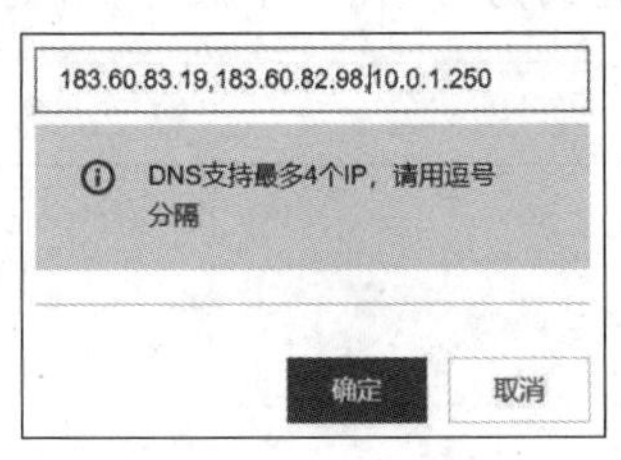

图 3-29 DNS 编辑框

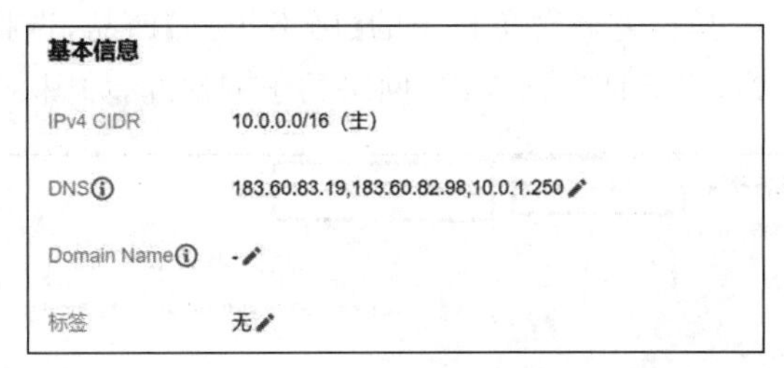

图 3-30 修改后的 DNS 信息

3. 为私有网络 VPC 添加子网

为私有网络“my-vpc-3-2”添加一个“广州二区”的子网，该子网使用“10.0.1.0/24”网段。

(1) 登录【私有网络控制台】，并选择左侧菜单栏中的【子网】产品。

(2) 在【子网】页面顶部选择 VPC 所属地域为“广州”，单击【新建】按钮，如图 3-31 所示。

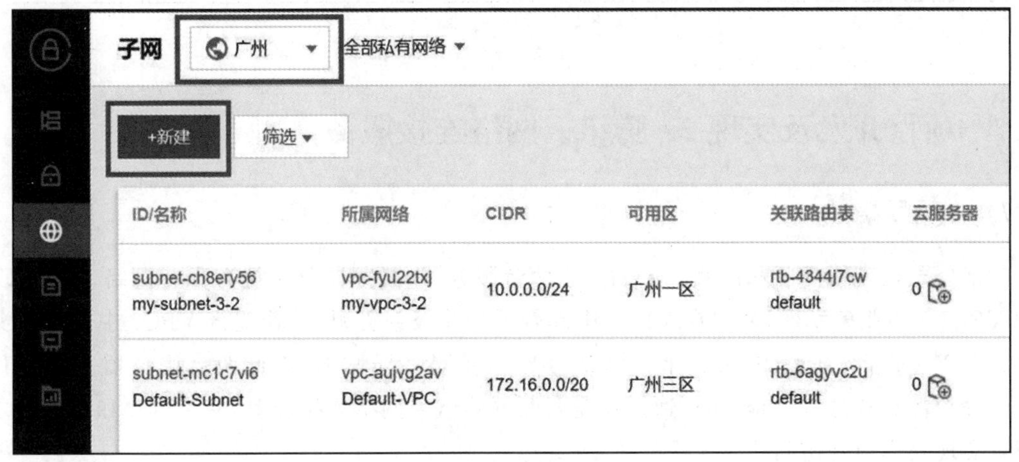

图 3-31 新建子网

(3) 如图 3-32 所示，在弹出的【创建子网】对话框中填写子网名称为“my-subnet-3-2-2”，子网段为“10.0.1.0/24”，并指定可用区为“广州二区”。参数设置完成后，单击【创建】按钮完成子网的创建。

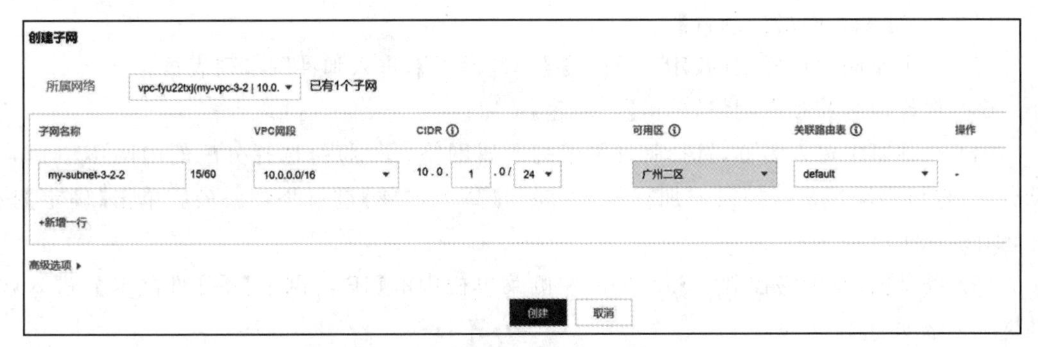

图 3-32 填写子网信息

(4) 创建成功后，在子网列表中展示所在区域的所有子网。

（5）单击左侧菜单栏中的【网络拓扑】产品，选择所属地域为“广州”，VPC 网络为“my-vpc-3-2”，可验证当前 VPC 网络的子网情况，如图 3-33 所示。

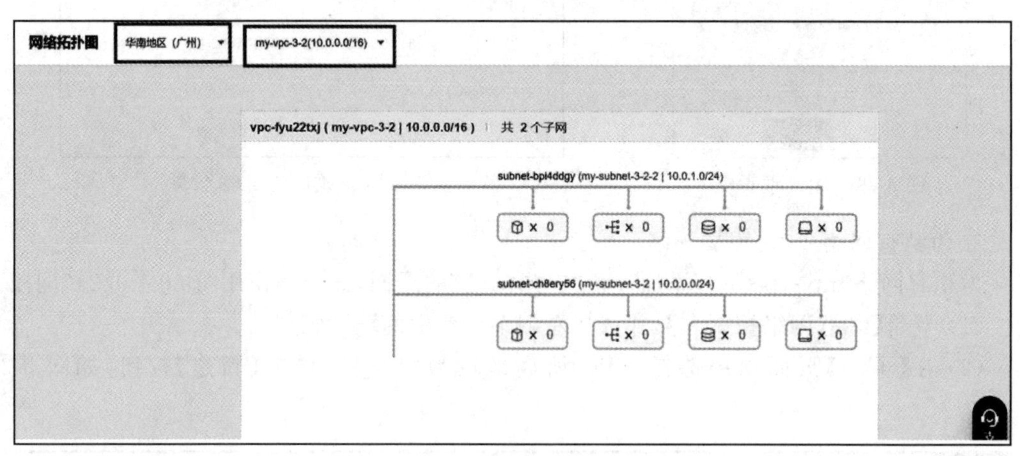

图 3-33　网络拓扑情况

3.7　项目开发及实现 2：腾讯云网络连接服务

3.7.1　项目描述

某公司在广州一区和广州二区购买了两台服务器，服务器分别拥有私有网络，即 VPC1 和 VPC2。因业务发展，公司在 VPC2 中部署了相关服务资源，且希望将 VPC2 中的业务共享给 VPC1 进行访问。因为腾讯云默认分配不在同一局域网，因此两台服务器直接使用 ping 命令测试连通性不能 ping 通。现需要配置腾讯云网络连接服务，使 VPC1 和 VPC2 之间可实现安全内网访问。

3.7.2　项目实现

1. 创建并查看弹性网卡

在广州区域创建一个新的 VPC，并指定子网可用区为“广州一区”。

（1）登录【私有网络控制台】。

（2）单击左侧菜单栏中的【IP 与网卡】-【弹性网卡】，进入弹性网卡列表页。

（3）选择地区和私有网络，单击【＋新建】按钮。

（4）在弹窗中输入名称，选择弹性网卡的所属网络、子网后，选择分配的内网 IP（可自动分配，也可手动填写），如需添加标签，可展开【高级选项】进行添加。最后单击【确定】按钮，如图 3-34 所示。

（5）登录【私有网络控制台】后，单击左侧菜单栏中的【IP 与网卡】-【弹性网卡】，进入弹性网卡列表页。

（6）单击需要查看的实例 ID，即可进入详情页，如图 3-35 所示。

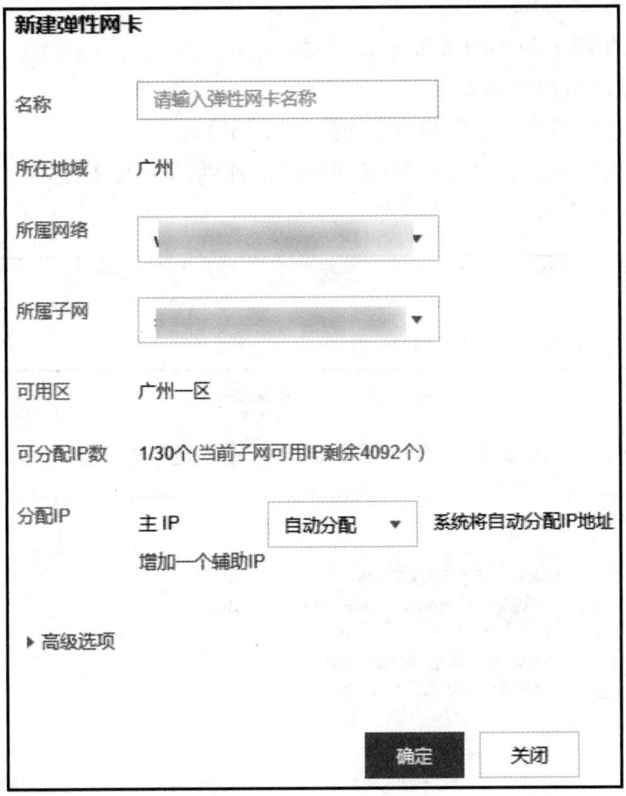

新建弹性网卡

名称 请输入弹性网卡名称

所在地域 广州

所属网络

所属子网

可用区 广州一区

可分配IP数 1/30个(当前子网可用IP剩余4092个)

分配IP 主 IP 自动分配 系统将自动分配IP地址

增加一个辅助IP

▸ 高级选项

确定 关闭

图 3-34 新建弹性网卡

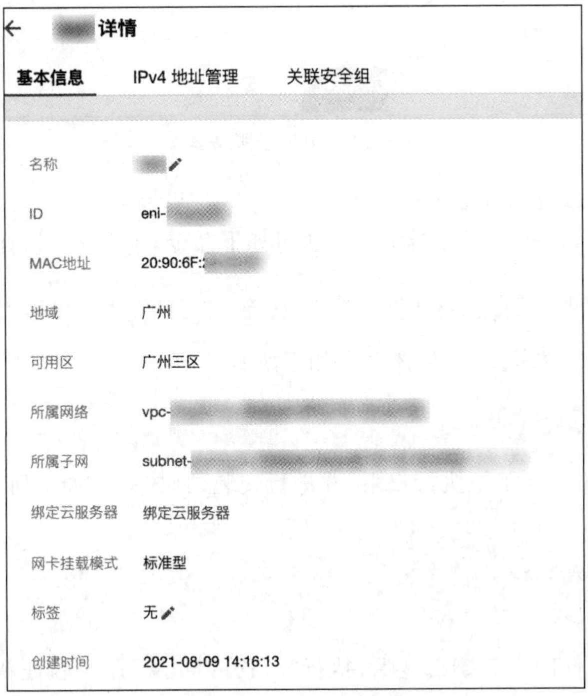

← 详情

基本信息 IPv4 地址管理 关联安全组

名称

ID eni-

MAC地址 20:90:6F:

地域 广州

可用区 广州三区

所属网络 vpc-

所属子网 subnet-

绑定云服务器 绑定云服务器

网卡挂载模式 标准型

标签 无

创建时间 2021-08-09 14:16:13

图 3-35 ID 详细信息

2. 弹性网卡的绑定与配置

将已创建的弹性网卡与云服务器进行绑定。

(1) 登录【私有网络控制台】。

(2) 单击左侧菜单栏中的【IP 与网卡】-【弹性网卡】。

(3) 在弹性网卡列表页找到需要绑定和配置的弹性网卡所在行,单击操作栏中的【绑定云服务器】,如图 3-36 所示。

ID/名称	网卡属性	所属网络	所属子网	绑定云服务器	流日志	内网IP	创建时间	操作
	辅助网卡			-	0	1	2019-11-12 1...	绑定云服务器 编辑标签 删除

图 3-36　绑定云服务器 1

(4) 在弹出框中选择需要绑定的云服务器,单击【确定】按钮完成绑定,如图 3-37 所示。

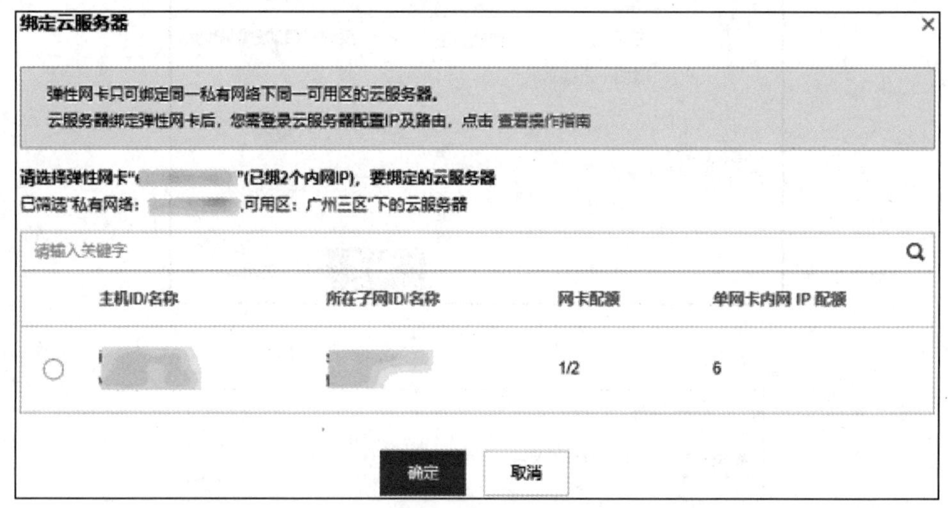

图 3-37　绑定云服务器 2

3. 在 CentOS 云服务器配置弹性网卡

(1) 登录云服务器,在云服务器中直接执行如下命令,下载 nic-hotplug.tgz 工具。

```
wget https://iso-1255486055.cos.ap-guangzhou.myqcloud.com/nic-hotplug.tgz
```

(2) 执行 tar 命令解压文件,具体命令如下所示。

```
tar -zxvf nic-hotplug.tgz
```

(3) 执行 chomd 命令赋予执行权限,并进行安装,具体命令如下所示。

```
cd nic-hotplug
chmod +x ./install.sh
./install.sh
```

(4) 再次确认弹性网卡正确绑定后,执行"ip rule show"命令验证新增网卡 eth1 的路由已正常下发,并通过"ip route show table eth1"命令查看 eth1 路由表信息,如图 3-38 所示。

```
[root@VM-32-9-centos nic-hotplug]# ip rule show
0:      from all lookup local
32765:  from 172.21.32.16 lookup eth1
32766:  from all lookup main
32767:  from all lookup default
[root@VM-32-9-centos ~]# ip route show table eth1
default via 172.21.32.1 dev eth1
```

图 3-38　测试绑定

注意：

(1) 该方式适用于 CentOS 8.0、7.8、7.6、7.5、7.4 和 7.2 版本。

(2) "nic-hotplug.tgz"工具将在绑定弹性网卡或云服务器重启时被触发，自动创建网卡配置文件，并下发弹性网卡的路由。

(3) 当云服务器已有弹性网卡时，请务必确认已有弹性网卡的路由均正确配置，再执行工具，配置新弹性网卡。

4. 绑定弹性公网 IP

为已创建的弹性网卡绑定公网 IP 地址。

(1) 登录【私有网络控制台】。

(2) 单击左侧菜单栏中的【IP 与网卡】-【弹性网卡】，进入弹性网卡列表页。

(3) 单击需要绑定的实例 ID，进入详情页。

(4) 单击选项卡中的【IPv4 地址管理】，查看已绑定的内网 IP，如图 3-39 所示。

图 3-39　IPV4 地址管理

(5) 单击需绑定的内网 IP 所在行中"已绑定公网 IP"列的【绑定】，如图 3-40 所示。

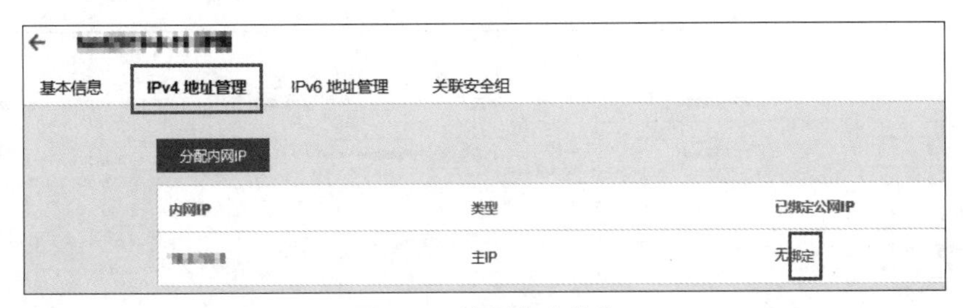

图 3-40　查看绑定信息

(6) 在弹出框中：

① 若有可选的弹性公网 IP，选中并单击【确定】按钮即可。

② 若无可选的弹性公网 IP，可单击弹出框上方的【新建】进行申请，详情请参见申请弹性公网 IP，申请成功后返回弹出框并单击【刷新】，即可看见申请的弹性公网 IP，选中并单击【确定】按钮即可，如图 3-41 所示。

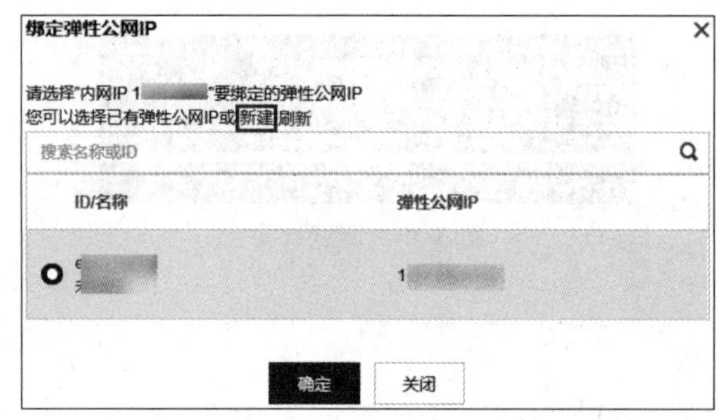

图 3-41　绑定弹性公网 IP

5. 配置指向对等连接的路由

下面为公司的两台服务器配置对等连接。

(1) 登录【腾讯云控制台】,选择【云产品】-【网络】-【私有网络】,进入【私有网络控制台】。

(2) 单击左侧菜单栏中的【子网】,进入管理页面。

(3) 单击对等连接本端指定子网(子网 A)的关联路由表 ID(路由表 A),进入路由表列表页,单击路由表 A 的 ID,进入详情页,如图 3-42 所示。

(4) 单击【+新增路由策略】,如图 3-43 所示。

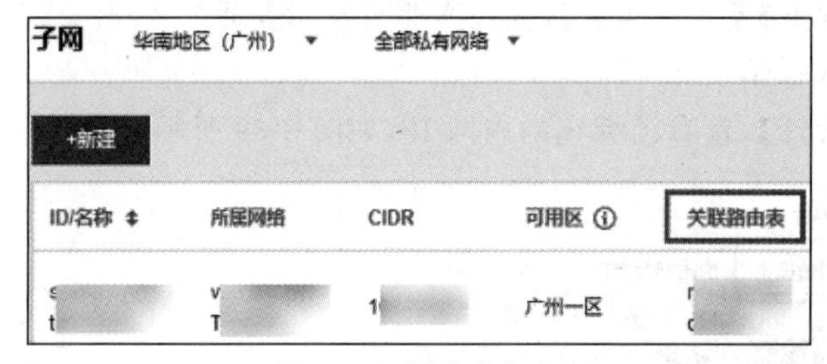

图 3-42　关联路由表

图 3-43　新增路由策略

(5) 在目的端中填入对端 CIDR(10.0.1.0/24),在下一跳类型中选择【对等连接】,在下一跳中选择已建立的对等连接,如图 3-44 所示。

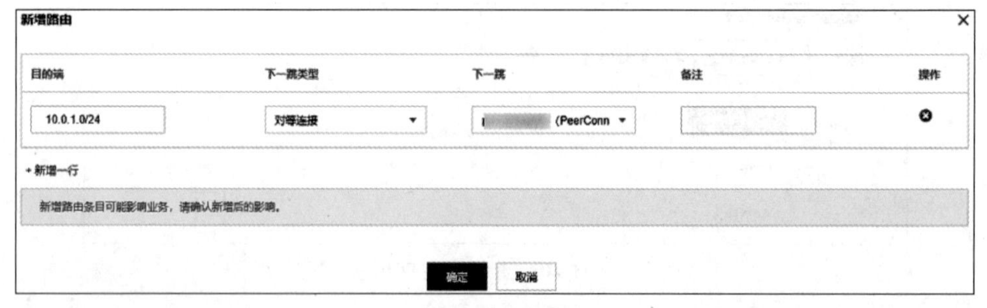

图 3-44　新增路由

(6) 单击【确定】按钮,路由表配置完成后,不同 VPC 的网段之间即可进行通信。

(7) 根据上述方法,配置对端路由表。

6. 创建对等连接

(1) 登录【腾讯云控制台】,选择【云产品】-【网络】-【私有网络】,进入【私有网络控制台】。

(2) 单击左侧菜单栏中的【对等连接】,进入管理页面。

(3) 在列表上方选择地域和私有网络,如广州和 VPC1,单击【+新建】,如图 3-45 所示。

对等连接
华南地区(广州)
全部私有网络
网络流日志 提供全时、全流、非侵入的弹性网卡流量采集服务，火热内测， 前往申请>>
+新建

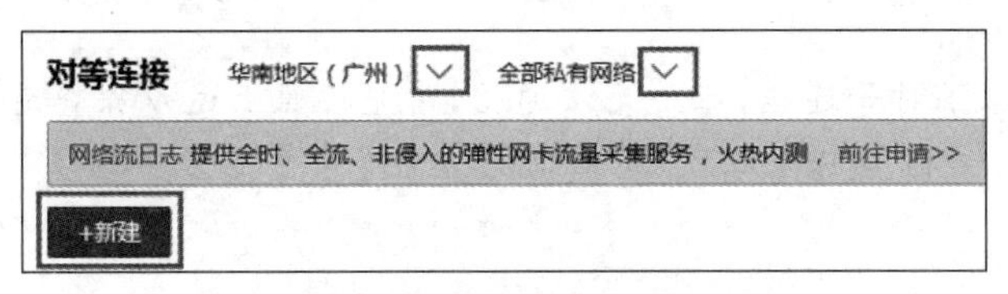

图 3-45　新建对等连接

(4) 在【新建对等连接】页面配置以下信息后,单击【创建】按钮,如图 3-46 所示。

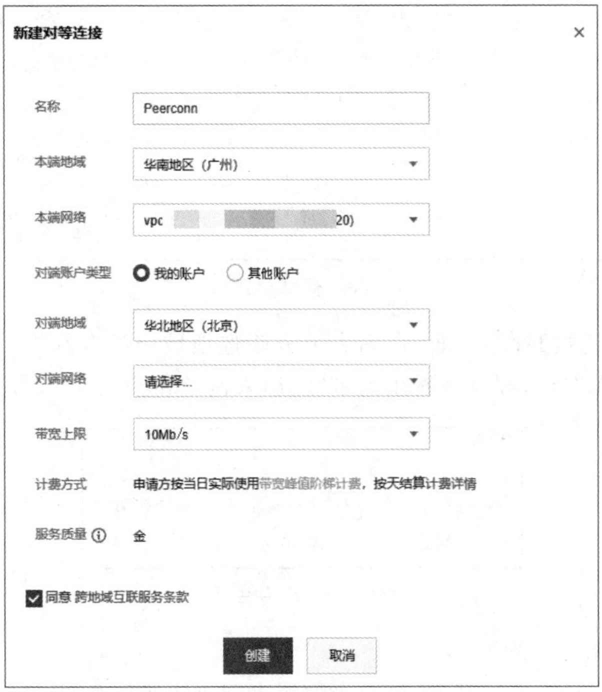

新建对等连接
名称
Peerconn
本端地域
华南地区 (广州)
本端网络
vpc
20)
对端账户类型
我的账户
其他账户
对端地域
华北地区 (北京)
对端网络
请选择...
带宽上限
10Mb/s
计费方式
申请方按当日实际使用带宽峰值阶梯计费，按天结算计费详情
服务质量
金
同意 跨地域互联服务条款
创建
取消

图 3-46　对等连接信息

注意：两个 VPC 间,本端多个网段与对端多个网段通信,只需要增加对应的路由表项,不需要建立多个对等连接。

7. 对等连接的路由策略及网络流量监控数据

(1) 登录【腾讯云控制台】,选择【云产品】-【网络】-【私有网络】,进入【私有网络控制台】。

(2) 在左侧菜单栏中单击【对等连接】,进入管理页面。

(3) 在列表上方筛选地域和私有网络,如图 3-47 所示。

对等连接
华南地区 (广州)
全部私有网络

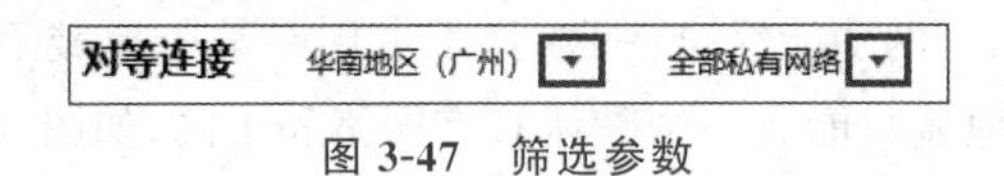

图 3-47　筛选参数

(4) 单击需要查看的对等连接 ID,进入详情页。

(5) 在相关路由策略中即可看到：下一跳是该对等连接的目的网段、关联子网，以及相关路由表。

说明：如果建立了对等连接，但是无法通信，请先按照上述步骤查看本端和对端路由表配置是否正确，如图 3-48 所示。

图 3-48 确认配置信息

(6) 返回【对等连接】管理页面，在列表上方筛选地域和私有网络。单击需要查看的对等连接所在行的监控图标，即可查看出入带宽、出入包量和丢包率，如图 3-49 所示。

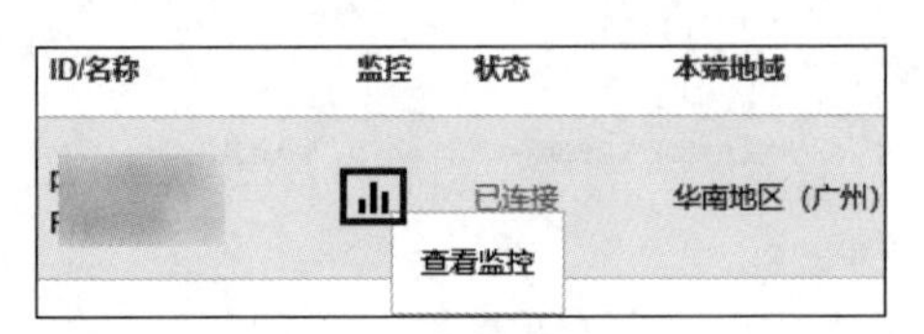

图 3-49 查看监控

8. 腾讯云私有网络的配置

私有网络是使用云服务的基础，当一个地域未创建任何私有网络，在该地域创建云服务器、负载均衡或数据库时，可以选择腾讯云为其自动创建默认私有网络和子网，而无须自行创建，如图 3-50 所示。

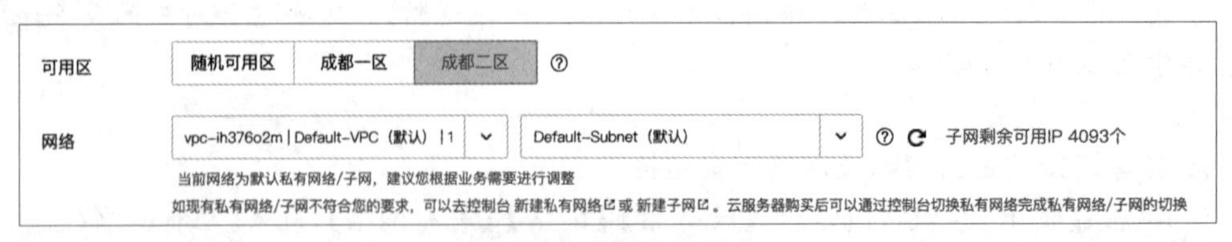

图 3-50 选择私有网络

实例创建成功后，一个默认的私有网络和子网也会随之创建成功，该默认私有网络和子网与自行创建的私有网络和子网功能完全一致，且不占用在某个地域下的配额。如果用户不再需要，可自行删除。一个地域只能有一个默认私有网络和子网，如图 3-51 和图 3-52 所示。

如果默认私有网络不符合使用的要求或希望创建一个新的私有网络时，用户可以在【私有网络控制台】新建私有网络。

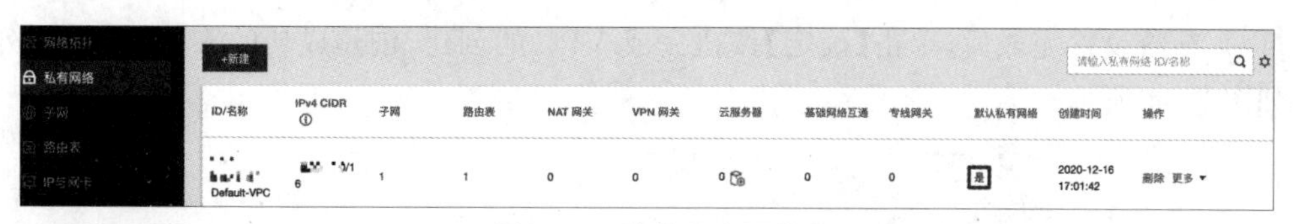

图 3-51 默认私有网络

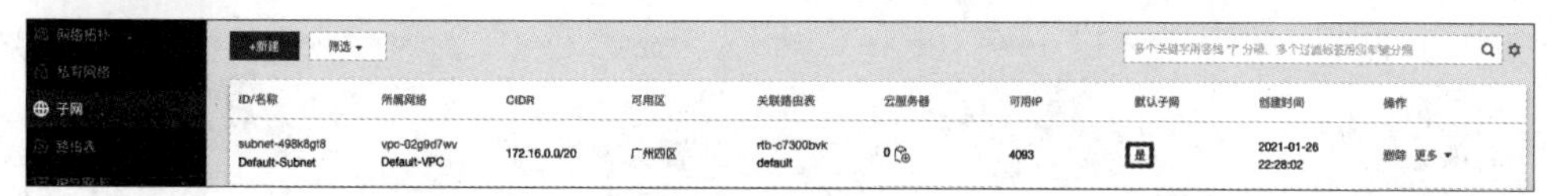

图 3-52 子网信息

9. 创建腾讯云私有网络

下面为公司的两台服务器配置新的私有网络。

(1) 登录【私有网络控制台】。

(2) 在【私有网络】页面顶部选择 VPC 所属地域,单击【新建】按钮。

(3) 在弹出的【新建 VPC】对话框中填写私有网络信息和初始子网信息。其中,VPC CIDR 支持使用 10.0.0.0、172.16.0.0、192.168.0.0 网段,本案例使用 10.0.0.0/16 网段;子网的 CIDR 必须在 VPC 的 CIDR 内或与 VPC 的 CIDR 相同,因此将 VPC 内的子网的网段设置为 10.0.0.0/24;初始子网的可用区选择"广州一区";关联路由表保持默认路由表即可,表示 VPC 内网络互通。具体配置如图 3-53 所示。

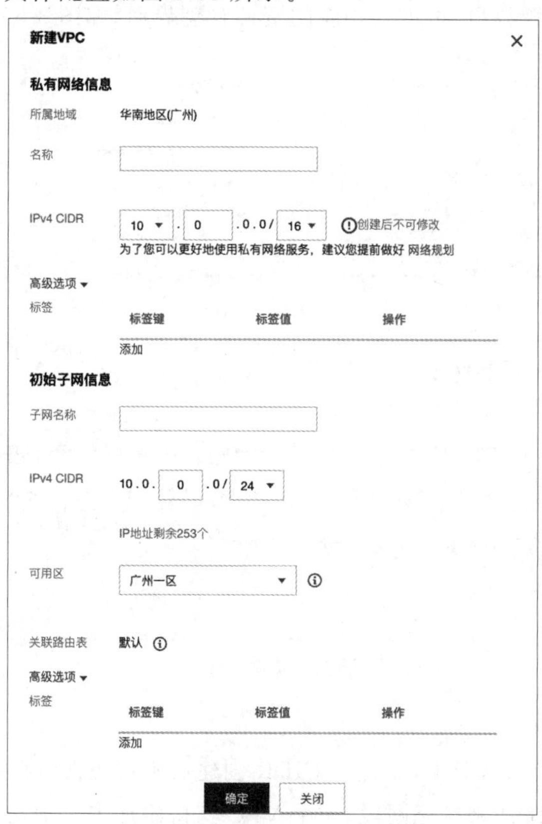

图 3-53 私有网络配置信息

（4）参数设置完成后，单击【确定】按钮完成 VPC 的创建，创建成功的 VPC 展示在列表中，如图 3-54 所示。

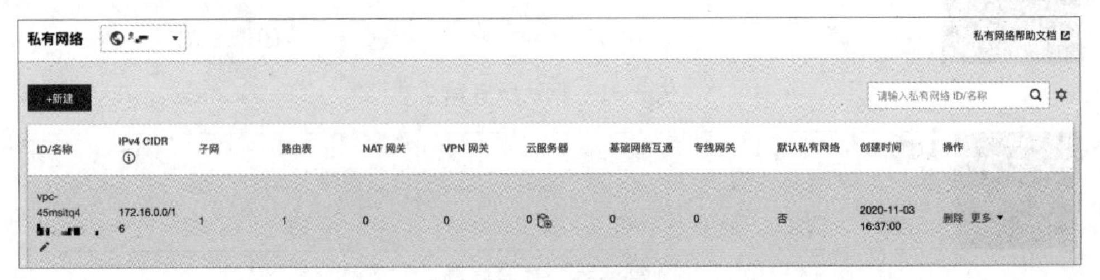

图 3-54　VPC 信息

（5）完成私有网络创建后，在【私有网络】页面顶部选择 VPC 所属地域“广州”，在 VPC 列表中可查看该地域下所有的 VPC，如图 3-55 所示。

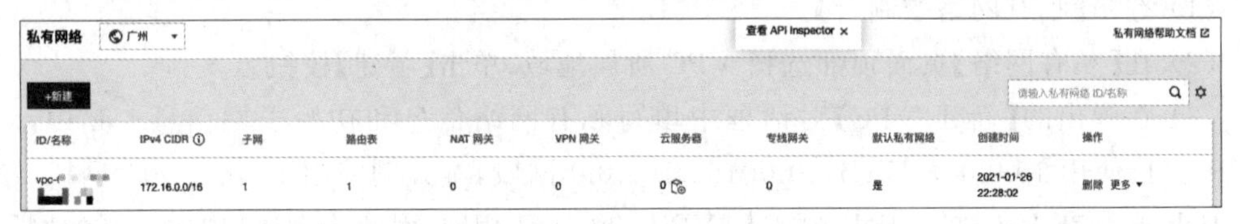

图 3-55　特定域下的 VPC

（6）单击需要查看的 VPC ID，详情页中展示了 VPC 的基本信息、云联网的关联情况，以及包含资源，单击资源数目，可进入相应的资源管理界面，如图 3-56 所示。

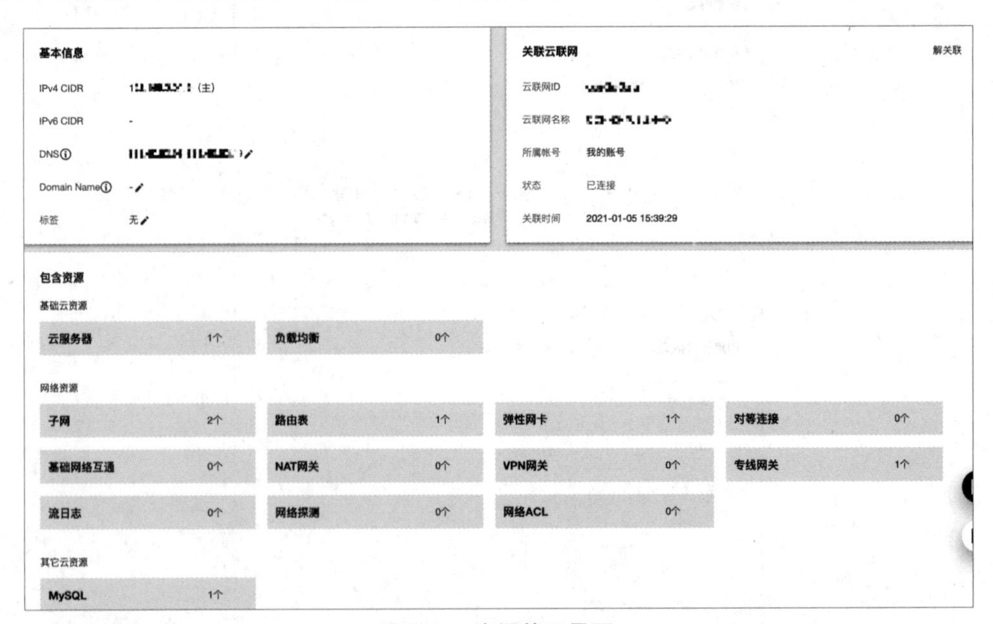

图 3-56　资源管理界面

10. 创建辅助 CIDR

VPC 支持添加一个主 CIDR，而且主 CIDR 创建后不可更改，当主 CIDR 不满足业务分配时，可以创建辅助 CIDR 来扩充网段，一个 VPC 支持添加多个辅助 CIDR。子网支持从主 CIDR 或者辅助 CIDR 中分配网段，无论子网属于主 CIDR 还是辅助 CIDR，同一 VPC 下不同子网均默认互通。

下面为公司服务器扩充网段，创建辅助 CIDR。

（1）登录【私有网络控制台】。

（2）在【私有网络】页面顶部选择 VPC 所属地域。

（3）在 VPC 列表中的目标 VPC 右侧操作列选择【更多】-【编辑 IPv4 CIDR】，如图 3-57 所示。

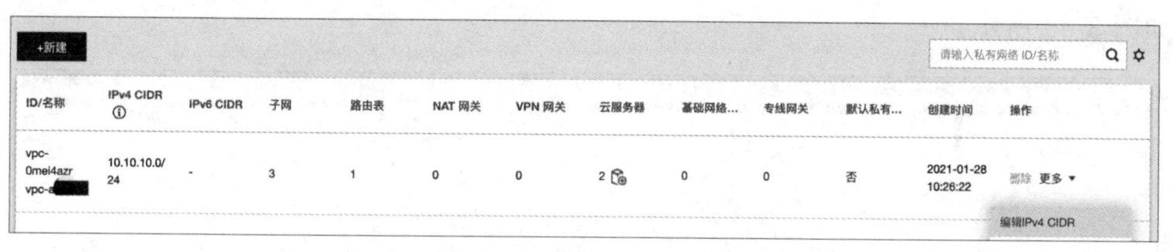

图 3-57 编辑 IPv4 CIDR

（4）在弹出的编辑对话框中单击【添加】，并编辑辅助 CIDR 为 172.16.0.0/16，如图 3-58 所示。

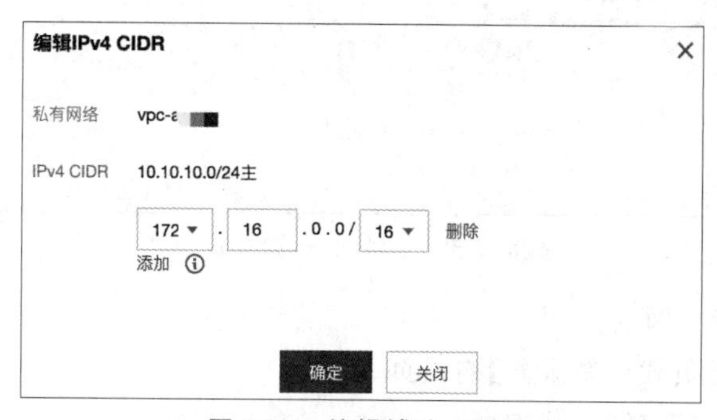

图 3-58 编辑辅助 CIDR

注意：辅助 CIDR 可以和自定义路由的目的网段重叠，但需要谨慎操作。因为辅助 CIDR 的路由属于本地路由，所以本地路由比自定义子网路由的优先级高。

（5）完成编辑后，单击【确定】按钮，完成辅助 CIDR 的创建。

3.8 项目开发及实现 3：腾讯云负载均衡服务

3.8.1 项目描述

某公司是一家专注于学生购物的在线商城服务提供商，在广州一区和广州二区购买了两台服务器，服务器分别拥有私有网络，即 VPC1 和 VPC2，并已实现了私有网络的互通。因业务规模不断扩大，访问量不断增长，现在门户的日 PV 超过亿次，峰值带宽超过 5GB。在兼顾服务性能的同时，怎样处理高峰时期的流量是很重要的问题。原方案是在公司的 IDC 中自行部署 Nginx 做接入层的负载均衡，但出现了丢包频繁等问题。因此，公司希望借助腾讯云平台中的负载均衡服务，助力“双十一”大促的业务保障。

3.8.2 项目实现

王雷是某公司的网络管理员，因公司业务规模不断扩大，门户访问量也在不断增长，因此，公司希望王雷能在腾讯云平台中完成负载均衡服务的创建。

1. 配置两台门户服务器

配置服务器A的站点访问端口为81，配置服务器B的站点访问端口为82，并进行测试，如图3-59所示。

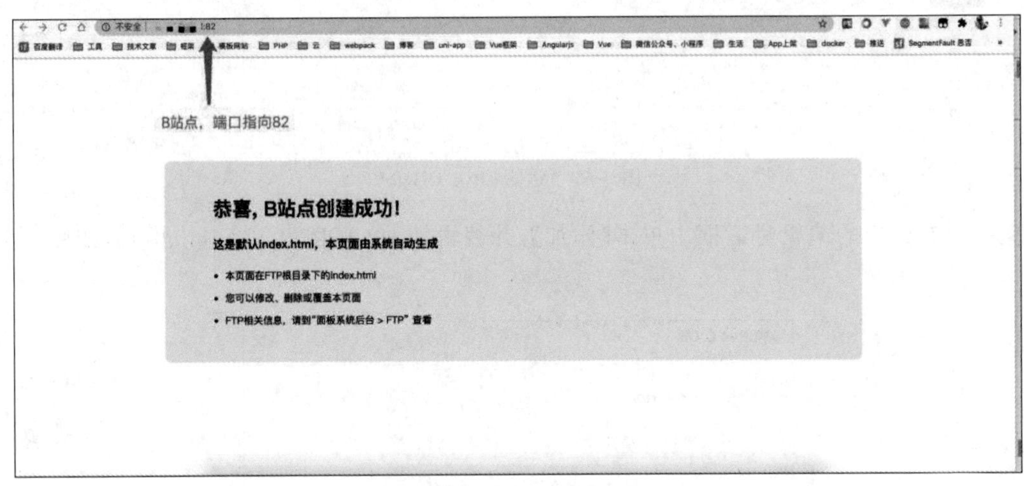

图 3-59 门户服务器配置

2. 创建负载均衡实例

(1) 登录腾讯云【负载均衡服务】购买页。

(2) 在实例类型中选择“负载均衡”。

(3) 根据实际情况和需求选择网络、所属项目等信息。

(4) 确认购买并支付完成后，即开通负载均衡服务。

3. 配置TCP监听器

(1) 登录【负载均衡控制台】。

(2) 在左侧的导航栏中选择【实例管理】。

(3) 在CLB实例列表页单击需配置的实例ID，进入实例详情页。

(4) 单击【监听器管理】标签页，或在CLB实例列表页的操作栏中单击【配置监听器】。【监听器管理】页面如图3-60所示。

(5) 在【监听器管理】页面中的“TCP/UDP/TCP SSL监听器”下单击【新建】按钮，在弹出框中配置TCP监听器。

(6) 在【创建监听器】弹出框的“基本配置”向导中输入名称“T-tcp-80”，监听协议端口为“TCP”和“80”，均衡方式为“加权轮询”，完成配置后单击【下一步】按钮。

(7) 在【创建监听器】弹出框的“健康检查”向导中开启健康检查，并设置响应超时为“2秒”，检测间隔为“2秒”，不健康阈值为“2次”，健康阈值为“2次”，完成配置后单击【下一步】按钮。

(8) 在【创建监听器】弹出框的“会话保持”向导中开启会话保持，并将保持时间设置为

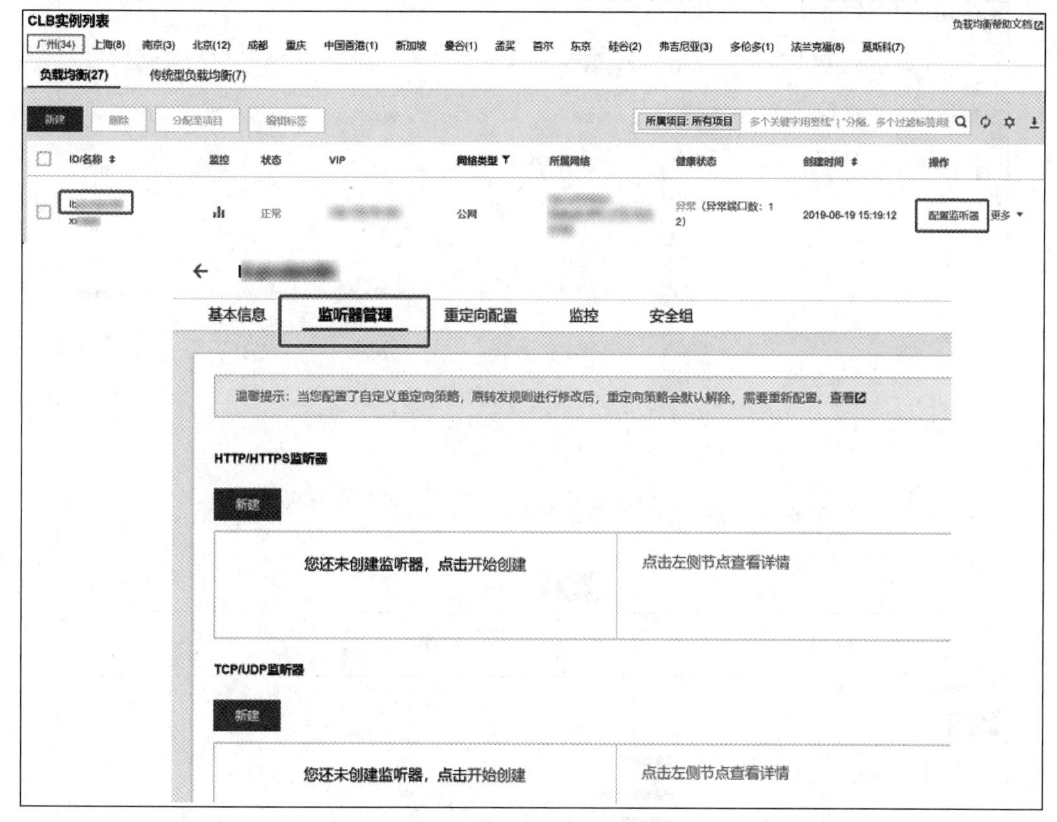

图 3-60 【监听器管理】页面

“30 秒”。配置完成后，单击【提交】按钮。

4. 绑定后端云服务器

(1) 在【监听器管理】页面单击已创建完毕的监听器——T-tcp-80(TCP:80)，即可在监听器右侧查看已绑定的后端服务，如图 3-61 所示。

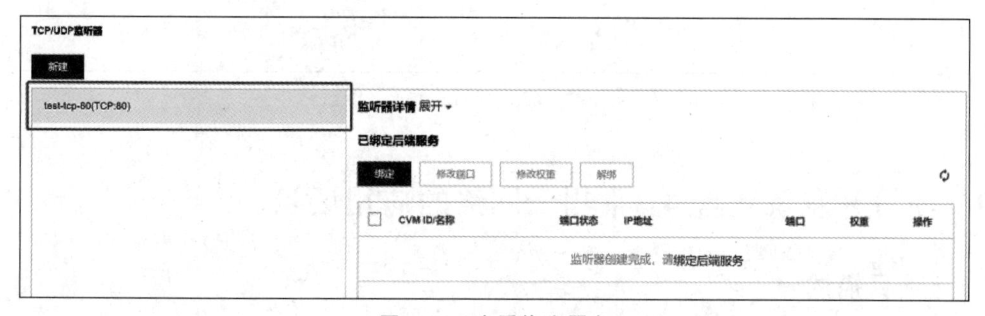

图 3-61 查看绑定服务

(2) 单击【绑定】，在弹出框中选择需绑定的两台后端服务器。在右侧的“已选择”云服务器框内单击【添加端口】，即可添加同一个云服务器的多个端口。为服务器 A 添加 81 端口，为服务器 B 添加 82 端口，如图 3-62 所示。

(3) 配置完成后，单击【确定】按钮，即可完成“TCP 监听器规则”的所有配置，配置详情如图 3-63 所示。

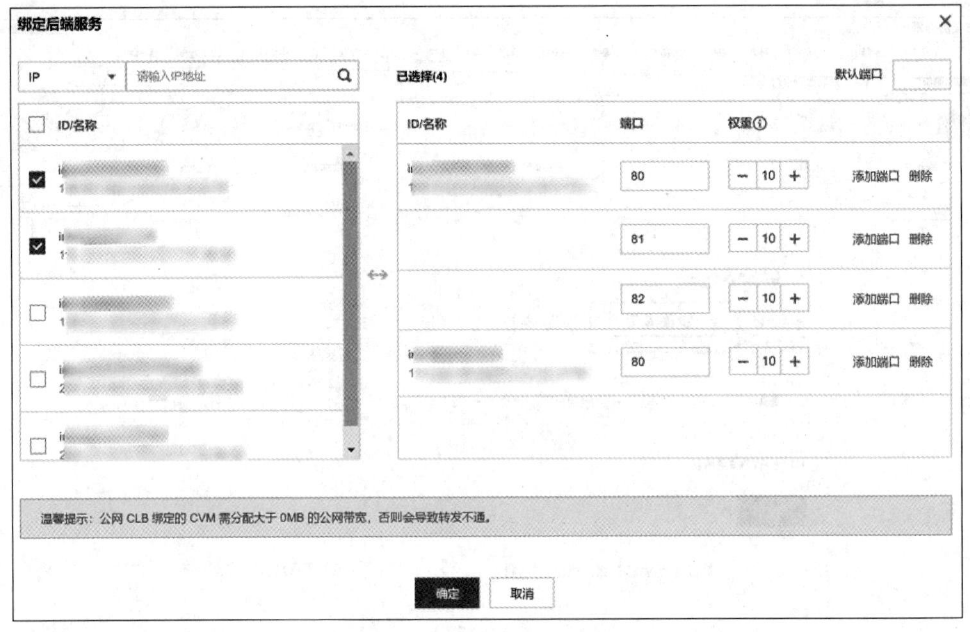

图 3-62　添加服务信息

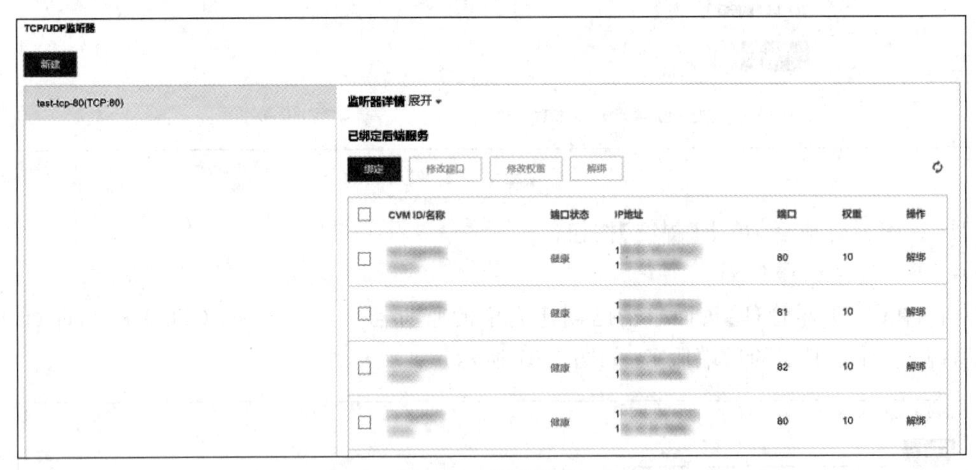

图 3-63　配置详情

3.9　项目开发及实现 4：常用云网络的应用场景

3.9.1　项目描述

王亮是某公司的售前工程师，为了让他以后更好地跟进云网络方面的业务，部门经理要求王亮收集并分类常见的云网络应用场景，并对公司已有的客户云网络应用场景进行分析。

3.9.2　项目实现

某公司在腾讯云 VPC 中的部分云服务器没有普通公网 IP，但现急需要访问公网。现安排网络部的王明利用带有公网 IP 的 Linux 云服务器访问公网。使用公网网关云服务器对出网流量进行源地址转换，所有其他云服务器访问公网的流量经过公网网关云服务器后，源 IP 都被转换为公网网关云服务器的公网 IP 地址，如图 3-64 所示。

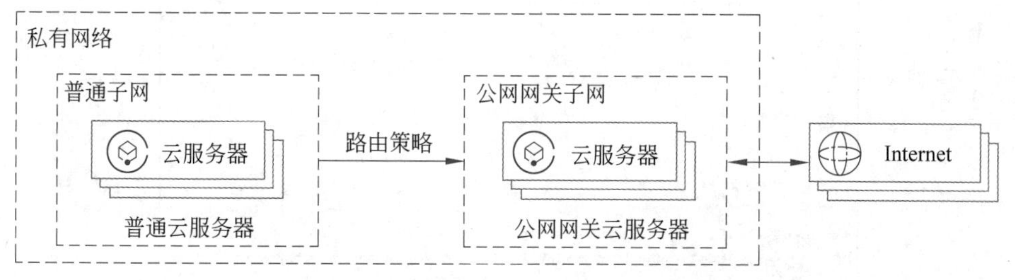

图 3-64　私有网络

1. 绑定弹性公网 IP

(1) 登录【云服务器控制台】，在左侧导航栏中单击【弹性公网 IP】，进入弹性公网 IP 管理页面。

(2) 在需要绑定实例的弹性公网 IP 的操作栏下选择【更多】-【绑定】，如图 3-65 所示。

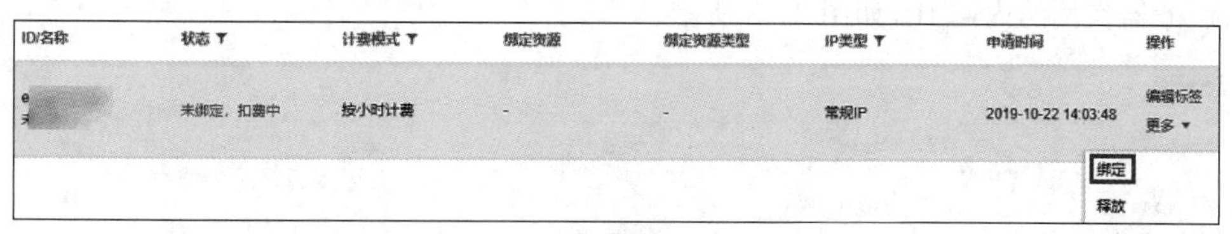

图 3-65　绑定

(3) 在【绑定资源】弹出框中选择一个被选做公网网关的 CVM 实例进行绑定，如图 3-66 所示。

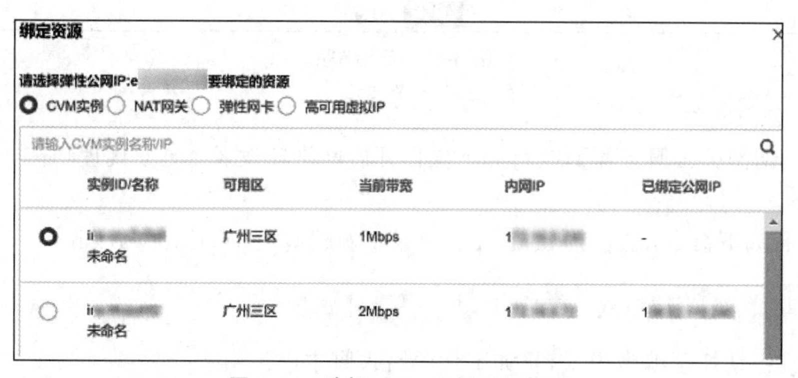

图 3-66　选择 CVM 实例进行绑定

2. 配置网关所在子网路由表

(1) 创建自定义路由表。

(2) 创建后会提示关联子网操作，直接关联公网网关服务器所在子网即可，如图 3-67 所示。

3. 配置普通子网路由表

配置普通子网路由表，配置默认路由走公网网关云服务器，使得普通子网内的云服务器能通过公网网关的路由转发能力访问公网。在普通云服务器所在子网的路由表中，新增如

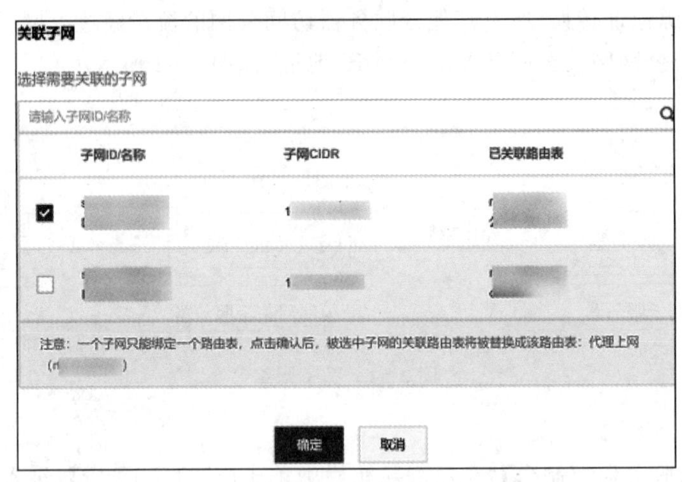

图 3-67　关联子网

下路由策略：目的端为“0.0.0.0/0”，下一跳类型为“云服务器”，下一跳为绑定弹性公网 IP 的云服务器实例的内网 IP，如图 3-68 所示。

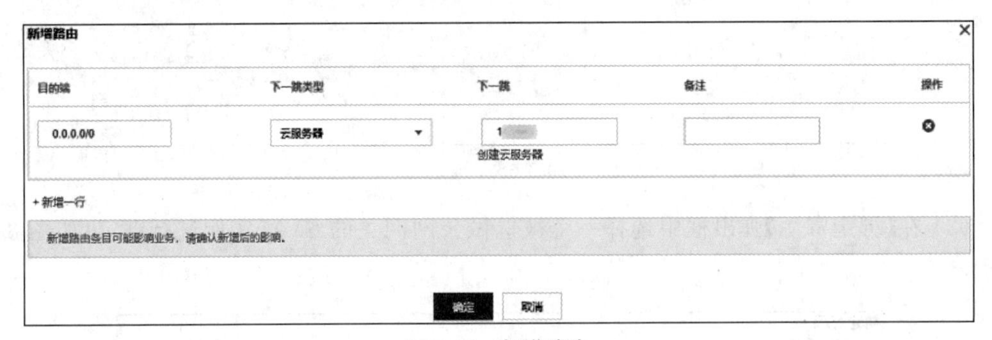

图 3-68　新增路由

4. 配置公网网关

登录【公网网关云服务器】，执行如下操作开启网络转发及 NAT 代理功能，并设置公网网关的 RPS。

(1) 执行如下命令，在 usr/local/sbin 目录下新建脚本 vpcGateway.sh。

```
vim /usr/local/sbin/vpcGateway.sh
```

(2) 按 i 键切换至编辑模式，将如下代码写入脚本中。

```
#!/bin/bash
echo "----------------------------------------------------------------"
echo " `date`"
echo "(1)ip_forward config…"
file="/etc/sysctl.conf"
grep -i "^net\.ipv4\.ip_forward.*" $file &>/dev/null && sed -i \
's/net\.ipv4\.ip_forward.*/net\.ipv4\.ip_forward = 1/' $file || \
echo "net.ipv4.ip_forward = 1" >> $file
echo 1 >/proc/sys/net/ipv4/ip_forward
```

```
[ `cat /proc/sys/net/ipv4/ip_forward` -eq 1 ] && echo "-->ip_forward:Success" || \
echo "-->ip_forward:Fail"
echo "(2) Iptables set…"
iptables -t nat -A POSTROUTING -j MASQUERADE && echo "-->nat:Success" || echo "-
->nat:Fail"
iptables - t mangle - A POSTROUTING - p tcp - j TCPOPTSTRIP - - strip - options
timestamp && \
echo "-->mangle:Success" || echo "-->mangle:Fail"
echo "(3) nf_conntrack config…"
echo 262144 > /sys/module/nf_conntrack/parameters/hashsize
[ `cat /sys/module/nf_conntrack/parameters/hashsize` -eq 262144 ] && \
echo "-->hashsize:Success" || echo "-->hashsize:Fail"
echo 1048576 > /proc/sys/net/netfilter/nf_conntrack_max
[ `cat /proc/sys/net/netfilter/nf_conntrack_max` -eq 1048576 ] && \
echo "-->nf_conntrack_max:Success" || echo "-->nf_conntrack_max:Fail"
echo 10800 >/proc/sys/net/netfilter/nf_conntrack_tcp_timeout_established \
[ `cat /proc/sys/net/netfilter/nf_conntrack_tcp_timeout_established` -eq 10800 ] \
&& echo "-->nf_conntrack_tcp_timeout_established:Success" || \
echo "-->nf_conntrack_tcp_timeout_established:Fail"
```

(3) 按 Esc 键输入“:wq”,保存文件并返回。

(4) 执行如下命令,设置脚本文件权限。

```
chmod +x /usr/local/sbin/vpcGateway.sh
echo "/usr/local/sbin/vpcGateway.sh>/tmp/vpcGateway.log 2>&1">> /etc/rc.local
```

(5) 执行如下命令,在 usr/local/sbin 目录下新建脚本 set_rps.sh。

```
vim /usr/local/sbin/set_rps.sh
```

(6) 按 i 键切换至编辑模式,将如下代码写入脚本中。

```
#!/bin/bash
echo "--------------------------------------------"
date
mask=0
i=0
total_nic_queues=0
get_all_mask() {
local cpu_nums=$1
if [ $cpu_nums -gt 32 ]; then
mask_tail=""
mask_low32="ffffffff"
idx=$((cpu_nums / 32))
cpu_reset=$((cpu_nums - idx * 32))
if [ $cpu_reset -eq 0 ]; then
mask=$mask_low32
for ((i = 2; i <= idx; i++)); do
mask="$mask,$mask_low32"
```

```
done
else
for ((i = 1; i <= idx; i++)); do
mask_tail="$mask_tail,$mask_low32"
done
mask_head_num=$((2 * * cpu_reset - 1))
mask=$(printf "% x% s" $mask_head_num $mask_tail)
fi
else
mask_num=$((2 * * cpu_nums - 1))
mask=$(printf "% x" $mask_num)
fi
echo $mask
}
set_rps() {
if ! command -v ethtool &>/dev/null; then
source /etc/profile
fi
ethtool=$(which ethtool)
cpu_nums=$(cat /proc/cpuinfo | grep processor | wc -l)
if [ $cpu_nums -eq 0 ]; then
exit 0
fi
mask=$(get_all_mask $cpu_nums)
echo "cpu number:$cpu_nums mask:0x$mask"
ethSet=$(ls -d /sys/class/net/eth*)
for entry in $ethSet; do
eth=$(basename $entry)
nic_queues=$(ls -l /sys/class/net/$eth/queues/ | grep rx- | wc -l)
if (($nic_queues == 0)); then
continue
fi
cat /proc/interrupts | grep "LiquidIO. * rxtx" &>/dev/null
if [ $? -ne 0 ]; then #not smartnic
#multi queue don't set rps
max_combined=$(
$ethtool -l $eth 2>/dev/null | grep -i "combined" | head -n 1 | awk '{print $2}'
)
#if ethtool -l $eth goes wrong.
[[ ! "$max_combined" =~ ^[0-9]+$]] && max_combined=1
if [ ${max_combined} -ge ${cpu_nums} ]; then
echo "$eth has equally nic queue as cpu, don't set rps for it…"
continue
fi
else
echo "$eth is smartnic, set rps for it…"
fi
echo "eth:$eth queues:$nic_queues"
total_nic_queues=$(($total_nic_queues + $nic_queues))
i=0
```

```
while (($i < $nic_queues)); do
echo $mask >/sys/class/net/$eth/queues/rx-$i/rps_cpus
echo 4096 >/sys/class/net/$eth/queues/rx-$i/rps_flow_cnt
i=$(($i + 1))
done
done
flow_entries=$((total_nic_queues * 4096))
echo "total_nic_queues:$total_nic_queues flow_entries:$flow_entries"
echo $flow_entries >/proc/sys/net/core/rps_sock_flow_entries
}
set_rps
```

(7) 按 Esc 键输入“:wq”,保存文件并返回。

(8) 执行如下命令,设置脚本文件权限。

```
chmod +x /usr/local/sbin/set_rps.sh
echo "/usr/local/sbin/set_rps.sh >/tmp/setRps.log 2>&1" >> /etc/rc.local
chmod +x /etc/rc.d/rc.local
```

(9) 完成上述配置后,重启公网网关云服务器使配置生效,并在无公网 IP 的云服务器上测试是否能成功访问公网。

3.10 实验任务 1:创建并配置私有网络

3.10.1 任务简介

某公司网络中心的员工主要负责云产品部署及维护。公司在完成 CVM 实例创建后,需要创建一个私有网络和子网。部门主管要求曹明根据现有情况进行私有网络 VPC 的创建。具体要求如下。

(1) 创建私有网络。

(2) 修改私有网络的 DNS 信息。

(3) 为私有网络 VPC 添加子网。

3.10.2 任务实现

具体实现如下。

(1) 创建私有网络。

(2) 修改私有网络的 DNS 信息。

(3) 为私有网络 VPC 添加子网。

3.10.3 实验报告

完成以上内容,并完成实验报告。实验至少包含以下内容。

(1) 创建私有网络。

(2) 修改私有网络的 DNS 信息。

(3) 为私有网络 VPC 添加子网。

3.11 实验任务2：腾讯云网络连接服务

3.11.1 任务简介

某公司在广州一区和广州二区购买了两台服务器，服务器分别拥有私有网络，即VPC1和VPC2。因业务发展，公司在VPC2中部署了相关服务资源，且希望将VPC2中的业务共享给VPC1进行访问。因为腾讯云默认分配不在同一局域网，因此两台服务器直接使用ping命令测试连通性不能ping通。现需要配置腾讯云网络连接服务，使VPC1和VPC2之间实现安全内网访问。

3.11.2 项目实现

具体实现如下。

(1) 创建并查看弹性网卡。

(2) 绑定与配置弹性网卡。

(3) 在CentOS云服务器配置弹性网卡。

(4) 绑定弹性公网IP。

(5) 配置指向对等连接的路由。

(6) 创建对等连接。

(7) 对等连接的路由策略及网络流量监控数据。

(8) 腾讯云私有网络的配置。

(9) 创建腾讯云私有网络。

(10) 创建辅助CIDR。

3.11.3 实验报告

完成以上内容，并完成实验报告。实验至少包含以下内容。

(1) 创建并查看弹性网卡。

(2) 绑定与配置弹性网卡。

(3) 在CentOS云服务器配置弹性网卡。

(4) 绑定弹性公网IP。

(5) 配置指向对等连接的路由。

(6) 创建对等连接。

(7) 对等连接的路由策略及网络流量监控数据。

(8) 腾讯云私有网络的配置。

(9) 创建腾讯云私有网络。

(10) 创建辅助CIDR。

3.12 实验任务3：腾讯云负载均衡服务

3.12.1 任务简介

某公司是一家专注于学生购物的在线商城服务提供商，在广州一区和广州二区购买了两台服务器，服务器分别拥有私有网络，即VPC1和VPC2，并已实现了私有网络的互通。因业务规模不断扩大，访问量不断增长，现门户的日PV超过亿次，峰值带宽超过5GB。在兼顾服务性能的同时，怎样处理高峰时期的流量是很重要的问题。原方案是在公司的IDC中自行部署Nginx做接入层的负载均衡，但出现了丢包频繁等问题。因此，公司希望借助腾讯云平台中的负载均衡服务，助力“双十一”大促的业务保障。

3.12.2 任务实现

具体实现如下。

(1) 配置两台门户服务器。

(2) 创建负载均衡实例。

(3) 配置TCP监听器。

(4) 绑定后端云服务器。

3.12.3 实验报告

完成以上内容，并完成实验报告。实验至少包含以下内容。

(1) 配置两台门户服务器。

(2) 创建负载均衡实例。

(3) 配置TCP监听器。

(4) 绑定后端云服务器。

3.13 实验任务4：常用云网络的应用场景

3.13.1 任务简介

王亮是某公司的售前工程师，为了让他以后更好地跟进云网络方面的业务，部门经理要求王亮收集并分类常见的云网络应用场景，并对公司已有的客户云网络应用场景进行分析。

3.13.2 任务实现

具体实现如下。

配置云服务器为公网网关：

(1) 绑定弹性公网IP。

(2) 配置网关所在子网路由表。

(3) 配置普通子网路由表。

(4) 配置公网网关。

3.13.3 实验报告

完成以上内容,并完成实验报告。实验至少包含以下内容。

(1) 绑定弹性公网 IP。

(2) 配置网关所在子网路由表。

(3) 配置普通子网路由表。

(4) 配置公网网关。

3.14 课后练习

一、选择题

1. 腾讯云 VPC 是基于腾讯云构建的专属云上的(　　)。

A. 网络空间　　B. 存储空间　　C. 计算空间　　D. 主机空间

2. 云网络产业中,包括(　　)。

A. 云网络设备商　　B. 云网络服务提供商

C. 网络集成商　　D. 终端用户

3. 选项(　　)不是腾讯云私有网络的核心组成部分。

A. 私有网络网段　　B. 网关　　C. 子网　　D. 路由表

4. 腾讯云私有网络 VPC 相对于传统网络具有(　　)优势。

A. 弹性可扩展　　B. 丰富的接入方式

C. 安全可靠　　D. 简单易用

5. 选项(　　)不是腾讯云私有网络应用的主要场景。

A. 内网访问公网　　B. 内网对公网提供服务

C. 应用容灾　　D. 快速访问

6. 负载均衡(CLB)提供(　　)层和(　　)层负载均衡。

A. 四　　B. 五　　C. 六　　D. 七

7. 腾讯云负载均衡由(　　)部分组成。

A. 负载均衡器　　B. 虚拟服务地址

C. 后端服务器　　D. VPC 网络

二、简答题

1. 请简要介绍腾讯云私有网络连接的方式。

2. 请简要说明腾讯云负载均衡的原理。

3. 请简要写出腾讯云私有网络的优势。

第 4 章　CDN 与加速应用

4.1　CDN 与加速概述

4.1.1　CDN 的由来

一个互联网公司在成长过程中会经历多个阶段。其中，在最小规模阶段，某公司在广州地区开发了一个网站并购买了一台服务器，所有用户都只需要访问到广州地区的服务器。到第二阶段，公司规模扩大，该公司在上海地区又成立了一家分公司，此时发现上海地区的用户访问广州地区的服务器会有较高的网络延迟。为了解决这个问题，在上海地区又部署了一台相同的服务器，并且将广州地区服务器上的内容完整地复制到上海服务器，从而有效解决了上海地区用户访问延迟的问题。第三阶段，公司规模再次扩大，该公司的业务在全国各地开展，此时发现很多地区的用户访问网站时都存在网络延迟较高的问题。为了解决这个问题，决定在用户访问比较集中的地区部署更多的服务器，具体选择北京、上海、南京、深圳、广州 5 个地区部署了服务器，从而有效地解决了用户访问速度的问题。

CDN 的全称是 Content Delivery Network，即内容分发网络。图 4-1 是典型的 CDN 拓扑结构，图中人形标志标识的是用户所在位置，定位标志标识的是用户访问站点的位置。从图 4-1 中可以看到，不同用户在不同地理位置访问到的服务器都是离他最近的服务器。

图 4-1　典型的 CDN 拓扑结构

由此可以发现，CDN 是为了解决不同地理位置的用户访问同一网站高延迟而产生的，它能使用户就近地访问到所需要的内容，从而解决网络拥挤的状况，提高用户访问网站的响应速度，同时能够减轻服务器的压力。在稳定性和安全性方面，当其中某一台或多台服务器发生故障时，可以引导用户访问其他没有故障的服务器，这样能够有效提高网站的稳定性和安全性。

4.1.2 CDN 的原理

1. 正常 Web 请求

DNS 服务器是一个用来解析域名的服务器，它会将域名翻译成相应的 IP 地址进行返回，或翻译成其他的域名进行返回。DNS 服务器是运行在互联网上的公共服务器，如果这台服务器没有查到相应的域名，则会向他的上级服务器进行请求，直至请求到根 DNS 服务器。如果根 DNS 服务器也没有返回结果，则说明该域名没有进行对应的解析。

如图 4-2 所示，用户在浏览器中输入 cloud.tencent.com，浏览器会将该域名发送到 DNS 服务器，DNS 服务器解析到对应的 IP 地址并将该 IP 地址返回给用户的浏览器。用户的浏览器请求到相应 IP 地址的服务器，即 Web 原始服务器。Web 原始服务器接收到该请求后对它进行了分析，并且返回了相应的请求结果。随后，用户的浏览器接收到相应的请求结果并对结果进行了一个可视化的展现，用户就看到了一个网页。

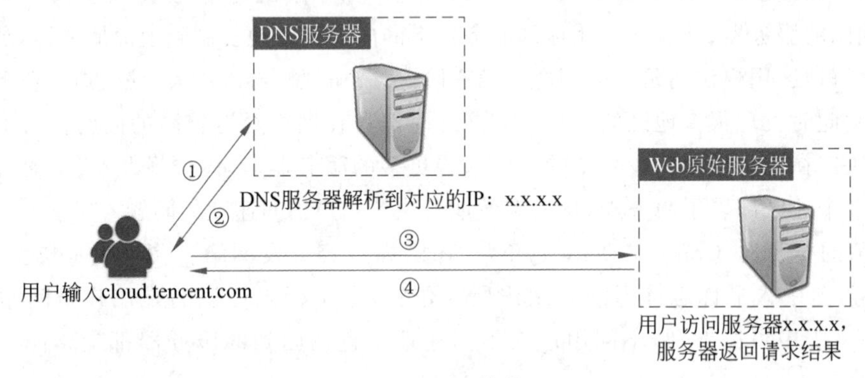

图 4-2　Web 请求

2. CDN 加速的实现

CDN 加速的实现主要分两个步骤：第一步是 Web 原始服务器将内容推送到边缘的节点上，以此产生一个副本；第二步是引导用户就近访问。

1）内容推送

用户想实现边缘加速，必须提前将原始服务器上的内容复制到其他的镜像服务器上。这样，其他镜像服务器才会产生副本，以此对用户进行访问。

2）CDN 加速的 Web 请求

要实现 CDN 加速，需要一台智能 DNS 服务器。智能 DNS 服务器是 CDN 加速服务商所提供的服务器，它会对用户位置等进行判断，并且返回相应的结果。

如图 4-3 所示，用户在浏览器中输入 cloud.tencent.com 后，用户的浏览器将该域名发送到 DNS 服务器。此时，DNS 服务器并不能直接把它解析到相应的 IP 地址，而是把它解析到智能 DNS 服务器。智能 DNS 服务器获取到该请求后，判断出当前的用户离上海最近，因此返回上海服务器的 IP 地址给 DNS 服务器。DNS 服务器将该地址返回到用户的浏览器，用户通过浏览器请求上海的 CDN 镜像服务器。这时，上海的 CDN 镜像服务器获取到相应的请求，并且查询到相应的 CDN 副本文件后对用户进行返回。最后，用户的浏览器接收到返回的结果并对用户进行站点的展现。

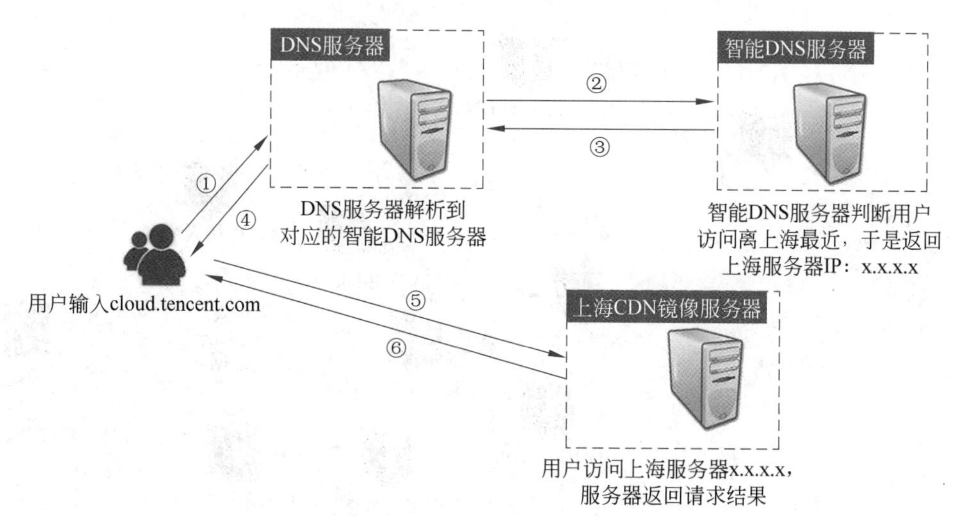

图 4-3 CDN 加速的 Web 请求

从整个 CDN 加速过程中可以看到,用户和日常一样输入相应的域名进行访问即可。但不同的是,网站的服务商需要将原来的解析地址转换到智能 DNS 服务器,并且要提前将相应的副本文件推送到相应的镜像服务器。

4.2 腾讯云 CDN 系统架构

4.2.1 腾讯云 CDN 的介绍

1. 腾讯云 CDN 概述

腾讯云 CDN 通过部署遍布全球的高性能加速节点,在现有互联网上增加了一层新的网络架构。这些高性能的服务节点会按照一定的缓存策略存储业务内容,当用户发起请求时,请求将被调度到最接近用户的服务节点,直接由服务节点快速响应。

通过这样的技术架构,腾讯云 CDN 有效解决了目前互联网业务网络层面中的以下问题。

(1) 解决了用户与业务服务器地域间物理距离远导致的传输延时高、服务不稳定的问题。

(2) 避免了因用户和业务服务器的运营商不同,从而带来的跨运营商请求、转发问题。

(3) 改善了因业务服务器网络带宽和处理能力有限而导致的响应速度慢、可用性降低的问题,从而实现快速响应用户请求、降低延迟、提高可用性等服务质量的提升。

2. 腾讯云 CDN 的加速过程

如图 4-4 所示,接入 CDN 加速服务的业务服务器称为源站,源站可以根据缓存策略把内容分发至腾讯云丰富的高性能加速节点上。此处可能由源站直接分发,也可能通过中间源 CDN 服务器间接分发。

当用户需要请求资源时,首先还是正常请求域名解析,本地 DNS 服务器将根据已配置的 CNAME 记录,向腾讯 DNS 转发请求。腾讯 DNS 将为请求分配最佳的节点 IP,返回给本地 DNS,并最终返回给用户。

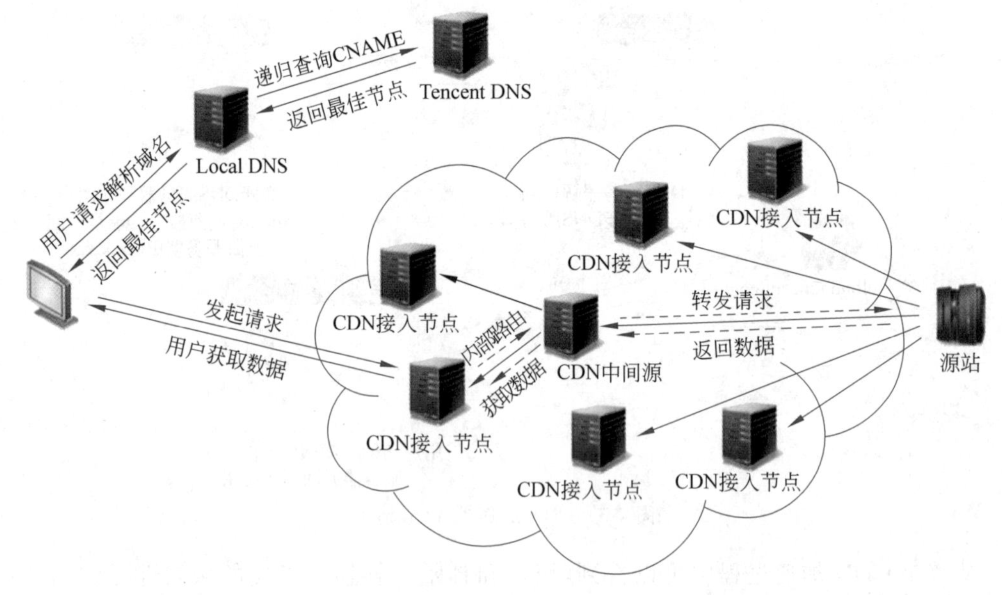

图 4-4 腾讯云 CDN 的加速过程

接下来用户向获取的 IP 发起对资源的访问请求。如果该节点上有相应资源的缓存,节点服务器就会将资源直接返回给用户,这样就被称为命中。如果该节点上没有相应资源的缓存或者缓存已经过期,则被称为未命中。这时节点将向源站请求资源,这个过程称为回源。在回源时,节点可以直接向源站发起回源请求。如果有配置中间源,也可以通过内部的路由向中间源发起回源请求。如果中间源 CDN 服务器缓存命中,将直接向节点服务器返回数据,如果仍未命中,则转发请求至源站。源站将返回数据,数据经中间源转发并缓存至 CDN 节点,之后返回给用户。以上就是一个完整的腾讯云 CDN 加速过程。

4.2.2 腾讯云 CDN 的功能优势

腾讯云 CDN 具有丰富的功能优势。采用业界通用的测速方法,对使用腾讯云 CDN 的源站与未使用 CDN 的源站进行对比,在时延和可用性上的数据均有一定的优势。在时延方面如图 4-5(a)所示,正常源站平均时延约 1.27 秒,而使用腾讯云 CDN 加速的源站平均时延只有 0.29 秒,时延降低了约 77%。在可用性方面如图 4-5(b)所示,正常源站可用性为 95.48%,而使用腾讯云 CDN 加速的源站可用性则高达 99.67%,能够满足对服务可用性的敏感要求。

腾讯云 CDN 能够带来如此显著的服务提升,主要依赖于以下四大功能优势。

1. 稳定加速、覆盖全球

腾讯 CDN 在境内外部署数千个加速节点,覆盖全球 50 多个国家和地区,在国内覆盖了各家主流运营商与中小型运营商,完美解决了地域、网络、源站性能等多因素引起的用户访问延迟较高、不稳定等问题。

2. 智能调度、链路优化

基于腾讯云自研的 GSLB 调度体系和智能路由技术,腾讯云 CDN 可以对全网链路进行实时监控,为用户提供最近、最优的 CDN 节点。当需要回源时,提供最优的回源链路,并

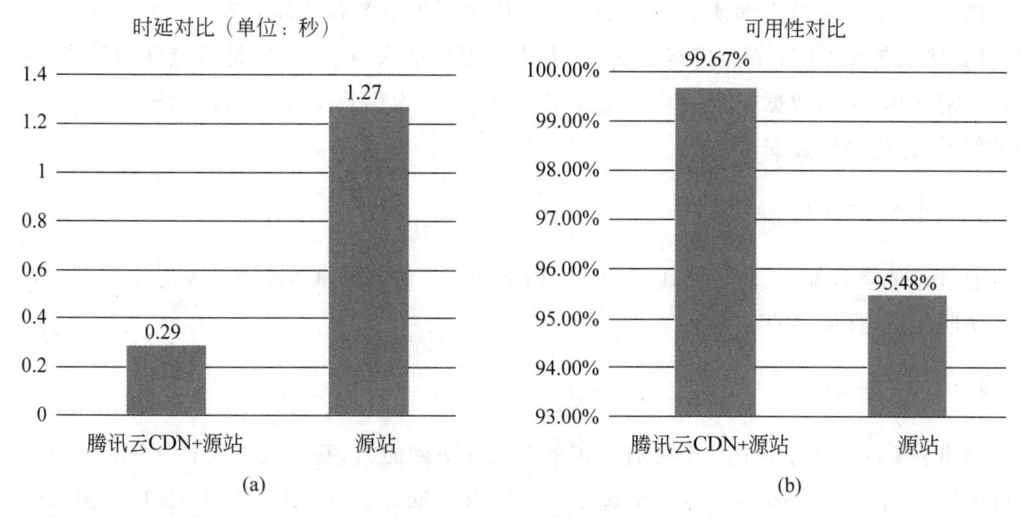

图 4-5 时延与可用性

且在用户发起动态请求时，也可提供最优的网络链路。

3. 安全、可靠、访问透明

腾讯云 CDN 支持黑白名单、防盗链等访问控制功能，提供 HTTPS 支持，同时还可以避免域名被恶意劫持，保障业务安全。

4. 简单接入、多样管理

接入腾讯云 CDN 时，提供源站的域名以接入服务，并在域名服务提供商配置 CNAME 记录即可。接入后，腾讯 CDN 提供多维度的数据统计和分析功能，以及丰富的配置管理功能，以管理 Web 服务。

4.3 腾讯云 CDN 安全机制

腾讯云 CDN 不仅可以缩短访问时间、减少源站成本，还可以帮助用户做好网络安全防护、规避风险。腾讯云安全机制可以提供以下 4 种安全防护。

4.3.1 域名防劫持

为了避免域名在解析过程中受到劫持，无法解析到最优接入节点，腾讯云 CDN 提供了 HTTP DNS 直通车解决方案。基于 HTTP 向腾讯云的 DNS 服务器发送域名解析请求，替代了基于 DNS 协议向运营商 Local DNS 发起解析请求的传统方式，可以避免 Local DNS 造成的域名劫持和跨网访问问题。使用该方案，用户的域名将会通过公有 DNS 进行更加快速的解析，避免被恶意劫持。

4.3.2 HTTPS 支持

HTTPS 是以安全为目标的 HTTP 通道，简单讲就是 HTTP 的安全版，即 HTTP 下加入 SSL 层，HTTPS 的主要作用分为两种：一种是建立一个信息安全通道，保证数据传输安全；另一种是确认网站的真实性。

腾讯云 CDN 支持全网所有节点 HTTPS 传输。当业务有较高的安全需求,且已拥有证书,可直接上传至 CDN 节点进行部署时,不论是用户请求至节点,还是节点回源请求,都会进行加密处理,保障数据安全。若暂无证书,腾讯云将为用户提供免费的第三方 DV 证书,一键部署,让连接更加安全。

4.3.3 CDN 访问控制

通过过滤参数配置、防盗链配置、IP 黑白名单、IP 访问限频配置、视频拖曳配置等功能实现访问控制,保障节点和内容安全。

4.3.4 攻击防护

腾讯云 CDN 的每个节点都拥有一定的 DDoS 防御能力,基于先进的特征识别算法进行精确清洗,配合自主研发的恶意攻击过滤模块能有效抵御 DDoS、CC 攻击,保障业务正常运行。另外,支持 DDoS 攻击识别统计、WAF 攻击类型监控与分析,可实时查看站点所受攻击及防御情况;多维度自定义精准访问控制,配合人机识别和全局频率控制等手段过滤垃圾访问,保障正常服务平稳运行。

4.4 CDN 与加速产品的应用场景

腾讯云 CDN 可以有效解决目前互联网业务中网络层面的性能、延时等问题,在网络加速、下载加速、音视频加速、全站加速、安全加速等场景中广泛应用。

4.4.1 网站加速

网站加速适用于各类网站的加速,如门户网站、电商网站、UGC(用户生成内容)社区等。腾讯云 CDN 可对站点内容中的静态内容进行缓存加速,对动态内容需使用腾讯云全站加速 ECDN。静态内容指用户多次访问某一资源,响应返回的数据都是相同的内容,例如 html、css 和 js 文件、图片、视频、软件安装包、APK 文件、压缩包文件等。动态内容指用户多次访问某一资源,响应返回的数据是不相同的内容,例如 API、.jsp、.asp、.php、.perl 和.cgi 文件等,如图 4-6 所示。

腾讯云 CDN 提供了强大的网站静态内容的加速分发处理功能,显著提升了网站资源加载速度,分布在不同区域的终端用户均可享受到快速流畅的网页体验。在用户高并发期间,可缓解源站服务器压力,保证服务稳定和网页的流畅访问。

4.4.2 下载加速

下载加速适用于各类文件下载的加速,如游戏安装包、手机 ROM 升级、应用程序包下载等。腾讯云 CDN 依靠海量弹性带宽储备,具备突发性超大流量承载能力,可对这些相对较大的文件下载进行加速分发,保证下载服务的稳定性,任何区域的终端用户都可获得极速流畅的下载体验,如图 4-7 所示。

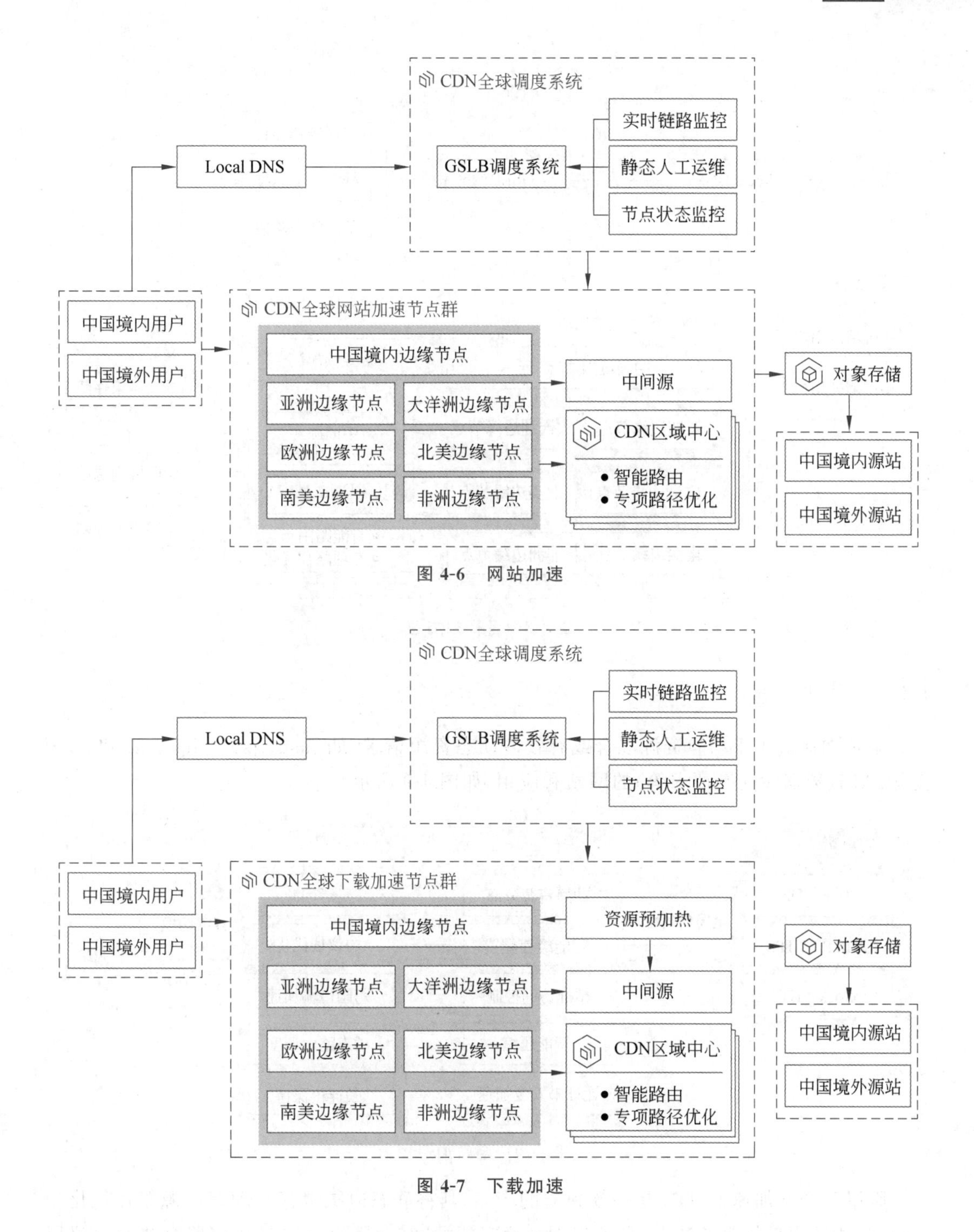

图 4-6 网站加速

图 4-7 下载加速

4.4.3 音视频加速

音视频加速适用于各种音视频点播网站和应用的加速，如各类音视频 App、在线音视频网站、网络电视等，如图 4-8 所示。腾讯云 CDN 强大的加速分发能力结合腾讯多年在线视频运营经验，可在音视频访问量高并发时期有效保证各区域终端用户收听和观看音视频流畅不卡顿。

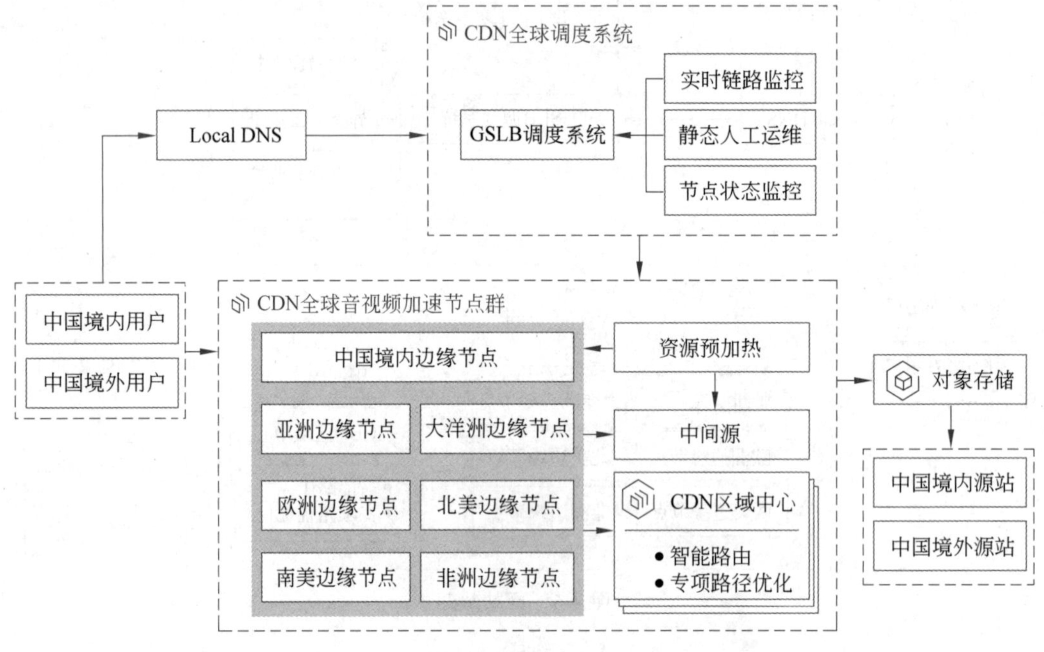

图 4-8　音视频加速

4.4.4　全站加速

全站加速适用于动静资源混合或有较多动态资源请求（如 .asp、.jsp、.php、.cgi 和 .perl 文件、API、数据库交互请求等）的网站和应用，如图 4-9 所示。

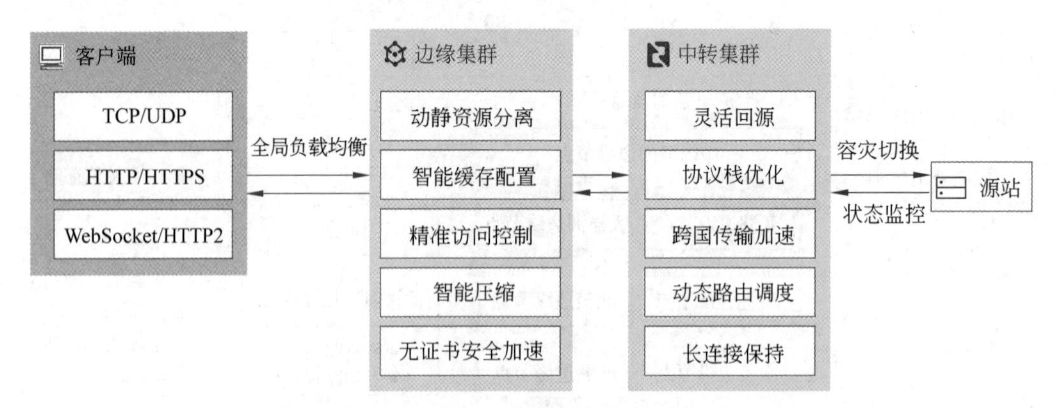

图 4-9　全站加速

腾讯云全站加速 ECDN 是一款独立的产品，其将静态边缘缓存与动态回源路径优化相融合，智能调度最优服务节点，自动识别动静态资源，结合腾讯自研最优链路算法及协议层优化技术，提供全新的高性能一站式加速服务体验。

4.4.5　安全加速

安全加速适用于动静态内容加速和安全防护一体化的场景，尤其适用于既需要内容加速分发，又对安全防护有较高要求的行业，如游戏行业、互联网金融、电子商务网站、政务机构门户网站等。

腾讯云安全加速 SCDN 在拥有 CDN 全部加速优势的基础上，提供超强的安全防护能力：防护大流量 DDoS 攻击，抵抗大型 CC 攻击，以及网站入侵防护，实时防护客户站点，保障业务稳定，如图 4-10 所示。

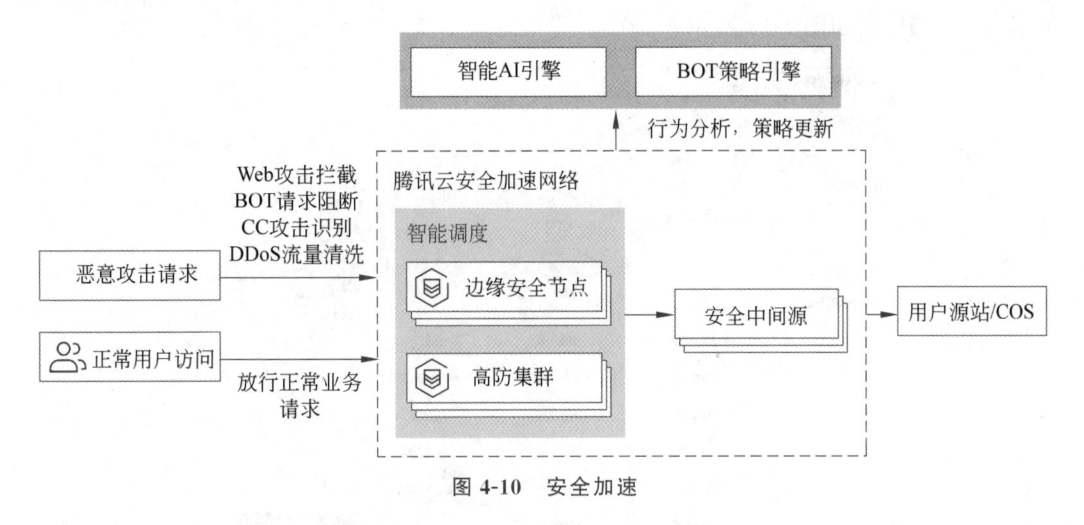

图 4-10 安全加速

4.5 项目开发及实现 1：腾讯云 CDN 系统架构

4.5.1 项目描述

小明是某公司网络中心的员工，发现用户和业务服务器地域间物理距离远时，传输需要多次网络转发，延迟较高且受网络影响大，不稳定。经向上级汇报后，部门主管决定对公司的站点进行 CDN 的部署，以达到网站加速的效果。

4.5.2 项目实现

小明是某公司的网络管理员，因公司业务规模不断扩大，门户访问量不断增长。现需要开通 CDN 服务并进行域名接入。

1. 登录腾讯云账号进行实名认证

因为经实名认证的用户才能开通 CDN 服务，所以，登录腾讯云账号后进入账号中心，在【基本信息】-【认证状态】中根据指引完成实名认证，如图 4-11 所示。

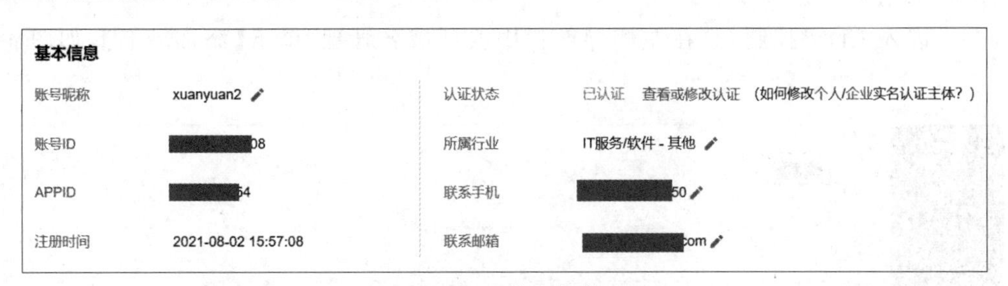

图 4-11 基本信息

2. 补充服务信息和 CDN 的开通

(1) 在腾讯云控制台总览页中依次单击【云产品】-【CDN 与加速】,并单击【内容分发网络】。

(2) 进入 CDN 控制台后,单击左侧的【开通】,选择 CDN 的服务内容为“其他”。完成后单击【下一步】按钮如图 4-12 所示。

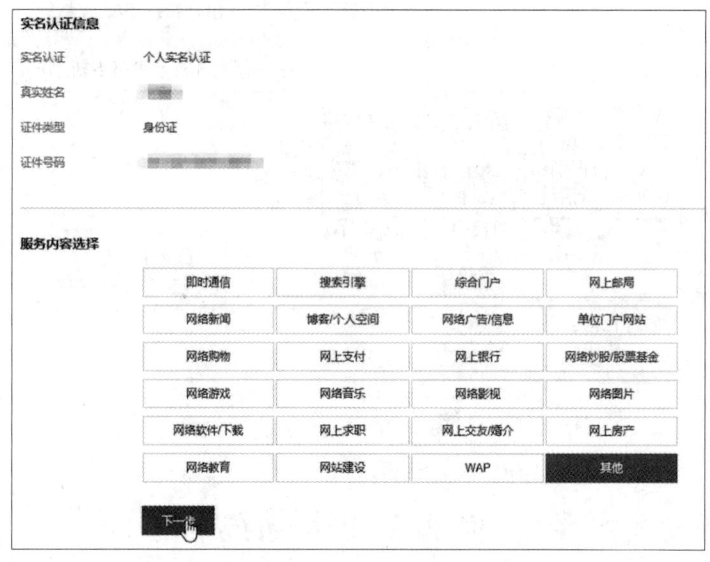

图 4-12　服务内容

(3) 根据业务模式,本案例选择“按使用流量计费”,仔细阅读《腾讯云 CDN 产品服务保障协议》后,勾选“我已阅读并同意相关服务条款《腾讯云 CDN 产品服务保障协议》”,最后单击【开通 CDN】即可完成 CDN 的开通,如图 4-13 所示。

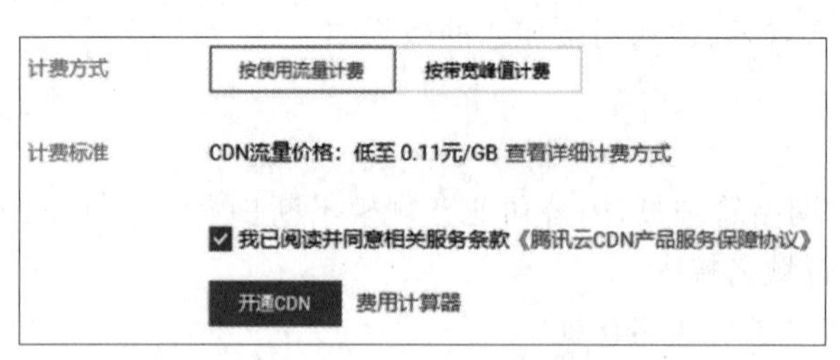

图 4-13　选择计费方式

3. 添加域名

(1) 进入 CDN 控制台,在左侧导航栏中找到域名管理,单击【添加域名】,如图 4-14 所示。

图 4-14　添加域名

（2）在【添加域名】页面中的域名配置部分填写加速域名为已有的域名信息；选择加速区域为【中国境内】；加速类型为【静态加速】；请求协议为IPv4协议，如图4-15所示。

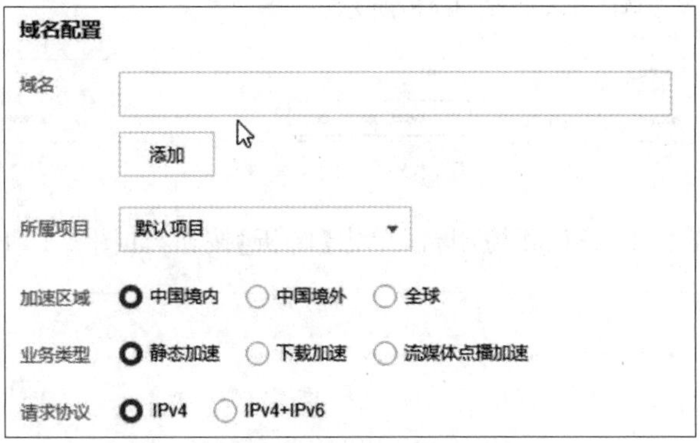

图4-15 域名配置

（3）在【添加域名】页面中的源站配置部分选择源站类型为【自有源站】；回源协议为【HTTP】；源站地址为网站的IP地址，如图4-16所示。

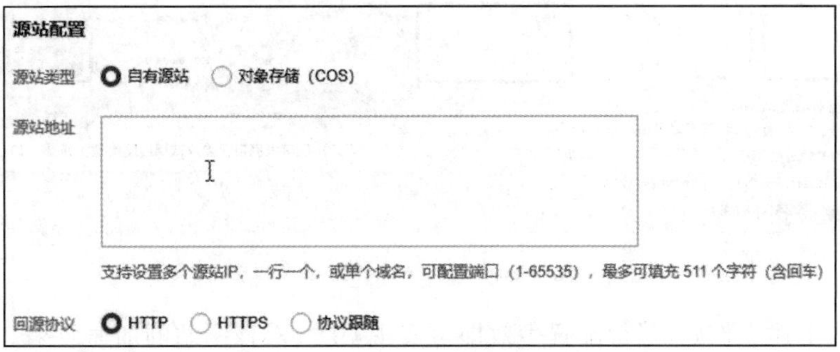

图4-16 源站配置

（4）在【添加域名】页面中的服务配置部分保持默认状态即可。确认无误后，单击【确认提交】按钮，等待域名配置下发至全网节点生效即可，如图4-17所示。

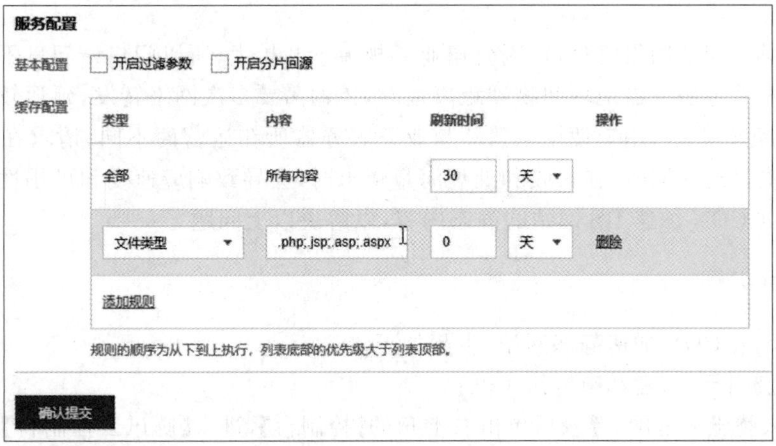

图4-17 服务配置

4. 配置 CNAME

(1) 在 CDN 控制台复制 CNAME 地址。在域名成功解析前,CNAME 处会有提示 icon。复制此处的 CNAME 值,如图 4-18 所示。

图 4-18　CDN 控制

(2) 登录 DNS 解析 DNSPod 控制台,单击【解析】按钮,如图 4-19 所示。

图 4-19　DNSPod 控制台

(3)添加 CNAME 记录,单击【确认】按钮,如图 4-20 所示。

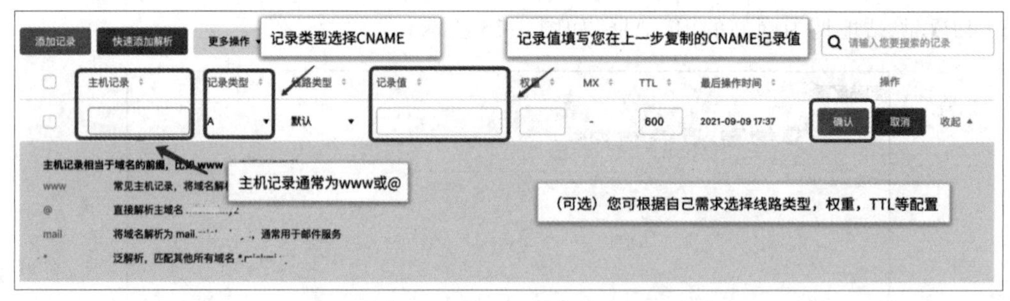

图 4-20　添加 CNAME 记录

(4) 完成上述操作后,等待配置生效即可实现 CDN 对该网站的加速效果。

4.6　项目开发及实现 2:CDN 与加速产品的应用场景

4.6.1　项目描述

小明是某公司的网络管理员,因公司业务规模不断扩大,所以门户访问量不断增长。小明发现用户和业务服务器地域间物理距离远时,传输需要多次网络转发,延迟较高且受网络影响大,不稳定。此外,用户使用运营商与业务服务器所在运营商不同,请求在运营商之间转发带来较高延迟。同时,在接收和处理海量请求时,会导致响应速度和可用性下降。现需要使用腾讯云 CDN 加速 IIS 网站的静态内容,以解决以上问题。

4.6.2　项目实现

使用腾讯云 CDN 加速静态网站,步骤如下。

1. 登录腾讯云,新建私有网络 VPC

(1) 进入腾讯云官网,登录后单击右上角的【控制台】,进入【腾讯云控制台】总览页。

(2) 在【腾讯云控制台】总览页中依次单击【云产品】-【网络】,并单击【私有网络】进入【私有网络控制台】。

(3) 在【私有网络控制台】中选择地理距离较远的地域。本实验使用“多伦多”地域,如图 4-21 所示。

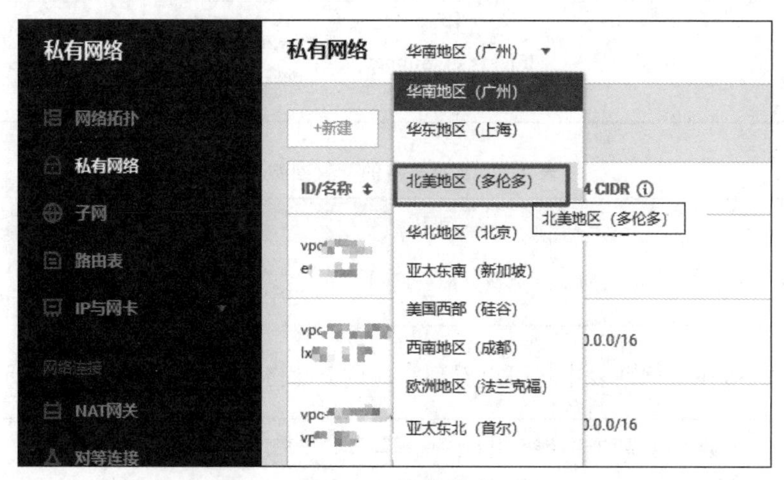

图 4-21　选择地域

(4) 单击【+新建】执行私有网络新建操作。在弹出的窗口中配置 VPC 和子网的名称及 CIDR。除此以外,还可以选择初始子网的可用区。配置完成后,单击【创建】按钮即可。本实验配置的参数如图 4-22 所示。

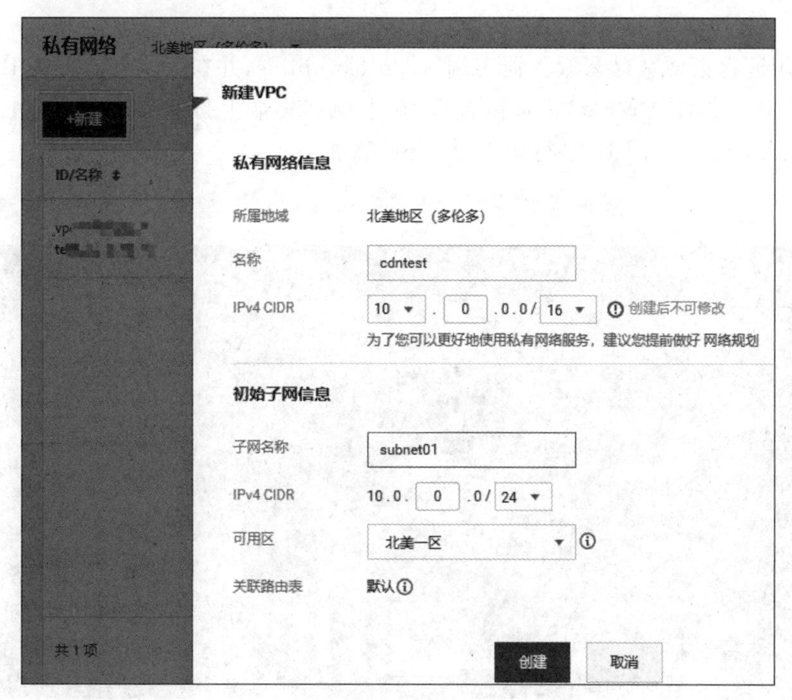

图 4-22　新建 VPC

2. 创建两个云服务器实例

创建两个云服务器实例,名称为 a.cdntest.online、b.cdntest.online,云服务器的配置如表 4-1 和表 4-2 所示。

表 4-1　云服务器的配置参数(1)

计费模式	地域	可用区	私有网络	所属子网	实例规格	镜像类型
按量计费	多伦多	多伦多一区	cdntest	subnet01	标准型 S2，8 核 32GB	公共镜像：Windows Server 2016 数据中心版 64 位中文版

表 4-2　云服务器的配置参数(2)

存　储	带　宽	公网 IP	安　全　组
50GB 系统盘	按使用流量：1MB	免费分配公网 IP	新建安全组：放通 ICMP、放通 TCP:22、放通 TCP:3389、TCP:80、放通内网

创建完成后，在实例列表中将可以看到相应的云服务器实例，如图 4-23 所示。

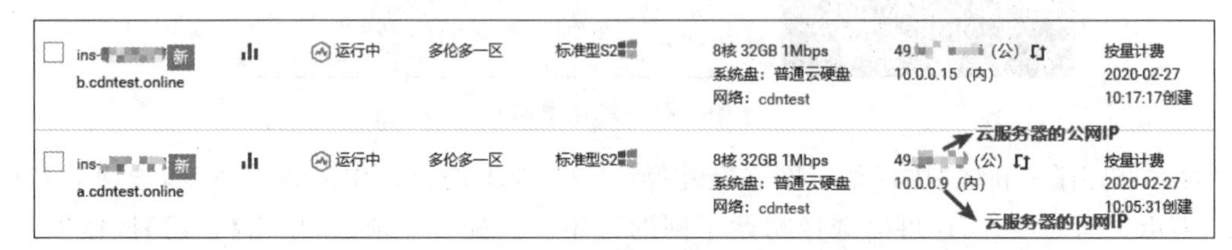

图 4-23　云服务器实例

3. 在云服务器实例上部署 IIS 网站

(1) 使用远程桌面登录云服务器实例 a.cdntest.online，并在该实例中安装 IIS 服务。因篇幅有限，配置过程此处省略。完成配置后，在本地客户端上打开浏览器，使用云服务器实例 a.cdntest.online 的公网 IP 进行访问，如图 4-24 所示。

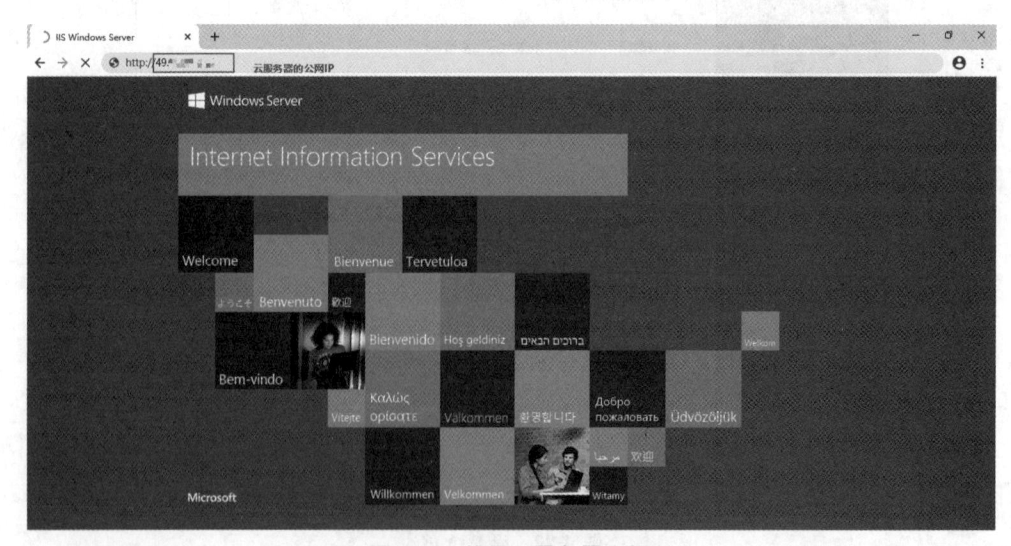

图 4-24　使用云服务器实例

(2) 登录云服务器实例 b.cdntest.online，并安装 IIS 服务。

4. 使用腾讯云域名注册购买域名

(1) 在【腾讯云控制台】的搜索框中输入“域名注册”进行查找，并进入【域名注册操作台】,如图 4-25 所示。

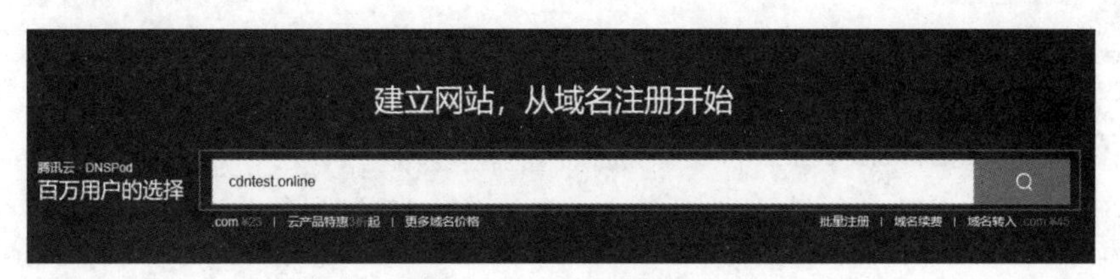

图 4-25 查找域名注册

(2) 在【域名注册操作台】中查询目标域名。在查询结果中把域名加入购物车并结算。

(3) 购买完成后,回到【腾讯云控制台】总览页。依次单击【云产品】-【域名与网站】,并单击【域名管理】进入【域名管理控制台】。在【域名管理控制台】中将可以看到购买的域名,如图 4-26 所示。

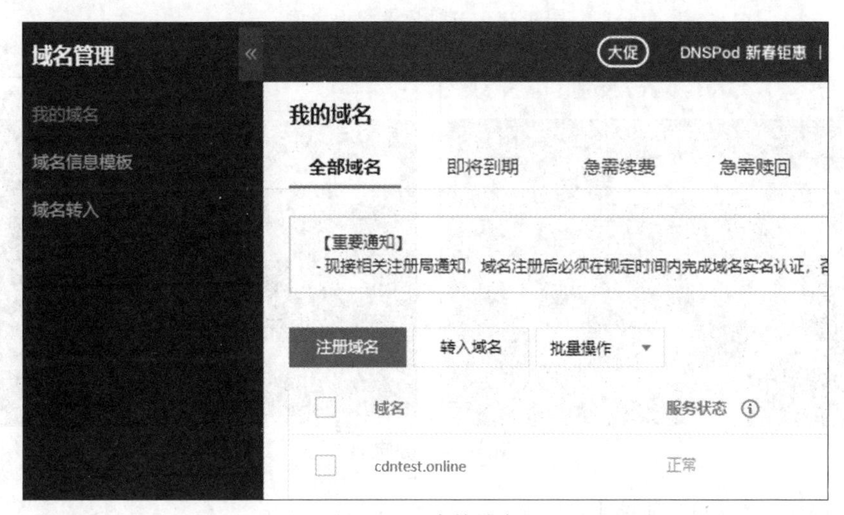

图 4-26 我的域名

5. 使用云解析创建主机记录

(1) 在【域名管理控制台】中找到购买的域名,单击右侧的【解析】,进入【DNS 解析】(云解析)页面,如图 4-27 所示。

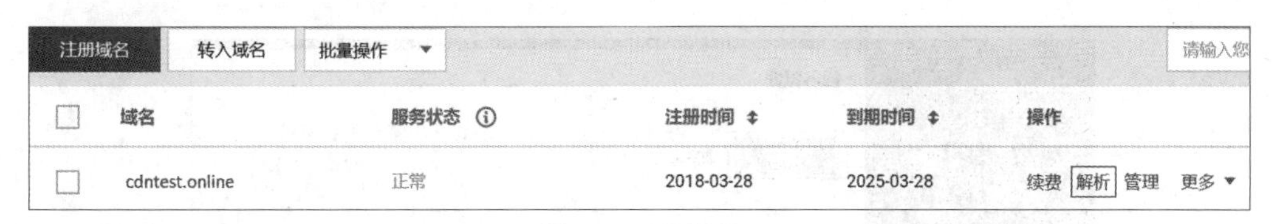

图 4-27 云解析

(2) 在【DNS 解析】页面中单击【添加记录】,执行添加主机记录的操作。

(3) 在弹出窗口中分别填写两台云服务器的主机记录和记录值,其余内容保持默认值,然后单击【保存】按钮,如图 4-28 所示。

(4) 添加完成后,可以在记录列表中查看到相应的主机记录。

(5) 完成主机记录添加后,客户端将可以使用域名访问 IIS 网站,如图 4-29 所示。

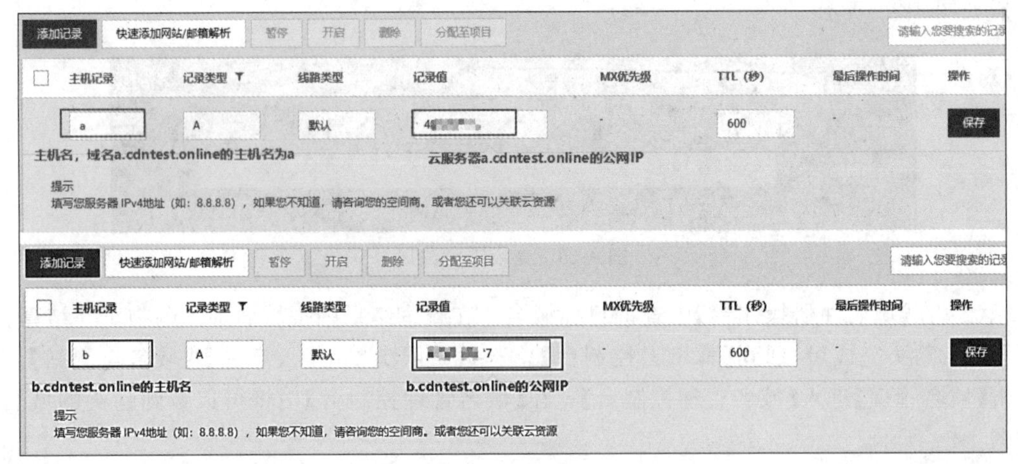

图 4-28　主机记录和记录值

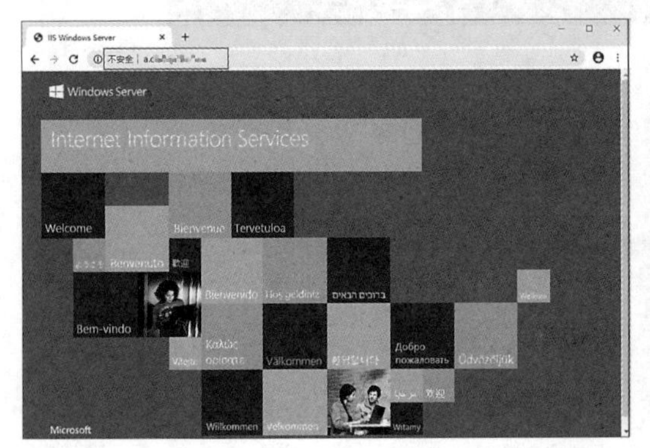

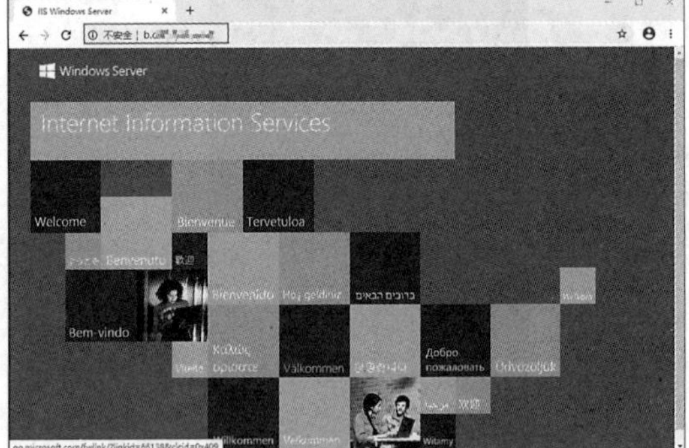

图 4-29　访问 IIS

6. 使用腾讯云 CDN 加速 IIS 网站

(1) 在【腾讯云控制台】中依次单击【云产品】-【CDN 与加速】，并单击【内容分发网络】进入【内容分发网络(CDN)控制台】。

(2) 在【CDN 控制台】中依次单击【域名管理】-【添加域名】，进入接入域名的配置窗口，如图 4-30 所示。

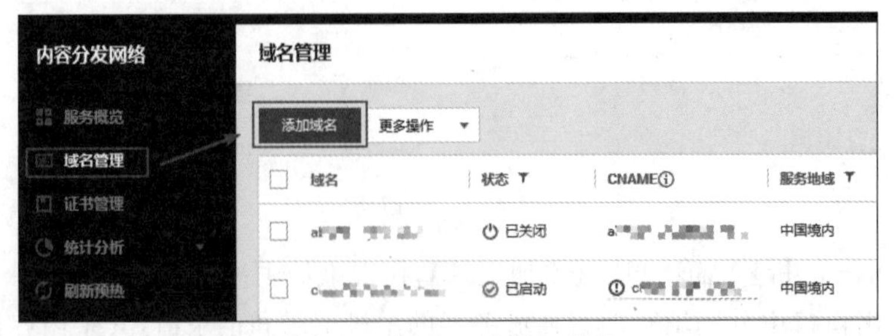

图 4-30　在 CDN 中添加域名

(3) 在弹出的窗口中做以下配置：

① 在“域名”框中填写需要接入的域名，也就是 a.cdntest.online。系统可以自动识别域名是否已经备案，只有合法的域名才能实现接入。

② 在“源站地址”中写入接入域名的公网 IP，也就是 a.cdntest.online 的公网 IP 地址。其余内容保持默认即可，最后单击【确认提交】按钮，如图 4-31 所示。

图 4-31　域名配置

(4) 提交接入请求成功后，域名配置将下发至全网节点，因此会经过一个“部署中”的状态，最后进入“已启动”状态。进入“已启动”状态的域名将可以实现加速，如图 4-32 所示。

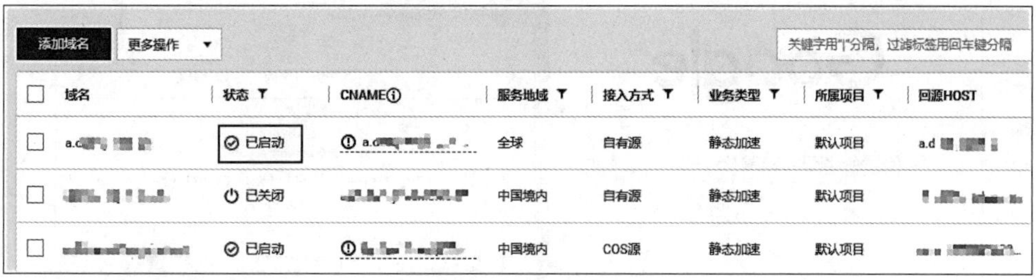

图 4-32　启动域名

7. 配置 CNAME

(1) 域名接入腾讯云 CDN 服务后，将生成一个 CNAME 别名记录。在【域名管理】页面单击域名 ID，进入详情页，并复制其 CNAME。

(2) 复制 CNAME 后,依次单击【云产品】-【域名与网站】,并单击【云解析】进入【云解析控制台】。

(3) 单击域名条目右侧的【解析】进入记录管理页面,并删除 a.cdntest.online 的主机记录。删除主机记录后,单击添加记录,执行 CNAME 记录的添加。修改“记录类型”为 CNAME;在“主机记录”中填入主机名“a”;在“记录值”中粘贴 CNAME 的值。最后,单击【保存】按钮即可,如图 4-33 所示。

图 4-33 修改信息

(4) 在本地计算机中按【Win+R】快捷键,打开【运行】窗口。在输入框中输入“cmd”,并单击【确定】按钮,打开 cmd 命令行工具。在 cmd 命令行工具中输入如图 4-34 所示的命令,查看 CNAME 配置是否生效。

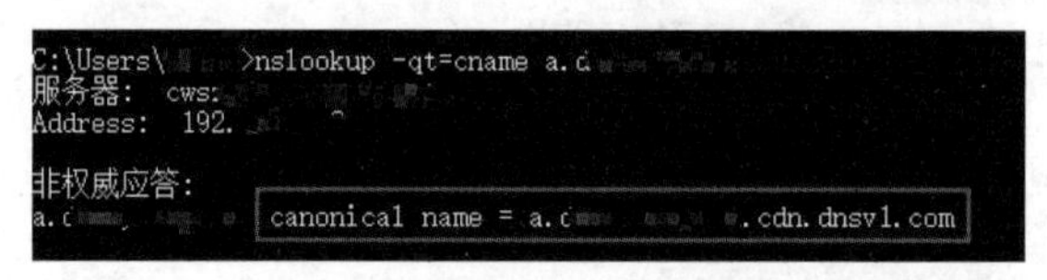

图 4-34 验证 CNAME 配置

8. 实验验证

(1) 在客户端打开浏览器的【设置】界面,在【隐私设置和安全性】-【清除浏览数据】中清除数据。

(2) 重新启动浏览器,并按【F12】快捷键,打开【开发者工具】窗口,单击其中的“Network”,如图 4-35 所示。

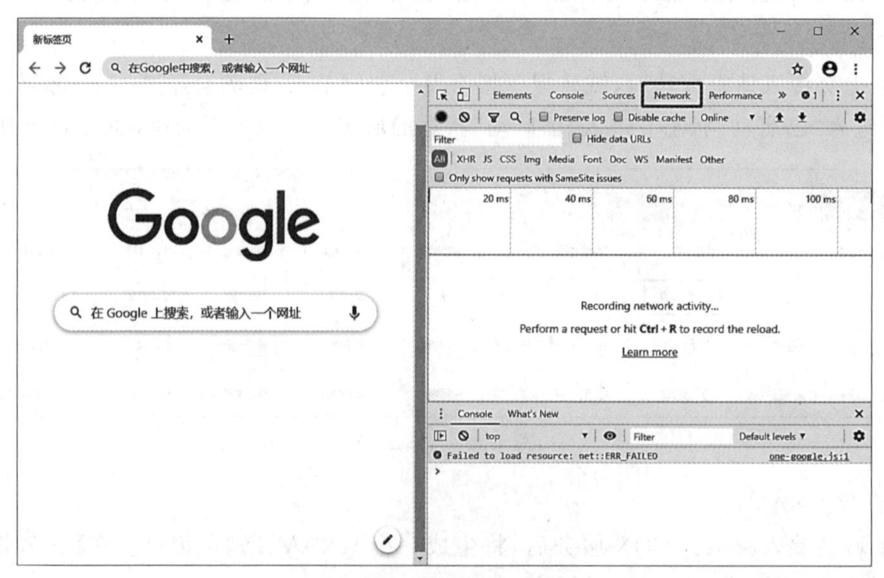

图 4-35 打开 Network

（3）分别访问 a.cdntest.online 和 b.cdntest.online，记录并对比网站的响应时间，如图 4-36 和图 4-37 所示。

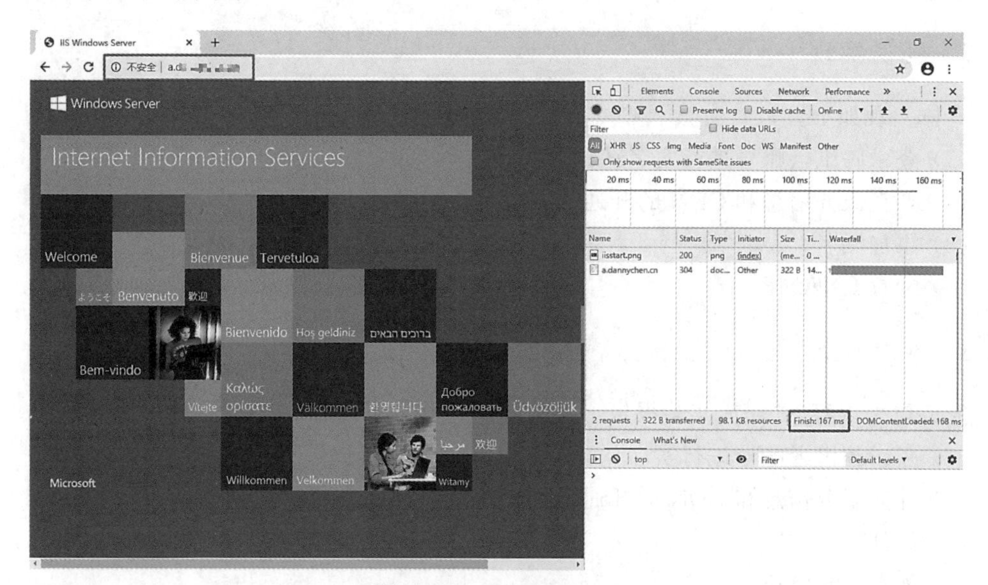

图 4-36 a.cdntest.online

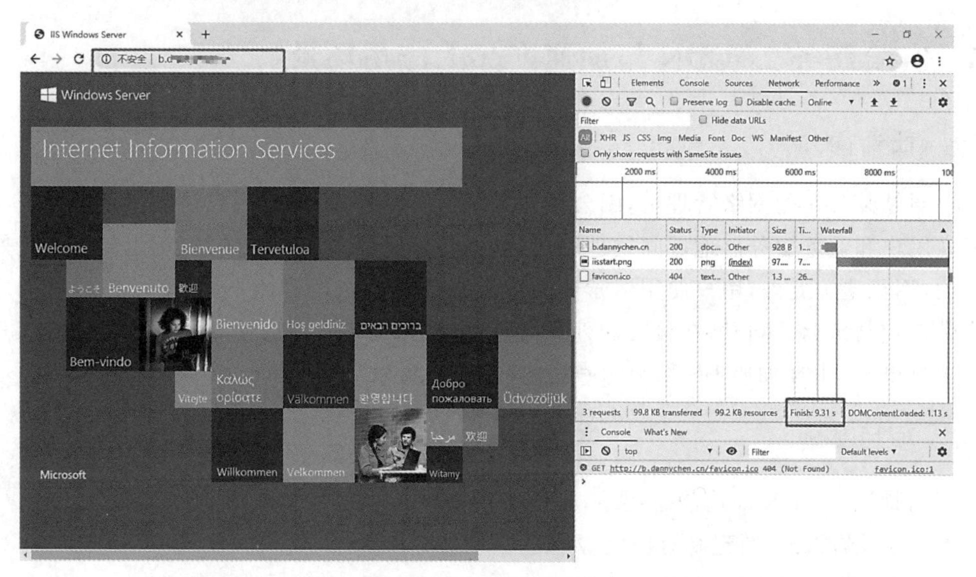

图 4-37 b.cdntest.online

（4）通过以上对比可以发现：使用腾讯云 CDN 加速后的 a.cdntest.online 明显比未加速的 b.cdntest.online 响应时间更短，具体时间受客户端网络环境影响。

4.7 实验任务 1：腾讯云 CDN 系统架构

4.7.1 任务简介

小明是某公司网络中心的员工，发现用户和业务服务器地域间物理距离远时，传输需要多次网络转发，延迟较高且受网络影响大，不稳定。经向上级汇报后，部门主管决定对公司的站点进行 CDN 的部署，以达到网站加速的效果。

4.7.2 任务实现

具体实现如下。

(1) 登录腾讯云账号进行实名认证。

(2) 补充服务信息和 CDN 的开通。

(3) 添加域名。

(4) 配置 CNAME。

4.7.3 实验报告

完成以上内容，并完成实验报告。实验至少包含以下内容。

(1) 登录腾讯云账号进行实名认证。

(2) 补充服务信息和 CDN 的开通。

(3) 添加域名。

(4) 配置 CNAME。

4.8 实验任务 2：CDN 与加速产品的应用场景

4.8.1 任务简介

小明是某公司的网络管理员，因公司业务规模不断扩大，所以门户访问量不断增长。小明发现用户和业务服务器地域间物理距离远时，传输需要多次网络转发，延迟较高且受网络影响大，不稳定。此外，用户使用运营商与业务服务器所在运营商不同，请求在运营商之间转发带来较高延迟。同时，在接收和处理海量请求时，会导致响应速度和可用性下降。现需要使用腾讯云 CDN 加速 IIS 网站的静态内容，以解决以上问题。

4.8.2 项目实现

使用腾讯云 CDN 加速静态网站，具体实现如下。

(1) 登录腾讯云，新建私有网络 VPC。

(2) 使用腾讯云域名注册购买域名。

(3) 使用云解析创建主机记录。

(4) 使用腾讯云 CDN 加速 IIS 网站。

(5) 配置 CNAME。

(6) 实验验证。

4.8.3 实验报告

完成以上内容，并完成实验报告。实验至少包含以下内容。

(1) 登录腾讯云，新建私有网络 VPC。

（2）使用腾讯云域名注册购买域名。

（3）使用云解析创建主机记录。

（4）使用腾讯云 CDN 加速 IIS 网站。

（5）配置 CNAME。

（6）实验验证。

4.9 课后练习

选择题

1. 请求调度策略是（　　）调度中心的核心配置，不同的调度策略可以实现不同的运营目标，如最优服务质量、均衡网络流量、降低运营成本等。

A. CDN　　B. SDN　　C. DPI　　D. DNS

2. DNS 用来解析下列各项中的（　　）。

A. IP 地址和 MAC 地址　　B. 主机名和 IP 地址

C. TCP 名字和地址　　D. 主机名和传输层地址

3. 关于动态网页和静态网页的说法，不正确的是（　　）。

A. 静态网页和动态网页主要根据网页制作的语言区分

B. 动态网页使用的语言以超文本标记语言为基础，结合一些脚本语言编写

C. 网站采用动态网页还是静态网页主要取决于网站的类型

D. 程序是否在服务器端运行是动态网页的重要标志

4. DNS 服务器的三种主要类型有（　　）。

A. 顶级名字服务器　　B. 主名字服务器

C. 次名字服务器　　D. 唯高速缓存名字服务器

5. DNS 服务器的默认端口号是（　　）。

A. 50　　B. 51　　C. 52　　D. 53

6. 为解决因网络拥塞造成的访问速度问题，内容分发网络（　　）应运而生。

A. SDN　　B. DPI　　C. CDN　　D. DNS

7. CDN 产品商业化历史较长，技术相对成熟，企业客户有（　　）两种方式。

A. 自建 CDN　　B. 商用 CDN

C. 合并使用 CDN　　D. 转接 CDN

8. CDN 的三级调度技术指的是（　　）。

A. GSLB 全局调度　　B. LTC 区域调度

C. SLB 本地调度　　D. EDNS0 精准调度

9. 以下选项（　　）不是 CDN 与加速产品的应用场景。

A. 网站加速　　B. 下载加速　　C. 安全加速　　D. 自我加速

10. 以下选项（　　）是腾讯云 CDN 的安全机制。

A. 域名防劫持　　B. HTTPS 支持

C. CDN 访问控制　　D. 攻击防护

第 5 章　云存储应用

5.1　云存储的发展历史

5.1.1　云存储概述

云存储，英文全称为 Cloud Storage，是在云计算（Cloud Computing）技术上延伸和衍生发展出来的一种全新的在线数据存储模式，通过网络技术或分布式文件系统等功能，将网络中大量各种不同类型的存储设备通过应用软件集合起来协同工作，共同对外提供数据存储和业务访问功能的系统。

小知识：云计算是一种基于分布式计算技术对互联网的相关服务的增加、使用和交付模式。这种模式提供可用的、便捷的、按需的网络访问，进入可配置的计算资源共享池（资源包括网络、服务器、存储、应用软件、服务），这些资源能够被快速提供，对用户来说只需投入很少的管理工作。

从数据存放的空间属性上看，云存储模式下数据存放在由第三方托管公司运营的大型数据中心的多台虚拟服务器，而非传统数据存储模式中专属的服务器。从具体实现方式来说，个人或企业通过第三方托管公司购买或租赁存储空间的方式，满足数据存储的需求。数据中心营运商根据客户需求，在后端准备存储虚拟化的资源，并将其以存储资源池的方式提供，客户通过 Web 服务应用程序接口（API），或是通过 Web 化的用户界面自行使用此存储资源池存放文件或对象。云存储与传统存储的类型对比如表 5-1 所示。

表 5-1　云存储与传统存储的类型对比

存储功能	存储类型	
	云存储	传统存储
功能需求	多类型的网络在线存储服务，如云盘等	主要集中于高性能计算、事物处理，如数据库应用
容量扩展	弹性扩展、线性性能、扩容简单、扩展容量限制少	技术难度高、扩展成本高
性能需求	无固定中心节点、控制系统与数据分离、并发读写多存储节点、热点数据 负载均衡；吞吐能力受制于网络带宽	并发读写受限于中心节点单台设备的读写能力
数据共享	使用集群文件系统，实现灵活的数据共享机制	较难实现多台设备之间的容量和带宽的聚合共享

5.1.2 云存储的发展历程

自人类文明诞生以来，信息存储的需求便伴随着整个人类文明进化历史。从远古壁画到纸张，人们不断记录着各种信息。而计算机的诞生为人们进行信息存储提供了更为高效、便利的途径。信息存储的发展史可以通过扫描右侧二维码详细了解。

随着互联网技术，尤其是移动互联网技术的普及，每个使用智能设备的人都成为海量数据的生产者，因此带来全球数据量爆炸式的增长。根据 IDC 的数据，仅在 2020 年全球信息存储需求量就达到 40 万亿 GB。庞大的数据信息存储需求量，使得人们对大容量、易扩展、低价格的信息存储模式产生了强烈的需求。伴随着国内外网络设施的日趋完善，宽带业务大幅提速，尤其是云计算技术的不断发展与推广(详见表 5-2)，庞大的存储需求更是孕育出云存储技术的飞速发展。

表 5-2 云计算发展简史

时间	关键事件节点
1983 年	Sun Microsystems 公司提出“网络是电脑”(The Network is the Computer)概念，融合计算机技术与网络技术概念，开启了分布式计算机技术的新局面
1996 年	Globus 网格计算开源网格平台开始正式上线，活跃了分布式计算市场
1999 年	Netscape 公司创始人之一马尔克·安德瑞森创建 Loud Cloud，把 IT 基础设施作为一种服务通过网络对外提供，开创了商业化的云计算 IaaS(Infrastructure as a Service，基础设施即服务)模式
2000 年	Salesforce 公司推出纯粹经互联网进行传输，并通过浏览器进行直接访问的应用程序产品，云计算 SaaS(Software as a Service，软件即服务)模式逐步被商业化应用
2002 年	IEEE 802.3 以太网标准组织通过了万兆以太网标准草案，为宽带业务的提速提供了新的技术标准支持
2005 年	亚马逊公司推出 Amazon Web Services(亚马逊网络服务)，商业化云服务趋向成型
2006 年	亚马逊公司推出 Elastic Compute Cloud(弹性云计算)服务，其作为一种 Web 服务接口，极大地提升了开发人员控制 Web 扩展和计算资源的效率
2007 年	国内外互联网巨头先后向市场推出各自的云计算 PaaS(Platform as a Service，平台即服务)，基于云计算的各类应用及服务如雨后春笋般出现，云计算服务在国内互联网中开始大范围普及

自 2004 年互联网开启 Web 2.0 时代，更注重互联网用户的交互作用后，人们在工作和生活上更加注重资源的分析和信息的交互。这种对大容量、方便快捷、随存随取的存储需求促进了云存储的发展步伐。2006 年 3 月，亚马逊公司正式推出基于云存储的 Amazon Simple Storage Service(亚马逊简易存储服务)产品，正式开启了商业云存储服务的先河。紧跟着云存储的发展步伐，作为国内互联网引领者之一的腾讯科技有限公司也开启了云计算机及云存储的探索之路，并由此诞生了“腾讯云”这一云计算品牌和理念。经过多年的发展和技术锤炼(见表 5-3)，腾讯云在构筑坚实的云计算基础的同时，也让腾讯云跻身于云存储行业前端。

表 5-3　腾讯云里程碑

时　　间	关键里程碑
1999—2010 年	伴随腾讯发展，积累了丰富的云经验，腾讯云初具雏形
2010 年	腾讯云正式对外提供云服务，腾讯开放平台接入首批应用
2013 年	腾讯云正式面向全社会开放
2014 年	获工业和信息化部首批“可信云服务认证”，移动解决方案获“2013—2014 年移动应用云”大奖
2015 年	腾讯“互联网＋”解决方案发布。腾讯云北美数据中心落地，为全球客户提供云服务
2016 年	腾讯云宣布出海计划，与全球合作伙伴共建生态，成为国内首批通过 ISO 22301 国际认证的云服务商
2017 年	通过全球最严金融数据安全认证，率先开放 PCI CSS 咨询和认证服务，入选 Gartner《全球公有云存储服务商魔力象限》
2018 年	腾讯战略升级，拥抱产业互联网。腾讯云跻身全球七大首选云服务商之一
2019 年	服务器总量突破 100 万台。带宽峰值突破 100Tb/s

5.2　腾讯云存储产品概述

5.2.1　腾讯云基础存储服务

1. 腾讯云对象存储

1）云对象存储概念

云对象存储(Cloud Object Storage，COS)是一种无目录层次结构、无数据格式限制、可容纳海量数据且支持 HTTP/HTTPS 协议访问的分布式存储服务。对用户来说，该存储方式的特点是海量、安全、低成本、高可靠，适合存放任意类型的文件。

2）腾讯云对象存储的功能

腾讯云对象存储的存储桶空间无容量上限，无须分区管理，为广大企业和个人用户提供数据管理、异地容灾、数据访问加速和数据处理等功能，通过控制台、API、SDK 和工具等多样化方式简单、快速地接入，实现了海量数据存储和管理。通过云对象存储可以进行任意格式文件的上传、下载和管理，并利用腾讯云所提供的直观 Web 管理界面，同时遍布全国范围的 CDN 节点，对文件下载进行加速，适用于 CDN 数据分发、数据万象处理或大数据计算与分析的数据湖等，涵盖诸多场景。

2. 腾讯云硬盘

1）云硬盘概念

云硬盘(Cloud Block Storage，CBS)是一种高可用、高可靠、低成本、可定制化的块存储设备，可作为云服务器的独立可扩展硬盘使用，为云服务器实例提供高效可靠的存储设备。根据生命周期的不同，云硬盘可分为以下两种类型。

(1) 非弹性云硬盘，此类型的生命周期完全跟随云服务器，随云服务器一起购买并作为系统盘使用，不支持挂载与卸载。

(2) 弹性云硬盘，此类型的生命周期独立于云服务器，可单独购买，然后手动挂载至云服务器，也可随云服务器一起购买并自动挂载至该云服务器，作为数据盘使用。弹性云硬盘支持随时在同一可用区内的云服务器上挂载或卸载。用户可以将多块弹性云硬盘挂载至同一云服务器，也可以将弹性云硬盘从云服务器A中卸载，然后挂载到云服务器B。

2) 腾讯云硬盘的功能

腾讯云硬盘中的数据可自动在可用区内以多副本冗余方式存储，避免数据的单点故障风险，提供数据块级别的持久性存储，能提供高达99.9999999%的数据可靠性，以及多种类型及规格的磁盘实例，支持在同可用区云服务器上挂载/卸载，并且可以在几分钟内调整存储容量，满足稳定延迟的存储性能及弹性的数据需求，通常用作需要频繁更新、细粒度更新的数据(如文件系统、数据库等)的主存储设备，具有高可用、高可靠和高性能的特点。

3) 腾讯云硬盘的典型使用场景

场景1：云服务器在使用过程中发现硬盘空间不够，可以通过购买一块或多块云硬盘挂载至云服务器上满足存储容量需求。

场景2：购买云服务器时不需要额外的存储空间，有存储需求时再通过购买云硬盘扩展云服务器的存储容量。

场景3：在多个云服务器之间存在数据交换的诉求时，可以通过卸载云硬盘(数据盘)并重新挂载到其他云服务器上实现。

场景4：可以通过购买多块云硬盘并配置逻辑卷管理器(Logical Volume Manager，LVM)来突破单块云硬盘存储容量上限。

场景5：可以通过购买多块云硬盘并配置独立磁盘冗余阵列(Redundant Array of Independent Disks，RAID)来突破单块云硬盘I/O能力上限。

3. 云文件存储

1) 云文件存储概念

云文件存储(Cloud File Storage，CFS)是一种高可用、高可靠的分布式文件系统。云文件存储接入简单，用户无须调节自身业务结构，或者进行复杂的配置。用户只通过简单地创建文件系统，启动服务器上的文件系统客户端，挂载创建的文件系统即可正常运行所需业务。云文件存储适合于大数据分析、媒体处理和内容管理等场景。

2) 腾讯云文件存储的功能

腾讯云文件存储包含了标准的NFS及CIFS/SMB文件系统访问协议，可为多个CVM实例或其他计算服务提供共享的数据源，支持弹性容量和性能的扩展，原有应用无须修改即可挂载使用。腾讯云文件存储功能还提供了可扩展的共享文件存储服务，可与腾讯云的CVM、容器、批量计算等服务搭配使用。

3) 腾讯云文件存储的功能特色

集成管理：腾讯云文件存储支持NFS v3.0/v4.0，CIFS/SMB 2.0/SMB 2.5/SMB 3.0协议，支持POSIX访问语义(例如，强数据一致性和文件锁定)，用户可以使用标准操作系统挂载命令来挂载文件系统。

自动拓展：腾讯云文件存储支持根据文件容量大小自动扩展文件系统存储容量，扩展过程不会中断请求和应用，确保独享所需的存储资源，同时减少管理的工作和麻烦。

安全设置：腾讯云文件存储具有极高的可用性和持久性，每个存储在 CFS 实例中的文件都会拥有 3 份冗余，支持 VPC 网络及基础网络，并支持控制访问权限。

按需付费：腾讯云文件存储按实际用量付费且无最低消费或前期部署及后期运维费用。多个 CVM 可以通过 NFS 或 CIFS/SMB 协议共享同一个存储空间，而无须重复购买其他的存储服务，也无须考虑缓存。

4. 云归档存储

1）云归档存储概念

云归档存储(Cloud Archive Storage，CAS)是面向企业和个人开发者提供的高可靠、低成本的云端离线存储服务，主要针对海量、重要且访问频率极低的非结构化数据进行长期的归档保存和备份管理。

2）腾讯云归档存储的功能

腾讯云归档存储支持用户将任意数量和任何形式的非结构化数据放入 CAS，实现数据的容灾和备份。腾讯云归档存储采用分布式云端存储，用户可以在任何有网络的地方通过 RESTful API 对数据进行管理。在数据安全层面，归档存储提供数据锁定机制，防止数据被修改和删除，保障数据安全。

3）腾讯云归档存储与腾讯云对象存储的区别

云对象存储是一项在线存储服务，主要由两部分组成：文件数据和文件索引(包括文件元信息)。用户可以凭借一串指定的资源地址(URI)访问数据，也可实时获取所有的资源地址。

云归档存储是一项离线存储服务，价格远低于云对象存储。云归档存储去掉了文件索引的部分，转而用档案 ID，档案 ID 中记录了该文件的归属者、存储地址等信息，但是该 ID 对使用者不可解读，只有云归档存储系统可以识别和解译其中的信息。因此，用户无法实时获取目前文件库下所有的档案列表，无法使用 URI 直接获取文件，无法实时获取目前文件库下的档案个数和总大小。当用户需发起“检索档案列表”的数据取回任务请求时，任务耗时 3～5h。

5. 云 HDFS

1）云 HDFS 概念

云 HDFS(Cloud HDFS，CHDFS)是腾讯云提供的一种基于云存储的标准 HDFS 访问协议、分层命名空间的分布式文件系统。

2）腾讯云 HDFS 的功能

腾讯云 HDFS 主要解决大数据场景下海量数据存储和数据分析，针对大数据分析及机器学习场景，腾讯云 HDFS 提供了高吞吐数据访问能力，通过计算与存储分离方式，可以极大地发挥计算资源的灵活性，同时能够为大数据用户在无须更改现有代码的基础上，将本地自建的 HDFS 文件系统无缝迁移至具备高可用性、高扩展性、低成本、可靠和安全的腾讯云 HDFS 上，实现存储数据永久保存。用户还可以腾讯云 CVM、CPM 2.0 或者容器等计算资源通过 HDFS 协议接口访问 CHDFS，从而实现文件的访问及共享，降低用户大数据分析及机器学习的资源成本。

3）腾讯云 HDFS 产品特色

易于使用：通过使用 CHDFS，可以极大地降低维护本地 HDFS 的成本，同时应用程序无须任何更改，仅通过修改相关配置项即可无缝迁移上云。腾讯云 HDFS SDK 可以在所有 Apache Hadoop 2.x 环境中使用，同时也支持在腾讯云大数据套件 EMR 产品中使用。

无限容量：腾讯云 HDFS 存储空间无上限，满足客户海量大数据存储与分析，同时可以进行存储容量的动态扩缩容。

卓越性能：供原子目录操作的分层命名空间，实现海量大数据处理时优异的存储性能。

多维度安全：通过访问控制列表（ACL），实现授权地址和访问类型控制。通过虚拟私有云（VPC）方式，实现网络访问隔离。接入核心接入模块（CAM），实现不同账号授权，满足安全且精细化的管理需求。

5.2.2 存储数据服务

1. 腾讯云智能媒资托管

1）智能媒资托管概念

智能媒资托管（Smart Media Hosting，SMH）是为开发者构建网盘、相册、小程序等媒资应用提供的一站式存储处理解决方案。智能媒资托管除提供图片的存储、管理等基础功能外，还集成腾讯云先进的 AI 技术，支持对图片内容的编辑处理、标签分类、人脸识别等智能分析。

2）腾讯云智能媒资托管服务的功能

媒资存储：基于腾讯 COS，实现数据跨多架构、多设备冗余存储，为 Object 提供较高的耐久性，使数据的耐久性高于传统的架构，支持媒资数据冷备/热备存储，为客户的存储需求提供更多的选择。

目录式文件管理：提供媒体库、目录、文件的创建、删除、修改、列举；目录、文件的重命名、移动、复制；支持数据 SSL 加密传输，控制每个单独文件的读写权限。

权限管理：基于独立访问令牌的身份验证，允许业务全局或独立用户身份与媒体库、租户空间及目录、文件级别访问控制的交叉授权体系，可支撑丰富的应用场景。

2. 腾讯云数据协作平台

1）数据协作平台概念

数据协作平台（Data Sharing Platform，DSP）是腾讯云提供的一项数据管理服务，用户可以在数据协作平台中轻松构建数据集，并通过版本修订维护数据集。数据协作平台也提供了众多第三方数据供用户浏览使用，例如行业报告、大数据测试样本等。查找到想要的数据产品后，可以订阅该数据产品并下载或转存至 COS。

2）腾讯云数据协作平台服务的功能

管理数据：用户可以通过创建数据集来管理数据，每个数据集通过修订版本来管理和更新数据。用户可以将本地的数据上传至数据集，也可以将 COS 中的数据上传至数据集。如果用户希望成为数据协作平台中的第三方数据供应商，则可以提交申请，审核通过后，用户的数据集将以数据产品的形式展示在数据协作平台中供其他人浏览订阅。

订阅数据产品：用户可以对需要的数据产品进行订阅，订阅后即可下载该数据产品中的数据资产，也可以将数据资产转存至 COS，利用腾讯云丰富的产品生态进行数据分析或大数据计算等。

发布数据产品：数据协作平台提供了一个包含数据资产的维护、交付、授权等功能的服务，通过审核的数据生产商可以将数据资产以数据产品的形式进行发布，供订阅者订阅使用。数据生产商需要创建数据集并指定一个修订版本，将数据资产直接上传至数据协作平台中，也可以将 COS 中的数据以数据资产的形式上传至数据协作平台中。

5.2.3 数据迁移

1. 腾讯云迁移服务平台

1）腾讯云迁移服务平台概念

迁移服务平台（Migration Service Platform，MSP）是腾讯云提供的迁移工具整合以及监控平台。本服务提供腾讯云官方迁移工具，并集成官方认证的第三方迁移工具，帮助用户方便快捷地将系统迁移上云，同时用户可以清晰掌握迁移进度。

2）腾讯云迁移服务平台的特性

统一监控：在 MSP 中统一监控所有的迁移任务，并按照迁移类型聚合展示，帮助用户不会在大规模的复杂迁移过程中被繁杂的迁移数据所淹没。

可视化操作：所有迁移任务状态都可以通过可视化图表进行查看，友好的人机交互界面从不同维度对迁移信息清晰展示，帮助用户对迁移情况一目了然。

简单管理：在 MSP 中，迁移任务可以按项目分组管理。无论是跨时间段分批次迁移，或完整系统一次性大规模迁移，监控同样井井有条。

广泛支持：在腾讯官方迁移方案和工具外，集成了众多的合作伙伴，为用户提供丰富的迁移选择，无论官方还是第三方，都可无缝连接。

可靠性认证：腾讯云对第三方迁移工具的能力和迁移经验进行严格的评估和认证，确保用户所选方案和工具皆安全、可靠，业务迁移万无一失。

2. 腾讯云数据迁移

1）腾讯云数据迁移概念

云数据迁移（Cloud Data Migration，CDM）是腾讯云提供的 TB-PB 级别的数据迁移上云服务。腾讯云数据迁移使用专用迁移设备将数据从用户的数据中心快速高效地迁移上云，并且采用 RAID、加密等多种方式对迁移过程的数据进行安全保障，最大限度地降低数据损坏和泄露的风险。

腾讯云数据迁移的使用方式非常简单。首先，用户需要在 CDM 控制台创建并提交一个迁移任务，然后腾讯云会将专用迁移设备邮寄给用户。当用户收到设备后，需要将其加入用户的本地网络环境中，与用户的数据中心建立连接。接通后，用户就可以进行数据复制操作，在复制数据的过程中，迁移设备会对数据进行自动加密和校验。用户复制完所有数据，只需在控制台上对当前任务提交回寄申请，腾讯云会把设备回收并将用户的数据上传云端。在整个迁移过程中，用户可以随时在 CDM 控制台跟踪查看任务状态。

2）腾讯云数据迁移的功能

腾讯云数据迁移功能的具体特性如下。

高效传输：采用万兆网卡进行网络连接，并且针对小文件传输进行优化处理，以最大程度缩短数据传输的时间。当用户有 1PB 数据量需要迁移时，1Gb/s 的网络带宽环境下迁移需要近4个月，若使用多台迁移设备同时工作，仅需数天就能完成，大大缩短了迁移耗时。

安全保护：迁移设备会对复制的数据进行自动加密处理，密钥不会发送到设备或存储在设备上，保证数据不被其他人获取，同时还会采用RAID5磁盘阵列保护数据完整性，防止因磁盘遗失损坏而造成数据丢失。所有数据上传至云端后，腾讯云会彻底擦除设备里的数据，解除用户对于迁移中数据安全的烦恼。

状态跟踪：腾讯云会实时记录迁移任务的最新状态，并且会通过邮件、短信的方式通知用户更新任务状态，用户也可以在腾讯云数据迁移控制台随时查看任务的当前状态。

5.2.4 混合云存储

1. 腾讯云存储网关

1）云存储网关概念

云存储网关(Cloud Storage Gateway,CSG)是腾讯云提供的混合云存储服务。用户可以通过云存储网关使用标准文件共享协议访问位于COS中的数据，无缝接入公有云，实现数据的实时共享和冷热分层。腾讯云存储网关可以根据用户的业务需求灵活部署在云上或者本地，让用户更轻松地进行数据的云上处理、备份归档，以及灾难恢复。

2）腾讯云存储网关服务的功能

协议转换：腾讯云存储网关支持将RESTful API的公有云存储作为NFS(网络文件系统)直接挂载到本地网络中，即装即用。对于已经部署基础设施的企业来说，接入公有云不再需要改变现有网络结构，也无须开发对齐网络程序的接口，使用腾讯云存储网关即可接入公有云。

访问加速：腾讯云存储网关通过缓存优化算法，将经常访问的热数据存储到本地，而全量数据则保存在公有COS中。相比直接使用COS，用户可以更迅速地获取常用数据，同时，本地仅需提供缓存所需存储空间，用户可以更有效地节省在基础设施和运营维护上投入的成本。

灾难恢复：COS采取无状态设计，不持久存储任何数据，当某地业务及网关机器因故障受损时，用户可以再部署一个新的网关来恢复已存储至COS存储桶中数据的目录结构，并重新挂载到其他业务机器上，保障用户自有业务的高可用性。

网络资源调配：腾讯云存储网关支持限制自定义时间段的上传/下载速率，实现数据的定时上传，帮助用户更充分地利用出口带宽资源，节约数据传输成本。

2. 腾讯云存储一体机

1）存储一体机概念

腾讯云存储一体机TStor是一款安全稳定、便捷易用、与腾讯云互通的云下部署存储产品，融合了存储软件与存储硬件的一体化设备，为用户提供云缓存、云复制、云分层等混合云存储服务，适用于边缘计算、云灾备、云扩展、混合部署等各种场景。

2）腾讯云存储一体机产品的特性

高可靠：腾讯云存储一体机TStor基于分布式架构设计，具备智能监控、智能预警等丰富保障机制，以及节点冗余、硬盘冗余、细粒度重构等完善保障体系。通过腾讯云存储一体机TStor和公有云存储均保存一份完整数据，实现异地灾备/互联网访问。

弹性高效：腾讯云存储一体机TStor与公共云存储无缝融合、接口兼容，应用感知不到

TStor与公共云存储的差异。腾讯云存储一体机TStor还提供云缓存、云复制、云分层等能力。通过云复制，可以使腾讯云存储一体机TStor和公有云存储均保存一份完整数据，实现异地灾备/互联网访问；通过云缓存，可以使腾讯云存储一体机TStor缓存热数据，公有云存储保存完整数据，实现加速本地应用；通过云分层，可以使腾讯云存储一体机TStor和公有云存储之间的数据分层，实现灵活数据管理；最终实现云上云下数据自由流动。

双模运维：腾讯云存储一体机TStor提供本地运维和云上免运维，以便用户灵活选择。本地运维维持原有运维习惯，云上免运维与公共云拥有一致的使用体验。TStor通过一键式部署，能使整体系统配置安装时间缩短80%以上。

5.3 腾讯云对象存储的类型及特性

5.3.1 腾讯云对象存储的类型

1. 腾讯云存储类型概述

存储类型可体现对象在COS中的存储级别和活跃程度。按照访问频度的高低和容灾程度划分，COS提供多种对象的存储类型：标准存储(多AZ)、低频存储(多AZ)、智能分层存储(多AZ)、智能分层存储、标准存储、低频存储、归档存储、深度归档存储。

2. 腾讯云对象存储的具体存储类型

1) 标准存储(多AZ)/标准存储

标准存储(多AZ)(MAZ_STANDARD)和标准存储(STANDARD)均属于热数据类型，两者都拥有低访问时延、高吞吐量的性能，可为用户提供高可靠性、高可用性、高性能的对象存储服务。

与标准存储(STANDARD)相比，标准存储(多AZ)拥有更高的数据持久性和服务可用性，标准存储(多AZ)采用不同的存储机制，将数据存储于同一城市的不同机房，不受同一地域单机房故障影响，可进一步保障用户业务稳定性。

2) 低频存储(多AZ)/低频存储

低频存储(多AZ)(MAZ_STANDARD_IA)和低频存储(STANDARD_IA)均可为用户提供高可靠性、较低存储成本和较低访问时延的对象存储服务。两者在降低存储价格的基础上，保持首字节访问时间在毫秒级，保证用户在取回数据的场景下无须等待，高速读取。与标准存储的明显区别是，用户访问数据时会收取数据取回费用。

低频存储(多AZ)与低频存储相比，低频存储(多AZ)采用不同的存储机制，将数据存储于同一城市的不同机房，可进一步保障用户业务稳定性不受单机房故障影响。

3. 智能分层存储(多AZ)/智能分层存储

智能分层存储(多AZ)(MAZ_INTELLIGENT_TIERING)类型的对象可存放在标准存储(多AZ)层和低频存储(多AZ)层，智能分层存储(INTELLIGENT_TIERING)类型的对象可存放在标准存储层和低频存储层，COS可根据智能分层存储(多AZ)/智能分层存储类型对象的访问频次自动在对应的两个存储层之间变换，无数据取回费用，可降低用户的存储成本。关于智能分层存储的更多说明，请参见智能分层存储简介。

智能分层存储(多AZ)与智能分层存储相比，智能分层存储(多AZ)采用不同的存储机制,将数据存储于同一城市的不同机房,可进一步保障用户业务稳定性不受单机房故障影响。

1) 归档存储

归档存储(ARCHIVE)属于冷数据类型,数据取回时需要提前恢复(解冻),可为用户提供高可靠性、极低存储成本和长期保存的对象存储服务。归档存储有最低90天的存储时间要求,并且在读取数据前需要先进行数据恢复(解冻)。

恢复操作支持以下3种模式。

极速模式:恢复任务在1~5min可完成。

标准模式:恢复任务在3~5h完成。

批量模式:恢复任务在5~12h完成。

2) 深度归档存储

深度归档存储(DEEP_ARCHIVE)可为用户提供高可靠性、比其他存储类型都低的存储成本和长期保存的对象存储服务。深度归档存储有最低180天的存储时间要求,并且在读取数据前需要先进行数据恢复。关于深度归档存储的更多说明,请参见深度归档存储简介。

恢复操作支持以下两种模式。

标准模式:恢复时间为12~24h。

批量模式:恢复时间为24~48h。

4. 腾讯云对象存储多AZ特性

1) 腾讯云对象存储多AZ特性概念

多AZ(Available Zone)是指由腾讯云COS推出的多AZ存储架构,这一存储架构能够为用户数据提供数据中心级别的容灾能力。

用户数据分散存储在城市中多个不同的数据中心,当某个数据中心因为自然灾害、断电等极端情况导致整体故障时,多AZ存储架构依然可以为用户提供稳定可靠的存储服务。

多AZ特性为客户提供99.9999999999%(12个9)的数据设计可靠性和99.995%的服务设计可用性。在上传数据到对象存储时,只通过指定对象的存储类型,即可将对象存放到多AZ的地域。

2) 腾讯云对象存储多AZ的优势

当用户将数据存储在多AZ地域时,数据会被打散成若干分块,同时按照纠删码算法计算出对应的校验码分块。原始数据分块和校验码分块会被打散并均分存储到该地域的不同数据中心中,实现同城容灾。当某个数据中心不可用时,另外其他数据中心的数据依旧可以正常读取和写入,保障用户数据持久存储不丢失,维持用户业务数据连续性和高可用。使用对象存储多AZ具有以下几个优势。

同城容灾:提供跨数据中心的容灾。多AZ存储架构下,对象数据会被存储在同一地域不同数据中心的不同设备中。当一个数据中心出现故障时,冗余数据中心保持可用,用户业务不受影响,数据不丢失。

稳定持久:采用纠删码冗余存储的方式,提供了高达99.9999999999%的数据设计可靠性;数据分块存储,并发读写,提供高达99.995%的服务设计可用性。

便捷易用:通过对象存储类型指定用户的数据存储于何种存储架构,用户可以指定存储桶内的任意对象存储到多AZ架构中，让使用更为简单。

5. 腾讯云对象存储的存储类型特性对比

每种存储类型都拥有不同的特性，例如对象访问频度、数据持久性、数据可用性和访问时延等（具体存储类型对比详见表5-4），用户可根据自身场景选择以哪种存储类型将数据上传至COS。

表5-4 腾讯云对象存储的存储类型对比

对比项	标准存储（多AZ）	低频存储（多AZ）	智能分层存储（多AZ）	智能分层存储	标准存储	低频存储	归档存储	深度归档存储
服务可用性	99.995%	99.995%	99.995%	99.99%	99.95%	99.9%	99.9%	99.9%
响应	毫秒级	毫秒级	毫秒级	毫秒级	毫秒级	毫秒级	需提前申请恢复，恢复操作支持3种模式：极速模式，恢复任务在1～5min可完成；标准模式，恢复任务在3～5h完成；批量模式，恢复任务在5～12h完成	需提前申请恢复，恢复操作支持两种模式：标准模式，恢复时间为12～24h；批量模式，恢复时间为24～48h
对象最小计量大小	按对象实际大小计算	64KB	64KB，小于64KB的对象会一直处于标准存储（多AZ）层	64KB，小于64KB的对象会一直处于标准存储层	按对象实际大小计算	64KB	64KB	64KB
最短计费时间	不限制	30天	30天	30天	不限制	不限制	90天	180天
支持地域	当前仅支持北京、广州地域	当前仅支持北京、广州地域	当前仅支持北京、广州地域	当前仅支持北京、上海、广州、重庆地域	全部地域	全部地域	只适用于公有云地域	当前仅支持北京、上海、广州、成都地域
存储费用	较高	较高	与转换后的存储类型一致	与转换后的存储类型一致	标准	低	极低	极低
数据取回费用	无	较低，按实际读取的数据量收取	无	无	无	较低，按实际读取的数据量收取	较高，按实际恢复的数据量收取，不同恢复模式费用不同	高，按实际恢复的数据量收取，不同恢复模式费用不同

续表

对比项	标准存储（多AZ）	低频存储（多AZ）	智能分层存储（多AZ）	智能分层存储	标准存储	低频存储	归档存储	深度归档存储
请求费用	标准	较高	较高，此外还收取智能分层对象监控费用	较高，此外还收取智能分层对象监控费用	标准	较高	标准（数据需恢复到标准存储）	高（数据需要恢复到标准存储），此外，对深度归档存储类型的数据进行取回时，还会额外收取数据取回请求费用
数据处理	支持	支持	支持	支持	支持	支持	支持，但需先恢复	支持，但需先恢复

5.3.2 存储类型适应场景

1. 标准存储（多AZ）/标准存储

标准存储（多AZ）、标准存储均适用于实时访问大量热点文件、频繁的数据交互等业务场景，例如热点视频、社交图片、移动应用、游戏程序、静态网站等。

标准存储（STANDARD）涵盖大多数使用场景，存储成本比标准存储（多AZ）低，属于一种通用型存储类型。

而标准存储（多AZ）拥有更高的数据持久性和服务可用性，适用于更高要求的业务场景，例如重要文件、商业数据、敏感信息等。

2. 低频存储（多AZ）/低频存储

低频存储（多AZ）、低频存储均适用于较低访问频率（例如，平均每月访问频率1～2次）的业务场景，例如网盘数据、大数据分析、政企业务数据、低频档案、监控数据。

3. 智能分层存储（多AZ）/智能分层存储

智能分层存储（多AZ）、智能分层存储均适用于数据访问模式不固定的场景，如果用户的业务对成本要求较为严格，且对文件读取性能较不敏感，则用户可以使用该存储类型降低使用成本。

4. 归档存储

归档存储适用于需要长期保存数据的业务场景，例如档案数据、医疗影像、科学资料等合规性文件归档、生命周期文件归档、操作日志归档，以及异地容灾。

5. 深度归档存储

深度归档存储适用于需要长期保存数据的业务场景，例如医疗影像数据、安防监控数据、日志数据。

5.3.3 腾讯云对象存储访问权限

COS支持对象设置两种权限类型：公共权限和用户权限。

公共权限包括继承权限、私有读写和公有读私有写。

- 继承权限：对象继承存储桶的权限，与存储桶的访问权限一致。当访问对象时，COS读取到对象权限为继承存储桶权限，会匹配存储桶的权限，来响应访问。任何新对象被添加时，默认继承存储桶权限。
- 私有读写：当访问对象时，COS 读取到对象的权限为私有读写，此时无论存储桶为何种权限，对象都需要通过请求签名才可访问。
- 公有读私有写：当访问对象时，COS 读取到对象的权限为公有读，此时无论存储桶为何种权限，对象都可以被直接下载。

用户权限：主账号默认拥有对象所有权限(完全控制)。另外，COS 支持添加子账号有数据读取、数据写入、权限读取、权限写入，甚至完全控制的最高权限。

适用场景：在私有读写的存储桶中对特定对象设置允许公有访问，或在公有读写存储桶中对特定对象设置需要鉴权才可访问。

5.3.4 腾讯云对象存储清单功能

清单具有帮助用户管理存储桶中对象的功能，可以有计划地取代对象存储同步 List API 操作。COS 可根据用户的清单任务配置，每天或者每周定时扫描用户存储桶内指定的对象或拥有相同对象前缀的对象，并输出一份清单报告，以 CSV 格式的文件存储到用户指定的存储桶中。文件中会列出存储的对象及其对应的元数据，并根据用户的配置信息，记录用户所需的对象属性信息。

用户可以使用清单功能实现以下基本用途。

- 审核并报告对象的复制和加密状态。
- 简化并加快业务工作流和大数据作业。

用户可以在一个存储桶中配置多个清单任务，清单任务在执行过程中并不会直接读取对象内容，仅扫描对象元数据等属性信息。腾讯 COS 清单功能目前暂不支持金融云地域。

1. 清单参数

用户配置一项清单任务后，COS 将根据配置定时扫描用户存储桶内指定的对象，并输出一份清单报告，清单报告支持 CSV 格式文件。清单提供如下内容。

【AppID】：账号的 ID。

【Bucket】：执行清单任务的存储桶名称。

【fileFormat】：文件格式。

【listObjectCount】：列出的对象数量，费用按此项计费。

【listStorageSize】：列出的对象大小。

【filterObjectCount】：筛选的对象数量。

【filterStorageSize】：筛选的对象大小。

【Key】：存储桶中的对象文件名称。使用 CSV 文件格式时，对象文件名称采用 URL 编码形式，必须解码然后才能使用。

【VersionID】：对象版本 ID。在存储桶上启用版本控制后，COS 会为添加到存储桶的对象指定版本号。如果列表仅针对对象的当前版本，则不包含此字段。

【IsLatest】：如果对象的版本为最新，则设置为 True。如果列表仅针对对象的当前版本，则不包含此字段。

【IsDeleteMarker】：如果对象是删除标记，则设置为 True。如果列表仅针对对象的当前版本，则不包含此字段。

【Size】：对象大小（以字节为单位）。

【LastModifiedDate】：对象的最近修改日期（以日期较晚者为准）。

【ETag】：实体标签是对象的哈希。ETag 仅反映对对象内容的更改，而不反映对对象元数据的更改。ETag 可能是也可能不是对象数据的 MD5 摘要，是与不是取决于对象的创建方式和加密方式。

【StorageClass】：用于存储对象的存储类。

【IsMultipartUploaded】：如果对象以分块上传形式上传，则设置为 True。

【Replicationstatus】：设置为 PENDING、COMPLETED、FAILED 或 REPLICA。

2. 如何配置清单

在配置清单前，需要了解以下两个概念。

源存储桶：想开通清单功能的存储桶，包含清单中所列出的对象，以及清单的配置。

目标存储桶：存储清单的存储桶，包含清单列表文件、Manifest 文件，描述清单列表文件的位置。

3. 配置清单步骤

1）指定源存储桶中待分析的对象信息

用户需要告知腾讯 COS 需要分析哪些对象信息。因此，在配置清单功能时，需要在源存储桶中配置以下信息。

（1）选择对象版本：列出所有对象版本或者仅列出当前版本。若用户选择了列出所有对象版本，则腾讯 COS 将会把用户同名对象的所有历史版本均列入清单报告中；若用户仅选择当前版本，则腾讯 COS 仅会记录用户的最新版本对象。

（2）配置所需分析的对象属性：用户需要告知腾讯 COS 需要将对象属性中的哪些信息记录到清单报告中，目前支持的对象属性包括账号 ID，源存储桶名称，对象文件名称，对象版本 ID、是否最新版本、是否删除标记，对象大小，对象最新修改日期，ETag，对象的存储类，跨地域复制标记，以及是否属于分块上传文件。

2）配置清单报告的存储信息

用户需要告知腾讯 COS 按照何种频率导出清单报告，清单报告要存储至哪个存储桶中，并决定是否需要对清单报告进行加密，需要配置信息如下：

选择清单导出频率：每日或者每周。用户可以通过此配置告知腾讯 COS 应该按照何种频率执行清单功能。

选择清单加密：不加密或者 SSE-COS。如用户选择了 SSE-COS 加密，将会对生成的清单报告进行加密。

配置清单的输出位置：用户需要指定清单报告需要存储的存储桶。

4. 清单报告存储路径

清单报告及相关的 Manifest 文件会发布在目标存储桶中，其中清单报告会发布在以下路径：

```
destination-prefix/appid/source-bucket/config-ID
```

Manifest 相关文件会发布在目标存储桶的以下路径：

```
destination-prefix/appid/source-bucket/config-ID/YYYYMMDD/manifest.json
destination-prefix/appid/source-bucket/config-ID/YYYYMMDD/manifest.checksum
```

上述路径含义如下。

【destination-prefix】是用户在配置清单时设置的“目标前缀”，可用于对目标存储桶中的公共位置的所有清单报告进行分组。

【source-bucket】是清单报告对应的源存储桶名称，加入这个文件夹是为了避免在多个源存储桶将各自清单报告发送至同一目标存储桶时可能造成的冲突。

【config-ID】是用户在配置清单时设置的“清单名称”，当同一源存储桶设置多个清单报告并将其发送至同一目标存储桶时，可以用 config-ID 区分不同的清单报告。

【YYYYMMDD】时间戳，包含生成清单报告时开始存储桶扫描的日期。

【manifest.json】指 Manifest 文件。

【manifest.checksum】指 manifest.json 文件内容的 MD5。

其中，Manifest 相关文件共包含 manifest.json 和 manifest.checksum 两份文件。这两份文件都属于 Manifest 文件。其中 manifest.json 描述清单报告的位置，manifest.checksum 则作为 manifest.json 文件内容的 MD5。每次交付新的清单报告时，均会带有一组新的 Manifest 文件。

manifest.json 包含的每个 Manifest 均提供了有关清单的元数据和其他基本信息，这些信息包括源存储桶名称、目标存储桶名称、清单版本、时间戳，并包含生成清单报告时开始扫描存储桶的日期与时间、清单文件的格式与架构、目标存储桶中清单报告的对象键、大小及 MD5 校验和。

5. 清单一致性

腾讯 COS 的清单报告提供了新对象和覆盖的写（PUT）的最终一致性，并提供了 DELETE 的最终一致性，因此清单报告中可能不包含最近添加或删除的对象。例如，COS 在执行用户配置的清单任务的过程中时，用户执行了上传或删除对象的操作，这些操作的结果可能不被反映在清单报告中。

如果用户需要在对象执行操作之前验证对象的状态，建议用 HEAD Object API 检索对象元数据，或在对象存储控制台中检查对象属性。

5.4 腾讯云存储服务

5.4.1 腾讯云对象存储桶

1. 腾讯 COS 存储桶概述

存储桶（Bucket）是对象的载体，可理解为存放对象的“容器”，且该“容器”无容量上限。对象以扁平化结构存放在存储桶中，无文件夹和目录的概念，用户可选择将对象存放到单个或多个存储桶中。

注意：每个存储桶可容纳任意数量的对象，但同一个主账号下最多创建200个存储桶。

2. 腾讯COS存储桶命名规范

存储桶的命名由存储桶名称(BucketName)和APPID两部分组成，两者以中横线"-"相连。例如examplebucket-1250000000，其中examplebucket为用户自定义字符串，1250000000为系统生成数字串(APPID)。在API、SDK的示例中，存储桶的命名格式为<bucketname-appid>。其中APPID是用户在成功申请腾讯云账户后所得到的账号，由系统自动分配，具有固定性和唯一性，可在账号信息中查看。通过控制台创建存储桶时，不需要用户输入，而在使用工具、API、SDK时，则需要指定APPID。

注意：存储桶名称是用户手动输入的一串字符，其命名规范如下。

(1) 仅支持小写英文字母和数字，即a～z、0～9、中横线"-"及其组合。

(2) 用户自定义的字符串支持1～50个字符。

(3) 存储桶命名不能以"-"开头或结尾。

3. 腾讯云存储桶标签概述

存储桶标签是一个键值对(key=value)，由标签的键(key)和标签的值(value)与"="相连组成，例如group=IT。它可以作为管理存储桶的一个标识，便于用户对存储桶进行分组管理。用户可以对指定的存储桶进行标签的设定、查询和删除操作。

1) 标签键限制

以qcs:、project、项目等开头的标签键为系统预留标签键。系统预留标签键禁止创建。

支持UTF-8格式表示的字符、空格和数字，以及特殊字符+、-、=、.、_、:、/、@。

标签键长度为0～127个字符(采用UTF-8格式)。

标签键区分英文字母大小写。

2) 标签值限制

支持UTF-8格式表示的字符、空格和数字，以及特殊字符+、-、=、.、_、:、/、@。

标签值长度为0～255个字符(采用UTF-8格式)。

标签值区分英文字母大小写。

3) 标签数量限制

存储桶维度：一个资源最多50个不同的存储桶标签。

标签维度：单个用户最多1000个不同的key；一个key最多有1000个value；同一个存储桶下不允许有多个相同的key。

5.4.2 腾讯云对象存储对象

1. 腾讯云对象存储对象概述

对象(Object)是对象存储的基本单元，可理解为任何格式类型的数据，如图片、文档和音视频文件等。存储桶(Bucket)是对象的载体，每个存储桶可容纳任意数量的对象。

2. 腾讯云对象存储对象的组成

每个对象都由对象键(ObjectKey)、对象值(Value)和对象元数据(Metadata)组成。

对象键：是对象在存储桶中的唯一标识，可以通俗地理解为文件路径。在 API、SDK 示例中，对象的命名格式为<objectkey>。

对象值：即上传的对象本身，可以通俗地理解为文件内容(Object Content)。

对象元数据：是一组键值对，可以通俗地理解为文件的属性，例如文件的修改时间、存储类型等，用户可以在上传对象后对其进行查询。

3. 腾讯云对象存储对象键

腾讯 COS 中的对象需具有合法的对象键，对象键是对象在存储桶中的唯一标识。例如，在对象的访问地址 examplebucket-1250000000. cos. ap-guangzhou. myqcloud. com/folder/picture.jpg 中，对象键为 folder/picture.jpg。具体的命名规范如下。

对象键的名称可以使用任何 UTF-8 字符，为了确保名称与其他应用程序的兼容性最大，推荐使用英文大小写字母、数字，即 a～z、A～Z、0～9 和符号-、!、_、.、* 及其组合。

编码长度最大为 850B。

不允许以正斜线"/"或者反斜线"\"开头。

对象键中不支持 ASCII 控制字符中的字符上(↑)、字符下(↓)、字符右(→)、字符左(←)，分别对应 CAN(24)、EM(25)、SUB(26)、ESC(27)。

注意：如果用户上传的文件或文件夹的名字带有中文，在访问和请求这个文件或文件夹时，中文部分将按照 URL Encode 规则转化为百分号编码。

例如，对文档.doc 进行访问时，对象键为文档.doc，实际读取的按 URL Encode 规则转化的百分号编码为%e6%96%87%e6%a1%a3.doc。

---

4. 腾讯云对象子资源

COS 有与存储桶和对象相关联的子资源。子资源从属于对象，即子资源不会自行存在，它始终与某些其他实体(例如对象或存储桶)相关联。访问控制列表(Access Control List)是指特定对象的访问控制信息列表，它是 COS 中对象的子资源。

访问控制列表包含可以识别被授权者和其被授予的许可的授权列表，来实现对对象的访问控制。创建对象时，ACL 将识别可以完全控制对象的对象所有者。用户可以检索对象 ACL 或将其替换为更新的授权列表。需要注意，对 ACL 的任何更新，都需要替换现有 ACL。

5. 腾讯云对象标签

对象标签功能的实现是通过为对象添加一个键值对形式的标识，协助用户分组管理存储桶中的对象。对象标签由标签的键(tagKey)和标签的值(tagValue)与=相连组成，例如 group=IT。用户可以对指定的对象进行标签的设定、查询、删除操作。

1) 标签键限制

标签键不允许以 qcs:、project、项目等开头，这些是系统预留标签键，禁止用户创建。

支持 UTF-8 格式表示的字符、空格和数字(0～9)，以及特殊字符+、-、=、.、_、:、/、@。

标签键的长度为 1～127 个字符(采用 UTF-8 格式)。

标签键区分英文大小写。

2）标签值限制

支持 UTF-8 格式表示的字符、空格和数字（0～9），以及特殊字符+、-、=、.、_、:、/、@。

标签值长度为1～127个字符（采用 UTF-8 格式）。

标签值区分英文大小写。

3）标签数量限制

对象维度：一个对象最多10个不同的对象标签。

标签维度：无限制。

6. 腾讯云对象存储的生命周期

1）概述

COS 支持基于对象的生命周期配置，其通过对存储桶下发指定的描述语言，可以让符合规则的对象在指定的条件下自动执行一些操作。生命周期的设置支持最长天数为3650。每个存储桶最多可添加1000条生命周期规则。

2）适用场景

（1）日志记录：如果用户使用对象存储来存储日志数据，则可以通过生命周期配置，使得日志数据在30天后自动归档，或者在2年后自动删除。

（2）冷热分层：热数据往往在上传后，短时间内被大量访问而热度升高，一段时间后热度逐渐降低或者不再需要被实时访问。用户可以通过生命周期规则将30天前的数据转换为低频存储，进一步可以将60天前的数据转换为归档存储，这个过程称为数据沉降。

（3）存档管理：使用对象存储进行文件存档管理时，往往根据金融、医疗等合规性要求，需要长期保存文件的所有历史版本，此时可以使用生命周期功能，对历史版本的文件执行沉降至归档的操作。

3）配置元素

（1）操作。

沉降数据：将创建的对象在指定时间后沉降为低频存储、智能分层存储、归档存储和深度归档存储类型。

过期删除：设置对象的过期时间，使对象到期后被自动删除。

（2）资源。

按前缀区分：匹配前缀规则的对象都会按照规则执行处理。

按版本管理：非当前版本的对象将会按照规则执行处理。

按删除标记：对象历史版本都清除时，可以指定删除标记。

按未完成分块上传：对未完成的分块上传任务执行处理。

（3）时间条件。

按天计算：指明规则对应的动作在对象最后被修改的日期过后多少天操作。

按日期计算：指明规则对应的动作在指定的日期执行操作。

4）沉降数据

（1）支持地域：支持公有云地域，金融云地域仅支持将数据沉降至低频存储类型。

（2）单向原则：沉降数据是单向的，只允许标准存储→低频存储→智能分层存储→归档存储→深度归档存储，也支持跳级沉降（例如标准存储→归档存储），不支持逆向。用户只能通过调用 PUT Object-Copy(针对非归档存储/深度归档存储类型),或 POST Object restore (仅适用于归档存储/深度归档存储类型)将较冷存储类型的数据恢复至较热存储类型。

(3) 最终一致性:如果对同一组的对象配置了多条规则,且存在冲突性情况(不含过期删除配置),对象存储会优先执行沉降至最冷存储类型的规则。例如,对同一组对象配置了沉降到低频存储和沉降到归档存储的规则,则优先执行沉降到归档存储的规则。

需要注意,腾讯 COS 强烈提醒用户不要针对同一组对象配置多个含冲突条件的生命周期规则,冲突执行可能导致不同的费用表现。

5) 过期删除

(1) 处理逻辑:当对象匹配了指定的生命周期过期删除的规则时,腾讯云会将对象加入异步的删除队列,实际发生的删除时间将会与创建时间有一定的延时。用户可以通过 GET 或 HEAD Object 操作获取对象的当前状态。

(2) 最终一致性:如果对同一组的对象配置了多条规则,且存在冲突性情况,对象存储会以最短过期时间为准执行,且过期删除的执行效力大于转换存储类型。

腾讯 COS 强烈提醒用户不要针对同一组对象配置多个含冲突条件的生命周期规则,冲突执行可能导致不同的费用表现。

6) 成本注意

对于以任何时间下发的配置,腾讯 COS 都将以北京时间(GMT+8)次日的 0 时为准开始执行操作,由于是异步队列执行,因此,设置后上传的对象匹配规则,通常最晚于次日的 24 时前完成操作。

例如,用户在 1 号下午 3 点配置了一条文件修改后 1 天就删除的生命周期规则,那么,生命周期任务会在 2 号 0 点开始扫描在 2 号 0 点以前距离最终修改时间已经超过 1 天的文件,并执行删除任务。在 1 号当天上传的文件,由于距离最终修改时间没有超过 1 天,并不会被删除,而是需要等到 3 号 0 点,才会被扫描并执行删除操作。

生命周期执行效力不包含意外情况或存储桶中包含大量存量对象的情况,若因为其他情况没有完成,用户将可以通过 GET 或 HEAD Object 操作获取对象的当前状态。

目前,腾讯云对生命周期的执行效力不提供账单承诺,即对象的计费将会在生命周期执行完成时发生改变。

7) 时间不敏感

例如,一个低频存储的对象在未存满 30 天时被执行沉降,将导致对象在当天产生归档存储类型费用的同时,低频存储类型仍将计费至第 30 天止。一个归档存储对象在未存满 90 天时被执行过期删除,将导致对象持续以归档存储类型计费至第 90 天止。数据沉降到深度归档存储同理。

注意:低频存储和智能分层存储类型需存储至少 30 天、归档存储类型需存储至少 90 天、深度归档存储类型需存储至少 180 天,执行数据沉降或删除时不会产生额外的存储费用。腾讯 COS 不会检查少于 30/90/180 天的生命周期配置,因此,对于正确的配置都将按照用户的要求执行。

8）不受大小限制

在低频存储、智能分层存储、归档存储和深度归档存储类型分别设定了对象最小占用空间限制。例如，在低频存储中上传小于 64KB 的文件，将按照 64KB 计算。腾讯 COS 不会检查文件的大小，它将无条件按照指定的规则执行对象的转换操作。生命周期不会对 0B 的对象执行转换操作。

5.4.3 腾讯云对象存储地域

1. 腾讯 COS 地域概述

地域（Region）是腾讯云托管机房的分布地区，COS 的数据存放在这些地域的存储桶中。用户可以通过 COS 将数据进行多地域存储。通常情况下，选择在用户业务最近的地域上创建存储桶，以满足低延迟、低成本以及合规性要求。

2. 腾讯云对象存储内网和外网访问

在同地域的 CVM 上，通过 COS 默认域名访问文件时，默认走内网链路，此时文件的上传和下载均产生内网流量，不会产生流量费用，但仍然有请求次数的收费。

腾讯 COS 的访问域名使用了智能 DNS 解析，通过互联网在不同的运营商环境下，检测并指向最优链路供用户访问 COS。

如果用户在腾讯云内部署了服务用于访问 COS，则同地域范围内访问将会自动被指向内网地址。跨地域暂不支持内网访问，默认将会解析到外网地址。

3. 腾讯云对象存储默认域名和全球加速域名

默认域名指 COS 的默认存储桶域名，用户在创建存储桶时，由系统根据存储桶名称和地域自动生成。不同地域的存储桶有不同的默认域名。

全球加速域名是指通过全局流量调度的负载均衡系统，智能路由解析用户请求，选择最优网络访问链路，实现请求就近接入。利用全球分布的云机房，帮助全球各地用户快速访问用户所创建的存储桶，提升业务访问成功率。通过全球加速域名可进一步保障用户业务稳定，提升业务体验。此外，全球加速功能还可以实现数据上传加速和数据下载加速。全球加速域名的格式为

```
<BucketName-APPID>.cos.accelerate.myqcloud.com
```

5.5 腾讯云存储产品应用情景

5.5.1 腾讯云对象存储应用功能

为了应对用户多样化的应用情景，方便用户更快速、更方便地使用腾讯 COS 实现多样化业务，腾讯 COS 在应用功能上涵盖了访问控制与权限管理、性能优化、数据迁移、数据直传与备份、数据安全、域名管理、大数据实践、无服务架构等实践场景，具体应用场景所涵盖功能如表 5-5 所示。

表 5-5　腾讯 COS 应用场景

应用场景	配套功能
访问控制与权限管理	① ACL 访问控制； ② CAM 访问管理； ③ 授权子账号访问 COS； ④ 权限设置； ⑤ COS API 授权策略； ⑥ 临时密钥生成； ⑦ 授权子账号拉取标签列表； ⑧ 授权其他主账号下的子账号操作存储桶
性能优化	① 腾讯 COS 性能扩展； ② 基于腾讯 COS 服务，移动端根据实际情况动态调节上传分块大小
数据迁移	① 本地数据迁移至 COS； ② 第三方云存储数据迁移至 COS； ③ 以 URL 作为源地址的数据迁移至 COS； ④ COS 之间的数据迁移； ⑤ Hadoop 文件系统与 COS 之间的数据迁移
使用 AWS S3 SDK 访问 COS	COS 提供了 AWS S3 兼容的 API
数据容灾备份	① 基于跨地域复制的容灾高可用架构； ② 云上数据备份； ③ 本地数据备份
域名管理	① 配置 HTTPS 自定义域名访问腾讯 COS； ② 腾讯 COS 跨域访问规则配置； ③ 腾讯 COS 静态网站托管
数据直传	① Web 端直传； ② 小程序直传； ③ 移动应用直传
数据安全	腾讯 COS 防盗链配置，实现对访问来源的管控
数据检验	① 在腾讯 COS 中通过 MD5 校验的方式保证上传数据的完整性； ② 通过 CRC64 检验码进行数据校验
大数据实践	① 将腾讯 COS 作为 Druid 的 Deep Storage； ② 使用 Terraform 管理腾讯 COS
在第三方应用中使用 COS	① 在兼容 S3 的第三方应用中使用 COS 的通用配置，将数据保存在腾讯 COS 上； ② 通过配置远程附件功能将论坛的附件保存在腾讯 COS 上； ③ 在 WordPress 通过第三方插件将多媒体内容保存在腾讯 COS 上

5.5.2　腾讯云对象存储数据安全机制

腾讯 COS 是一个使用 HTTP/HTTPS 访问的 Web 存储服务，用户可以使用 REST API 或 COS SDK 访问 COS。因此，用户的身份认证、鉴权、数据安全也尤为重要。

1. 身份认证和鉴权

当用户发起访问COS请求，需要经过COS认证和鉴权，才可以对资源进行操作。因此，根据身份是否可识别，访问COS的请求分两种类型：匿名请求和签名请求。

匿名请求：请求未携带Authorization或相关参数，又或者相关字符无法识别出用户身份特征，此时请求就会被视为匿名请求而进行鉴权。

签名请求：签名的请求需要在HTTP头部或者请求包中包含Authorization字段，该字段的内容是结合腾讯云的安全凭证SecretID、SecretKey和请求的一些特征值，通过加密算法生成。

如果用户使用COS SDK访问，只配置好用户的安全凭证即可发起请求。使用REST API访问，则需要自行计算请求签名或通过COS签名工具直接生成。

2. 获取安全凭证

腾讯云访问管理(Cloud Access Management，CAM)为COS提供了账号和安全凭证的相关功能和服务，主要用于帮助客户安全管理腾讯云账户下的资源的访问权限。用户可以通过CAM创建、管理和销毁用户(组)，并使用身份管理和策略管理控制其他用户使用腾讯云资源的权限。

1) 主账号的安全凭证

登录主账号后，可通过访问管理中的云API密钥页面管理和获取用户的主账号安全凭证SecretID和SecretKey密钥。以下是一组密钥示例。

```
36个字符的访问密钥 ID(SecretID): AKIDHZRLB9Ibhdp7Y7gyQq6B0k1997xxxxxxx
32个字符的访问密钥 Key(SecretKey): LYaWIuQmCSZ5ZMniUM6hiaLxHnxxxxxx
```

访问密钥可用于标识唯一的账户，使用密钥签名后发送请求，腾讯云将识别请求发起者的身份，并在认证后对身份、资源、操作、条件等进行鉴权，判断是否允许执行此操作。需要注意的是，主账号密钥具备其名下资源的所有操作权限，密钥的泄露可能造成用户的云上资产损失，强烈建议用户创建子账户并分配合理的权限，使用子账户的密钥创建请求来访问和管理资源。

2) 子账号的安全凭证

当用户需要从多个维度管理名下的用户和云资源时，用户可以在主账号名下创建多个子账号，实现分管人员对资源权限控制的功能。

使用子账号发起API请求前，用户需要为子账号创建安全凭证，随后子账号也将具备独特的密钥对，以便于识别身份。用户可以对不同的子账号编写用户策略，控制其对资源的访问权限。用户也可以创建用户组，并对用户组添加统一的访问策略，便于对人员的分组和资源的统筹管理。需要注意的是，子账号被分配对应权限后，可以创建或修改资源，此时资源仍然属于主账号，主账号需要支付该资源产生的费用。

3) 临时安全凭证

除使用主账号或子账号的安全凭证访问资源外，腾讯云还支持通过创建角色，并使用临时安全凭证管理腾讯云资源。

由于角色是一个虚拟身份，因此角色不具备永久密钥，腾讯云的CAM提供了一套STS API用于生成临时安全凭证。临时安全凭证通常只包括有限策略(操作、资源、条件)和有限时间(有效起止时间),因此生成的临时安全凭证可自行分发或直接使用。

调用生成临时安全凭证的接口,用户将获得一对临时密钥(tmpSecretId/tmpSecretKey)和一个安全令牌(sessionToken),其构成了可用于访问 COS 的安全凭证,示例如下。

```
41 个字符的安全令牌(SecurityToken): e776c4216ff4d31a7c74fe194a978a3ff2xxxxxxx
36 个字符的临时访问密钥 ID(SecretID): AKIDcAZnqgar9ByWq6m7ucIn8LNEuYxxxxxx
32 个字符的临时访问密钥 Key(SecretKey): VpxrX0IMCpHXWL0Wr3KQNCqJixxxxxxx
```

需要注意的是,临时安全凭证的接口还会通过 expiration 字段返回临时安全凭证的有效时间,这意味着用户只能在此时间内使用这组安全凭证来发起请求。

除了临时安全凭证,腾讯 COS 还提供了简单的服务端 SDK 用于生成临时密钥,可访问 COS STS SDK 获取。得到临时安全凭证后,使用 REST API 发起请求,用户需要在 HTTP 头部或 POST 请求包的 form-data 中传入 x-cos-security-token 字段标识该请求使用的安全令牌,再使用临时访问密钥对计算请求签名。

3. 访问域名

虚拟托管型域名:COS 推荐使用虚拟托管型域名访问存储桶,在发起 HTTP 请求时直接通过 Host 头部带入需要访问的存储桶,例如<bucketname-appid>.cos.<region>.myqcloud.com。使用虚拟托管型的域名实现了类似虚拟服务器“根目录”的功能,可用于托管类似 favicon.ico、robots.txt、crossdomain.xml 的文件,这些文件是很多应用程序在识别托管网站时会默认从虚拟服务器“根目录”位置检索的内容。

用户也可以使用路径型请求访问存储桶,例如使用 cos.<region>.myqcloud.com/<bucketname-appid>/的路径访问存储桶。相应地,请求 Host 和签名需要使用 cos.<region>.myqcloud.com。需要注意的是,腾讯云 SDK 默认不支持此种访问方式。

静态网站域名:当用户开启存储桶的静态网站功能时,腾讯云将分配一个虚拟托管型的域名供相关功能使用。静态网站域名的表现与 EST API 有所不同,除了特定的索引页、错误页和跳转配置外,静态网站域名只支持 GET/HEAD/OPTIONS Object 等几种操作,不支持上传或配置资源的操作。

静态网站域名,例如<bucketname-appid>.cos-website.<region>.myqcloud.com,用户也可以通过控制台的存储桶【基础配置】-【静态网站配置】模块获取此域名。

4. 内网与外网访问

腾讯 COS 的访问域名使用了智能 DNS 解析,通过互联网在不同的运营商环境下,腾讯云会检测并指向最优链路供用户访问 COS。如果用户在腾讯云内部署了服务用于访问 COS,则同地域范围内访问将会自动指向内网地址,跨地域暂不支持内网访问,默认将会解析到外网地址。

内网访问判断方法:相同地域内腾讯云产品访问,将会自动使用内网连接,产生的内网流量不计费。因此,选购腾讯云不同产品时,建议尽量选择相同地域,减少用户的费用。需要注意的是,公有云地域和金融云地域内网不互通。

以腾讯 CVM 访问 COS 为例,判断是否使用内网访问 COS,可以在 CVM 上使用 nslookup 命令解析 COS 域名,若返回内网 IP,则表明 CVM 和 COS 之间是内网访问,否则为外网访问。假设 examplebucket-1250000000.cos.ap-guangzhou.myqcloud.com 为目标存储桶地址，执行 nslookup 命令后可以看到如图 5-1 所示的信息。其中 10.148.214.13 和 10.148.214.14这两个 IP 代表通过内网访问 COS。

```
nslookup examplebucket-1250000000.cos.ap-guangzhou.myqcloud.com
Server:   10.138.224.65
Address:  10.138.224.65  #53
Name:     examplebucket-1250000000.cos.ap-guangzhou.myqcloud.com
Address:  10.148.214.13
Name:     examplebucket-1250000000.cos.ap-guangzhou.myqcloud.com
Address:  10.148.214.14
```

图 5-1　域名解析情况

基本连通测试：COS 使用 HTTP 对外提供服务，用户可使用最基本的 telnet 工具对 COS 访问域名的 80 端口发起访问测试。

通过外网访问的示例如下。

```
telnet examplebucket-1250000000.cos.ap-guangzhou.myqcloud.com 80
```

通过同地域的腾讯云 CVM(基础网络)访问的示例如下。

```
telnet examplebucket-1250000000.cos.ap-guangzhou.myqcloud.com 80
```

通过同地域的腾讯云 CVM(VPC 网络)访问的示例如下。

```
telnet examplebucket-1250000000.cos.ap-guangzhou.myqcloud.com 80
```

无论处于何种访问环境，若命令返回 Escape character is '^]'.字段，则说明可成功连通。

由于通过互联网访问 COS 会经过运营商网络，运营商网络可能禁止用户使用 ICMP 的 ping 或 traceroute 等工具测试连通性，因此建议使用 TCP 的工具测试连通性。需要注意的是，通过互联网访问可能受多种网络环境的影响，如有访问不畅的情况，可排查本地网络链路或联系当地运营商进行反馈。

若用户的运营商允许 ICMP，则用户可以使用 ping、traceroute 或 mtr 工具检视用户的链路状况。若运营商不允许使用 ICMP，则用户可以使用 psping(Windows 环境，请前往微软官网下载)或 tcping (跨平台软件)等工具进行时延测试。

如果用户通过同地域的腾讯云 VPC 网络访问 COS，则可能无法使用 ICMP 的 ping 或 traceroute 等工具测试连通性。建议用户使用 telnet 命令进行测试。用户也可尝试使用 psping 或 tcping 等工具直接对访问域名的 80 端口进行时延测试，在测试前确保通过 nslookup 命令查询并确认访问域名已正确解析至内网地址。

5. HLS 数据处理

HLS 加密涉及业务侧的密钥服务和 Token 生成服务的搭建过程，适用于能够自行搭建一套完整的鉴权及密钥管理服务的业务侧。具体的加密和解密流程如下，原理如图 5-2 所示。

1) 加密流程

(1) 用户业务侧将视频上传到 COS 后，请求 HLS 加密。

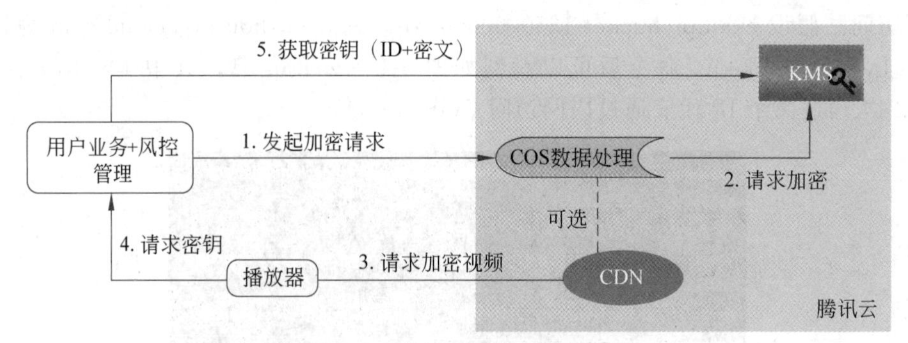

图 5-2 HLS 视频加密和解密流程

（2）COS 收到加密请求后，向 KMS 请求加密密钥。

（3）COS 通过转码功能对视频进行 HLS 加密。

（4）加密后，COS 通过 CDN 分发加密后的 HLS 视频文件。

2）解密流程

（1）终端用户登录播放器终端，用户业务侧会对终端用户进行身份校验，校验通过后，会为播放终端分配一个 Token，并将带 Token 的播放地址返回给播放器端。

（2）用户播放终端解析返回的 m3u8 文件，得到"URI"内容，向 URI 请求密钥。

（3）用户业务侧的风控管理服务收到请求后，先根据用户逻辑自行判断合法性，再通过调用 KMS 服务的 API 查询密钥。

（4）密钥管理服务将返回的密钥返回给播放终端。播放终端通过获取的密钥对 m3u8 文件进行解密并播放。

6. 主账号、子账号和用户组

主账号：又称为开发商。用户申请腾讯云账号时，系统会创建一个用于登录腾讯云服务的主账号身份。主账号是腾讯云资源使用计量计费的基本主体。主账号默认拥有其名下所拥有的资源的完全访问权限，包括访问账单信息，修改用户密码，创建用户和用户组，以及访问其他云服务资源等。默认情况下，资源只能被主账号访问，任何其他用户的访问都需要获得主账号的授权。

子账号（用户）和用户组：子账号是由主账号创建的实体，有确定的身份 ID 和身份凭证，拥有登录腾讯云控制台的权限。子账号默认不拥有资源，必须由所属主账号进行授权。

一个主账号可以创建多个子账号（用户）。一个子账号可以归属于多个主账号，分别协助多个主账号管理各自的云资源，但同一时刻，一个子账号只能登录到一个主账号下，管理该主账号的云资源。子账号可以通过控制台切换开发商（主账号），从一个主账号切换到另外一个主账号。子账号登录控制台时，会自动切换到默认主账号上，并拥有默认主账号所授予的访问权限。切换开发商之后，子账号会拥有切换到的主账号授权的访问权限，而切换前的主账号授予的访问权限会立即失效。

用户组是多个相同职能的用户（子账号）的集合。用户可以根据业务需求创建不同的用户组，为用户组关联适当的策略，以分配不同权限。

5.5.3 腾讯云对象存储本地数据备份

腾讯COS为用户提供了以下3种备份方式,方便用户将本地的数据备份至COS存储桶中。

- COSBrowser 的文件同步备份。
- COS Migration 线上迁移备份。
- CDM 线下迁移备份。

1. 文件同步备份

COSBrowser 桌面端集成了文件同步功能,可以通过关联本地文件夹与存储桶,实现本地文件实时同步上传至云端,如图5-3所示。同步是指在上传文件时,系统会自动识别存储桶是否存在同样的文件,通过同步功能仅会上传存储桶中不存在的文件。目前仅支持将本地文件同步上传至存储桶,不支持逆向操作。文件同步功能支持设置手动同步和自动同步。需要注意的是,对于已复制的文件或文件夹,若其粘贴的目标路径中包含同名文件,则默认覆盖。

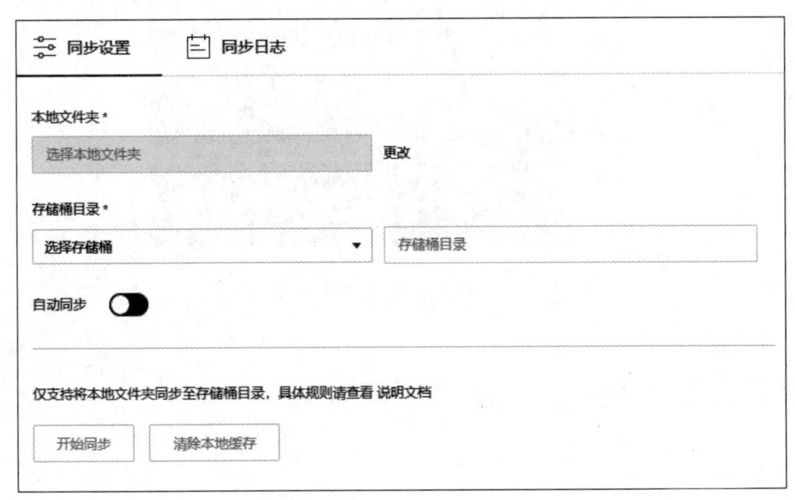

图5-3 文件同步备份

2. 线上迁移备份

COS Migration 是一个集成了腾讯COS数据迁移功能的一体化工具。用户只通过简单的配置操作,便可将数据快速迁移至腾讯COS中,它具有以下几个特点。

(1) 丰富的数据源,可以将本地存储的数据迁移到COS。也支持AWS S3、阿里云OSS、七牛存储迁移至COS,后续仍在不断扩展。根据指定的URL下载列表下载迁移到COS。COS的Bucket数据相互复制,支持跨账号、跨地域的数据复制。

(2) 支持断点续传,工具支持上传时断点续传。对于一些大文件,如果中途退出或者因为服务故障,可重新运行工具,这时会对未上传完成的文件进行续传。

(3) 支持分块上传,可以将对象按照分块的方式上传到COS。

(4) 支持并行上传,可以支持多个对象同时上传。

(5) 支持迁移校验,可对迁移后的对象进行校验。

需要注意的是,COS Migration 只支持UTF-8格式。使用该工具上传同名文件,默认会覆盖较旧的同名文件,需要额外设置以跳过同名文件。

适用场景：对于拥有本地 IDC 的用户，COS Migration 帮助用户将本地 IDC 的海量数据快速迁移至 COS。

3. 线下迁移备份

云数据迁移 CDM 是利用腾讯云提供的离线迁移专用设备，帮助用户将本地数据迁移至云端的一种迁移方式，可解决本地数据中心通过网络传输迁移云端时间长、成本高、安全性低的问题。

用户可依据数据迁移量、IDC 出口带宽、IDC 空闲机位资源、可接受的迁移完成时间等因素考虑如何选择迁移方式，图 5-4 展示的是使用线上迁移时预估的时间消耗，可以看出，若此次迁移周期超过 10 天或者迁移数据量超过 50TB，则建议用户选择云数据迁移 CDM 进行线下迁移。

数据量 \ 带宽	10Mb/s	100Mb/s	1Gb/s	10Gb/s
10GB	3小时	17分钟	2分钟	10秒
100GB	30小时	3小时	17分钟	2分钟
1TB	12.5天	30小时	3小时	17分钟
10TB	125天	12.5天	30小时	3小时
100TB	3.5年	125天	12.5天	30小时
1PB	35年	3.5年	125天	12.5天
10PB	350年	35年	3.5年	125天

图 5-4　线上迁移时预估时间图

5.6　项目开发及实现 1：腾讯云存储服务

5.6.1　项目描述

赵刚任职于某公司的信息中心部门，主要负责公司网络维护及公司业务信息数据的存储、维护工作。经过对腾讯 COS 服务所提供的功能进一步调研后，他决定学习使用腾讯 COS 的存储桶以及对象功能，为接下来的腾讯 COS 服务进阶功能打下坚实的基础。

(1) 掌握腾讯 COS 存储桶(Bucket)、对象(Object)、地域(Region)的概念与作用；

(2) 掌握腾讯 COS 存储桶的创建方法；

(3) 掌握腾讯 COS 对象的上传和下载方法；

(4) 掌握使用 COSBrowser 管理腾讯 COS 存储桶及对象的方式。

5.6.2　项目实现

1. 创建腾讯 COS 存储桶

创建一个具有私有读写权限、不加密的存储桶。

(1) 在【对象存储控制台】左侧的导航栏中单击【存储桶列表】，进入存储桶管理页，单击【创建存储桶】进入创建页面，如图 5-5 所示。

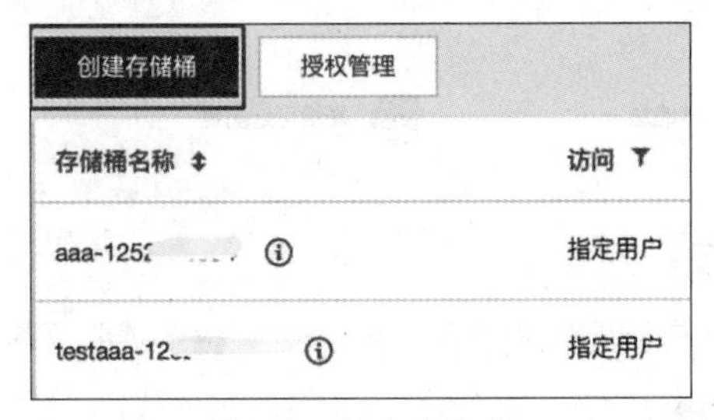

图 5-5　创建存储桶

(2) 首先,选择存储桶业务【所属地域】,为保证网络的传输效率,建议选择与用户业务所在地域最近的一个地区。然后,为所创建的存储桶进行命名,注意【名称】设置后不可修改。接下来根据使用环境设置存储桶【访问权限】。最后,单击【下一步】按钮即可完成存储桶的基本信息配置。完成存储桶的创建后,用户即可使用【请求域名】自动生成的域名对存储桶进行访问,如图 5-6 所示。

图 5-6　配置存储桶基本信息

(3) 在【高级可选配置】中,用户可对存储桶中对象的版本、是否开启同城容灾多 AZ 特性、是否开启日志存储、存储桶标签创建,以及是否对服务器进行加密等高级选项进行设定,如图 5-7 所示。其中需要注意已创建的存储桶无法开启多 AZ 配置,仅新创建存储桶时可设置开启,且当存储桶多 AZ 配置开启后,无法进行修改,并且数据只能以标准存储(多 AZ)、低频存储(多 AZ)类型存放在存储桶中,请谨慎配置。

(4) 单击【下一步】按钮进入【确认配置】页面,确认信息无误后单击【创建】按钮即可完成存储桶的创建,如图 5-8 所示。

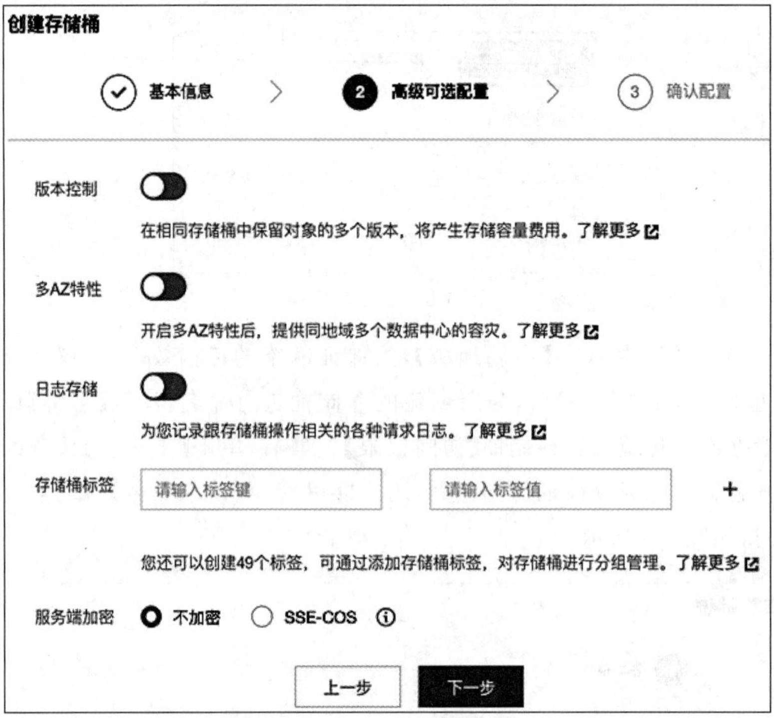

创建存储桶

基本信息 〉 2 高级可选配置 〉 3 确认配置

版本控制

在相同存储桶中保留对象的多个版本，将产生存储容量费用。了解更多

多AZ特性

开启多AZ特性后，提供同地域多个数据中心的容灾。了解更多

日志存储

为您记录跟存储桶操作相关的各种请求日志。了解更多

存储桶标签 请输入标签键 请输入标签值 +

您还可以创建49个标签，可通过添加存储桶标签，对存储桶进行分组管理。了解更多

服务端加密 不加密 SSE-COS

上一步 下一步

图 5-7　创建存储桶高级可选配置

图 5-8　存储桶创建信息确认

2. 在腾讯 COS 存储桶中上传和下载对象

在创建完毕的存储桶中进行对象的上传和下载操作。

1）从本地选择文件上传到存储桶

(1) 在左侧的导航栏中单击【存储桶列表】进入存储桶列表页面后，单击需要存储对象的存储桶，进入存储桶的文件列表页面。在文件列表中单击【上传文件】，如图 5-9 所示。

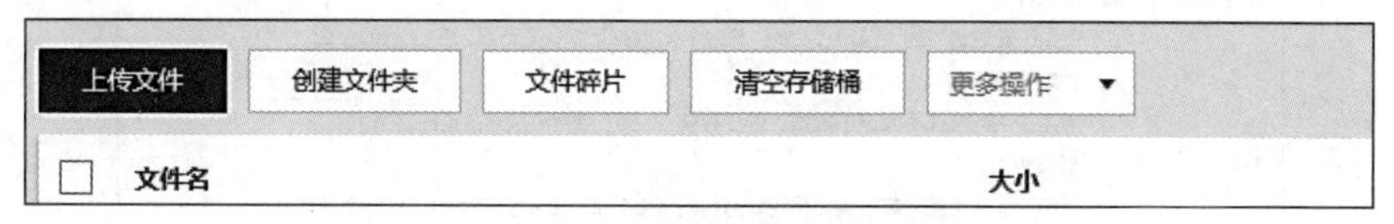

图 5-9　对象文件管理界面

(2) 在【上传文件】选项上通过【选择文件】或【选择文件夹】，根据实际需求选择单个或多个本地文件(或文件夹)，最后单击【上传】按钮即可将文件或文件夹上传至存储桶，如图 5-10 所示。

图 5-10　【上传对象】界面

需要注意的是，多文件上传需要浏览器支持，建议使用 Edge、Firefox、Chrome 等主流浏览器，并且上传任务进度界面中显示的是统计当前操作建立的任务个数，例如，若用户单次操作上传了 10 个文件并且均上传成功，则该任务进度会显示“成功 1 个，失败 0 个，暂停 0 个”。

(3) 通过单击【上传文件】界面中的【参数配置】按钮，可以对所上传对象的存储类型、访问权限、服务端加密、对象标签、元数据等参数进行设定。其中，通过组合对象标签的标签键、标签值，可以快速帮助用户对指定对象的标签进行设定、查询、删除操作。通过修改元数据，可以改变页面的响应形式，或者传达配置信息，例如修改缓存时间，如图 5-11 所示。

需要注意的是，若存储桶开启了多 AZ 配置，则存储类型只能选择拥有多 AZ 特性的存储类型；若同时还开启了智能分层存储配置，则还可选择智能分层存储(多 AZ)类型。

2）将云上存储桶中的数据下载到本地

(1) 在存储桶列表页面中找到对象所在的存储桶，单击其存储桶名称，进入存储桶管理页面，在左侧的导航栏中选择【文件列表】，进入【文件列表】页面，如图 5-12 所示。

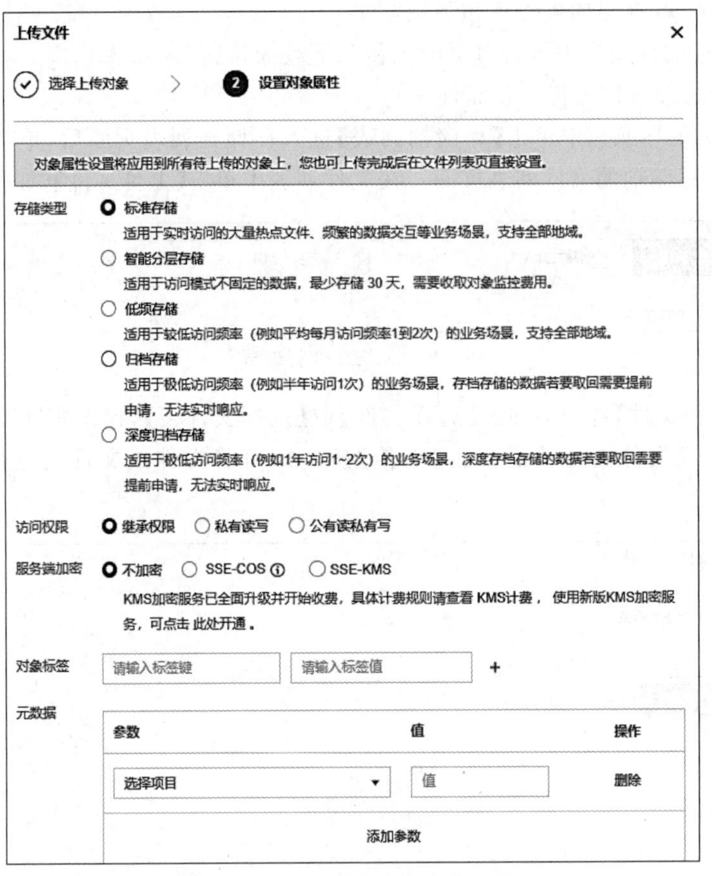

图 5-11　上传对象高级参数设置

图 5-12　存储桶对象【文件列表】

（2）在【文件列表】页面找到并勾选所需要的对象前的复选框，在对象右侧的操作栏中单击【下载】或在对象上方的【更多操作】下拉菜单中选择【下载】即可下载，如图 5-13 和图 5-14 所示。需要注意的是，对象存储控制台仅支持单个对象下载，如需批量下载多个对象或文件夹，则需要结合 COSBrowser 客户端批量下载对象或文件夹。

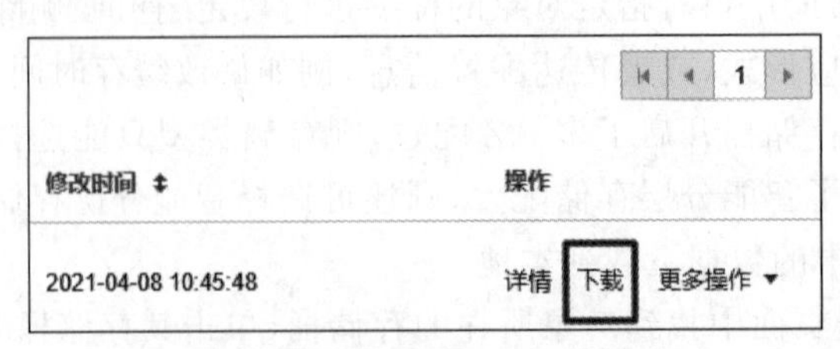

图 5-13　存储桶对象文件下载方式(1)

图 5-14 存储桶对象文件下载方式(2)

(3) 如需将存储桶中的对象下载后分享，则可以单击【文件列表】中对象右侧操作栏的【详细】选项，在弹出的【基本信息】页面中选择【复制临时链接】进行对外分享发布，获得链接的外部用户将该链接粘贴至浏览器地址栏并按【Enter】键，即可下载该对象，如图 5-15 所示。

图 5-15 使用【复制临时链接】进行对象下载

3. 利用 COSBrowser 管理腾讯 COS 存储桶对象

利用 COSBrowser 在腾讯 COS 存储桶中上传和下载对象。COSBrowser 是腾讯 COS 推出的可视化界面工具，用户可以使用更简单的交互，轻松实现对 COS 资源的查看、传输和管理。需要注意的是，COSBrowser 工具需要使用 API 密钥进行登录。

(1) 要创建 API 密钥，需要登录腾讯云【云 API 网关】，在控制台界面中单击【密钥】选项，进入密钥创建界面，如图 5-16 所示。

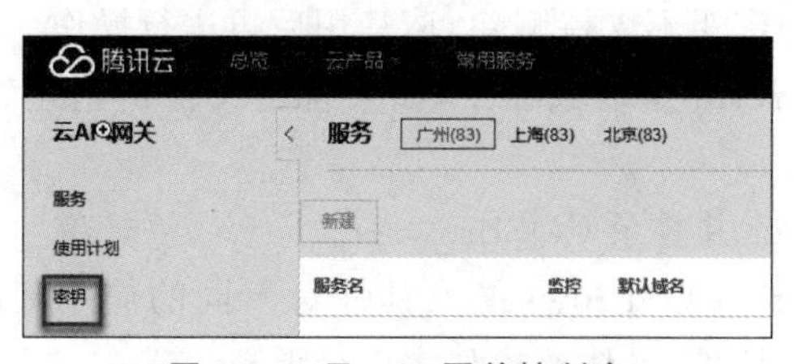

图 5-16 云 API 网关控制台

(2) 在密钥列表页单击【新建】,即可在弹出的新建密钥对话框中创建密钥。API 密钥的创建有两种方式,分别是【自动生成密钥】及【自定义密钥】。使用自动生成密钥,用户只在【新建密钥】界面输入密钥名称即可,【SecretId】及【SecretKey】由腾讯云 API 管理系统自动生成,如图 5-17 所示。

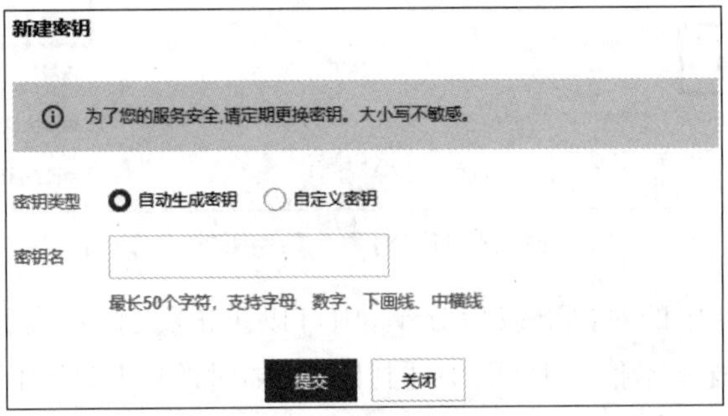

图 5-17　自动生成密钥

选择使用【自定义密钥】,则由用户在【新建密钥】界面自定义个性化的【密钥名】、【SecretId】、【SecretKey】,如图 5-18 所示。创建完毕后,单击【提交】按钮即可完成 API 密钥的创建。

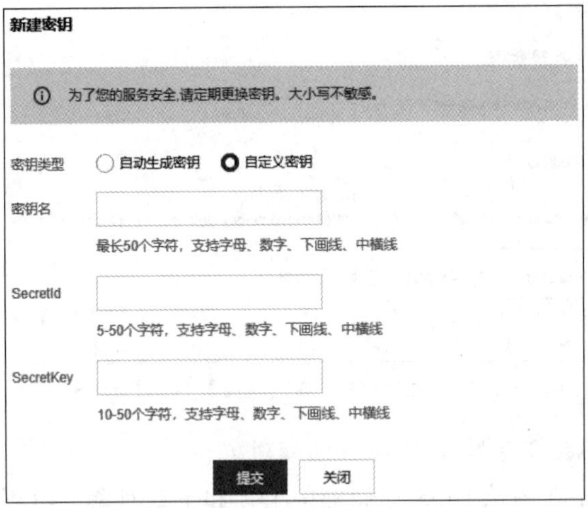

图 5-18　自定义密钥

API 密钥创建后,用户可以对 API 密钥进行“启用”“更改”“禁用”“删除”等操作。但需要注意以下 3 点。

- “已停用”状态下的密钥不支持更换、绑定使用计划,请启用后再进行操作。
- “使用中”状态下的密钥不支持删除,请禁用后再进行操作。
- 自定义密钥的 SecretId 全地域唯一,如果自定义密钥创建失败,请调整 SecretId 后重试。

(3) 安装 COSBrowser 并登录 COSBrowser。

① 安装 COSBrowser。COSBrowser 工具针对不同的应用环境,现分为桌面端、移动端、网页版以及 Uploader 插件,具体要求如表 5-6 所示。

表 5-6 COSBrowser 工具类型

COSBrowser 分类	支持平台	系统要求	应用环境
桌面端	Windows	Windows 7 32/64 位以上、Windows Server 2008 R2 64 位以上	COSBrowser 桌面端注重对资源的管理,用户可以通过 COSBrowser 批量上传、下载数据
	macOS	macOS 10.13 以上	
	Linux	需带有图形界面并支持 AppImage 格式	
移动端	Android	Android 4.4 以上	COSBrowser 移动端注重对资源的查看及监控,用户可以随时随地监控 COS 的存储量、流量等数据
	iOS	iOS 11 以上	
网页版	Web	Chrome/Firefox/Safari/IE10+等浏览器	仅支持永久密钥登录、腾讯云账号登录,功能与桌面端基本一致
Uploader 插件	Web	Chrome 浏览器	注重对资源的查看与监控,提供基本的管理功能

② 登录 COSBrowser。COSBrowser 桌面端支持通过 3 种方式登录: 永久密钥登录、腾讯云账号登录、共享链接登录,支持同一账号多设备多点登录。在本实训中以使用永久密钥登录方式为主,如图 5-19 所示。

图 5-19 永久密钥登录

使用永久密钥登录方式,将第一步中在访问管理控制台所创建并获取的 API 密钥输入【密钥登录】界面中的【SecretID】、【SecretKey】两栏中(见图 5-19),成功登录后,密钥将保存在历史会话中,方便下次继续使用,注意 COSBrowser 不支持使用项目密钥进行登录。

【存储桶/访问路径】栏中填写相关路径后,用户可以快速进入对应的路径,提升管理效率。需要注意的是,若当前登录使用的密钥只有存储桶或存储桶下某个目录的权限,则此项必填。具体的地址格式为: Bucket 或 Bucket/Object-prefix,例如 examplebucket-1250000000 或

examplebucket-1250000000/folderName。

【备注】栏中可对当前填入的永久密钥进行说明。例如，操作人员、用途等。在【历史密钥】界面中管理历史会话时可区分不同的 SecretID。

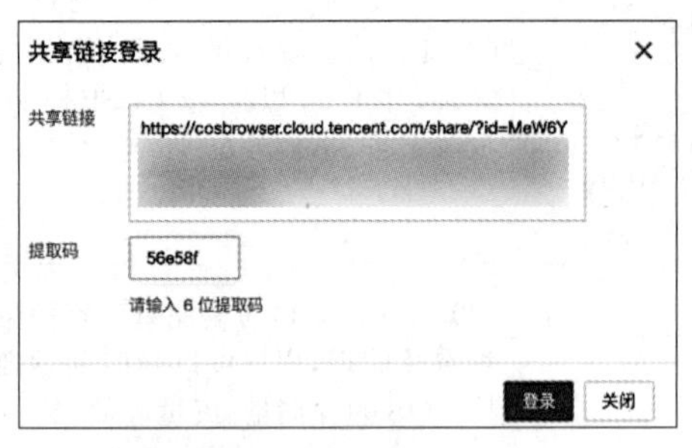

图 5-20　共享链接登录

【记住会话】若不勾选，则仅本次登录有效，一旦退出登录，则会清空填入的云 API 密钥（如果当前密钥已保存在历史会话中，则会从历史会话中移除）；若勾选，则会记住填入的云 API 密钥，并可在历史会话中进行管理。

需要注意的是，使用【共享链接登录】需要获取由对应的腾讯云对象存储账户管理员生成的共享链接和提取码。通过共享链接和提取码，用户即可以临时登录的方式登录 COSBrowser 桌面端，以便于在不泄露账户信息的情况下让第三方技术人员协助维护，如图 5-20 所示。

(4) 使用 COSBrowser 管理存储桶及对象。

① 使用 COSBrowser 创建存储桶。登录 COSBrowser 后，在工具界面中单击左上方的【添加桶】。在弹出的窗口中设定【存储桶名称】【地域】【请求域名】【访问权限】【存储桶标签】【多 AZ 特性】等信息，如图 5-21 所示。最后单击【确定】按钮，即可完成存储桶的创建工作。

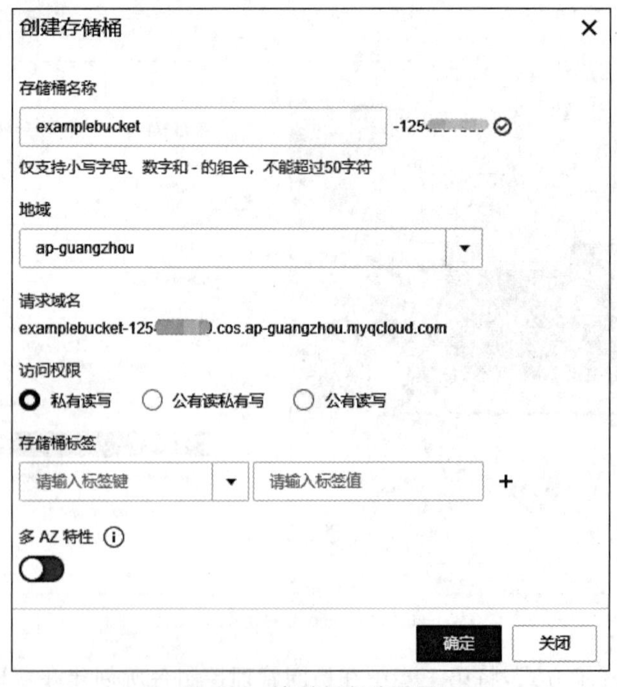

图 5-21　存储桶创建页面

② 使用 COSBrowser 在存储桶中上传对象。在 COSBrowser 控制界面中选择并单击要上传对象的存储桶。进入存储桶管理页后，首先选择【上传】-【选择文件】，之后选择需要上传至该存储桶的单个或多个本地文件，最后单击【上传】，即可将所选择文件上传至存储桶。

方法一：首先通过单击 COSBrowser 工具右上角的 ☰ 切换到列表视图，然后在文件右侧的操作栏下单击⤓下载文件。

方法二：首先右击文件，在弹出的快捷菜单中单击【高级下载】，COSBrowser 工具将弹出高级下载窗口，根据实际需求选择"重命名"、"覆盖"或"跳过"，然后单击【立即下载】按钮，COSBrowser 工具将按照用户的选择下载文件，如图 5-22 所示。

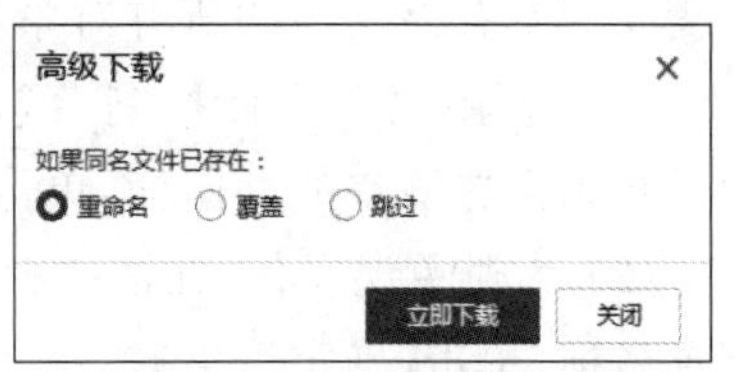

图 5-22　存储桶对象高级下载

③ 使用 COSBrowser 分享存储桶中的对象。存储在存储桶中的每个文件均可通过特定的链接进行访问，若文件是私有读权限，则可通过请求临时签名的方式生成带有时效的临时访问链接。根据是否需要自定义分享链接有效时长，可以分别使用以下两种方法生成对象链接进行分享。

方法一：单击 COSBrowser 控制台界面右上角的☰切换到列表视图，在文件右侧的操作栏下单击⋖。链接成功生成并完成复制后，COSBrowser 工具顶部会显示【临时链接复制成功，链接 2 小时有效】，第三方用户即可通过该分享链接访问文件。

方法二：单击 COSBrowser 控制台界面右上角的☰切换到列表视图，在右侧的操作栏下单击【…】，在下拉菜单中单击【分享】，如图 5-23 所示。在弹出的自定义复制链接窗口中配置文件链接。若此处文件为私有读写权限，则需要选择【复制带签名的临时链接…】，链接在指定的时间内有效，如图 5-24 所示。单击【复制】按钮即可将创建的链接进行分享。第三方用户即可通过该链接访问文件。

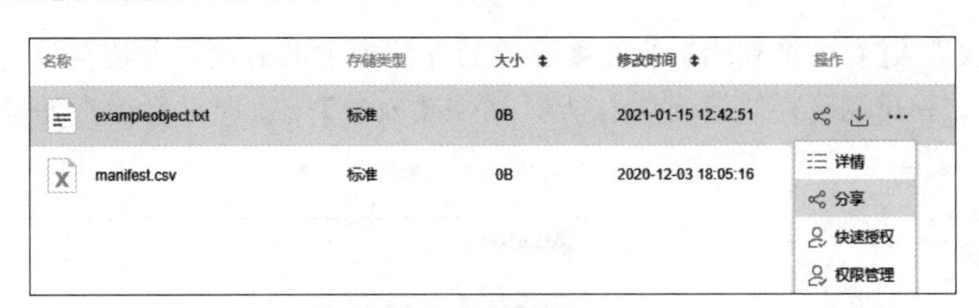

图 5-23　存储桶对象分享

图 5-24　自定义复制链接

4. 删除已创建的腾讯 COS 存储桶

根据实际需要删除在上一个实训任务中创建的存储桶。需要注意的是，在删除存储桶前需要清空存储桶中的所有对象和未完成上传的碎片文件。

(1) 登录【对象存储控制台】，在左侧导航栏中单击【存储桶列表】，进入存储桶列表页面。找到需要清空的存储桶，单击右侧的【更多】-【清空数据】，如图 5-25 所示。

(2) 为避免误操作，在清空存储桶数据时，系统需要在弹出的窗口中输入需要删除的存储桶名称，单击【确定清空】按钮，在二次弹窗中再次单击【确定】按钮即可完成存储桶清空工作，如图 5-26 所示。

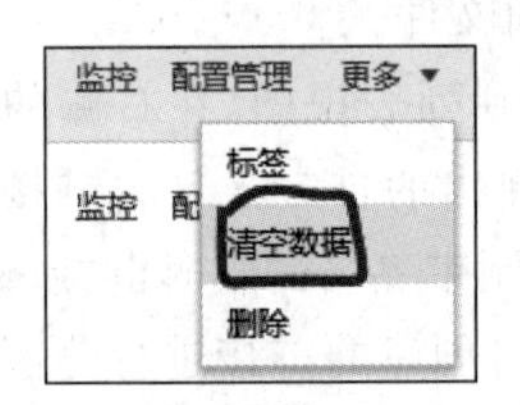

图 5-25 清空腾讯 COS 存储桶数据(1)

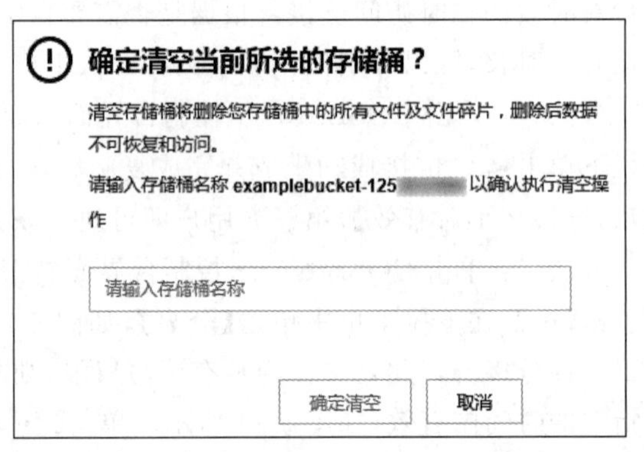

图 5-26 清空腾讯 COS 存储桶数据(2)

(3) 再次进入【存储桶列表】，在需要删除的存储桶项的右侧操作栏下单击【删除】，如图 5-27 所示。弹出删除存储桶确认对话框，单击【确定】按钮即可删除存储桶，如图 5-28 所示。

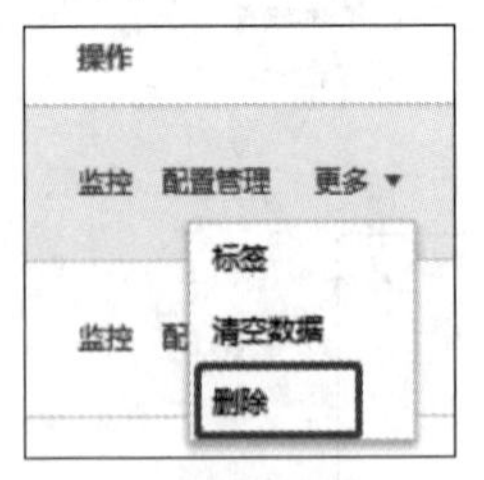

图 5-27 删除存储桶数据(1)

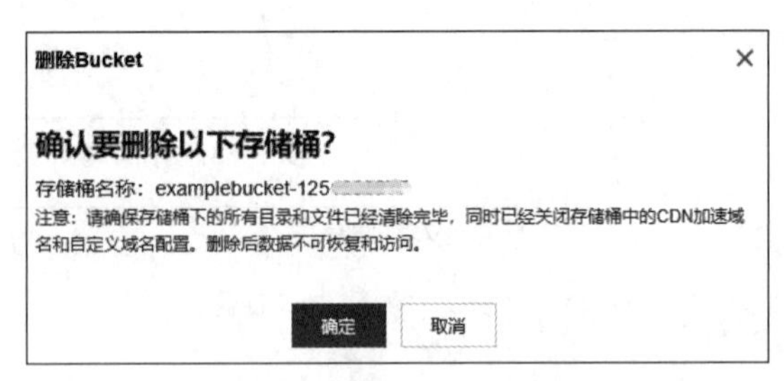

图 5-28 删除存储桶数据(2)

5.7 项目开发及实现 2：腾讯云存储产品应用场景

5.7.1 项目描述

赵刚任职于某公司的信息中心部门，主要负责公司网络维护及公司业务信息数据的存储、维护工作。赵刚在基本熟悉腾讯 COS 的存储桶及对象的基本操作后，结合业务实施的实际情况，进一步学习了腾讯 COS 的存储桶及对象的进阶操作。

(1) 了解腾讯 COS 应用情景、应用功能、数据安全机制、账号机制、工作流处理等进阶功能。

（2）掌握通过腾讯 COS 的 HLS 加密功能防止视频泄露或盗链。

（3）掌握将个人计算机中的文件备份到腾讯 COS 存储桶中。

（4）掌握授权子账号访问腾讯 COS 的方法。

（5）掌握使用腾讯 COS 托管静态网站的方法。

（6）掌握使用腾讯 COS 配置工作流进行视频处理的方法。

5.7.2 项目实现

1. 通过 HLS 加密防止视频泄露或盗链

腾讯 COS 数据处理提供了对 HLS 视频内容进行加密的功能。加密后的视频，无法分发给无访问权限的用户观看。

（1）登录【对象存储控制台】，并在左侧的导航栏中单击【存储桶列表】，进入存储桶列表管理页面。

（2）找到需要存储视频的存储桶，单击该存储桶名称，进入该存储桶管理页面。

（3）在左侧的导航栏中选择【数据工作流】-【公共配置】-【模板】，进入模板配置页面。

（4）选择【音视频转码】，单击【创建转码模板】，弹出【创建转码模板】窗口。在【创建转码模板】窗口中打开【高级设置】，配置【模板名称】【封装格式】【转码时长】【UriKey】【视频/音频参数】信息，最后单击【确定】按钮，完成加密模板配置，如图 5-29 所示。具体配置建议如下。

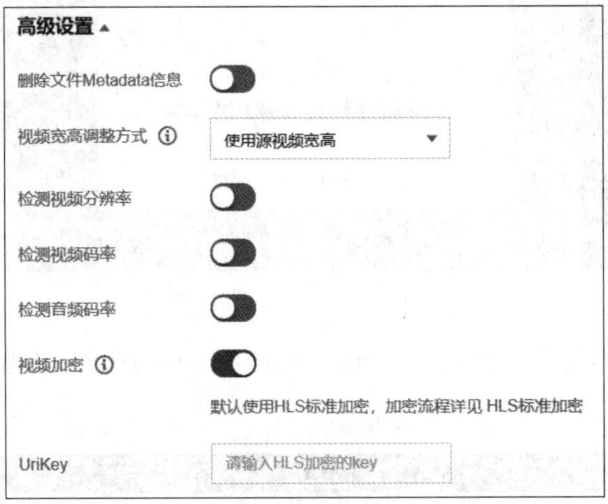

图 5-29 腾讯云对象视频存储桶（COS）高级设置

模板名称：长度不超过 64 字符，仅支持中文、英文、数字、下画线_、中横线-和 *。

封装格式：选择 HLS。

转码时长：可选为源视频时长、自定义配置时长。

UriKey：用户搭建的密钥管理服务的地址。

视频/音频参数：视频和音频参数可根据用户需求自定义。

（5）如需要对工作流的输入路径、回调设置、格式过滤、音视频转码等进行调整，用户可以返回存储桶管理页面，在左侧的导航栏中选择【数据工作流】，单击【工作流】，进入工作流管理页面。单击【创建工作流】，进入创建工作流页面进行相关的进阶配置。

2. 将个人计算机中的文件备份到腾讯 COS

个人计算机中一般存储着用户日常工作、生活中所积累的大量资料和文件，利用存储桶的对象管理功能进行数据备份，可有效提升数据的安全性。

（1）在【对象存储控制台】中单击左侧导航中的【存储桶列表】，然后单击【创建存储桶】，开始创建名为“backups-1250000000”的存储桶，在配置过程中，【所属地域】不要选择金融地域，可以根据腾讯云官方的地区优惠结合用户所在地综合考量。

（2）根据前面的流程，登录 API 密钥管理控制台，创建并记录密钥信息 SecretId 和 SecretKey。

（3）安装并配置 Arq® Backup。首先从 Arq® Backup 官网下载软件，并按提示完成软件安装，安装完成后软件自动启动，首次启动时会提示登录，此时输入邮箱地址并单击【Start Trial】按钮，如图 5-30 所示。

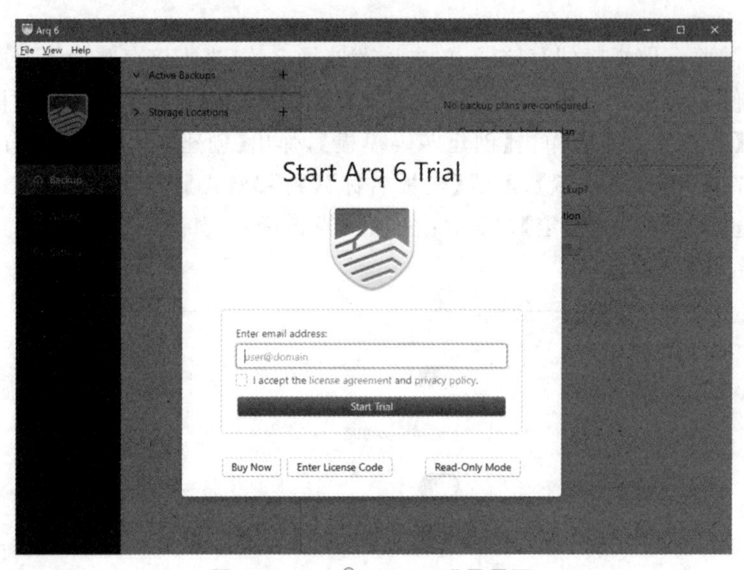

图 5-30　Arq® Backup 登录界面

（4）在【Backup】界面单击【Create a new backup plan】按钮，添加备份计划，如图 5-31 所示。

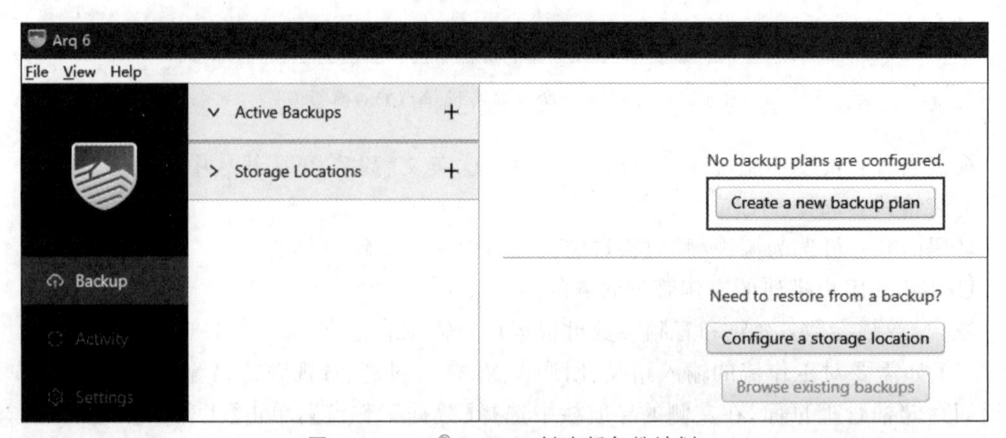

图 5-31　Arq® Backup 创建新备份计划

(5) 在【Add Backup】界面单击【Selected】下拉菜单，选择需要备份的目录，用户可以根据实际情况选择所有硬盘或指定目录，如图 5-32 所示。

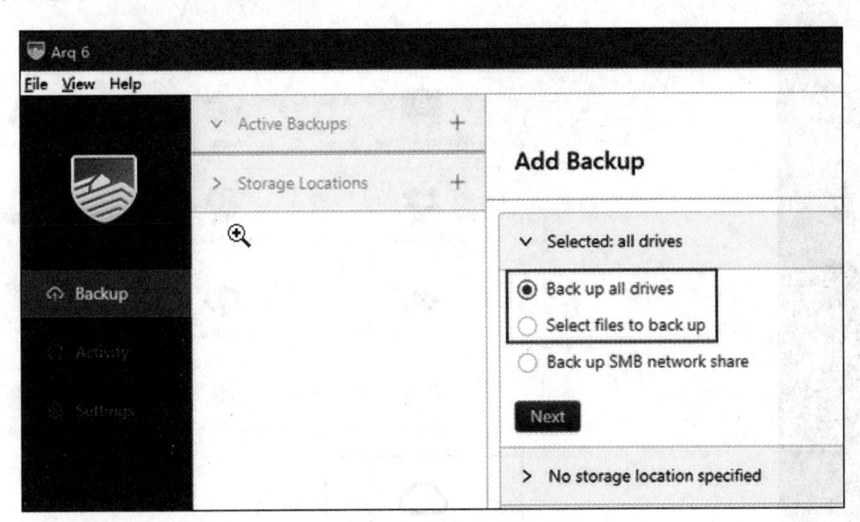

图 5-32　选择源数据位置

(6) 在【No storage location specified】下拉菜单中单击【Add storage location】按钮，添加备份存储位置，此处选择【S3-Compatible Server】，如图 5-33 和图 5-34 所示。

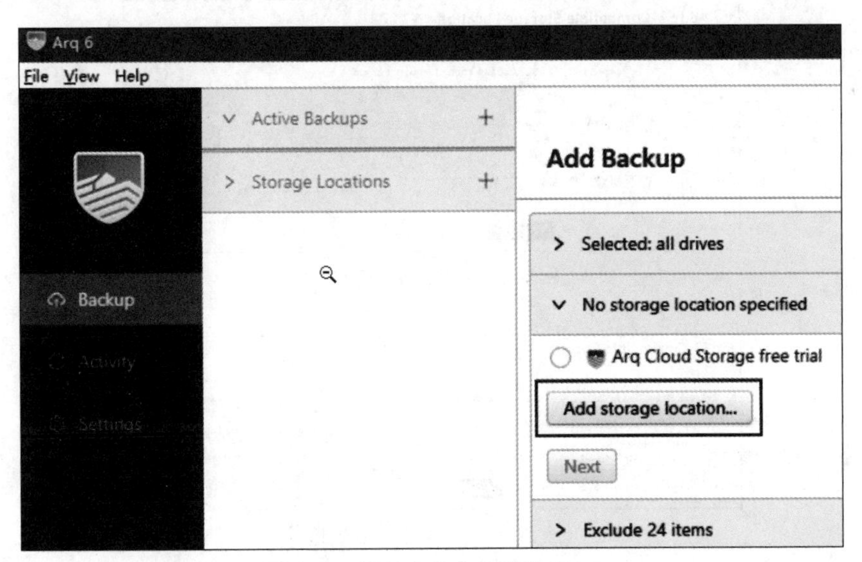

图 5-33　添加备份存储器位置(1)

(7) 在跳转界面中需要对存储桶的相关登录信息进行配置。在【Server URL】中填入存储桶链的请求域名，即从 cos 开始的部分，并在前面加上 https://，例如 https://cos.ap-chengdu.myqcloud.com，注意这里不包含存储桶名称。在【Access Key ID】中填入所创建的 API 密钥中的 SecretId 信息。在【Secret Access Key】中填入所创建的 API 密钥中的 SecretKey 信息，如图 5-35 所示。

(8) 在随后的界面中选择【Use an existing bucket】，并创建存储桶，然后单击【Save】按钮，如图 5-36 所示。

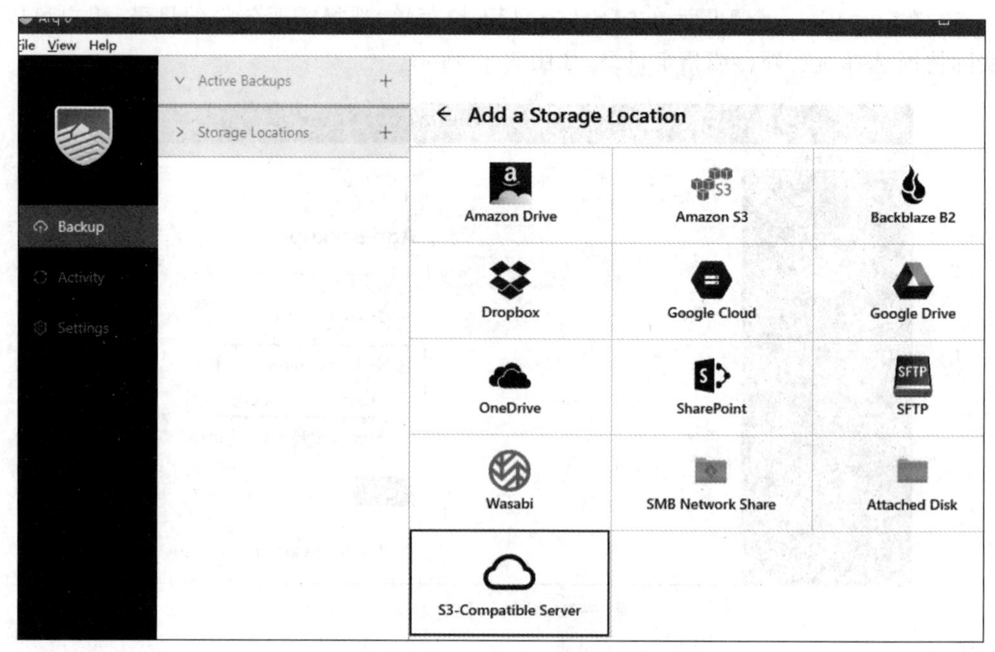

图 5-34　添加备份存储器位置(2)

图 5-35　配置 S3 登录信息

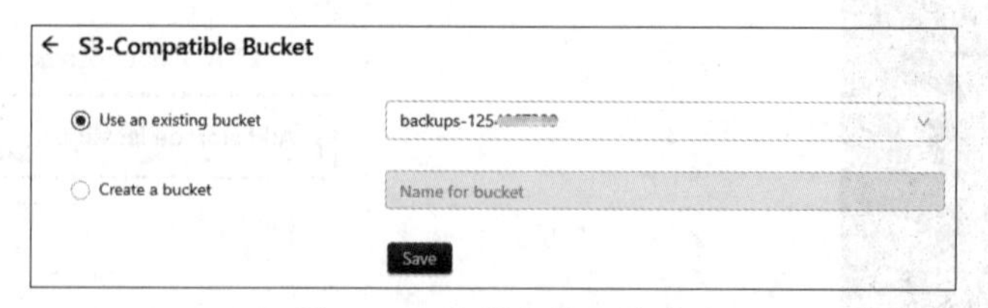

图 5-36　数据存储目的地

(9) 如需加密备份数据,可以在【Add Backup】界面的【Encryption】下拉菜单中选择开启【Encrypt backup data】按钮,并在随后弹出的界面中输入用于加密的密码进行二次确认,如图 5-37 所示。请牢记备份密码,否则将无法从备份恢复文件。

(10) 如需定期备份,可以在【Add Backup】界面的【Schedule】下拉菜单设置备份周期,如图 5-38 所示。单击【Save】按钮保存设置,最后单击【Back Up Now】即可开始备份。

(11) 如需从备份中恢复文件,则可以在主界面【Active Backups】左侧的【Backup】列表中选择腾讯云存储桶(COS)中已完成的备份文件,之后单击右上方的【Restore】按钮,并选择恢复的目的地,如图 5-39 所示。

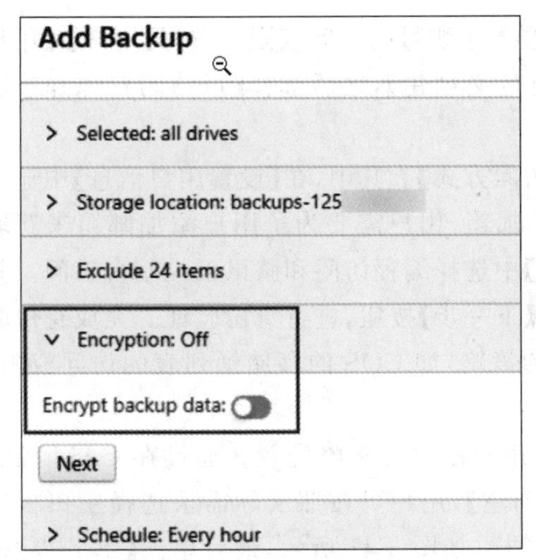

图 5-37 备份数据加密开关

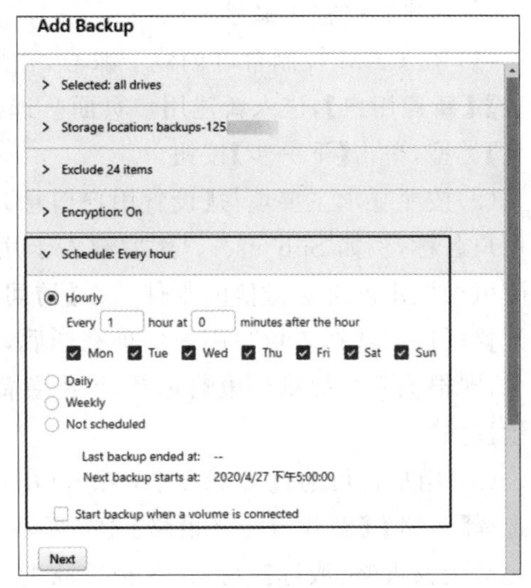

图 5-38 设置备份周期

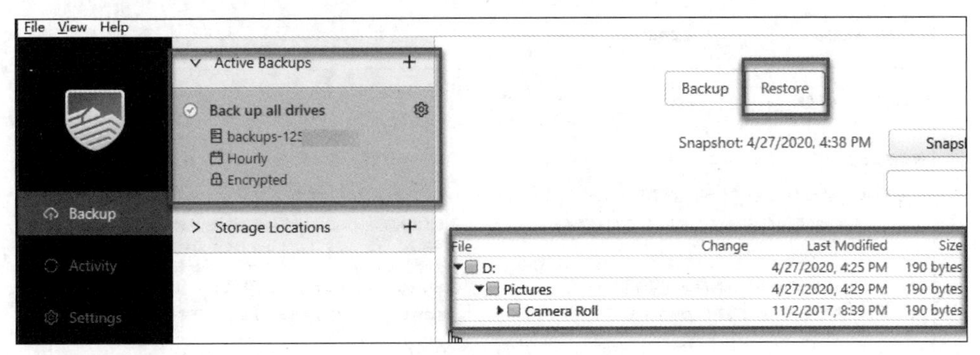

图 5-39 恢复备份文件

(12) 恢复操作默认从最新的备份中恢复,如果需要,可以从快照中找到历史版本的备份,并从历史版本的备份中恢复。单击【Snapshots】按钮查看历史快照,并根据快照恢复数据,如图 5-40 所示。

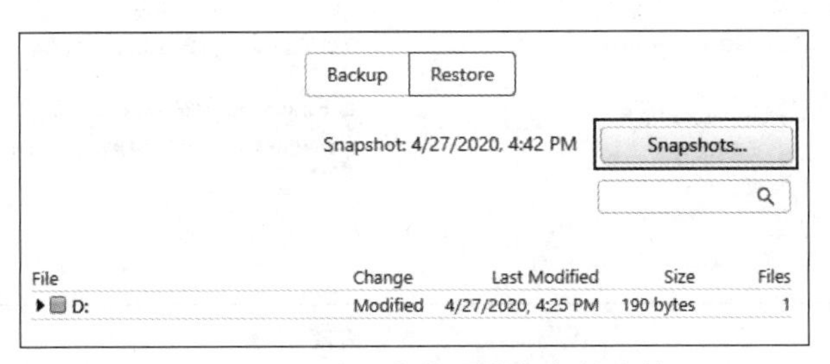

图 5-40 通过历史快照恢复备份文件

3. 授权子账号访问腾讯 COS

对于腾讯 COS 资源,不同企业之间或同企业多团队之间,需要对不同的团队或人员配置不同的访问权限。用户可通过 CAM 对存储桶或对象设置不同的操作权限,使得不同团队或人员能够相互协作。

1）创建并授权子账号

（1）在 CAM 控制台可创建子账号，并配置授予子账号的访问权限。选择【用户】-【用户列表】-【新建用户】，进入新建用户页面。选择【自定义创建】，之后选择【可访问资源并接收消息】类型，单击【下一步】按钮。

（2）按照要求主要填写【设置用户信息】及【访问方式】。其中，在【设置用户信息】中输入子用户名称，例如 Sub_user。然后输入子用户的邮箱，用户需要为子用户添加邮箱来获取由腾讯云发出的绑定微信的邮件。在【访问方式】中选择编程访问和腾讯云控制台访问。其他配置可按需选择。填写用户信息完毕后，单击【下一步】按钮，进行身份验证。完成身份验证后，即根据系统提供的策略选择，可配置简单的策略，如 COS 的存储桶列表的访问权限、只读权限等。

（3）用户也可通过 CAM 对子账号（用户）或用户组进行策略配置。通过在 CAM 控制中选择【策略】-【新建自定义策略】-【按策略语法创建】，用户可按照实际需求选择空白模板自定义授权策略，或选择与 COS 相关联的系统模板，如图 5-41 所示，最后单击【下一步】按钮进入下一个配置项。

图 5-41　子账号策略模板

（4）输入便于用户记忆的策略名称，若用户选择空白模板，则需要输入用户的策略语法，用户可将策略内容复制并粘贴到【策略内容】编辑框内，确认输入无误后，单击【完成】按钮即可，如图 5-42 所示。

（5）创建完成后，将刚才已创建的策略关联到子账号，如图 5-43 和图 5-44 所示。勾选子账号并单击【确定】授权后，即可使用子账号访问所限定的 COS 资源。

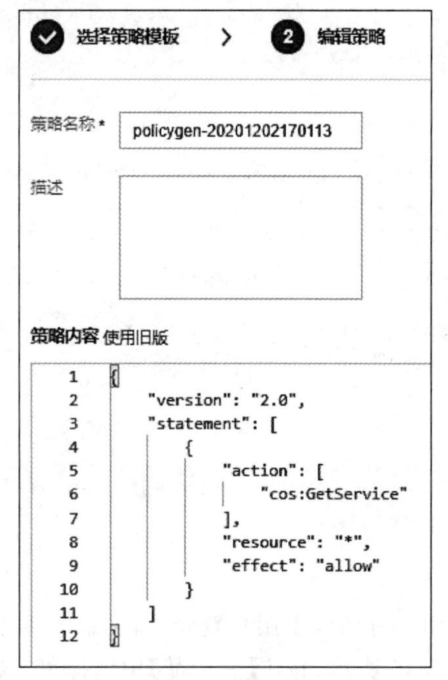

图 5-42 编辑策略

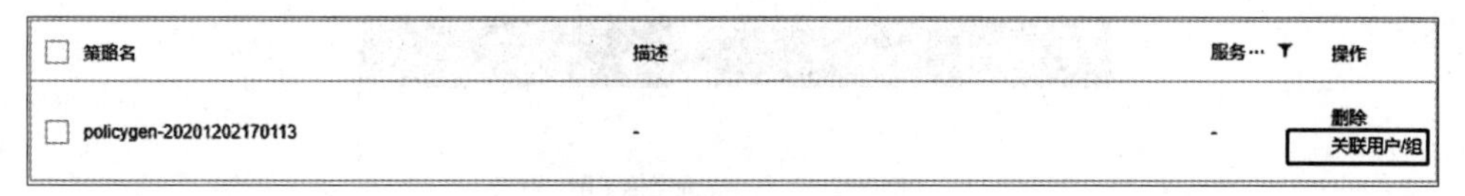

图 5-43 策略关联用户组

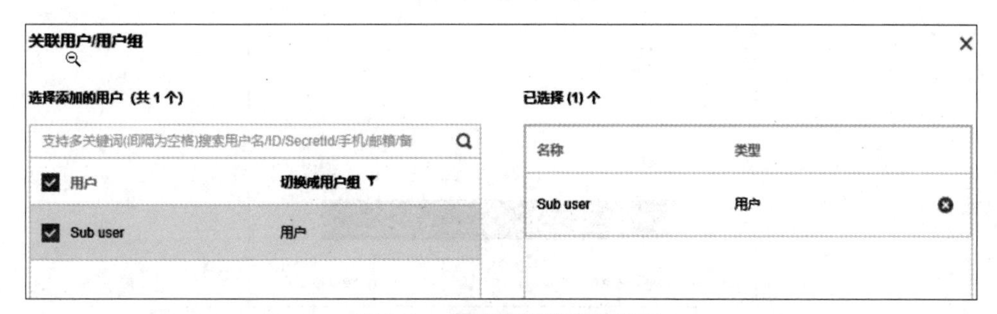

图 5-44 策略关联用户组界面

2）子账号使用编程访问和腾讯云控制台访问 COS 资源

（1）编程访问。

当使用子账号通过编程（如 API、SDK 和工具等）访问 COS 资源时，需要先获取主账号的 APPID、子账号的 SecretId 和 SecretKey 信息。用户可以在访问管理控制台生成子账号的 SecretId 和 SecretKey。首先通过主账号登录 CAM 控制台，然后选择【用户列表】，进入用户列表页面。单击子账号用户名称，进入子账号信息详情页。最后单击【API 密钥】页面，并单击【新建密钥】为该子账号创建 SecretId 和 SecretKey。

基于 XML 的 Java SDK 访问示例，语法如下：

```
COSCredentials cred = new BasicCOSCredentials ("<主账号 APPID>", "<子账号 SecretId>", "<子账号 SecretKey>");
```

实例如下：

```
COSCredentials cred = new BasicCOSCredentials("1250000000", "AKIDasdfmRxHPa9oLhJp****", "e8Sdeasdfas2238Vi****");
```

基于 COSCMD 命令行工具访问示例，语法如下：

```
coscmd config -u <主账号 APPID> -a <子账号 SecretId> -s <子账号 SecretKey>  -b <主账号 bucketname> -r <主账号  bucket 所属地域>
```

实例如下：

```
coscmd config -u 1250000000 -a AKIDasdfmRxHPa9oLhJp**** -s e8Sdeasdfas2238Vi**** -b examplebucket -r ap-beijing
```

(2) 腾讯云控制台。

子用户被授予权限后，用户可访问子用户登录界面，输入主账号 ID、子用户名和子用户登录密码登录控制台，如图 5-45 所示，并在【云产品】中选择单击【对象存储】，即可访问主账号下的存储资源。

图 5-45　子账号登录界面

4. 使用腾讯 COS 托管静态网站

用户可以在腾讯 COS 上托管静态网站，访客可以通过腾讯 COS 提供的静态网站域名或者绑定的自定义域名(如 www.example.com)访问托管的静态网站。需要注意的是，开启静态网站配置后，用户需要使用静态网站域名访问，COS 源站才能生效，如果使用腾讯 COS 默认域名访问，则无静态网站效果。

1) 创建存储桶并上传内容

(1) 完成域名注册及备案后，用户首先需要使用腾讯云账号登录腾讯 COS 控制台，为用户的网站创建相应的存储桶。存储桶用于存储数据，用户可以将网站内容存储在一个存储桶中。

(2) 在腾讯 COS 控制台上，在左侧的菜单栏中单击【存储桶列表】，找到刚才已创建的存储桶，单击右侧的【配置管理】，如图 5-46 所示。

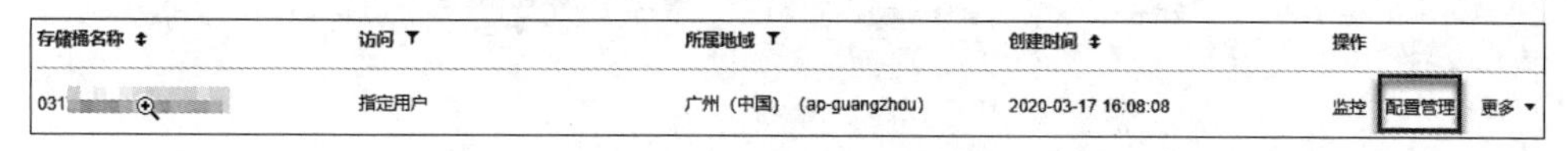

图 5-46 存储桶实例页面

(3) 在左侧的菜单栏中选择【基础配置】-【静态网站】，单击【编辑】，设置当前状态为开启，索引文档为 index.html，其余暂不配置，然后单击【保存】按钮，如图 5-47 所示。需要注意的是，开启静态网站功能后，当用户访问任何不带文件指向的一级目录时，腾讯 COS 默认优先匹配对应存储桶目录下的 index.html，其次为 index.htm，若无此文件，则返回 404。

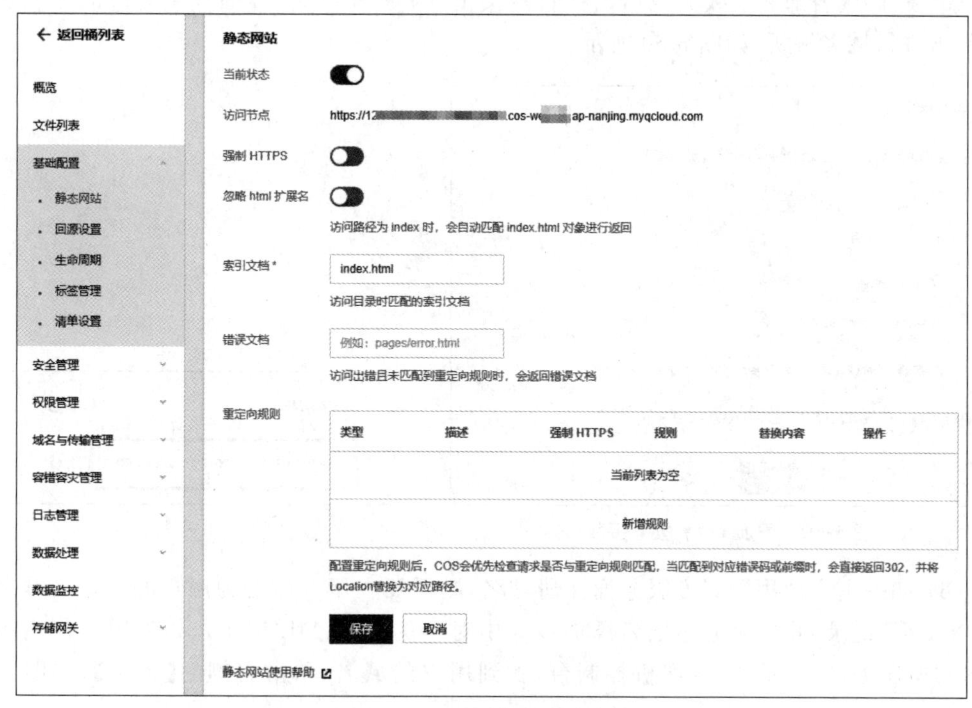

图 5-47 配置静态网站索引

2) 绑定自定义域名

为了加速访问，可以将域名绑定为自定义加速域名，借助腾讯云 CDN 加速用户的静态网站，使网站访客获取更好的浏览体验。

(1) 登录腾讯 COS 控制台，在左侧的菜单栏中单击【存储桶列表】，之后单击存储网站内容的存储桶，进入存储桶。

(2) 在左侧的菜单栏中单击【域名与传输管理】-【自定义 CDN 加速域名】，进入自定义 CDN 加速域名管理页面。

(3) 在"自定义 CDN 加速域名"栏中单击【添加域名】，进入可配置状态，在【域名】处输入用户已购买的自定义域名(如 www.example.com)，在【源站类型】选择静态网站源站，并且选择【回源鉴权】，最后单击【保存】按钮，如图 5-48 所示。

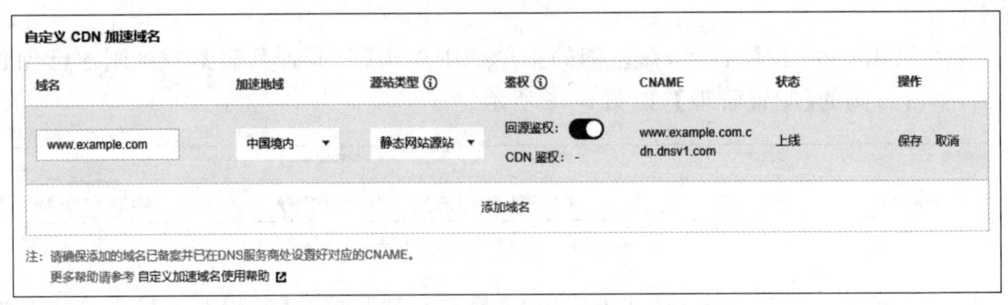

图 5-48　自定义 CDN 加速域名

（4）单击【保存】后，按照提示继续添加【CDN 服务授权】。在添加服务授权弹窗中单击【确定】按钮，如图 5-49 所示。

（5）等待域名部署上线完成后，在“自定义 CDN 加速域名”界面复制对应的 CNAME 记录，再进行域名解析，如图 5-50 所示。

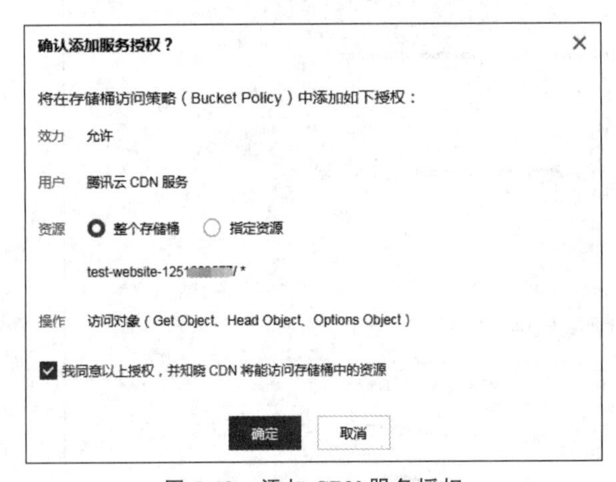

图 5-49　添加 CDN 服务授权

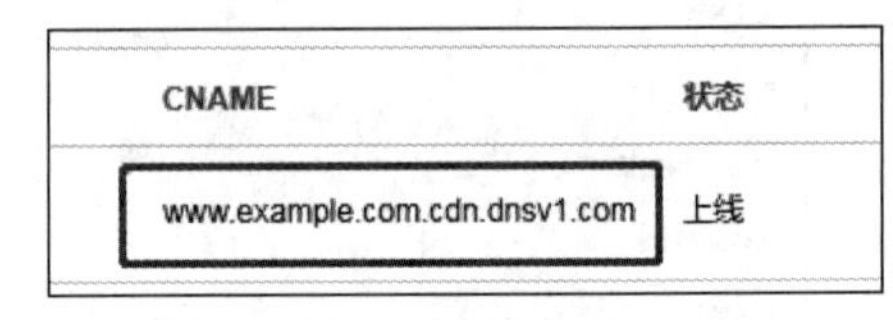

图 5-50　CNAME

（6）如果用户使用第三方服务商注册域名，则需要在服务商处为用户的自定义域名添加 CNAME 记录，并指向上述域名添加步骤中对应的 CNAME 记录。如果用户使用腾讯 DNS 解析服务，则登录 DNS 解析控制台，找到用户的域名，单击右侧的【解析】，如图 5-51 所示。

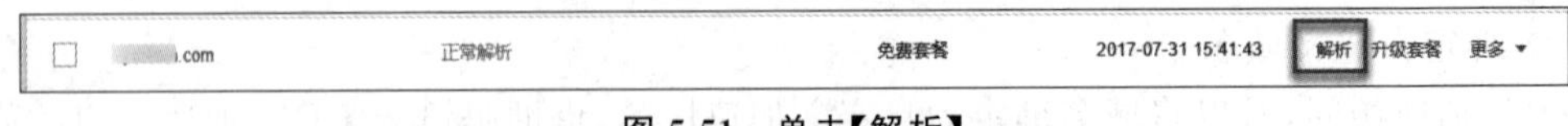

图 5-51　单击【解析】

（7）在主机解析界面中单击【添加记录】，添加【主机记录】为“www”；【记录类型】为“CNAME”；【记录值】为上述域名添加步骤中对应的 CNAME 记录，如图 5-52 所示。单击【保存】按钮，添加完成。

（8）完成上述步骤后，可通过在浏览器地址栏输入网站域名进行访问，验证实践结果，以 www.example.com 为例：

- http://www.example.com ——返回名为 example 的存储桶中的索引页面（index.html）。

主机记录	记录类型	线路类型	记录值	MX优先级	TTL（秒）	最后操作时间	操作
www	CNAME	默认	www.example.com.cdn	-	600	-	保存 取消

图 5-52 添加主机记录

- http://www.example.com/folder/ ——返回名为 example 的存储桶中 folder 目录下的索引页面(folder/index.html)。
- http://www.example.com/test.html(不存在的文件) ——返回 404 提示。如果用户需要自定义错误文档,则可在配置静态网站中添加并设置【错误文档】,当访问不存在的文件时,将显示该错误文档。

5. 配置工作流进行视频处理

通过数据工作流,用户可以快速、灵活、按需搭建视频处理流程。每个工作流与输入存储桶的一个路径绑定,当视频文件上传至该路径时,该媒体工作流就会被自动触发,执行指定的处理操作,并将处理结果自动保存至输出存储桶的指定路径下。

工作流目前支持处理 3gp、asf、avi、dv、flv、f4v、m3u8、m4v、mkv、mov、mp4、mpg、mpeg、mts、ogg、rm、rmvb、swf、vob、wmv、webm、mp3、aac、flac、amr、m4a、wma、wav 格式的文件。用户发起媒体处理请求时,务必输入完整的文件名和文件格式,否则无法识别和处理格式。

(1) 创建工作流。登录对象存储控制台,在左侧的导航栏中单击【存储桶列表】,进入存储桶列表管理页面。找到需要进行媒体文件处理的存储桶,单击该存储桶名称,进入该存储桶管理页面。

(2) 在左侧的导航栏中选择【数据工作流】,单击【工作流】,进入工作流管理页面。单击【创建工作流】,进入创建工作流页面。在创建工作流页面配置所需的相关参数,如图 5-53 所示。

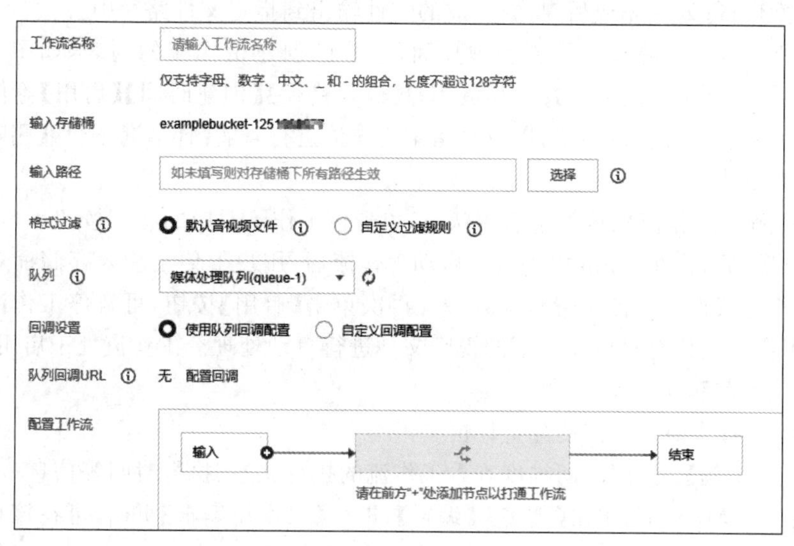

图 5-53 配置工作流

【工作流名称】: 必填项,仅支持中文、英文大小写(A~Z,a~z)、数字(0~9)、下画线(_)

和中横线(-),长度不能超过128个字符。

【输入存储桶】:默认项,即当前存储桶。

【输入路径】:选填项,以"/"开头,以"/"结尾,如果不填写,则对输入存储桶所有路径生效。工作流启用后,当视频文件上传至该路径时,媒体工作流将被自动触发。

【格式过滤】:选择系统默认音视频过滤规则或自定义过滤规则。

【队列】:必选项,开通服务时,系统会自动创建一个用户队列。当用户提交任务后,任务会先进入队列中进行排队,根据优先级和提交顺序依次执行,用户可以前往【公共配置】查看队列信息。

【回调设置】:可使用队列回调即回调URL与队列绑定,如需修改,请前往指定队列的列表进行修改,或自定义回调URL。

【配置工作流】:单击输入右侧的"+"图标,添加【音视频转码】(包括极速高清转码)、【视频截帧】、【视频转动图】、【智能封面】、【音视频拼接】、【人声分离】、【精彩集锦】、【自适应多码率】、【SDRtoHDR】、【视频增强】、【自定义函数节点】,每个工作流至少配置一个任务节点。任务节点配置需设置输出存储桶、输出文件名和输出路径、任务模板。

(3)确认所有工作流配置无误后,单击【保存】,即可看到刚创建的工作流,如图5-54所示。

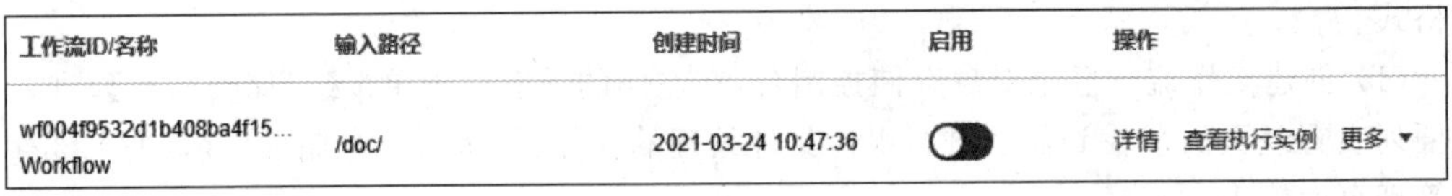

工作流ID/名称	输入路径	创建时间	启用	操作
wf004f9532d1b408ba4f15... Workflow	/doc/	2021-03-24 10:47:36		详情 查看执行实例 更多 ▾

图5-54 所创建的工作流

(4)工作流创建完毕后,默认为未启用状态,单击该工作流对应的状态按钮,即可启用工作流。工作流启用后,将在5min内生效。工作流生效后,后续上传的视频文件将自动进行媒体处理操作,待处理完成后,将新生成的文件输出到指定文件路径中。

(5)管理工作流。进入工作流管理页面,查看已创建工作流的列表,如图5-54所示。工作流列表展示了【工作流名称】【工作流ID】【输入路径】【创建时间】【启用】等信息。支持按照工作流名称、工作流ID搜索,以及对指定工作流进行查看【详情】【编辑】【删除】操作,相关功能作用如下。

【启用】按钮:工作流默认为未启用状态,单击该工作流对应的状态按钮后,可启用工作流。工作流启用后,将在5min内生效。启动工作流后,用户上传至输入存储桶对应路径下的视频文件将会根据工作流配置自动处理。再次单击【启用】按钮,可暂停工作流。暂停工作流后,将不会对上传至对应路径下的视频文件进行自动处理。工作流处于启用状态时,无法对其进行编辑和删除操作。

【详情】:查看当前工作流的配置详情。

【查看执行实例】:按照时间维度查看工作流的执行状态、执行时间等信息。

【更多】:在操作栏下,单击【更多】-【编辑】,进入【工作流编辑】页面,可在该页面更改工作流配置。在操作栏下单击【更多】-【删除】,可删除该工作流。

(6)查看执行实例。每个文件执行完一遍工作流,就会产生一个执行实例,执行实例页面展示源文件地址、工作流执行状态、执行时间等信息。进入工作流管理页面,找到目标工作流，并在操作栏中单击【查看执行实例】。

（7）进入执行实例列表页面，找到目标实例，并在操作栏中单击【详情】，进入实例详情页面，如图 5-55 所示。

近两个小时 | 今天 | 昨天 | 近7天 | 2020-04-15 00:00:00 至 2020-04-15 23:59:59 | 文件名称 | 请输入搜索内容

实例ID/文件名	执行状态	源文件地址	执行时间	操作
i009cebca7ee811eaad08525400276c76 .mp4	成功	http://examplebucket1-125 .picq.myqcloud.com/ .mp4	2020-04-15 15:09:09	详情

图 5-55　执行实例列表页面

（8）在实例详情页面中，用户可查看工作流各节点的任务 ID、任务状态、开始/结束时间等信息，如图 5-56 所示。

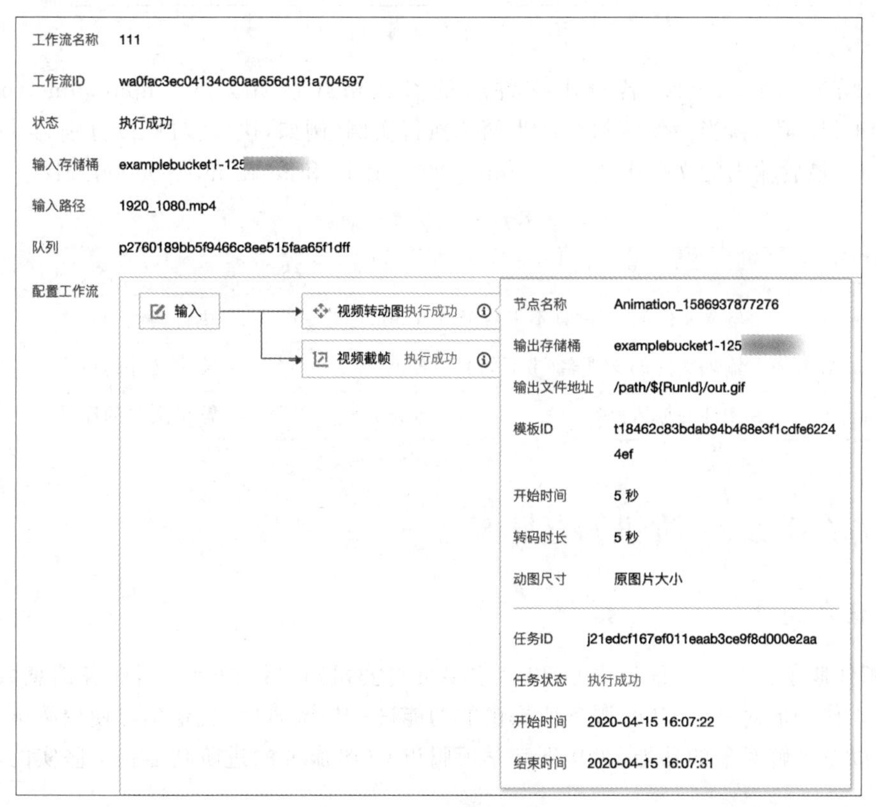

图 5-56　工作流节点信息

（9）触发工作流，创建工作流完成后，除上传文件至存储桶时会自动触发外，还支持对已存储在存储桶中的文件立即触发工作流。进入工作流管理页面，找到目标工作流，并在操作栏中单击【触发工作流】，进入触发工作流页面，如图 5-57 所示。

（10）在触发工作流页面选择需要触发工作流的文件，单击【保存】按钮，即可立即触发工作流并执行。后续用户可在执行实例列表页面查看工作流执行状态。

需要注意的是，工作流支持使用变量渲染输出文件名及路径。目前已支持的变量如表 5-7 所示。假如用户输入文件的文件名是 test1.mp4、test2.mp4，希望转换为 FLV 封装格式（即最终文件名分别为 test1.flv、test2.flv），则输出文件名的参数格式应设置为

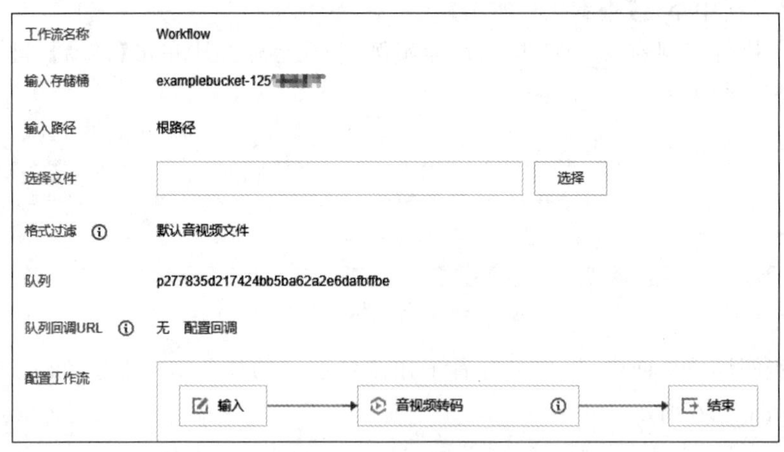

图 5-57　触发工作流页面

${InputName}.${Ext}。若输出文件名的参数格式设置为 ${InputNameAndExt}_${RunId}.${Ext}，当工作流执行产生两个执行实例（例如，执行实例 ID 分别为 000001 和 000002）时，最后输出的文件名为 test1.mp4_000001.flv 和 test2.mp4_000002.flv。

表 5-7　工作流变量功能

变量名称	含　义	变量名称	含　义
InputName	输入文件的文件名（不带后缀）	RunId	执行实例 ID
InputNameAndExt	输入文件的文件名（带后缀）	Ext	输出文件的格式
InputPath	文件的输入路径	Number	输出文件的序号

5.8　实验任务 1：腾讯云存储服务

5.8.1　任务简介

赵刚任职于某公司的信息中心部门，主要负责公司网络维护及公司业务信息数据的存储、维护工作。他对腾讯 COS 服务所提供的功能进一步调研后，决定学习使用腾讯 COS 的存储桶，以及了解对象的功能，为接下来学习腾讯 COS 服务的进阶功能打下坚实的基础。

5.8.2　任务实现

具体实现如下。

（1）掌握腾讯 COS 存储桶（Bucket）、对象（Object）、地域（Region）的概念与作用；

（2）掌握腾讯 COS 存储桶的创建方法；

（3）掌握腾讯 COS 对象的上传和下载方法；

（4）掌握使用 COSBrowser 管理腾讯 COS 存储桶及对象的方式。

5.8.3　实验报告

完成以上内容，并完成实验报告。实验至少包含以下内容。

(1) 腾讯 COS 存储桶、对象、地域的概念与作用;
(2) 腾讯 COS 存储桶的创建方法;
(3) 腾讯 COS 对象的上传和下载方法;
(4) 使用 COSBrowser 管理腾讯 COS 存储桶及对象。

5.9 实验任务 2: 腾讯云存储产品应用场景

5.9.1 任务简介

赵刚任职于某公司的信息中心部门,主要负责公司网络维护及公司业务信息数据的存储、维护工作。赵刚在熟悉腾讯 COS 的存储桶及对象的基本操作后,决定结合业务实施的实际情况,进一步学习腾讯 COS 的存储桶及对象的进阶操作。

5.9.2 项目实现

具体实现如下。

(1) 了解腾讯 COS 应用情景、应用功能、数据安全机制、账号机制、工作流处理等进阶功能;
(2) 掌握通过腾讯 COS 的 HLS 加密功能,防止视频泄露或盗链;
(3) 掌握将个人计算机中的文件备份到腾讯 COS 存储桶中;
(4) 掌握授权子账号访问腾讯 COS 的方法;
(5) 掌握使用腾讯 COS 托管静态网站的方法;
(6) 掌握使用腾讯 COS 配置工作流进行视频处理的方法。

5.9.3 实验报告

完成以上内容,并完成实验报告。实验至少包含以下内容。

(1) 腾讯 COS 应用情景、应用功能、数据安全机制、账号机制、工作流处理等进阶功能;
(2) 腾讯 COS 的 HLS 加密功能,防止视频泄露或盗链;
(3) 将个人计算机中的文件备份到腾讯 COS 存储桶中;
(4) 授权子账号访问腾讯 COS 的方法;
(5) 使用腾讯 COS 托管静态网站的方法;
(6) 使用腾讯 COS 配置工作流进行视频处理的方法。

5.10 课后练习

一、选择题

1. 云存储是依托于(　　)技术上延伸和衍生的在线存储模式。

A. 云计算　　B. 传统存储　　C. 计算机　　D. 交换机

2. 云计算是一种基于(　　)的计算技术。

A. 分布式　　B. 线性　　C. 串联　　D. 并联

3. 云存储具有无固定中心点、数据共享灵活、(　　)等特点。

A. 吞吐能力受限　　B. 扩容复杂

C. 扩展容量限制少　　D. 存储类型单一

4. 客户可以通过 Web 服务应用程序接口或者(　　)对云存储进行管理。

A. 交换机　　B. Web 浏览器　　C. 路由器　　D. 播放器

5. 云计算服务中,PaaS 指(　　)。

A. 平台即服务　　B. 基础设施即服务

C. 软件即服务　　D. 网络即服务

6. 同一个主账号下,最多能创建(　　)个存储桶。

A. 100　　B. 200　　C. 300　　D. 400

7. 存储桶默认提供两种权限类型:(　　)权限和用户权限。

A. 私人　　B. 特殊　　C. 公共　　D. 通用

8. 对象的访问地址由存储桶访问地址和(　　)组成。

A. 公共键　　B. 对象键　　C. 私有地址　　D. 通用地址

9. 同一时刻,一个子账号只能登录到(　　)个主账号下,管理该主账号的云资源。

A. 1　　B. 2　　C. 3　　D. 4

10. 腾讯 COS 生命周期应用范围包含对象前缀和(　　)。

A. 对象标签　　B. 存储桶标签　　C. 存储桶前缀　　D. 对象名称

二、简答题

1. 简述腾讯 COS 存储桶名称及对象名称命名规范。

2. 简述腾讯 COS 每个对象的组成。

3. 请简述腾讯 COS 主账号、子账号和用户组的应用情景。

4. 简述利用腾讯 COS 进行数据迁移的方式。

5. 简述利用腾讯 COS 实现数据容灾备份的方式。

第6章　云数据库应用

6.1　云数据库的发展历史

6.1.1　云数据库概述

云数据库(CloudDB,CDB)是指将传统的数据库部署及管理工作迁移到“云”端完成,即利用虚拟化技术将数据库部署到云计算环境下,通过计算机网络提供数据查询与管理服务的数据库实现方式。云数据库具有以下4个特点。

(1) 动态可扩展性。基于云计算技术的云数据库的容量理论上可无限扩展,能快速应对数据的指数级增长阶段,自动调配额外的数据库资源来满足增加的需求。高负荷需求回落后,云数据库即可释放相应的资源,完成动态调整。

(2) 高可用性。云数据库在数据上拥有冗余机制,存储云数据库的云计算物理设备在地理上也可以是分布的。利用分布在各地的数据中心,某个节点出现故障或失效后,其余节点会自动接管数据存取事务,保证云数据库可持续为客户提供服务。

(3) 低代价性。云数据库的商业应用模式具有多样化,采用按需付费的方式提供软硬件资源的使用,并结合多重租赁(multi-tenancy)软件架构技术,以保证用户间数据独立性的情况下,实现多用户环境下共享资源形式,节省开销。

(4) 易用性。云数据库底层硬件设备对用户处于透明状态,用户无须管理与担心硬件设施,只通过有效链接字符串验证登录后便可如使用本地数据库一般使用和管理云数据库。

小知识:数据库是按照数据结构组织、存储和管理数据的仓库。数据库的概念诞生在20世纪60年代,是一个长期存储在计算机内的、有组织的、可共享的、统一管理的大量数据的集合。它能够合理保管数据的“仓库”,用户在该“仓库”中存放要管理的事务数据,“数据”和“库”两个概念结合成为数据库。数据库领域是计算机学科的重要分支,甚至还出现了多位因在数据库理论及实践领域有突出贡献而荣获世界顶级计算机奖项——图灵奖的科学家。

用户通过专门的云计算服务提供商,以付费的方式获取数据库服务,实现在“云上”对数据库系统的管理和部署工作。云数据库通过计算存储分离、存储在线扩容、计算弹性伸缩、共享基础架构,提升数据库的可用性和可靠性,极大地增强了数据库的存储能力,消除了人员、硬件、软件的重复配置。

6.1.2　数据模型的发展

数据库的核心和基础是数据模型。广义上,数据是对客观事物的符号表示;模型是建立在现实世界客观事物的抽象化形象,以直观地揭示事物的本质特征。数据模型是对数据化的客观事物特征的抽象和模拟。由于计算机不能直接处理现实世界中的客观事物，但数据库利用数据模型这一工具对现实世界进行抽象和模拟，为数据库提供信息表示和操作手段形式构架。最终，计算机再通过数据库系统技术对客观事物进行管理。

在传统的数据库技术领域，数据库所使用的典型数据模型主要有层次数据模型（Hierarchical Data Model）、网状数据模型（Network Data Model）和关系数据模型（Relational Data Model）。但随着计算机技术、移动通信技术的发展，以及互联网的不断普及，数据存储和管理的需求呈几何式增长，对数据库的部署方式、执行效能、安全效能均提出更高的要求，传统数据模型越来越难以满足用户的需求。此时基于分布式概念的分布式数据模型概念应运而生。进入商业化应用阶段的具备平滑拓展与高性能、容灾备份与高可靠、高可用和低成本等优势的分布式数据模型数据库发展迅猛，为云数据库的出现和应用奠定了坚实的技术基础，而数据库的未来则是上云。

小知识：对分布式数据模型的研究最早可以追溯到20世纪70年代中期，1987年，美国人C.J.Date提出完全的、真正的分布式数据模型应遵循的原则，即具备分布式事务处理能力、可平滑扩展、分布于计算机网络且逻辑上统一。分布式数据库主要分为联机事务处理、联机分析处理和混合事务分析处理3种类型。

6.1.3 云数据库的分类

从数据模型的角度分析，云数据库使用了分布式数据库模型，而并没有专属于自己的数据模型。所以，严格来说，云数据库并非一种全新的数据库技术，而只是结合云计算技术和分布式技术的方式提供数据库相关功能的实现形式。

市场上主流的云数据库常用的数据模型一般分为以微软的SQL Azure云数据库、腾讯的云数据为代表的关系模型，以“键/值”存储的Amazon Dynamo云数据库为代表的NoSQL数据库所使用的非关系模型。市面上常见的云数据库产品如表6-1所示。

表6-1　市面上常见的云数据库产品

服务提供商	服务产品名称
腾讯（Tencent）	腾讯云数据库
阿里巴巴（Alibaba）	阿里云 RDS
百度（Baidu）	百度云数据库
谷歌（Google）	Google Cloud SQL
亚马逊（Amazon）	Dynamo、SimpleDB、RDS
微软（Microsoft）	Microsoft SQL Azure
甲骨文（Oracle）	Oracle Cloud
雅虎（Yahoo!）	PNUTS
惠普（HP）	Vertica Analytic Database v3.0 for the Cloud
国际商业机器公司（IBM）	EnterpriseDB Postgres Plus in the Cloud

小知识：

(1) 云计算服务提供商会根据不同业务的需求提供采用不同数据模型的不同种类的云数据库服务。

(2) 除部分研发实力雄厚的云计算服务提供商外，一般企业提供和使用的云数据库服务，底层数据库均是直接使用现有各类成熟的关系数据库、NoSQL数据库产品。

6.1.4 腾讯云数据库

据国际权威咨询机构Gartner报告显示，2018年腾讯云数据库市场份额增速达123%，位列国内所有数据库厂商之首。过近年来的艰苦耕耘，腾讯云在全球范围内的增速达全球前三。权威评测机构Forrester也正式将腾讯云数据库评级为全球数据库领域"实力竞争者"。

腾讯云数据库服务从数据库类型上涵盖了关系数据库、NoSQL非关系数据库、企业级分布式数据库、数据库软硬一体，以及数据库SaaS类服务。从具体细分应用上拥有MySQL、MariaDB、MongoDB、Redis等开源数据库；Oracle、SQL Server等商业数据库。

除此之外，腾讯云数据库自行研发的TDSQL、TBase数据库更是补充了市场上对OLTP、OLAP及HTAP等多场景的需求。腾讯云数据库结合新硬件和云的特性提供了计算和存储分离的NewSQL数据库CynosDB，以及基于AI技术的DBbrain，作为国内首家100%兼容PostgreSQL和MySQL协议的自研数据库外，还为DBA提供了秒级诊断，极大地提升了运维效率。腾讯云数据库总计超过20种数据库服务且仍不断增加新产品及进行大量功能更新，还为用户提供了完善的配套服务，包括审计、迁移、订阅、备份、高可用等，满足了市场上绝大部分的数据库服务需求。腾讯云数据库功能、服务模块如表6-2和图6-1所示。

表6-2 腾讯云数据库功能

数据库类型	数据库功能
关系数据库	云数据库MySQL、云数据库MariaDB、云数据库SQL Server、云数据库PostgreSQL
企业级分布式数据库	TDSQL-A ClickHouse版、云原生数据库TDSQL-C、TDSQL MySQL版、TDSQL PostgreSQL版、TDSQL-A PostgreSQL版、TDSQL-H TxLightning
NoSQL数据库	云数据库Redis、云数据库MongoDB、云数据库Memcached、时序数据库CTSDB、游戏数据库TcaplusDB、云数据库Tendis、图数据库KonisGraph
数据库软硬一体	数据库一体机TData、云数据库独享集群
数据库SaaS工具	数据传输服务、数据库专家服务、腾讯云图、数据库智能管家DBbrain、数据库审计

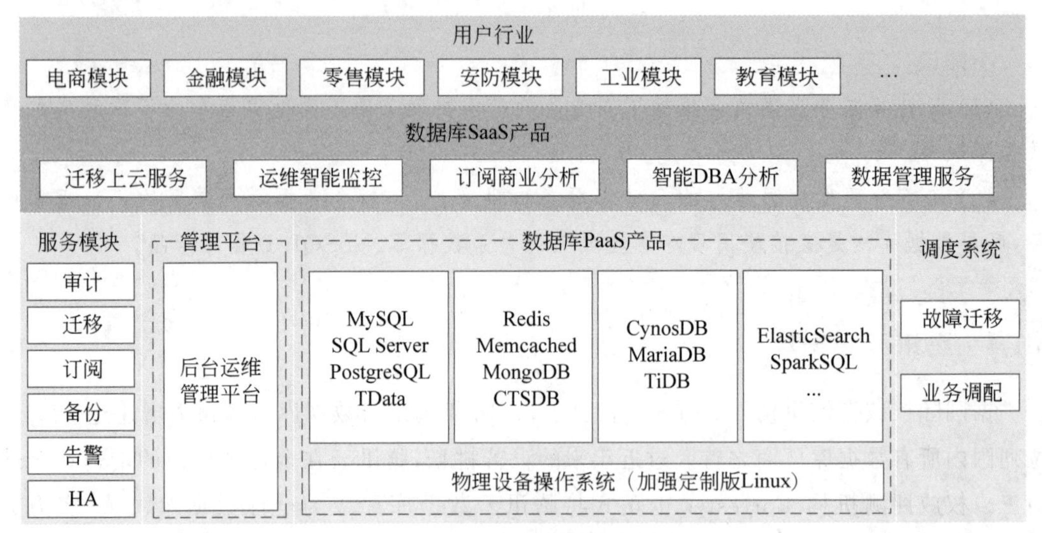

图 6-1　腾讯云数据库服务模块

6.2　腾讯云关系数据库

6.2.1　腾讯云数据库 MySQL

1. 腾讯云数据库 MySQL 概述

云数据库 MySQL(TencentDB for MySQL)是腾讯云基于开源数据库 MySQL 专业打造的一种稳定可靠、可弹性扩展和便于管理的关系型高性能分布式数据库服务。云数据库 MySQL 提供备份恢复、监控、容灾、快速扩容、数据传输等全套解决方案，能为用户简化数据库运维工作，使用户能更专注于业务发展。

2. 腾讯云数据库 MySQL 的特点

- 云存储服务，是腾讯云平台提供的面向互联网应用的数据存储服务。
- 完全兼容 MySQL 协议，适用于面向表结构的场景；适用 MySQL 的地方都可使用云数据库。
- 提供高性能、高可靠、易用、便捷的 MySQL 集群服务，数据可靠性达到 99.9996％。
- 整合了备份、扩容、迁移等功能，同时提供新一代数据库工具 DMC，用户可以方便地进行数据库管理。

3. 腾讯云数据库 MySQL 双节点、三节点实例优势

1) 便宜易用

- 提供灵活的计费方式。
- 提供包年、包月的计费模式，避免一次性投入大量资金建设基础设备。
- 支持读写分离。
- MySQL 支持挂载只读实例，支持一主多从架构，轻松应对业务海量请求压力；支持带有负载均衡功能的 RO 组，大幅优化只读实例之间压力分配不均的场景。
- 强大的硬件提供性能保障。

- NVMe SSD 强大的 I/O 性能，保障数据库的读写访问能力。实例最大支持 24 万 QPS(每秒查询率)，6TB 存储空间。

2）高安全性

- DDoS 防护。
- 在用户数据遭到 DDoS 攻击时，能帮助用户抵御各种攻击流量，保证业务正常运行。
- 数据库攻击防护。
- 高效防御 SQL 注入、暴力破解等数据库攻击行为。

3）高可靠性

- 提供在线的主从两份数据存储，确保线上数据安全。同时，通过备份机制保存多天的备份数据，以便于在发生数据库灾难时进行数据恢复。
- 数据加密。
- 提供透明数据加密(TDE)功能，确保落地数据和备份数据安全。
- 数据库审计。
- 提供金融级数据审计功能，满足核心数据防窃取、违规操作可追溯、恶意拉取可定位等需求。

4）相比自建数据库的优势

- 轻松管理海量数据库。
- 提供命令行和 Web 两种方式管理云数据库，并支持批量数据库的管理、权限设置和 SQL 导入。
- 数据导入与备份回档。
- 提供多种数据导入途径完成初始化。每日自动备份数据，云数据库根据备份文件提供备份保留期内任意时间点回档。
- 专业的监控与告警。
- 多维度监控，自定义资源阈值告警，提供慢查询分析报告和 SQL 完整运行报告下载。
- 多种接入方式。
- 支持外网访问和 VPC 网络，可通过这些接入方式将云数据库与 IDC、私有云或其他计算资源互联，轻松应用于混合云环境。

6.2.2 腾讯云数据库 MariaDB

1. 腾讯云数据库 MariaDB 概述

云数据库 MariaDB(TencentDB for MariaDB)是应用于 OLTP 场景下的高安全性的企业级云数据库，一直应用于腾讯计费业务，MariaDB 兼容 MySQL 语法，不仅拥有诸如线程池、审计、异地容灾等高级功能，同时具有云数据库的易扩展性、简单性和高性价比。

2. 腾讯云数据库 MariaDB 架构

一套独立的 MariaDB 系统至少由 10 余个系统或组件组成。腾讯云数据库 MariaDB 架构架如图 6-2 所示。

MariaDB 最核心的 3 个主要模块是：数据库节点组(SET)、决策调度集群(Tschedule)和接入网关集群(TProxy)，3 个模块的交互都通过配置集群(TzooKeeper)完成。

数据库节点组：由兼容 MySQL 数据库的引擎、监控和信息采集(Tagent)组成，其架构

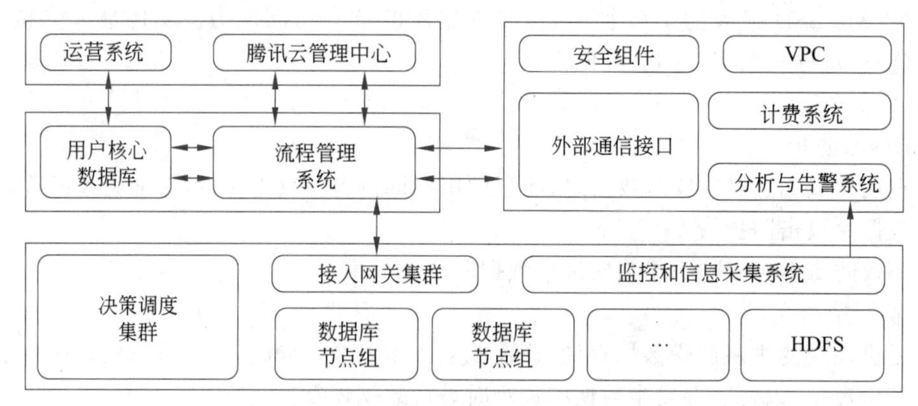

图 6-2　腾讯云数据库 MariaDB 架构

有"一个主节点(Master)、若干备节点(Slave_n)、若干异地备份节点(Watcher_m)"。

决策调度集群:作为集群的管理调度中心,主要管理 SET 的正常运行,记录并分发数据库全局配置。

接入网关集群:在网络层连接管理 SQL 解析、分配路由(TProxy 非腾讯云网关 TGW)。

传统的 MariaDB 提供了异步复制、半同步等同步技术。两种技术面向普通用户群体,在用户要求不高、网络条件较好、性能压力不大的情况下,能够基本保障数据同步;但通常情况下,采用异步复制、半同步机制容易出现数据不一致问题,直接影响系统可靠性,甚至丢失交易数据,带来直接或间接的经济损失。腾讯云业务经过多年积累,自主研发并在腾讯云数据库 MariaDB 中应用数据库异步多线程强同步复制方案(Multi-thread Asynchronous Replication,MAR),相比于 Oracle 的 NDB 引擎、Percona XtraDB Cluster 和 MariaDB Galera Cluster,其性能、效率和适用性更具优势。MAR 强同步方案的特点如下。

(1) 一致性的同步复制,保证节点间数据的强一致性。

(2) 对业务层面完全透明,业务层面无须做读写分离或同步强化工作。

(3) 将串行同步线程异步化,引入线程池能力,大幅提高性能。

(4) 支持集群架构。

(5) 支持自动成员控制,故障节点自动从集群中移除。

(6) 支持自动节点加入,无须人工干预。

(7) 每个节点都包含完整的数据副本,可以随时切换。

(8) 无须共享存储设备。

腾讯云数据库 MariaDB 产品的优势如下。

1) 高安全性

防 DDos 攻击:当用户使用外网连接和访问 MariaDB 实例时,可能遭受 DDoS 攻击。当 MariaDB 安全体系认为用户实例正在遭受 DDoS 攻击时,会自动启动流量清洗功能。

系统安全:即使在内网,MariaDB 也处于多层防火墙的保护之下,可以有力地抗击各种恶意攻击,保证数据安全。另外,物理服务器不允许直接登录,只开放特定的数据库服务所需要的端口,有效隔离具有风险的操作。

VPC 网络隔离:支持 VPC 网络,以安全隔离内网其他设备的访问。

内网风控:腾讯云数据库团队无法直接访问到 MariaDB 物理机或数据库实例,必须通过腾讯云运维管理平台访问，即使是排查问题，也必须在安全设备上，且通过内部风控系统的严格管理。

对象粒度的权限管控：用户可定义到表级的权限，并允许配置访问 MariaDB 的 IP 地址，指定之外的 IP 地址将被拒绝访问。

数据库审计：支持配置数据库审计，记录管理员或用户的操作历史，用于出现风险后的管控。

操作日志：系统记录用户访问腾讯云 Web 管理中心操作 MariaDB 的全部记录，常用于事后追溯。

2）数据强一致性

支持配置强同步复制，在主备架构下，强同步确保主备数据强一致，避免用户的数据库在主备切换时丢失数据。当然，用户也可以通过修改配置关闭强同步功能，以提高性能。

3）高可用性

MariaDB 的设计旨在提供高于 99.99%的可用性，提供双机热备，或一主两备，两个备机用于透明的故障转移，还提供故障节点自动修复、自动备份、回档等功能，帮助业务更稳定、安全地运行。

4）高性能

基于 PCI-E SSD，强大的 I/O 性能保障数据库的访问能力，存储固件采用 NVMe 协议，专门针对 PCI-E SSD 设计，更能发挥出性能优势，高 I/O 型单实例最大可支持 6TB 容量、480GB 内存和 22 万以上 QPS，性能优势让用户以较少的数据库实例支撑更高的业务并发。

所有 MariaDB 实例内核都非原版 MariaDB 内核，而是经过腾讯数据库研发基于实际需求修改。而且默认参数都是经过多年的生产实践优化而得，并由专业数据库管理员（DBA）持续对其进行优化，确保 MariaDB 一直基于最佳实践运行。

5）功能强大

- 支持多源复制（Multi-source Replication）：为复杂的企业级业务（如保险的前台、中台、后台、数据仓库等）提供有力支持。
- 支持 XtraDB、TokuDB 等更高级的存储引擎，引入二进制日志组提交（group commit for the binary log）等技术，有效提高业务性能，并减少存储量。
- 支持线程池（Thread Pool）、审计日志等功能。
- 时钟精确到微秒级，可用于对时间精确度要求较高的金融交易类业务。
- 提供虚拟列（函数索引），可有效提供数据库分析统计运算性能。

6）兼容 MySQL

MariaDB 使用 InnoDB 存储引擎，并与 MySQL 5.5、5.6 版本兼容。这意味着已用于 MySQL 数据库的代码、应用程序、驱动程序和工具，用户只需对其进行少量更改，甚至无须更改，即可与 MariaDB 配合使用。

7）便宜易用

支持即开即用：用户可以通过腾讯云官网 MariaDB 规格定制，下发订单后自动生成 MariaDB 实例。将 MariaDB 配合云服务器 CVM 一起使用，在降低应用响应时间的同时，还可以节省公网流量费用。

按需升级：在业务初期，用户可以购买小规格的 MariaDB 实例应对业务压力。随着数据库压力和数据存储量的变化，用户可以灵活调整实例规格。

管理便捷：腾讯云负责 MariaDB 的日常维护和管理，包括但不限于软硬件故障处理、数据库补丁更新等工作，保障 MariaDB 运转正常。用户也可自行通过腾讯云控制台完成数据库的增加、删除、重启、备份、恢复等操作。

6.2.3 腾讯云数据库 SQL Server

1. 腾讯云数据库 SQL Server 概述

腾讯云数据库 SQL Server(TencentDB for SQL Server)具有微软正版授权，可持续为用户提供最新的功能，避免未授权使用软件的风险，具有即开即用、稳定可靠、安全运行、弹性扩缩容等特点，同时也具备高可用架构、数据安全保障和故障秒级恢复功能，让用户能专注于应用程序的开发。

2. 腾讯云数据库 SQL Server 网络环境

在具体的网络环境类型上，腾讯云数据库 SQL Server 支持私有网络和基础网络两种网络环境。

- 统一监控：在迁移服务平台(MSP)中统一监控所有的迁移任务，并按照迁移类型聚合展示，帮助用户不会在大规模的复杂迁移过程中被繁杂的迁移数据所淹没。
- 可视化操作：所有迁移任务状态都可通过可视化图表进行查看，友好的人机交互界面从不同维度对迁移信息清晰展示，有助于用户对迁移情况一目了然。
- 简单管理：在 MSP 中，迁移任务可以按项目分组管理。无论是跨时间段分批次迁移，或完整系统一次性大规模迁移，监控同样井井有条。
- 广泛支持：在腾讯官方迁移方案和工具外，集成了众多的合作伙伴，为用户提供丰富的迁移选择，无论官方还是第三方，都可无缝连接。
- 可靠性认证：腾讯云对第三方迁移工具的能力和迁移经验进行严格的评估和认证，确保用户所选方案和工具皆安全可靠，业务迁移万无一失。

3. 腾讯云数据库 SQL Server 产品架构

腾讯云数据库 SQL Server 产品可细分为集群版、双机高可用版、基础版 3 种类型，以最优的解决方案应对不同场景、不同客户的不同需要。下面对集群版及基础版进行简要说明。

1）集群版

云数据库 SQL Server 集群版采用 Always On 架构(包括一主一备)，主备跨机架/跨可用区部署，每个库对应一组监控 Agent，通过心跳对数据库进行实时监控，具体产品架构如图 6-3 所示。

架构中需要注意的关键知识点如下。

腾讯云管理集群：由独立部署的决策调度集群和配置集群组成，作为集群的管理调度中心，主要管理数据库节点组、接入网关集群、对象存储 COS 的正常运行。

对象存储：提供数据灾备服务，提供冷备数据。

接入网关集群：对外提供唯一的 IP，如果数据节点发生切换，用户连接实例的 IP 不会改变。

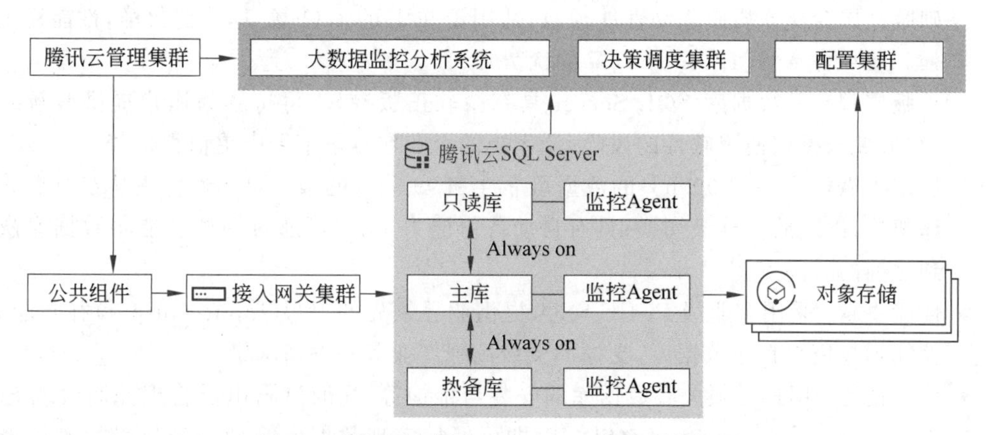

图 6-3 腾讯云数据库 SQL Server 集群版架构图

小知识：Always on 的基本同步过程，Primary 节点的日志(Commit、Log Block Write)会从 Log Cache 刷到磁盘，同时 Primary 节点的 Log Capture 也会将日志发送到其他所有 Replica 节点，对应节点的 Log Receive 线程将收到的日志同样从 Log Cache 刷到磁盘，最后由 Redo Thread 应用这些日志刷到数据文件。

2) 基础版

腾讯云数据库 SQL Server 基础版采用单个节点部署，价格低廉，性价比非常高，具体架构如图 6-4 所示。

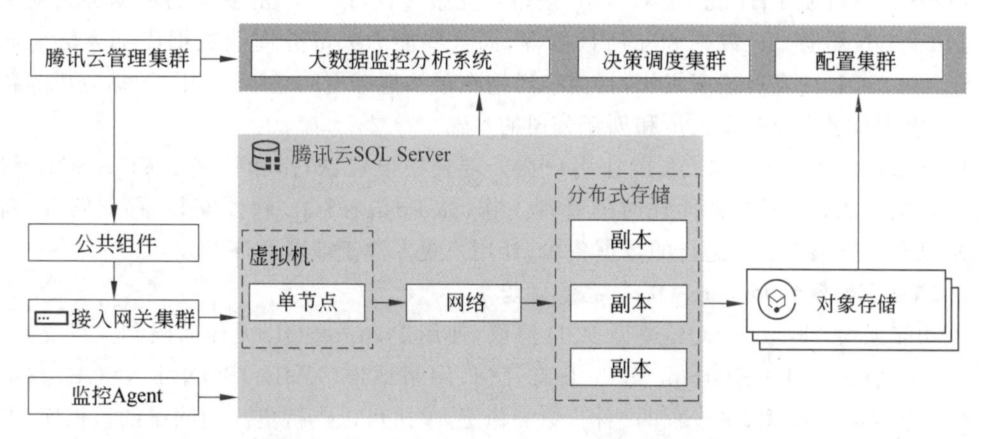

图 6-4 腾讯云数据库 SQL Server 基础版架构图

腾讯云数据库 SQL Server 基础版特点如下。

计算与存储分离，若计算节点故障，则能够通过更换节点达到快速恢复的效果；底层数据采用云盘三副本存储，保证一定的数据可靠性，硬盘故障时可通过硬盘快照模式快速恢复。

基础版提供针对数据库连接、访问、资源等多维度 20 余项监控，并可配置对应告警策略，相较于云服务器自建，更加省心；同时兼具极大价格优势，相较于云服务器节省了成本；基础版节点部署在云服务器上，提供的数据库性能比用户自建更好。

基础版底层存储介质使用高性能云盘，适用于 90%的 I/O 场景，质优价廉，性能稳定。

4. 腾讯云数据库 SQL Server 产品的优势

- 正版授权：云数据库 SQL Server 具有微软正版授权，可持续为用户提供最新的功能，避免未授权使用软件的风险，让用户的企业在竞争市场中更值得信赖。
- 稳定可靠：具有 99.9996%的数据可靠性和 99.95%的服务可用性。主从双节点数据库架构，出现故障秒级切换；具有自动备份能力，用户可通过回档功能将数据库恢复到之前的时间点。
- 性能卓越：采用企业级 PCI-E SSD，提供业界领先的 I/O(Input/Output)吞吐能力，性能远超用户自建数据库，支撑商业级高强度业务并发请求量。
- 管理便捷：用户无须关心数据库的安装与维护等，只通过腾讯云管理控制台或 SQL Server Management Studio(SSMS)即可轻松实现数据库管理、权限设置、监控报警等各项管理工作。
- 性能监控：从管理控制台中可以查看连接数、请求数、磁盘 I/O、缓冲命中率等几十项重要指标，全方位监控数据库的运行状况，准确了解数据库负载及系统健康状况。
- 系统告警：支持用户自定义资源阈值告警，帮助运维工程师及时发现数据库异常，从而快速响应，并解决潜在的系统问题。

6.2.4 腾讯云数据库 PostgreSQL

1. PostgreSQL 概述

PostgreSQL 是全球强大的开源数据库，支持主流开发语言，包括 C、C++、Perl、Python、Java、Tcl 及 PHP 等，能对 SQL 规范的完整实现，以及丰富多样的数据类型提供支持，包括 JSON 数据、IP 数据和几何数据等，而这些能力大部分商业数据库都无法全面支持。PostgreSQL 的发展速度飞快，目前广泛用在包括地球空间、移动应用、数据分析等各个行业，已成为众多企业开发人员和创新公司的首选。

腾讯云数据库 PostgreSQL 能让用户在云端轻松设置、操作和扩展 PostgreSQL，腾讯云将负责绝大部分处理复杂而耗时的管理工作，如 PostgreSQL 软件安装、存储管理、高可用复制以及为灾难恢复而进行的数据备份，让用户更专注于业务程序开发。

2. 腾讯云数据库 PostgreSQL 产品的优势

- 功能强大：PostgreSQL 遵循 BSD 协议，使用 PostgreSQL 无任何限制。可支持 C、C++、Java、PHP、Python 及 Perl；有几何、网络地址、XML、JSON、RANGE、数组等丰富的数据类型；多进程的架构，更加稳定，单机可以支持更高访问量的数据库；拥有功能强大、性能优秀的插件，并达到商用级的数据强一致，降低业务开发难度。
- 高性能：可适用于 OLAP 或 OLTP 场景的高性能数据库；可与商业数据库媲美的查询优化器；基于 NVMe SSD 存储，最大 QPS 可达 23 万以上，让用户以更少的数据库数量支撑更高的业务并发请求量；腾讯云数据库 PostgreSQL 默认为用户提供一主一备架构的部署模式，默认启动同步复制(Synchronous Replication)，使用户的业务不中断，避免出现数据错乱、丢失等问题。
- 便捷管理：让用户在几分钟内启动 PostgreSQL 实例并连接应用程序，而无须其他配置。默认配置具有通用性的参数，并可在管理中心实时修改参数设置。帮助用户摆脱繁重和复杂的安装配置过程,提高用户的运维效率。

- 便捷监控:提供了 PostgreSQL 的关键运行指标,包括 CPU 利用率、存储容量使用率、I/O 活动等性能监控数据,用户可以在管理中心查看,帮助用户快速定位和解决问题。自定义指标告警阈值,用户无须时刻关注监控,通过电子邮件或短信即可及时了解当前异常。
- 可扩展:通过腾讯云管理中心,实现一键升级到目标规格,而不需要用户进行额外操作。升级后的实例将继承原有实例的 IP 和全部配置,升级过程中,仅在切换过程产生 1s 的闪断,不需要长时间停机即可随时满足业务弹性需要。少量改动甚至不改动业务,即可支撑无限容量,无瓶颈地服务海量用户。
- 高保障:节点故障后,集群调度将立即开始自动重试,恢复节点。当用户数据出现严重问题时,能快速恢复到某个正常时间点,以应对升级故障、灾难恢复等情况。云数据库默认为每个数据库都提供了多重安全防护,无须单独购买即可拥有。

3. 腾讯云数据库 PostgreSQL 的应用场景

- 企业数据库:如 ERP、交易系统、财务系统涉及资金、客户等信息,数据不能丢失且业务逻辑复杂,选择 PostgreSQL 作为数据底层存储,一是可以帮助用户在数据一致性前提下提供高可用性,二是可以用简单的编程实现复杂的业务逻辑。
- 含 LBS 的应用:大型游戏、O2O 等应用需要支持世界地图、附近的商家、两个点的距离等能力,PostGIS 增加了对地理对象的支持,允许用户以 SQL 运行位置查询,而不需要复杂的编码,帮助用户更轻松地理顺逻辑,更便捷地实现 LBS,提高用户黏性。
- 数据仓库和大数据:PostgreSQL 更多数据类型和强大的计算能力,能帮助用户更简单地搭建数据库仓库或大数据分析平台,为企业运营加分。
- 建站或 App:PostgreSQL 良好的性能和强大的功能,可以有效提高网站性能,降低开发难度。

6.3 腾讯云非关系数据库

6.3.1 腾讯云数据库 Redis

1. 腾讯云数据库 Redis 概述

腾讯云数据库 Redis(TencentDB for Redis)是基于腾讯云在分布式缓存领域多年技术沉淀,提供的兼容 Redis 协议、高可用、高可靠、高弹性的数据库服务,提供标准和集群两大架构版本,最大支持 4TB 的存储容量,千万级的并发请求,满足业务在缓存、存储、计算等不同场景中的需求。

2. 腾讯云数据库 Redis 产品功能

- 主从热备:提供主从热备、死机自动监测、自动容灾。
- 数据备份:标准和集群架构数据持久化存储,可提供每日冷备和自助回档。
- 弹性扩容:可弹性扩容实例规格或缩容实例规格,支持节点数的扩容和缩容,以及副本的扩容和缩容。

- 网络防护：支持私有网络 VPC，提高缓存安全性。
- 分布式存储：用户的存储分布在多台物理机上，彻底摆脱单机容量和资源限制。

3. 腾讯云数据库 Redis 内存版引擎

内存版引擎提供原生的 Redis 体验、丰富的场景支持。内存版 Redis 支持标准和集群部署架构，满足用户不同的业务场景需求。内存版引擎支持如下版本。

- 内存版(标准架构)：当副本数大于 0 时，主节点(Master)和副本节点(Slave)数据实时同步，主节点故障时系统自动秒级切换，副本节点接管业务，全程自动且对业务无影响，主从架构保障系统服务具有高可用性，提供 0.25～64GB 规格。
- 内存版(集群架构)：集群(Cluster)实例采用分布式架构，可以灵活选择分片数量、分片容量及副本数量，提供业务无感知的扩容和缩容服务，提供 4GB～20TB 规格，支持千万级 QPS 性能。

4. 腾讯云数据库 Redis 架构

云数据库 Redis 内存版(标准架构)指支持 0～5 个副本的版本(副本是指非主节点的节点)，提供数据持久化和备份，适用于对数据可靠性、可用性都有要求的场景。主节点提供日常服务访问，从节点提供 HA 高可用，当主节点发生故障时，系统会自动切换至从节点，保证业务平稳运行，具体架构如图 6-5 所示。

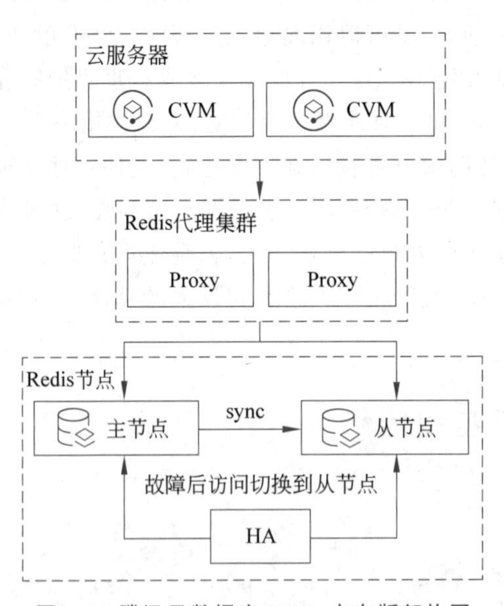

图 6-5　腾讯云数据库 Redis 内存版架构图

内存版(标准架构)支持 0～5 个副本，以满足在不同场景下业务对可用性和性能的不同要求。内存版(标准架构)所有的副本都会参与系统高可用支持，因此副本数越多，可用性越高。当副本数大于 1 时，可以开启读写分离，通过副本节点扩展读性能。具体使用限制如下。

内存版(标准架构)支持 0.25～64GB 规格，若需要更大规格的容量，请选择集群版，集群版最大可支持 20TB 的容量。

内存版(标准架构)的性能最大支持 10 万 QPS(Set 命令并发)，若需要更高的 QPS，可选择多副本读写分离，或者选择 Redis 集群版，可支持千万级 QPS。

由于0副本版本不能提供数据可靠性，因此节点故障后需要业务进行预热，如果是对数据可靠性要求较高的敏感性业务，不建议使用0副本版本，可选用单副本或者多副本。

6.3.2 腾讯云数据库 MongoDB

1. 腾讯云数据库 MongoDB 概述

腾讯云数据库 MongoDB(TencentDB for MongoDB)是腾讯云基于开源非关系数据库MongoDB专业打造的高性能分布式数据存储服务，完全兼容MongoDB协议，适用于面向非关系数据库的场景。具体产品特点如下。

- 提供云存储服务，云存储服务是腾讯云平台面向互联网应用的数据存储服务。
- 完全兼容MongoDB协议，既适用于传统表结构的场景，也适用于缓存、非关系型数据，以及利用MapReduce进行大规模数据集的并行运算的场景。
- 提供高性能、可靠、易用、便捷的MongoDB集群服务，每个实例都是至少一主两从的副本集，或者是包含多个副本集的分片集群。
- 拥有整合备份、扩容等功能，尽可能保证用户数据安全，以及动态伸缩能力。

2. 腾讯云数据库 MongoDB 产品的优势

针对传统自建MongoDB在使用过程中常出现的性能瓶颈、运维困难、数据可靠性和可用性难题，云数据库MongoDB都做了专项优化。

突破性能瓶颈：采用全新PCI-E SSD存储介质和新一代存储引擎；提供定制化性能提升功能，协助用户进行专项性能提升。

解决运维困难：多达20余项指标自动化监控告警；提供批量数据导入/导出，参数模板化修改，帮业务轻松迅速完成部署。

业务高可用：双机甚至更多热备，自动容灾，故障切换和故障转移对用户透明；支持像原生MongoDB一样的优先读取从库功能，保证高并发读取能力。

数据高可靠：提供7天内免费数据备份；支持内网防火墙，外网DDoS防护。

腾讯云数据库MongoDB将NoSQL数据库的能力作为一种服务提供给用户，使它相对于自建MongoDB数据库更容易部署、管理和扩展；同时具有公有云按需申请按量付费的特点，使其成本效益更好。腾讯云数据库MongoDB具有如下几个优势。

便捷：用户可以快速在腾讯云平台中申请集群实例资源，通过URI直接访问MongoDB实例，无须自行安装实例。

易用：完全兼容MongoDB协议，用户可通过基于MongoDB协议的客户端访问实例，可无缝将原有MongoDB应用迁移到云平台。

安全：提供至少3份在线的数据存储，确保线上数据安全。同时，通过备份机制保存多天的备份数据，以便于在灾难情况下进行数据恢复。

高性能：集中安装专用高性能存储服务器(高内存全SSD机型)来支持海量访问。

省心：提供7×24小时的专业服务，扩容和迁移对用户透明且不影响服务。提供全面监控，可随时掌控MongoDB服务质量。

3. 腾讯云数据库 MongoDB 容灾架构

云数据库MongoDB采用主从热备架构，当主节点故障时，服务会自动切换到从节点，主从切换时可能会有10s左右的闪断，请做好自动重试。腾讯云数据库MongoDB容灾架构如图 6-6 所示。

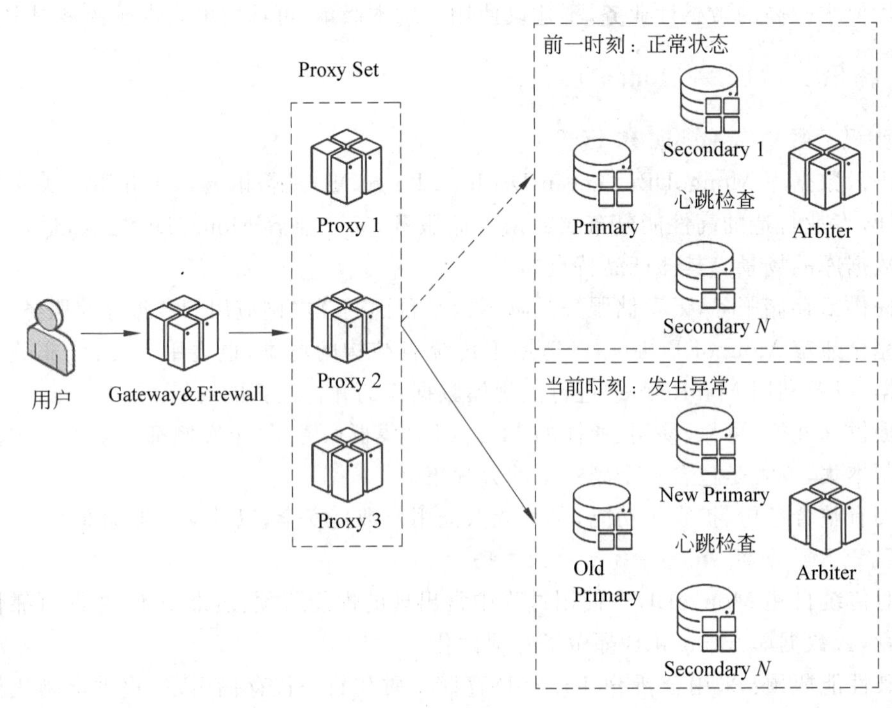

图 6-6 腾讯云数据库 **MongoDB** 容灾架构

当发生意外致使主节点不可达时，集群内部会自动选举出新的主节点。

如果故障的是主节点，重新拉起时，它会变身成一个从节点；如果拉起失败，会补充新节点进入集群，以达到用户所选择的集群规模。

同样，当任一从节点不可达时，也会尝试拉起节点或者补充新节点。

6.3.3 腾讯云数据库 Memcached

1. 腾讯云数据库 Memcached 概述

云数据库 Memcached(TencentDB for Memcached)是腾讯自主研发的极高性能、内存级、持久化、分布式 Key-Value 存储服务，适用于高速缓存的场景，兼容 Memcached 协议，为用户提供主从热备、自动容灾切换、数据备份、故障迁移、实例监控全套服务，无须用户关注以上服务的底层细节，它具有以下特点。

- 作为最终落地存储设计，拥有数据库级别的访问保障和持续服务能力。
- 支持 Memcached 协议，能力比 Memcached 强(能落地)，适用 Memcached、TTServer 的地方都适用云数据库 Memcached。
- 解决了内存数据可靠性、分布式及一致性的问题，让海量访问业务的开发变得简单、快捷。

2. 腾讯云数据库 Memcached 产品的优势

- 低成本，使用云服务器自建双机热备的 Memcached 成本为 3.21 元/(GB・天)，而腾讯云数据库 Memcached 只要 2 元/(GB・天)。
- 高性能，单台 Cache 服务器支持 50 万次/秒的访问，单表最大支持千万次/秒的访问。

- 低延时,平均延时 1ms 左右。
- 安全可靠,重启机器不丢数据,双机热备,主备切换对业务透明,跨机架跨交换机部署,具备灾难时的回档能力。
- 成熟稳定,容灾机制健全,服务成熟,服务于海量第三方用户以及腾讯自有业务,日访问量超过一万亿次,久经考验,开发者完全可以放心使用。接入业务包括 QQ 空间、微信等。
- 省心,具备自动扩容能力,扩容对用户访问透明,且扩容后不影响服务,拥有全面监控及运营团队,用户无须半夜处理故障。
- 易用,即时申请即时使用,无须自行安装。可直接使用 Memcached 的 API 访问腾讯云数据库 Memcached。

3. 腾讯云数据库 Memcached 自动容灾架构

腾讯云数据库 Memcached 具有腾讯云自行研发的先进自动化容灾功能,具体架构如图 6-7 所示。

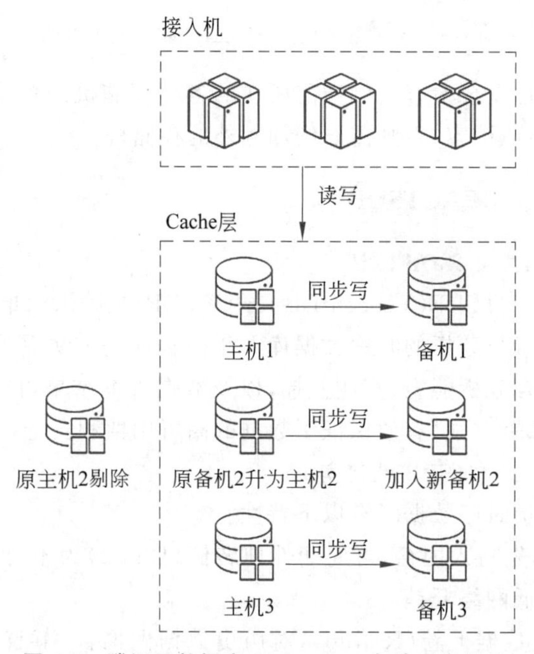

图 6-7　腾讯云数据库 Memcached 自动容灾架构

腾讯云数据库 Memcached 单个实例的数据保存在多组机器上,每组采用双机热备架构,当其中一个节点发生故障时,会用新节点替换对应的故障节点。

当主机节点故障时,接入机会把读写请求发送到原来的从机节点,同时会新增一个从机节点开始从新的主机复制数据,最终使得主从机的数据同步。

当从机节点故障时,直接加入新的从机节点。

任意节点的替换都可以由系统自动处理,也可人工切换。

4. 腾讯云数据库 Memcached 扩容

腾讯云数据库 Memcached 会自动扩容,以保证用户实例始终有 20%的可用空间,防止业务因缓存实例不能写入而受损。理论上,单个实例没有容量上限,具体如图 6-8 所示。

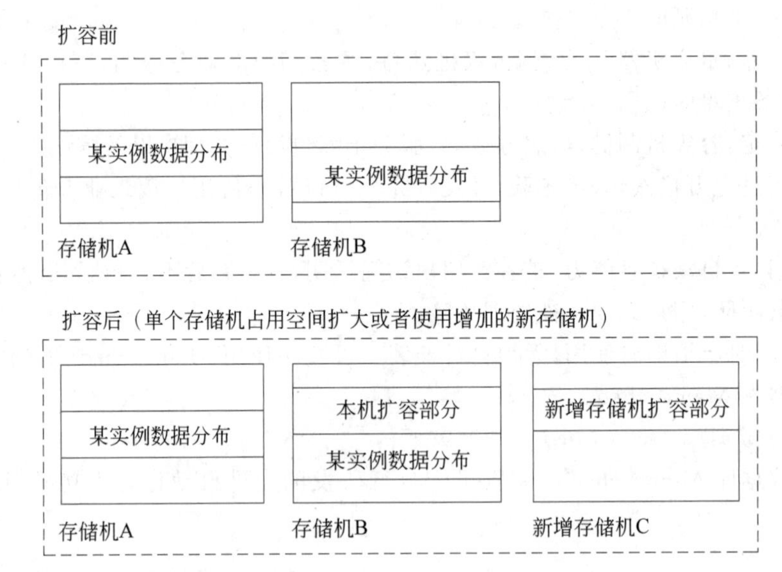

图 6-8　腾讯云数据库 Memcached 扩容结构图

实例需要扩容时，首先会检查实例当前所在的各个存储机的剩余空间是否满足扩容需求，如果满足，则直接原地扩容，否则需要增加额外的存储机。

6.3.4　腾讯云时序数据库 CTSDB

1. 腾讯云时序数据库 CTSDB 概述

腾讯云时序数据库 CTSDB(TencentDB for CTSDB)是腾讯云推出的一款分布式、可扩展、支持近实时数据搜索与分析的时序数据库。该数据库为非关系数据库，提供高效读写、低成本存储、强大的聚合分析能力、实例监控，以及数据查询结果可视化等功能。整个系统采用多节点多副本的部署方式，有效保证了数据的高可用性和安全性。

2. 腾讯云时序数据库 CTSDB 的优势

CTSDB 在处理海量时序数据时有以下特性。

高并发写入：数据先写入内存，再周期性地转储(Dump)为不可变的文件存储，且可以通过批量写入数据，降低网络开销。

低成本存储：通过数据上卷(Rollup)，对历史数据做聚合，节省存储空间。同时，利用合理的编码压缩算法，提高数据压缩比。

强大的聚合分析能力：支持丰富的聚合查询方式，不仅支持 avg、min、max 等常用的聚合方式，还支持 Group By、区间、Geo、嵌套等复杂的聚合分析。

具体如下优势。

- 高性能，支持批量写入、高并发查询，通过集群扩展，可线性提升系统性能。
- 易使用，丰富的数据类型，兼容 ElasticSearch 常用的 API。控制台提供丰富的数据管理和运维功能，操作简单。
- 高可靠，支持多副本，分布式部署，数据自动均衡。
- 低成本通过上卷表 Rollup 提高压缩比，降低存储成本。
- 强大的聚合分析能力，支持 max、min、avg、percentile、sum、count 等常用聚合，以及

复杂的脚本聚合、时间区间聚合、GEO 聚合和嵌套聚合等。

3. 腾讯云时序数据库 CTSDB 架构

1）通用集群架构

通用集群是由多个节点共同组成的分布式集群，如图 6-9 所示。

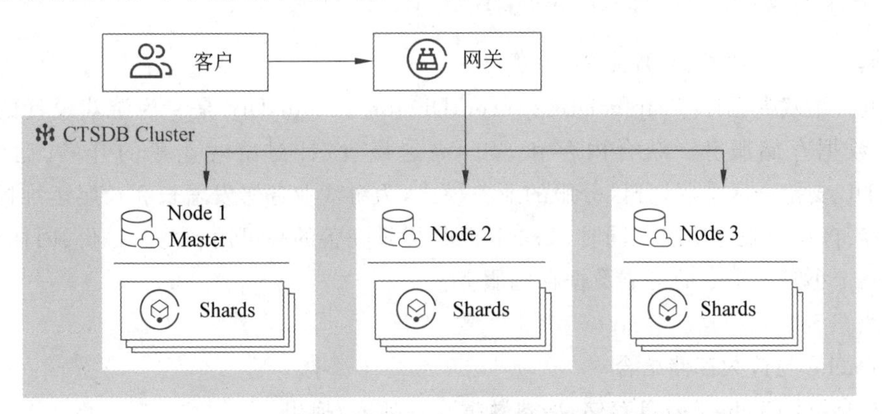

图 6-9　腾讯云时序数据库 CTSDB 的通用集群架构

每个节点都对外接收请求，节点之间互通，彼此配合，提供数据存储和索引等服务（节点之间能够将客户端请求转向合适的节点），均具有被选为 Master 节点的资格。

CTSDB 通用集群的节点数量小于 30 时，无须添加专有主节点，通用集群架构即可满足使用要求。

2）混合节点集群架构

混合节点集群是由一类具有被选为 Master 节点资格的专有主节点和数据节点组成的分布式集群。腾讯云时序数据库 CTSDB 架构如图 6-10 所示。

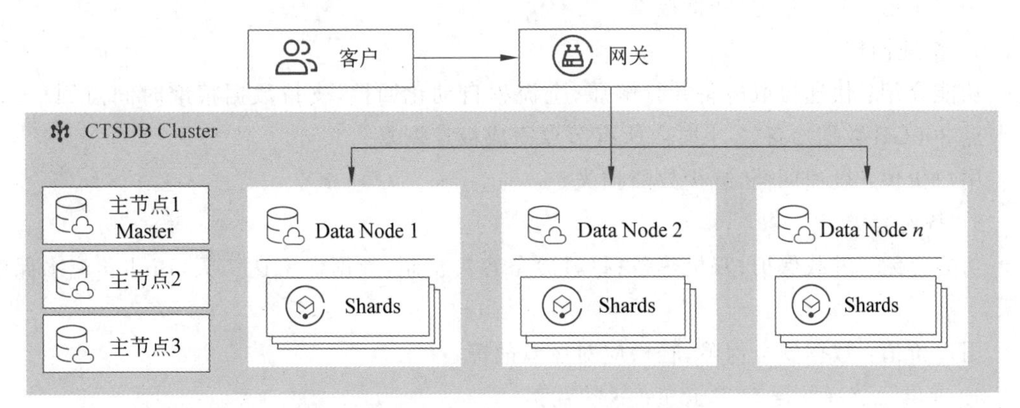

图 6-10　腾讯云时序数据库 CTSDB 架构

专有主节点负责保障整个集群的健康状态和稳定性，不负责数据存储等服务；数据节点提供数据存储和索引等服务。

随着用户业务发展和数据量增长，节点数量超过 30 时，建议添加专有主节点，将通用集群架构优化升级为混合节点集群架构，充分保证多节点超大集群的性能发挥。

小知识：CTSDB 集群在用户需要时，可以通过添加专有主节点，将集群架构从通用集群架构优化升级为混合节点集群架构，但 CTSDB 集群无法从混合节点集群架构变更为通用集群架构。

6.3.5 腾讯云游戏数据库 TcaplusDB

1. 腾讯云游戏数据库 TcaplusDB 概述

腾讯云游戏数据库 TcaplusDB(TencentDB for TcaplusDB)是专为游戏设计的分布式NoSQL 数据存储服务。结合内存和 SSD 高速磁盘，针对游戏业务的开发、运营需求，TcaplusDB 支持全区全服、分区分服的业务模式，为游戏业务爆发增长和长尾运维提供不停服扩缩容、自动合服等功能。同时，TcaplusDB 提供完善的高可用、容灾、备份、回档功能，以实现 7×24 小时 5 个 9 的可靠数据存储服务。

2. 腾讯云游戏数据库 TcaplusDB 的功能

1) Cache 与持久存储结合

功能介绍：Cache＋磁盘存储，冷热数据自动换入/换出。

用户价值：不需要使用两种数据库，简化应用程序架构。

2) 支持全区全服

功能介绍：存储空间无上限，单表最大支持 50TB，不停服扩缩容，支持全区全服、分区分服。

用户价值：无须考虑存储空间扩容问题。

3) 支持 PB 访问

功能介绍：结合 Protobuf 提供灵活的数据访问，支持指定字段的访问与抽取。

用户价值：节省带宽，降低成本。

4) 快速回档

功能介绍：快速拉取冷备并行解压，全流程自动化回档，支持数据精准时间点回档，每个节点 300GB 数据冷备，2 小时内所有节点完成极速恢复。

用户价值：极速回档，减少故障损失。

5) 备份容灾

功能介绍：过载保护；双机热备；每日冷备容灾机制，数据保留达 7 天，Binlog 流水保留 7 天。

用户价值：数据安全保障，轻松应对运营故障。

3. 腾讯云游戏数据库 TcaplusDB 的优势

1) 低成本

以内存为主、磁盘为辅的 Key-Table NoSQL 存储服务，提供进程内数据在内存和磁盘切换的能力，提供多进程之间动态扩容的能力，保证活跃数据保存在内存，非活跃数据存磁盘，比全内存型存储节省约 70%成本，比 Redis＋MySQL 节省约 40%成本。

2) 高性能

内存和硬盘热冷数据 LRU(Least Recently Used，最近最少使用)交换、数据落地固态硬盘(SSD)、数据多机分布等保障性能最大化，单机 QPS 达 10 万次/秒，时延小于 10ms。

3）高可用

- 双机热备容灾机制，保证系统故障时可快速恢复。
- 针对游戏的个性化需求。
- 支持分区分服模型，提供快速开服的能力，跨区访问，跨区数据合并，支持数据压缩等个性化需求，并会根据游戏需要不断优化。

4）动态拓展

存储空间无上限，容量可以根据游戏的实际需要进行动态扩展和收缩，且不影响游戏运营，轻松应对业务规模急剧变化的情况。

5）学习门槛低

继承客户端游戏的开发技术，端游团队开发经验得到延续，服务化 API 提供简单的同步和异步操作接口。

6）服务化运营

- 便捷的资源申请方式，业务不再需要自行部署存储服务环境。
- 优化资源利用率，提升运营效率。
- 集成告警等基础系统，提供进程级监控能力，服务化 API 提供接入服务器扩容、负载均衡、容灾的能力，降低产品接入门槛。

6.3.6 腾讯云数据库 Tendis

1. 腾讯云数据库 Tendis 概述

开源 Redis 使用内存存储介质，能在计算和缓存场景提供超高并发和超低延迟，但是将 Redis 作为存储数据库面临着高成本和低可靠性的缺点，为弥补 Redis 在存储场景的空缺，腾讯云研发了兼容 Redis 协议，且使用磁盘作为存储介质的 KV（Key-Value）数据库 Tendis。

腾讯云数据库 Tendis（TencentDB for Tendis）是兼容 Redis 协议的 KV 存储数据库，Tendis 兼容 Redis 4.0 版本协议，并提供存储版和混合存储版两个产品系列，支持千万级的并发请求，可满足业务在 KV 存储场景中的多种需求。

2. 腾讯云数据库 Tendis 的功能

混合存储：混合存储版提供数据自动缓存、自动降冷能力，兼顾成本与性能。

主从热备：提供主从热备、死机自动监测、自动容灾、数据落地 6 副本。

弹性扩容：提供水平分片扩展和垂直容量扩展功能，并提供业务全生命周期弹性扩展。

分布式存储：用户的存储分布在多台物理机上，彻底摆脱单机容量和资源限制。

6.3.7 腾讯云图数据库 KonisGraph

1. 腾讯云图数据库 KonisGraph 概述

腾讯云图数据库 KonisGraph（TencentDB for KonisGraph）是基于腾讯在海量图数据上的实践经验提供的一站式海量图数据存储、管理、查询、计算、可视化分析的图数据库服务，图数据库 KonisGraph 支持属性图模型和 TinkerPop Gremlin 查询语言，能帮助用户快速完成对图数据的建模、查询和分析。

2. 腾讯云图数据库 KonisGraph 的特性

- 海量图数据存储管理：图数据库 KonisGraph 支持百亿顶点、万亿边的超大规模图数据存储和管理。
- 标准查询语言：图数据库 KonisGraph 支持 TinkerPop Gremlin 标准查询语言，以及模板化的零编码查询方式。
- 安全的数据环境：图数据库 KonisGraph 严格控制图数据库数据、存储和计算资源的访问权限，被授予权限的用户才可访问和修改图数据库实例。
- 完善的图数据服务，图数据库 KonisGraph 支持完善的图数据服务，图存储、图计算和图可视化功能，轻松实现对图数据的管理、挖掘和分析。
- 丰富的运维功能：图数据库 KonisGraph 支持存储、计算资源线性扩展，提供数据备份、监控等丰富的运维功能。

3. 腾讯云图数据库 KonisGraph 的优势

- 超大规模数据存储：图数据库 KonisGraph 支持百亿顶点、万亿边的超大规模图数据存储和管理，有完善的权限管理和安全的数据环境。
- 图数据服务完善：图数据库 KonisGraph 支持图存储、图计算和图可视化分析，满足业务的多种应用需求。
- 易运维：图数据库 KonisGraph 还提供支持存储、计算资源的线性扩展，以及数据备份、监控告警等运维功能，降低了用户使用成本和运维成本。

6.4 腾讯云数据库服务

6.4.1 腾讯云数据库 MySQL 相关概念

实例：腾讯云上的 MySQL 数据库资源。

实例类型：MySQL 实例在节点数量、读写能力与地域部署上不同的搭配。

只读实例：仅提供读功能的 MySQL 实例。

RO 组：提供给用户管理一个或多个只读实例的逻辑工具，可满足读写分离场景下负载均衡，并显著提高用户数据库的读负载能力。

灾备实例：提供跨可用区、跨地域灾备能力的 MySQL 实例。

私有网络：自定义的虚拟网络空间，与其他资源逻辑隔离。

安全组：对 MySQL 实例进行访问控制，指定进入实例的 IP、协议及端口规则。

地域和可用区：MySQL 实例和其他资源的物理位置。

腾讯云控制台：基于 Web 的用户界面。

6.4.2 腾讯云数据库 MySQL 架构概述

腾讯云数据库 MySQL 支持 3 种架构：单节点、双节点、三节点，架构对比如表 6-3 所示。

表 6-3 腾讯云数据库 MySQL 架构对比

架构	双节点	三节点	单节点	
隔离策略	通用型	通用型	通用型	基础型
支持版本	MySQL 5.5、5.6、5.7、8.0	MySQL 5.6、5.7、8.0	MySQL 5.6、5.7、8.0	MySQL 5.7
节点	一主一备	一主两备	单个节点	单个节点
主备复制方式	异步(默认)、半同步	异步(默认)、强同步、半同步	—	—
实例可用性	99.95%	99.99%	—	—
底层存储	本地 NVMe SSD 硬盘	本地 NVMe SSD 硬盘	本地 NVMe SSD 硬盘	高性能云盘
性能	IOPS 最高可达 240000	IOPS 最高可达 240000	—	IOPS 范围计算公式：{min 1500＋8×硬盘容量，max 4500}
适用场景	游戏、互联网、物联网、零售电商、物流、保险、证券等行业应用	游戏、互联网、物联网、零售电商、物流、保险、证券等行业应用	读写分离需求的应用	个人学习、微型网站、企业非核心小型系统，以及大中型企业开发与测试环境

腾讯云数据库 MySQL 与传统 Oracle MySQL 对比如表 6-4 所示。

表 6-4 腾讯云数据库 MySQL 与传统 Oracle MySQL 对比

对比项	云数据库 MySQL 8.0	Oracle MySQL 8.0
性价比	① 弹性资源； ② TXSQL 自研内核； ③ 集成备份恢复； ④ 完备的 SaaS 工具服务	① 一次投入成本巨大； ② 开源版，无性能优化； ③ 单独部署备份资源，额外成本； ④ 公网流量收费，域名费用高
可用性	① 完备 HA 切换系统； ② 只读实例自动流量负载均衡； ③ 灾备实例异地容灾，可用性强	① 自行购买服务器，需要等待配货周期； ② 独立部署高可用系统和负载均衡系统； ③ 多地多中心需异地机房建设，成本高
可靠性	① 数据可靠性高达 99.9996%； ② RPO(恢复点目标)、RTO(恢复时间目标)低； ③ 稳定的主从数据复制	① 数据可靠性高达 99%，取决于单块盘的损害概率； ② 实现低 RPO 的成本高，需要独立研发费用； ③ 数据复制延迟、复制中断
易用性	① 完备数据库管控，控制台便捷操作； ② 秒级监控＋智能告警； ③ 跨 AZ(可用区)的自动 HA(高可用)能力； ④ 版本升级一键完成	① 独立部署 HA 和备份恢复系统，耗时耗力； ② 独立购买监控系统，需投入额外成本； ③ 搭建异地数据中心成本大，需投入运维人力成本； ④ 版本升级成本高，停机维护时间长
性能	① 本地 SSD 盘性能极佳，定制硬件迭代快； ② TXSQL 内核优化，保障性能； ③ DBbrain 智能诊断，优化 MySQL 性能	① 跟不上云计算硬件的迭代速度，性能一般低于云； ② 依赖资深数据库管理员，支出大； ③ 缺乏对应的性能工具，需要另外购买或部署

续表

对比项	云数据库 MySQL 8.0	Oracle MySQL 8.0
安全	① 事前防护：白名单、安全组、私有网络隔离； ② 事中保护：TDE+KMS 数据加密； ③ 事后审计：SQL 审计； ④ 官方版安全更新后，内核团队同步跟进	① 白名单配置成本高，专有网络需自行部署实现； ② 事中需要独立实现加密功能； ③ 事后审计困难，开源版无 SQL 审计功能； ④ 版本更新后，运维介入打补丁或停机维护

6.4.3 腾讯云数据库的地域和可用区

腾讯云数据库托管机房分布在全球多个位置，这些位置节点称为地域(Region)，每个地域又由多个可用区(Zone)构成。

每个地域都是一个独立的地理区域。每个地域内都有多个相互隔离的位置，称为可用区。每个可用区都是独立的，但同一地域下的可用区通过低时延的内网链路相连。腾讯云支持用户在不同位置分配云资源，建议用户在设计系统时考虑将资源放置在不同可用区，以屏蔽单点故障导致的服务不可用状态。

地域、可用区名称是对机房覆盖范围最直接的体现，具体命名规则如下。

地域命名采取【覆盖范围+机房所在城市】的结构，前半段表示该机房的覆盖能力，后半段表示该机房所在或邻近的城市。

可用区命名采取【城市+编号】的结构。

1. 地域

腾讯云不同地域之间完全隔离，保证不同地域间最大程度的稳定性和容错性。建议选择最靠近用户的地域，这样可降低访问时延，提高下载速度。用户启动实例、查看实例等操作都是区分地域属性的。

云产品内网通信的注意事项如下。

(1) 同地域下(保障同一账号，且同一个 VPC 内)的云资源之间可通过内网互通，可以直接使用内网 IP 访问。

(2) 不同地域之间的网络完全隔离，不同地域之间的云产品默认不能通过内网互通。

(3) 不同地域之间的云产品，可以通过公网 IP 访问 Internet 的方式进行通信。处于不同私有网络的云产品，可通过云联网进行通信，此通信方式更为高速、稳定。

(4) 负载均衡当前默认支持同地域流量转发，绑定本地域的云服务器。如果开通跨地域绑定功能，则可支持负载均衡跨地域绑定云服务器。

2. 可用区

可用区是指腾讯云在同一地域内电力和网络互相独立的物理数据中心，目标是能保证可用区间故障相互隔离(大型灾害或者大型电力故障除外)，不出现故障扩散，使得用户的业务持续在线服务。通过启动独立可用区内的实例，用户可保护应用程序不受单一位置故障的影响。

用户启动实例时，可以选择指定地域下的任意可用区。当用户需要设计应用系统的高可靠性时(某个实例发生故障时服务保持可用)，可以使用跨可用区的部署方案(如负载均衡、弹性 IP 等)，以使另一可用区域中的实例可代为处理相关请求。

6.4.4 腾讯云安全组

腾讯云安全组是一种有状态的数据包过滤功能的虚拟防火墙，具备有状态的数据包过滤功能，用于设置云服务器、负载均衡、云数据库等实例的网络访问控制，控制实例级别的出入流量，是重要的网络安全隔离手段，其特点如下。

安全组是一个逻辑上的分组，用户可以将同一地域内具有相同网络安全隔离需求的云服务器、弹性网卡、云数据库等实例加到同一安全组内。

关联了同一安全组的实例间默认不互通，用户需要添加相应的允许规则。

安全组是有状态的，对于用户已允许的入站流量，将允许其自动流出，反之亦然。

用户可以随时修改安全组的规则，新规则立即生效。

如果用户对应用层(HTTP/HTTPS)有安全防护需求，可另行购买腾讯云 Web 应用防火墙(WAF)，WAF 将为用户提供应用层 Web 安全防护，抵御 Web 漏洞攻击、恶意爬虫和 CC 攻击等行为，保护网站和 Web 应用安全。

安全组是一个逻辑上的分组，用户可以将同一地域内具有相同网络安全隔离需求的云数据库实例加到同一个安全组内。云数据库与云服务器等共享安全组列表，安全组内基于规则匹配，具体如下。

1) 组成部分

安全组规则包括如下组成部分。

来源或目标：流量的源(入站规则)或目标(出站规则)，可以是单个 IP 地址、IP 地址段，也可以是安全组，具体请参见安全组规则。

协议类型和协议端口：协议类型如 TCP、UDP 等。

策略：允许或拒绝。

2) 规则优先级

安全组内的规则具有优先级。规则优先级通过规则在列表中的位置表示，列表顶端规则优先级最高，最先应用；列表底端规则优先级最低。

若有规则冲突，则默认应用位置更前的规则。

当有流量入/出绑定某安全组的实例时，将从安全组规则列表顶端的规则开始逐条匹配至最后一条。如果匹配某一条规则成功，则允许通过，否则不再匹配该规则之后的规则。

3) 多个安全组

一个实例可以绑定一个或多个安全组，当实例绑定多个安全组时，多个安全组将按从上到下顺序依次匹配执行，用户可随时调整安全组的优先级。

4) 安全组模板

新建安全组时，用户可以选择腾讯云为用户提供的两种安全组模板。

放通全部端口模板：将会放通所有出入站流量。

放通常用端口模板：将会放通 TCP 22 端口(Linux SSH 登录)，80、443 端口(Web 服务)，3389 端口(Windows 远程登录)，ICMP(Ping)，内网(私有网络网段)。

5) 安全组注意事项

云数据库 MySQL 安全组目前仅支持私有网络 VPC 内网访问和外网访问的网络控制，暂不支持对基础网络的网络控制。

法兰克福、硅谷、新加坡地域的实例暂不支持数据库外网访问安全组功能。

由于云数据库没有主动出站流量，因此出站规则对云数据库不生效。

云数据库 MySQL 安全组支持主实例、只读实例与灾备实例。

云数据库 MySQL 单节点-基础版不支持安全组。

6）安全组模板

安全组模板可以简化安全组规则配置，每个模板的具体说明如表 6-5 所示。

表 6-5　腾讯云安全组配置模板

模　板	说　明	备　注
放通全部端口	默认放通全部端口到公网和内网，具有一定的安全风险	—
放通 22、80、443、3389 端口和 ICMP	默认放通 22、80、443、3389 端口和 ICMP，内网全放通	此模板对云数据库不生效
自定义	安全组创建成功后，按需自行添加安全组规则	—

6.4.5　腾讯云数据库 MySQL 端口及连接方式

1. 腾讯云数据库 MySQL 端口

连接云数据库 MySQL，须放通 MySQL 实例端口。MySQL 内网默认端口为 3306，同时支持自定义端口，若修改过默认端口号，安全组中需放通 MySQL 新端口信息。MySQL 外网默认端口为 60719，外网开启后将受安全组网络访问策略的控制，配置安全策略时需同时放通 60719、3306 端口。MySQL 控制台安全组页面设置的安全组规则，对内网地址和外网地址（若开启后）统一生效。用户可以通过登录 MySQL 控制台单击实例 ID 进入详情页查看端口，如图 6-11 所示。

图 6-11　腾讯云数据库 MySQL 实例端口

广州、上海、北京、成都、重庆、南京、新加坡、首尔、东京、硅谷、法兰克福地域的主实例，支持开启外网链接地址。只读实例支持开启外网的地域。开启外网地址，会使用户的数据库服务暴露在公网上，可能导致数据库被入侵或攻击。建议用户使用内网连接数据库。

云数据库外网连接适用于开发或辅助管理数据库，不建议正式业务连接使用，因为可能存在不可控因素，导致外网连接不可用（如 DDoS 攻击、突发大流量访问等）。

2. 腾讯云数据库 MySQL 连接方式

云数据库 MySQL 的连接方式有内网地址连接及外网地址连接两种，具体区别如下。

内网地址连接：通过内网地址连接云数据库 MySQL，使用云服务器 CVM 直接连接云数据库的内网地址，这种连接方式使用内网高速网络，延迟低。云服务器和数据库须是同一账号，且在同一 VPC 内（保障同一个地域），或同在基础网络内。内网地址系统默认提供，可在 MySQL 控制台的实例列表或实例详情页查看。不同 VPC 下（包括同账号/不同账号、同地域/不同地域)的云服务器和数据库的内网连接方式,需要通过腾讯云联网的方式进行连接。

外网地址连接:无法通过内网连接时,可通过外网地址连接云数据库 MySQL。外网地址需手动开启,可在 MySQL 控制台的实例详情页查看,不需要时也可关闭。

3. 腾讯云数据库 MySQL 状态"一键连接检查"工具

当用户通过云服务器 CVM 访问腾讯云数据库 MySQL 实例遇到访问异常问题时,可以通过 MySQL 控制台提供的连接检查工具进行内外网连接相关问题的排查,仅需简单的操作便能轻松解决内外网无法连接的问题。"一键连接检查"工具检查项及处理方法如表 6-6 所示。

表 6-6 "一键连接检查"工具检查项及处理方法

检查项	异常及处理方法
MySQL 实例状态	检测到用户的 MySQL 实例已销毁,如果用户并非有意销毁实例,可通过 MySQL 控制台的【回收站】进行恢复
CVM 实例状态	检测到用户的 CVM 实例已销毁,如果用户并非有意销毁实例,可通过回收站进行恢复
	检查到用户的 CVM 实例已关机,如用户需要继续使用该 CVM 实例,请前往 CVM 控制台启动该 CVM 实例
CVM 与 MySQL 处于同一 VPC	检测到用户的 CVM 与 MySQL 的网络类型不同,CVM 需要与 MySQL 处于相同的网络类型,用户需要修改网络类型
	检测到用户的 CVM 与 MySQL 不在同一 VPC 网段,CVM 需要与 MySQL 处于同一地域的同一 VPC 中,用户需要修改 VPC
CVM 安全组策略	检测到用户 CVM 所绑定安全组的出站规则未放通对 IP 端口的访问,CVM 安全组配置有误,用户需要设置放通出站规则
MySQL 安全组策略	检测到用户 MySQL 实例所绑定安全组的入站规则未放通对 IP 端口的访问,MySQL 安全组配置有误,用户需要放通入站规则
外网开通状态	检测到用户的 MySQL 实例未开启外网。用户需要开启外网

6.5 腾讯云数据库应用场景

6.5.1 云数据库的应用场景

1. 云数据库 MySQL

1) 游戏应用典型场景

游戏应用场景需要弹性扩容和快速回档的业务,如图 6-12 所示。

MySQL 对计算资源的弹性扩容能力,赋予用户更高的生产力,分钟级部署游戏分区数据库。

MySQL 任意时间点回档功能及支持批量操作的特性,帮用户随时随地恢复到任意时间点,为游戏回档提供支持。

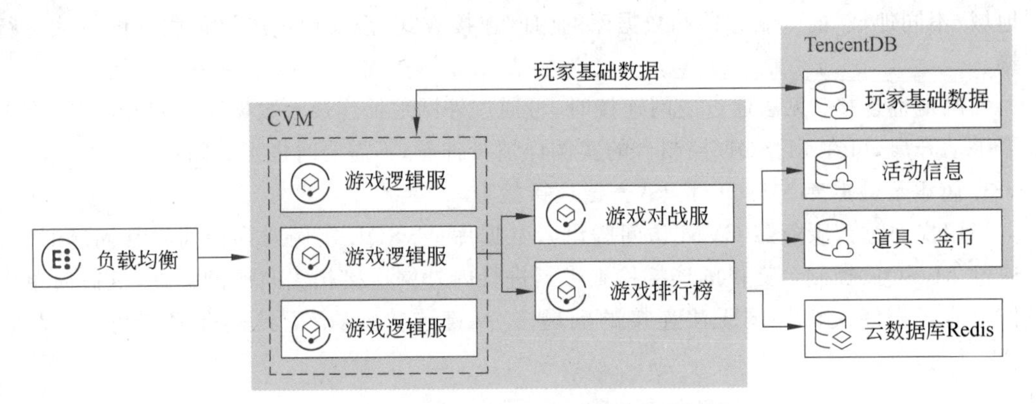

图 6-12 云数据库 MySQL 游戏应用场景

2）互联网和移动 App 应用典型场景

MySQL 在互联网和移动 App 中作为服务端最终数据落地存储介质，针对行业读多写少的场景，可对热点库增加只读实例，大幅提升读取能力，如图 6-13 所示。

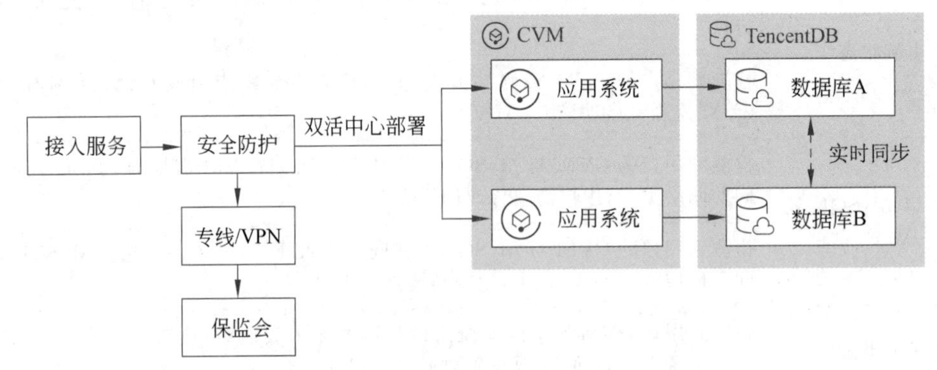

图 6-13 云数据库 MySQL 互联网和移动 App 应用场景

3）金融场景

MySQL 用于存储和处理金融交易数据、账户数据等，云数据库为用户提供安全审计，跨地域容灾，数据强一致的数据库服务，保证用户的金融数据安全、高可靠，如图 6-14 所示。

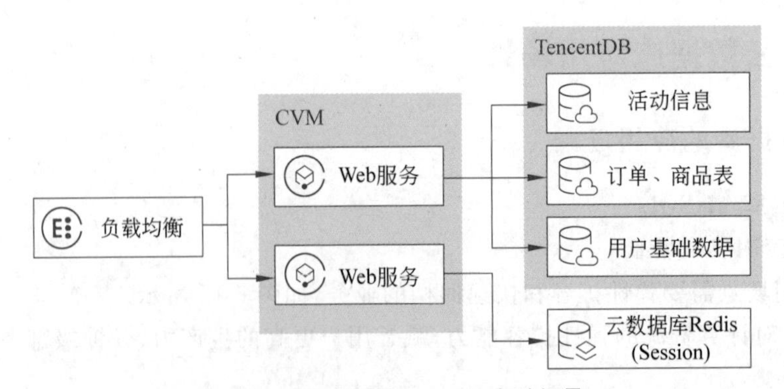

图 6-14 云数据库 MySQL 金融场景

4）电商场景

MySQL的高性能特性以及快速读写能力，帮用户在活动大促时解决访问高峰带来的请求压力，轻松迎接突发业务高峰，稳定应对高并发流量，如图6-15所示。

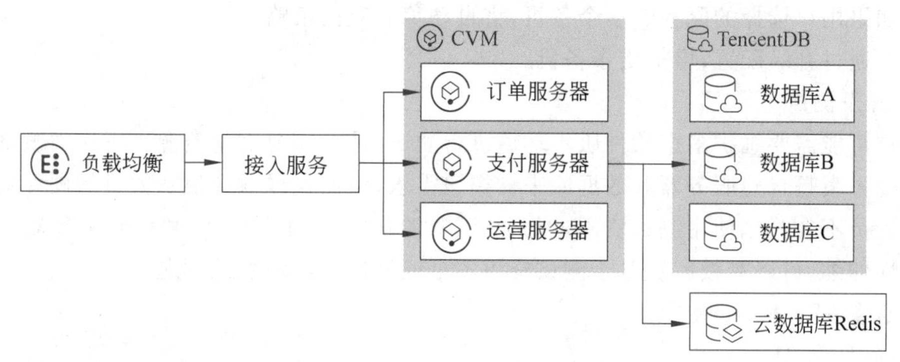

图6-15 云数据库MySQL电商场景

2. 云数据库MariaDB

1）数据云灾备（异地灾备）

数据是企业运营的重要组成，信息化带来便利的同时，电子数据、存储信息极易毁损、丢失的特点也暴露了出来。而在自然灾害、系统故障、员工误操作和病毒感染面前，任意一次事故都有可能导致企业的运营完全中断，甚至导致灾难性损失。因此，确保数据安全、完整，特别是核心数据库安全、完整是每个企业必须考虑的。

而企业自建异地数据灾备中心耗资巨大，通常包括一笔开支巨大的机房硬软件成本，还包括每年运营费用的持续维护投入。而为小概率事件买单，往往与企业的财务需求不符。

因此，利用云数据库和云接入产品，可直接建立云上的一套数据灾备中心，将主数据中心的数据通过安全专网实时同步到云上的异地备份中心，这样不仅可解决海量数据的运营管理问题，而且性价比较高。

2）业务系统上云

如果用户的业务系统还未上云，可能会遇到如下情况。

- 业务发展非常快，每年若按峰值准备服务器，其增长规模是非常大的一笔开销。
- 新业务部门为了时效性，经常需要快速上线新业务，如果每次都要做准备和采购，势必影响效率。
- 几乎每个业务系统都遇到过访问量激增，再创历史新高，后端资源无法支撑的情况。
- 不少企业领导认为IT部门就是成本中心，每天关心的核心问题不是推进业务，而是一直在解决问题，例如，系统不稳定或性能不足。

面对如上一系列挑战，腾讯云数据库通过多年的积累，能够为用户提供：

- 安全、开放的数据库解决方案；
- 高可用的方案，采用强同步复制技术和HA架构实现高容灾；
- 弹性伸缩。

3）混合云

云数据库MariaDB支持专有云部署方案，可以部署在用户自建机房。业务系统和数据通过专线（或VPN）进行安全同步，构建易扩展的混合云架构。

4）读写分离

云数据库所有实例的备机均默认支持读写分离策略，即支持备机开放只读。

- 支持通过 SQL 语法或只读账号实现只读。
- 如果用户选择的配置有多个备机，将自动负载只读策略。
- 可通过升级配置，增加更多备机。

5）开发测试

用户可能需要维护多个软件版本环境进行测试，甚至需要大量资源进行压力测试。

传统方案是自建服务器和数据库来支撑该需求，然而这样就会浪费大量的硬件资源，因为开发人员不会时刻使用测试资源，因此测试资源往往是闲置的，而利用云服务器、云数据库的弹性伸缩，可以有效解决基于测试资源不足或测试资源浪费的问题。

3. 云数据库 PostgreSQL

1）企业数据库

如 ERP、交易系统、财务系统涉及资金、客户等信息，数据不能丢失且业务逻辑复杂，选择 PostgreSQL 作为数据底层存储，一是可以帮助用户在数据一致性前提下提供高可用性，二是可以用简单的编程实现复杂的业务逻辑。

2）含 LBS 的应用

大型游戏、O2O 等应用需要支持世界地图、附近的商家，两个点的距离等能力，PostGIS 增加了对地理对象的支持，允许用户以 SQL 运行位置查询，而不需要复杂的编码，帮助用户更轻松地理顺逻辑，更便捷地实现 LBS，提高用户黏性。

3）数据仓库和大数据

PostgreSQL 更多的数据类型和强大的计算能力，能够帮助用户更简单地搭建数据库仓库或大数据分析平台，为企业运营加分。

4）建站或 App

PostgreSQL 良好的性能和强大的功能，可以有效提高网站性能，降低开发难度。

4. 云数据库 Redis

1）游戏场景

在游戏场景中，可以将非角色数据，如积分排行榜，存储在 Redis 中进行快速访问，Redis 原生自带的 SortedSet 数据类型能帮助用户对玩家数据进行排序，如图 6-16 所示。

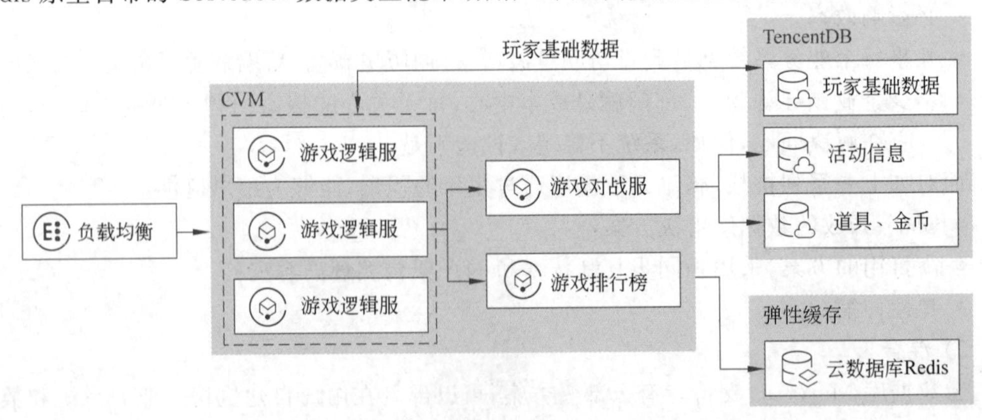

图 6-16　云数据库 Redis 游戏场景

2）互联网 App

在互联网 App 应用产品中，可以将用户的基础资料缓存至 Redis 中，提高读写性能。同时，也可以将静态图片资源缓存到 Redis 中，提高应用加载速度，如图 6-17 所示。

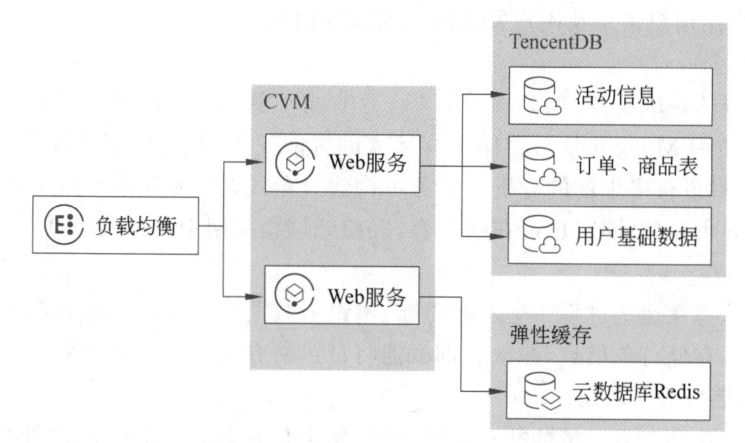

图 6-17　腾讯云数据库 Redis 互联网 App 应用场景

3）电商展示场景

展示中，可以将商品展示、购物推荐等数据存储在 Redis 中进行快速访问，同时，在大型促销秒杀活动中，Redis 达千万级的 QPS 能轻松应对高并发访问，如图 6-18 所示。

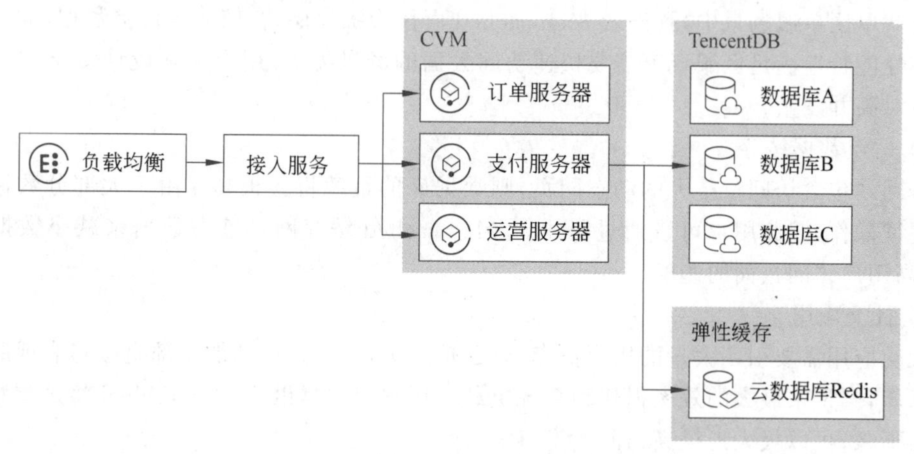

图 6-18　腾讯云数据库电商展示场景

5. 云数据库 MongoDB

云数据库 MongoDB 是一种通用型数据库，其稳定性、性能、扩展能力基本可以覆盖绝大部分无架构场景。下面是几个典型的应用场景。

1）游戏行业

由于游戏需求变化很快，因此 MongoDB 特别适用于游戏后端数据库。使用 MongoDB 存储游戏用户信息、装备、积分等时，会直接以内嵌文档形式存储，方便查询、更新，无架构模式可以免去变更表结构的痛苦，大幅缩短版本迭代周期。

MongoDB 也可当作缓存服务器使用，合理规划热数据，其性能与其他常用缓存服务器相当，同时还为用户提供了更丰富的查询方式。

2）移动行业

云数据库 MongoDB 支持二维空间索引，可以方便地查询地理位置关系和检索用户地理位置数据；可实现基于地理位置系统的地图应用，以及实现附近的人、地点等功能；也可使用 MongoDB 存储用户信息及用户发表的朋友圈等信息。

3）物联网行业

物联网领域的终端设备，例如医疗仪器、运输业车辆 GPS 等，可以轻易且持续地产生 TB 级的数据，使用 MongoDB 可存储所有接入的智能设备的信息，以及设备汇报的日志信息，并对这些信息进行多维度的分析。业务可构建分布式的云数据库 MongoDB 分片集群，达到无上限的容量存储，同时也可在线扩容，轻松处理物联网中的海量数据。

4）物流行业

物流订单状态在运送过程中会不断更新，腾讯云数据库 MongoDB 存储以 MongoDB 内嵌 JSON 的形式存储订单信息，一次查询就能将订单所有的变更读取出来。

5）视频直播行业

视频直播行业会产生大量的礼物信息、用户聊天信息等，数据量较大，使用腾讯云数据库 MongoDB 可存储用户信息、礼物信息以及日志等信息，同时可通过丰富的聚合查询进行业务分析。

6. 云数据库 Memcached

1）游戏数据场景

游戏单区单服场景中，腾讯云 Memcached 可作为缓存层，存储非角色类数据，如排行榜等。高性能特性满足区服玩家需要快速访问数据的场景需求，用户无须设计复杂的后端系统来应对高并发量。

2）站点数据缓存

若网站包含访问量很大的动态网页，则数据库的负载将会很高。由于大部分数据库请求都是读操作，因此用户可以通过腾讯云 Memcached 缓存网页静态数据来减小数据库负载，提高用户访问页面的速度。

3）社交应用

社交应用需要引用大量的用户信息、好友信息等，如果这些功能全部直接跨表或跨库操作数据库，会带来极大的效率损耗和系统负载。用户使用腾讯云 Memcached 将这类数据全部缓存下来，可以极大地提高访问速率。

4）电商数据缓存

电子商务网站商品分类数据、商品搜索结果的列表数据，以及可查看的商品数据和商家的基本数据，这类数据访问量特别高但不会经常改变。在该场景下，用户可以通过腾讯云 Memcached 将这类数据缓存起来进行快速读写，提高访问速率。

7. 游戏数据库 TcaplusDB

1）手游

移动游戏时间碎片化，玩家之间交互多，数据量大，全区全服和分区分服都很普遍，游戏发展变化快，运营活动多，数据存储层对低时延要求高。TcaplusDB 采用批量操作、自动合服、不停服无损扩缩容、冷热数据交换等技术，对手游这些特点做了针对性的支持和优化。同时，TcaplusDB 对数据回档、高可用、数据更新多等游戏数据特点也做了针对性的支持和优化。

2）端游

玩家在线时间长，游戏业务生命周期较长，大部分是分区分服，数据记录多，对低时延要求高。TcaplusDB采用自动容灾、数据分区、记录自动分包、Cache结合高速硬盘存储等技术，对端游这些特点做了针对性的支持和优化。

3）页游

开服合服频繁，一般是7×24小时不停服，浏览器数据缓存能力弱，所以对后台数据存储系统要求高。TcaplusDB采用自动合服、不停服无损扩缩容、Cache结合高速硬盘存储等技术，对页游这些特点做了针对性的支持和优化。

4）社交

用户可以自由创建数据，评论使用频繁，内容按主题聚合，文本、链接、时间等字段长度比较稳定，数据活跃度按时间分布，读多写少。TcaplusDB采用列表存储、异构数据类型支持、冷热数据交换、读写分离等技术，对社交这些特点做了针对性的支持和优化。

8. 云数据库Tendis

1）电商场景

电商类应用通常拥有海量的商品数据，使用Tendis混合存储版，可以轻松突破内存容量限制，并且大幅降低业务成本。在正常业务请求中，活跃的商品数据会从内存中读取，而不活跃的商品数据将从磁盘读取，可以免受内存不够的困扰。

2）直播场景

视频直播类业务数据通常存在非常明显的冷热分布，热门直播间的访问比例占绝大多数。使用Tendis混合存储版，可在内存中保留热门直播间的数据，不活跃的直播间数据将自动存储到磁盘上，可以达到用户体验与业务成本兼顾的目的。

3）游戏场景

游戏类业务的数据通常存储了大量的玩家数据，使用Tendis混合存储版，可将在线活跃的玩家数据持续缓存到内存，一段时间未登录的玩家数据将被从内存驱逐，玩家上线后数据自动缓存，大幅降低成本，同时业务仅需要访问Tendis，无须在业务中处理缓存和存储交换的逻辑，可大幅提升版本迭代效率。

6.5.2 腾讯云数据库MySQL使用规范

1. 目的

规范化对云数据库MySQL的管理和维护，避免操作不当对云数据库MySQL造成不可用等影响。

指导数据库开发人员合理编写SQL，发挥云数据库MySQL的最优性能。

2. 权限管理规范

考虑到云数据库MySQL的稳定性和安全性，云数据库MySQL限制了super、shutdown、file权限，有时在云数据库MySQL上执行set语句时，会出现如下的报错：

```
#1227 - Access denied; you need (at least one of) the SUPER privilege (s) for
this operation
```

解决方法：如果需要 set 修改相关参数，可以使用控制台实例管理页的【数据库管理】-【参数设置】功能完成。参数设置上的原则如下。

- 按需授权，一般应用程序只授权 DML(SELECT、UPDATE、INSERT、DELETE)权限即可。
- 授权对象最小化原则，一般的应用程序访问用户按库级别来授权。
- 授权用户访问时只允许特定 IP 或 IP 段访问，可以在控制台配置安全组来做限制，安全组的设置一定要按照控制台提示的标准操作，如果是公网访问设置安全组的场景，请一定放通所有涉及的出口 IP。
- 管理账号与开发账号分离。

3. 日常操作规范

1）注意事项

（1）禁止使用弱密码，提升数据库实例安全性。

（2）内网连接登录须确保 Client 端的云服务器 CVM 与云数据库 MySQL 是同一账号同一地域的机器。

（3）若控制台下载的 binlog 日志需要在本地解析，须确保客户端 MySQL 版本与云数据库 MySQL 实例版本一致，否则会解析出乱码，建议使用 3.4 或 3.4 以上版本的 mysqlbinlog。

（4）控制台上通过内网在 CVM 上下载冷备文件时，请用引号将 url 包起来，否则会出现 404 报错。

2）建议事项

（1）尽量避免业务高峰期做 online ddl 操作，可以使用的工具请参考 pt-online-schema-change。

（2）尽量避免业务高峰期批量操作数据，最好在业务低峰期分批操作。

（3）尽量避免一个实例跑多个业务，耦合度太高会存在业务之间互相影响的风险。

（4）建议关闭事务自动提交，线上操作养成 begin;先行的习惯，降低误操作导致数据丢失的风险，误操作也可使用云数据库 MySQL 的回档功能（目前支持 5 天内任意时间点回档），若相关表不涉及跨库跨表的逻辑，则可使用快速回档或者极速回档更快恢复数据，回档新生成的库表名默认是原库表名_bak。

（5）若业务有推广活动等，请提前预估资源并做好实例相关优化，如需求量比较大，请及时与对应的服务经理联系。

4. 库表设计规范

1）注意事项

（1）云数据库 MySQL 5.6 及 MySQL 5.6 以上版本不支持 MyISAM 引擎和 Memory 引擎，若有 Memory 引擎的需求，建议使用云数据库 Redis、Memcached；自建数据库迁移到云数据库 MySQL 时，会自动将 MyISAM 引擎转换成 InnoDB 引擎。

（2）若存在自增列的表，则自增列上应该至少有一个单独的索引，或者以自增列开头的一个复合索引。

（3）row_format 必须保证为非 fixed。

每张表必须有主键，即使选不出合适的列做主键，也必须添加一个无意义的列做主键，

MySQL第一范式标准InnoDB辅助索引叶子节点会保存一份主键值,推荐用自增短列作为主键,降低索引所占磁盘空间,提升效率,binlog_format为row的场景下,批量删数据时,若没主键,会导致严重的主从延迟。

字段尽量定义为NOT NULL并加上默认值,NULL会给SQL开发带来很多问题,导致走不了索引,对NULL计算只能用IS NULL和IS NOT NULL判断。

2)建议事项

通过业务场景分析和数据访问(包括数据库读写QPS、TPS、存储空间等)的预估,合理规划数据库使用资源,也可以在控制台云监控界面配置云数据库MySQL实例的各项监控。

建库原则就是同一类业务的表放一个库,不同业务的表尽量避免公用同一个库,避免在程序中执行跨库的关联操作,此操作对后续的快速回档也会产生一定的影响。

字符集统一使用utf8mb4,以降低乱码风险,部分复杂汉字和emoji表情必须使用utf8mb4方可正常显示,修改字符集只对修改后创建的表生效,故建议新购云数据库MySQL初始化实例时即选择utf8mb4。

小数字段推荐使用decimal类型,float和double精度不够,特别是涉及金钱的业务,必须使用decimal。

尽量避免数据库中使用text/blob存储大段文本、二进制数据、图片、文件等内容,而是将这些数据保存成本地磁盘文件,数据库中只保存其索引信息。

尽量不使用外键,建议在应用层实现外键的逻辑,外键与级联更新不适合高并发场景,降低插入性能,大并发下容易产生死锁。

降低业务逻辑和数据存储的耦合度,数据库以存储数据为主,业务逻辑尽量通过应用层实现,尽可能减少对存储过程、触发器、函数、event、视图等高级功能的使用,这些功能移植性、可扩展性较差,若实例中存在此类对象,建议默认不设置definer,避免因迁移账号和definer不一致导致迁移失败。

短期内业务达不到一个比较大的量级,建议禁止使用分区表。分区表主要用作归档管理,多用于快递行业和电商行业订单表,分区表没有提升性能的作用,除非业务中80%以上的查询走分区字段。

对读压力较大,且一致性要求较低(接收数据秒级延时)的业务场景,建议购买只读实例从库来实现读写分离策略。

5. 索引设计规范

1)注意事项

禁止在更新十分频繁、区分度不高的列上建立索引,记录更新会变更B+树,更新频繁的字段建立索引会大大降低数据库性能。

建复合索引时,区分度最高的列放索引的最左边,例如select xxx where a=x and b=x;,a和b一起建组合索引,a的区分度更高,则建idx_ab(a,b)。存在非等号和等号混合判断条件时,必须把等号条件的列前置,例如,where a xxx and b=xxx,那么,即使a的区分度更高,也必须把b放在索引的最前列,因为走不到索引a。

2)建议事项

单表的索引数建议不超过5,单个索引中的字段数建议不超过5,若太多,则起不到过滤作用,索引也占空间,管理起来比较耗资源。

选择业务中SQL过滤走的最多的并且cardinality值比较高的列建索引,业务SQL不走的列建索引是无意义的,字段的唯一性越高,代表cardinality值越高,索引过滤效果也越好。一般索引列的cardinality记录数小于10%,我们可认为这是一个低效索引,例如性别字段。

varchar字段上建索引时,建议指定索引长度,不要直接将整个列建索引,一般varchar列比较长,指定一定长度作索引区分度已经够高,没必要整列建索引,整列建索引会显得比较重,增大了索引维护的代价,可以用count(distinct left(列名,索引长度))/count(*)看索引区分度。

避免冗余索引,若两个索引(a,b)(a)同时存在,则(a)属于冗余索引redundant index,若查询过滤条件为a列,(a,b)索引就够了,不用单独建(a)索引。

合理利用覆盖索引来降低I/O开销,在InnoDB中二级索引的叶子节点只保存本身的键值和主键值,若一个SQL查询的不是索引列或者主键,走这个索引就会先找到对应主键,然后根据主键找需要找的列,这就是回表,这样会带来额外的I/O开销,此时我们可以利用覆盖索引解决这个问题,例如select a,b from xxx where a=xxx,若a不是主键,这时我们可以创建a,b两个列的复合索引,这样就不会回表。

6. SQL编写规范

1) 注意事项

UPDATE、DELETE操作不使用LIMIT,必须走WHERE精准匹配,LIMIT是随机的,此类操作会导致数据出错。

禁止使用INSERT INTO t_xxx VALUES(xxx),必须显式指定插入的列属性,避免表结构变动导致数据出错。

SQL语句中最常见的导致索引失效的情况需注意:

- 隐式类型转换,如索引a的类型是varchar,SQL语句写成where a=1;varchar变成了int。
- 对索引列进行数学计算等操作,例如,使用函数对日期列进行格式化处理。
- join列字符集不统一。
- 多列排序顺序不一致问题,如索引是(a,b),SQL语句是order by a b desc like。
- 使用模糊查询的时候,对于字符型xxx%形式,可以走到一些索引,其他情况都走不到索引。
- 使用了负方向查询(如not,!=,not in等)。

2) 建议事项

按需索取,拒绝select *,规避以下问题:

- 无法索引覆盖,回表操作,增加I/O。
- 额外的内存负担,大量冷数据灌入innodb_buffer_pool_size,降低查询命中率。
- 额外的网络传输开销。
- 尽量避免使用大事务,建议大事务拆小事务,规避主从延迟。
- 业务代码中事务及时提交,避免产生没必要的锁等待。
- 少用多表join,大表禁止join,两张表join必须让小表做驱动表,join列必须字符集一致,并且都建有索引。

- LIMIT 分页优化，LIMIT 80000，10 这种操作是取出 80010 条记录，再返回后 10 条，数据库压力很大，推荐先确认首记录的位置再分页，例如 SELECT * FROM test WHERE id=(SELECT sql_no_cache id FROM test order by id LIMIT 80000，1) LIMIT 10；。

避免多层子查询嵌套的 SQL 语句，MySQL 5.5 之前的查询优化器会把 in 改成 exists，导致索引失效，若外表很大，则性能会很差。

说明：上述情况很难完全避免，推荐方案是不要将此类条件作为主要过滤条件，跟在走索引的主要过滤条件之后则问题不大。

监控上发现全表扫描的量比较大，可以在控制台参数设置 log_queries_not_using_indexes，稍后下载慢日志文件分析，以免慢日志暴增。

业务上线之前做必要的 SQL 审核，日常运维需定期下载慢查询日志做针对性优化。

6.5.3 使用云数据库 MySQL 提高业务负载能力

具备优异性能和扩展能力的数据库可帮助用户迅速提高原有系统的负载能力，在同等数据库规模下合理使用 MySQL 可帮助用户提高数据库的并发能力，支撑更高的业务每秒访问次数。

1. 选择适合自己的数据库配置

1）选择数据库版本

云数据库 MySQL 目前提供完全兼容原生 MySQL 的 5.5、5.6、5.7、8.0 版本，建议用户选择 5.6 或更高的版本，它们提供了更稳定的数据库内核，优化改进 5.5 及更老版本的设计以提升系统的性能，并提供了多项极具吸引力的新特性。MySQL 5.7 具有被普遍认可的高性能、可靠性和易用性。

2）原生 JSON 支持

MySQL 5.7 以上版本新增了一种数据类型，用来在 MySQL 的表中存储 JSON 格式的数据。原生支持 JSON 数据类型主要有如下好处。

（1）文档校验：只有符合 JSON 规范，数据段才能被写入类型为 JSON 的列中，所以相当于有了自动 JSON 语法校验。

（2）高效访问：当用户在一个 JSON 类型的列中存储 JSON 文档的时候，数据不会被视为纯文本进行存储。实际上，数据用一种优化后的二进制格式进行存储，以便可以更快速地访问其对象成员和数组元素。

（3）性能提升：可以在 JSON 类型列的数据上创建索引以提升 query 性能。这种索引可以由在虚拟列上所建的“函数索引”实现。

（4）便捷：针对 JSON 类型列附加的内联语法可以非常自然地在 SQL 语句中集成文档查询。例如 features，feature 是一个 JSON 字段：“SELECT feature->"$.properties.STREET" AS property_street FROM features WHERE id=121254;”。

使用 MySQL 5.7 以上版本可以在一个工具中无缝地混合最好的关系和文档范例，在不同的应用和使用案例中应用关系型范例或文档型范例中最适合的范例。这为 MySQL 用户大大扩大了应用范围。

3) SYS Schema

MySQL SYS Schema 是一个由一系列对象(视图、存储过程、存储方法、表和触发器)组成的 database schema，使存储在 Performance Schema 和 INFORMATION_SCHEMA 的各类表中的监测数据资源，可以通过方便、可读、对 DBA 和开发者的友好的方式进行访问。

MySQL SYS Schema 默认包含在 MySQL 5.7 以上版本中，并提供摘要视图，以回答诸如下面所列的常见问题。

- 谁占了数据库服务的所有资源?
- 哪些主机对数据库服务器的访问量最大?
- 实例上的内存都上哪去了?

4) InnoDB 相关改进

(1) InnoDB 在线操作(Online DDL)：用户可以在不重启 MySQL 的情况下，动态地调整用户的 Buffer Pool 大小以适应需求的改变。现在 InnoDB 也可以在线自动清空 InnoDB 的 UNDO 日志和表空间，以消除产生大共享表空间文件(ibdata1)问题的一个常见原因。最后，MySQL 5.7 支持重命名索引和修改 varchar 的大小，这两项操作在之前的版本中都需要重建索引或表。

(2) InnoDB 原生分区：MySQL 5.7 InnoDB 中包含了对分区的原生支持。InnoDB 原生分区会降低负载，减少多达 90%的内存需求。

(3) InnoDB 缓存预热：当 MySQL 重启时，InnoDB 自动保留用户缓存池中最热的 25%的数据。用户再也不需要任何预加载或预热用户数据缓存的工作，也不需要承担 MySQL 重启带来的性能损失。

2. 选择实例规格(数据库内存)

当前 MySQL 并未提供单独的 CPU 选项，CPU 将根据内存规格按比例分配。用户可以根据自己的业务特征购买相应的数据库规格，我们为每种实例都做了详尽的标准化测试，以为用户提供选型时的性能参考。

但需要注意的是，Sysbench 标准化测试并不能代表所有的业务场景，建议用户在将业务正式运行在 MySQL 之前对数据库做一次压力测试，以便于更加了解 MySQL 在用户的业务场景下的性能表现，参见 MySQL 性能说明。

内存是实例的核心指标之一，访问速度远远大于磁盘。通常，内存中缓存的数据越多，数据库的响应越快；如果内存较小，当数据超过一定量后，就会被刷新到磁盘上，如果新的请求再次访问该数据，就要从磁盘上把它从磁盘中读取进内存，消耗磁盘 I/O，这时数据库响应就会变慢。

对于读并发较大或读延迟较为敏感的业务，建议用户不要选择过小的内存规格，以保障数据库的性能。

3. 选择硬盘(数据存储空间)

云数据库 MySQL 实例的硬盘空间仅包括 MySQL 数据目录，不含 binlog、relaylog、undolog、errorlog、slowlog 日志空间。在写入的数据量超出实例硬盘空间时，如未及时升级，可能触发实例锁定。因此，在选购硬盘空间时，建议用户对未来一段时间内可能的数据量增长保留一定冗余，避免因硬盘容量不足引起的实例锁定或频繁升级。

4. 选择适合用户的数据复制方式

云数据库 MySQL 提供了异步、半同步、强同步 3 种复制方式，参见数据库实例复制方式，如用户的业务对写入时延或数据库性能较为敏感，建议用户选择异步复制方式。

5. 云数据库的高可用

云数据库 MySQL 采用主备 M-S(主备模式)的高可用架构，其主备之间的数据同步依靠 binlog 日志的方式，同时支持将实例恢复到任何一个时间点，这个功能需要依靠运用备份和日志。因此，通常情况下，用户无须再搭建备份恢复系统或付出其他额外支出来保障实例高可用。

6. 云数据库的扩展性

云数据库 MySQL 的数据库版本、内存/硬盘规格均支持在线的动态热升级。升级过程不会中断用户的业务，用户无须担心业务规模增长带来的数据库瓶颈。

7. 将 CVM 和 MySQL 配合使用

通常情况下，购买成功后用户需要将云服务器 CVM 和 MySQL 配合使用，参见使用 CVM 访问 MySQL。

8. 使用只读实例作为读扩展

在常见的互联网业务中，数据库读写比例通常为 4：1～10：1。在这类业务场景下，数据库的读负载远高于写负载，遇到性能瓶颈时，一个常见的解决方案就是增加读负载。MySQL 只读实例为用户提供了读扩展解决方案，参见只读实例。

只读实例也可应用于不同业务的只读访问中，例如，主实例承担在线业务读写访问，只读实例为内部业务或数据分析平台提供只读查询。

9. 云数据库的灾备方案

云数据库 MySQL 提供了灾备实例，帮助用户一键搭建跨城域的异地数据库灾备。

使用灾备实例，可实现多地域之间不同机房互为冗余，当一个机房发生故障或由于不可抗因素导致无法提供服务，可快速切换到另外一个机房。灾备实例使用腾讯内网专线做数据同步，且经过 MySQL 的内核级复制优化，尽可能消除灾难情况下同步延迟给业务带来的影响，在异地业务逻辑就绪的情况下，可以达到秒级别的灾备切换。

10. 两地三中心方案

使用云数据库 MySQL，在页面简单配置几步即可实现两地三中心方案：

- 购买 MySQL 同城强一致性集群，选择多可用区部署(灰度开放)，提供一地两中心能力。
- 为该集群添加异地灾备节点，即可实现两地三中心架构。

11. 使用灾备实例为用户提供就近接入

灾备实例采用独立 M-S(主备模式)的高可用架构，同时可对外提供只读的访问能力。因此，如有需要，跨地域的用户就近接入业务场景，用户可放心使用灾备实例。

6.5.4 腾讯云数据库灾备功能

1. 功能特点

提供独立的数据库链接地址，灾备实例可提供读访问能力，用于就近接入、数据分析等场景，设备冗余成本低。

使用主备高可用架构，避免了数据库的单点风险。

灾备实例通过内网专线同步，具有较低的同步时延和更高的稳定性，同步链路质量远优于公网网络。

2. 工作原理

腾讯云数据库用做灾备数据库的场景下，灾备实例是主实例数据库的复制备份。

当主实例发生变化，记录修改的 Log 日志信息会被复制到灾备实例，然后利用日志重放实现数据同步。

如果主实例发生故障，可在数秒内激活灾备实例，恢复完整读写功能。

3. 功能限制

仅支持 1GB 内存、50GB 硬盘及以上规格，且 MySQL 5.6 及以上版本、InnoDB 引擎的高可用版主实例购买灾备实例，若主实例低于此规格，请先升级主实例规格，且主实例须已开启 GTID 功能。

若未开启 GTID，可通过控制台实例详情页开启 GTID。开启 GTID 过程耗时较长，且实例将会有几秒的闪断，建议在业务低谷期操作，并在访问数据库的程序中添加重连机制。

灾备实例最低规格要求为 1GB 内存、50GB 硬盘，且必须大于或等于主实例已使用存储规格的 1.1 倍。一个主实例最多可以创建 1 个灾备实例。灾备实例在隔离状态期间，也不可再创建灾备实例。灾备实例暂不支持转移项目、回档、SQL 操作、参数设置、更改字符集、账号管理、更改端口、数据导入、回档日志、只读实例功能。

6.5.5 腾讯云数据库 MySQL 备份功能

1. 云数据库备份方式及备份类型

为防止数据丢失或损坏，用户可以使用自动备份或手动备份的方式备份数据库。备份方式有【双节点】【三节点】，支持自动备份和手动备份两种方式来备份数据库。其中云数据库 MySQL 双节点、三节点支持两种备份类型，具体如下。

- 物理备份，物理数据全复制（自动备份与手动备份均支持）。
- 逻辑备份，SQL 语句的备份（手动备份支持）。

2. 云数据库备份注意事项

使用云数据库 MySQL 备份功能时，需注意以下几点：

物理备份恢复方式需要用 xbstream 解包，单个实例的表数量超过 100 万后，可能造成备份失败，同时也会影响数据库监控，请合理规范表的数量，控制单个实例表数量不超过 100 万。

由于 Memory 引擎表的数据存储在内存中，因此无法对 Memory 引擎表进行物理备份，为避免丢失数据，建议将 Memory 引擎表转换成 InnoDB 表。

实例存在大量无主键表，可能造成备份失败，同时会影响实例的高可用性，请及时对无主键的表创建主键或者二级索引。

云数据库 MySQL 的自动备份仅支持物理备份。自动备份设置默认方式为物理备份，不再提供逻辑备份。存量自动备份为逻辑备份的实例会陆续被自动切换为物理备份。此切换不会影响用户业务访问，可能影响用户自动备份的使用习惯。若用户需要逻辑备份，可以使用云数据库 MySQL 控制台中的手动备份方式或者通过 API 调用生成逻辑备份。

不论是逻辑备份，还是物理备份文件，都会被压缩，故部分下载文件无法使用，可用手动逻辑备份中的备份部分库表功能代替。

实例备份文件占用备份空间，请合理使用备份空间，对超出免费额度的备份空间，会进行收费。为避免所需备份文件超出保留时间而被删除，请及时下载所需的备份文件至本地。备份期间禁止 DDL 操作，避免锁表导致备份失败，建议选择业务低峰期进行备份。

单节点 MySQL 实例不支持数据库备份。手动备份支持全量物理备份、全量逻辑备份和单库单表逻辑备份。手动备份可在备份列表手动删除，释放备份空间，避免空间浪费和占用，在没有手动删除的前提下会一直保留。

实例在执行每天的自动备份任务期间，无法发起手动备份。

3. 物理备份与逻辑备份的优劣势

物理备份具有备份速度快、支持流式备份和压缩、备份成功率高、恢复简单并且高效、依赖备份进行的耦合操作，例如，增加 RO、增加灾备会变得更快。物理备份完成的平均时长为逻辑备份的 1/8 左右。物理备份的导入速度比逻辑备份导入快 10 倍左右。

逻辑备份恢复时需要执行 SQL 和构建索引，恢复时间长。备份速度慢，数据量大的情况下尤为明显。备份过程中会对实例造成压力，可能加大主从延迟。有可能丢失浮点数的精度信息。由于各种问题(如错误视图等)可能导致备份失败。依赖备份进行的耦合操作，例如，增加 RO、增加灾备会变得缓慢。

4. 备份对象与回档

腾讯云数据库 MySQL 主要备份对象有数据备份及日志备份两类，支持功能如表 6-7 所示。需要注意的是，回档功能基于备份周期和备份保留天数内的数据备份＋日志备份(binlog)，缩短自动备份频率和保留天数会影响实例数据的回档时间范围，请用户权衡备份配置。例如，设置备份周期为周一、周四，保留天数为 7，则可以回档到 7 天内(数据备份和日志有效备份实际存储时长)的任意时刻。

表 6-7 腾讯云数据库 MySQL 备份对象功能特性

类型	数据备份	日志备份
特性	自动备份支持全量物理备份	日志文件占用实例备份空间
	手动备份支持全量物理备份、全量逻辑备份和单库单表逻辑备份	日志文件支持下载，但不支持压缩
	自动备份与手动备份均支持压缩和下载	可设置日志文件保留时长

6.5.6 腾讯云数据库 MySQL 回档

使用回档功能可对腾讯云平台中的数据库或表进行回档操作，回档基于数据备份＋日志备份，可进行实时数据回档。回档基于最近一次冷备＋对应的日志备份回档到指定时间点。冷备系统每天会从 MySQL 备机导出数据到冷备系统。回档时，首先从回档系统申请一台回档实例，然后从冷备系统导出冷备数据导入临时实例(根据回档方式导入不同数据)。回档实例和 MySQL 主实例建立主备关系，并设置需要回档的时间和数据库表。将回档后的数据库表复制到 MySQL 主实例。腾讯云数据库 MySQL 回档原理如图 6-19 所示。

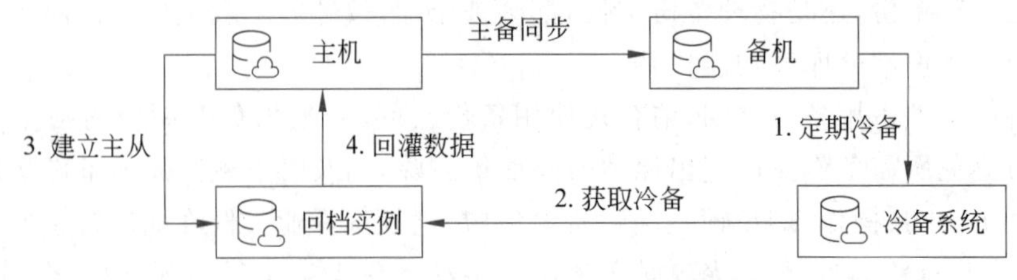

图 6-19 腾讯云数据库 MySQL 回档原理

1. 功能限制

(1) 只支持主实例回档,不支持只读实例和灾备实例回档。

(2) 目前只支持指定库表回档,回档后的库表会回写到源实例(需要重命名),不支持整实例回档。

2. 注意事项

(1) 回档功能与自动备份设置的备份周期时间和保留天数相关联,提供基于保留天数下且备份周期时间内数据备份+日志备份的回档,备份周期设置参见自动备份 MySQL 数据。为保证数据安全,自动备份设置的备份周期请设置为一周至少备份两次 MySQL。

(2) 包年包月实例未到期但账号欠费后,备份相关服务会降级,禁止回档数据库,若需进行回档操作,请充值至账号余额为正。

(3) 如果需要回档的库表不存在或被误删,则需要先登录数据库并创建库表,再使用控制台回档。

(4) 如果回档之前的冷备份没有该表,则灾备会失败。

6.6 项目开发及实现 1:腾讯云数据库服务

6.6.1 项目描述

赵刚任职于某公司的信息中心部门,主要负责公司网络维护及公司业务信息数据的存储、维护工作。经过对腾讯云数据库产品架构的基础认知,以及对腾讯云关系数据库、非关系数据库的进一步了解,结合公司的实际业务需求进行综合分析,认为腾讯云数据库 MySQL 的产品比较合适。于是赵刚开始学习腾讯云数据库 MySQL 的基础知识。

(1) 掌握腾讯云数据库 MySQL 地区及可用区、端口及连接方式、连接检查工具相关概念;

(2) 掌握创建腾讯云数据库 MySQL 实例的方法;

(3) 掌握初始化腾讯云数据库 MySQL 实例的方法;

(4) 掌握配置腾讯云数据库 MySQL 实例连接基础;

(5) 掌握配置腾讯云数据库 MySQL 实例连接方法。

6.6.2 项目实现

1. 创建腾讯云数据库 MySQL 实例

创建腾讯云数据库 MySQL,根据实际需求选择各项配置信息。

(1) 登录腾讯云数据库 MySQL 购买页面,对【计费模式】选择包年包月或按量计费。

若业务量有较稳定的长期需求，建议选择包年包月。若业务量有瞬间大幅波动场景，建议选择按量计费。在【地域】选项，选择需要部署 MySQL 的地域。建议用户选择与云服务器同一个地域，不同地域的云产品内网不通，购买后不能更换，如图 6-20 所示。

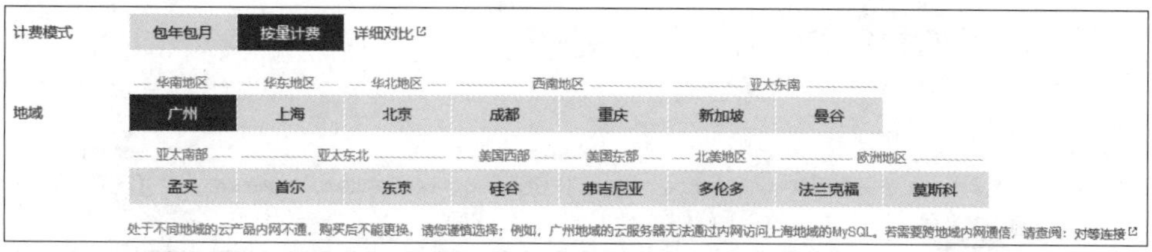

图 6-20　腾讯云数据库 MySQL 配置定制(1)

(2) 选择【数据库版本】时，建议选择较高的 MySQL 8.0 版本，在服务支持期限、执行性能及功能支持上较早期版本均有较大提升。在【架构】方面，可根据表 6-3 列举的单节点、双节点、三节点三者对比优缺点进行综合衡量选择。在进行【主可用区】以及【备可用区】的选择上，主备可用区不同时(即多可用区部署)，可保护数据库以防发生故障或可用区中断。但需要注意，若主备机处于不同可用区，则可能增加 2～3ms 的同步网络延迟。【实例规格】的选择将确定服务器虚拟主机的 CPU 的性能级别，以及内存的容量大小，用户可根据实际需求进行选择。【硬盘】选项是指用于存放 MySQL 运行时所必需文件的 SSD 硬盘空间，用户可根据实际需要选择，如图 6-21 所示。

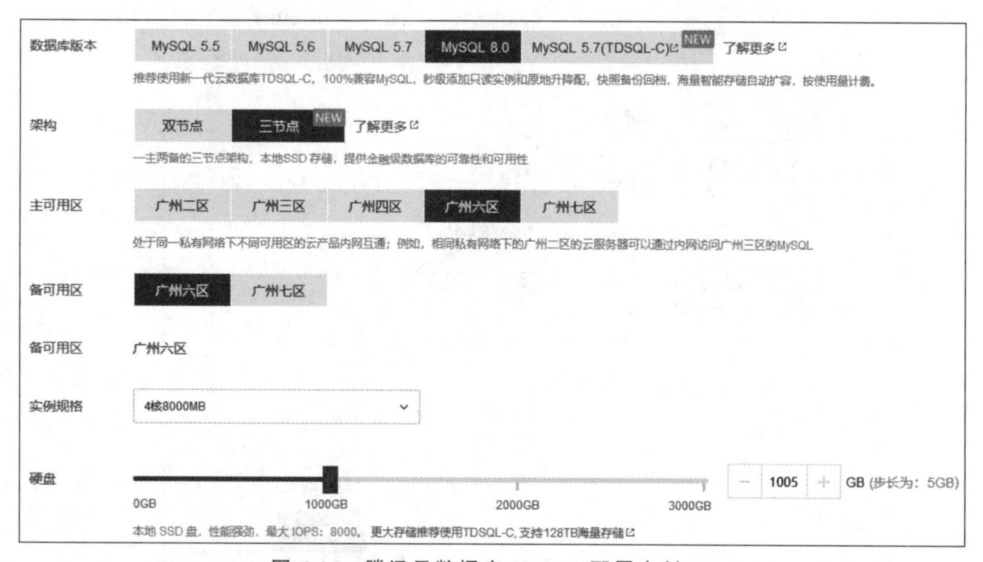

图 6-21　腾讯云数据库 MySQL 配置定制(2)

(3)【实例名】用于区分不同用途的云数据库实例，用户可以选择立即配置本次腾讯云数据库 MySQL 实例名称或在创建实例后再行设定。【购买数量】用于指定所购买数据库的数量，每个用户在每个可用区可购买按量计费实例的总数量为 10，如图 6-22 所示。

(4) 支付完成后，返回实例列表，会看到实例显示发货中(需要 3～5min，请耐心等待)，待实例状态变为未初始化，即可进行初始化操作。

2. 初始化 MySQL 实例

腾讯云数据库 MySQL 实例创建完后并不能立刻使用，还需要对腾讯云数据库 MySQL

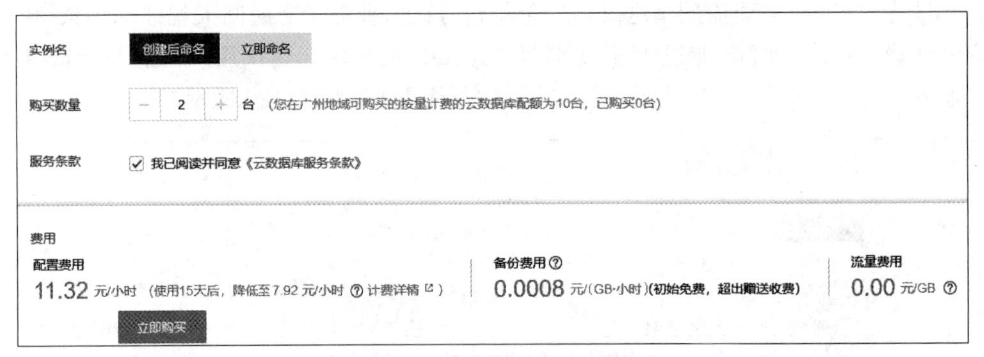

图 6-22　腾讯云数据库 MySQL 配置定制(3)

实例进行初始化。

(1) 登录腾讯云数据库 MySQL 控制台，选择对应地域后，在实例列表选择状态为“未初始化”的实例，在“操作”列单击【初始化】。

(2) 在弹出的【初始化】对话框，配置初始化相关参数，如图 6-23 所示，具体配置可参考以下说明。

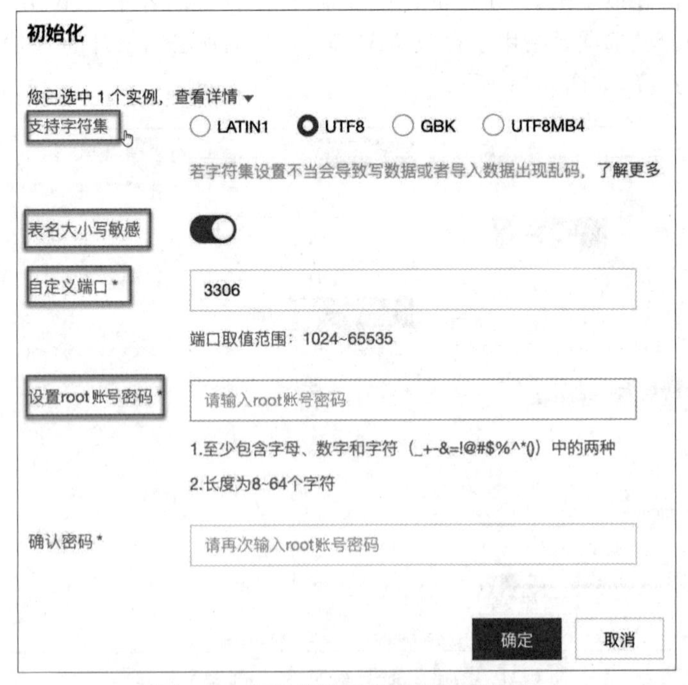

图 6-23　初始化腾讯云数据库 MySQL

【支持字符集】选项可让用户设定数据库的字符支持 LATIN1、GBK、UTF8、UTF8MB4 字符集。初始化实例后，也可在控制台实例详情页修改字符集。需要注意的是，若数据库字符集与数据输入源或需要导入的数据字符集不兼容，将会出现乱码。

【表名大小写敏感】用于由系统检测表名是否大小写敏感，默认为是。

【自定义端口】选项用于设定数据库的对外访问端口，默认为 3306。用户也可从 1024～65535 这个范围选定自定义的端口值，需要注意设定端口值时需尽量避免与其他进程的端口相同,以免发生冲突。

【设置 root 账号密码】用于设定新创建的 MySQL 数据库的默认用户 root 的密码。

在弹出的【初始化】对话框,单击【确定】按钮后开始初始化。返回实例列表,待实例状态变为“运行中”,即可正常使用。

3. 配置 MySQL 实例连接基础

完成腾讯云数据库 MySQL 初始化工作后,仍需要对相关 MySQL 实例进行诸如【授权主机地址】【安全组】等相关配置,为部署在腾讯云上的数据库接下来的连接工作打下基础。

(1) 通过云数据库 MySQL 控制台修改数据库账号所授权的主机地址,限制对数据库的访问,进而提升数据库的访问安全。

首先登录 MySQL 控制台,在实例列表中选择已经安装好的 MySQL 实例 ID 或操作列的管理,进入实例管理页面,如图 6-24 所示。在实例管理页面,选择【数据库管理】-【账号管理】,找到需要修改主机的账号,选择【更多】-【修改主机】,如图 6-25 所示。

然后,在弹出的【修改主机】对话框输入新主机地址,主机地址支持单个 IP 形式的地址,也支持填入%(表示不做 IP 范围限制)。如填入%,表示不做 IP 范围限制,即允许所有 IP 地址的客户端使用该账号访问数据库;填入 10.5.10.%,表示允许 IP 范围在 10.5.10.%内的客户端使用该账号访问数据库。最后,单击【确定】按钮即可完成数据库账号授权的主机地址修改工作。注意,root 账号不支持修改主机地址。

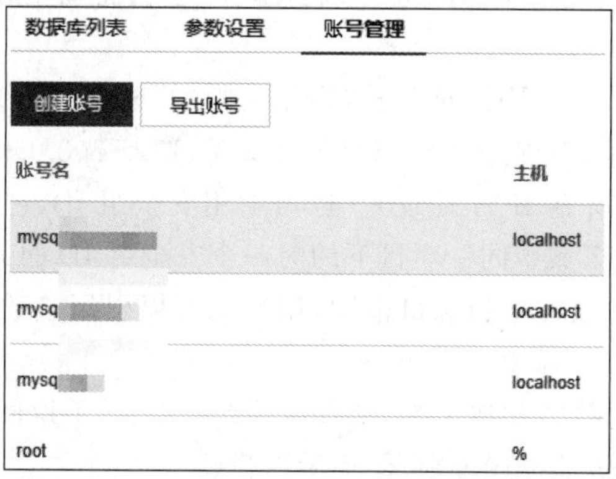

图 6-24　实例管理页面

准备好数据库账号并授权允许访问 MySQL 的 IP,参见创建账号、修改授权访问的主机地址,用户也可以直接使用 root 账号。

如果用户忘记密码,可以通过【数据库管理】返回【账号管理】页面,找到需要重置密码的账号,选择【更多】-【重置密码】,如图 6-26 所示。注意,数据库密码需要 8～64 个字符,至少包含英文、数字和符号 _、+、-、&、=、!、@、#、$、%、^、*、()中的两种。

(2) 配置云服务器 CVM 和 MySQL 的安全组出入站规则,限制允许访问 MySQL 的 IP 连接方式。登录云服务器 CVM 控制台,在左侧导航栏首先选择【安全组】,之后选择【地域】,最后单击【新建】按钮。在【新建】页面中需要配置的选项具体如下。

【模板】:根据安全组中的数据库实例需要部署的服务选择合适的模板,具体每个模板的作用请查看表 6-5。

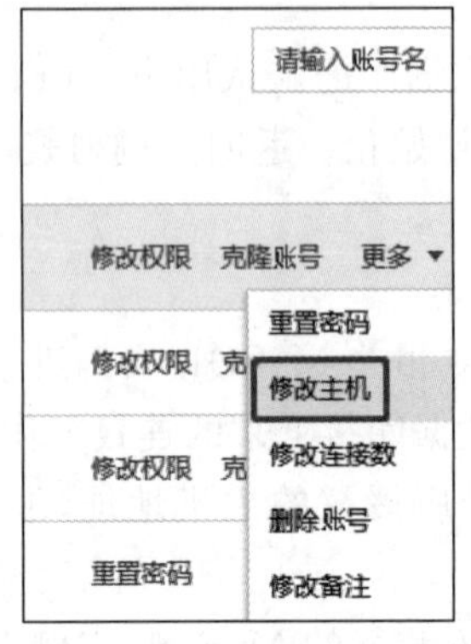

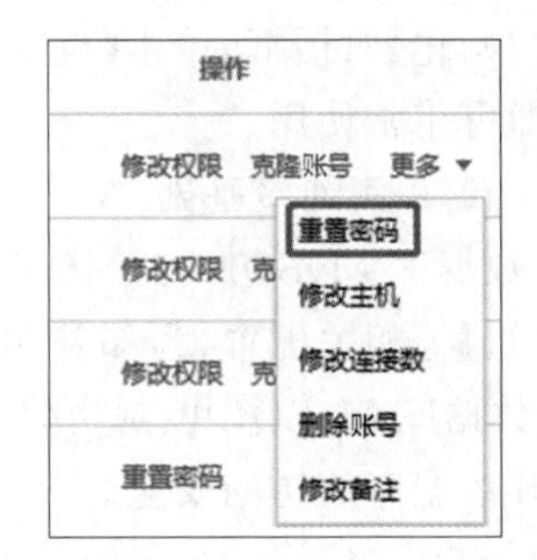

图 6-25　实例账号管理页面　　　　图 6-26　重置腾讯云数据库 MySQL 实例密码

【名称】：自定义设置安全组名称。

【所属项目】：选择默认项目，可指定为其他项目，便于后期管理。

【备注】：自定义，简短地描述安全组，便于后期管理。

(3) 添加安全组规则。返回【安全组】页面，在需要设置规则的安全组行中单击操作列的【修改规则】。在安全组规则页面，选择【入站规则】-【添加规则】。在弹出的对话框中，需要设置的规则有以下几项。

【类型】：默认选择自定义，用户也可以选择其他系统规则模板，推荐选择 MySQL(3306) 模板。

【来源】：流量的源(入站规则) 或目标(出站规则)。选择单个 IPv4(IPv6) 地址或 IPv4(IPv6) 地址范围时，使用 CIDR 表示法，如(如 203.0.113.0、203.0.113.0/24 或者 0.0.0.0/0，其中 0.0.0.0/0 代表匹配所有 IPv4 地址)。也可引用安全组 ID，包含安全组关联云服务器的当前安全组，以及同一区域中同一项目下的另一个安全组 ID 的其他安全组。

【协议端口】：填写协议类型和端口范围，用户也可以引用参数模板中的协议端口或协议端口组。

【策略】：默认选择允许。如选拒绝，则直接丢弃数据包，不返回任何回应信息。

【备注】：自定义，简短地描述规则，便于后期管理。

(4) 配置安全组，返回 MySQL 实例管理页面，选择【安全组】页，单击【配置安全组】，在弹出的对话框中选择需要绑定的安全组，单击【确定】按钮即可完成安全组绑定云数据库的操作。

4. 连接 MySQL 实例

完成腾讯云数据库 MySQL 的基础安全配置后，接下来正式开始结合操作系统，进行对部署在腾讯云上的数据库的连接工作，以确保业务正常开展。

使用 Windows 服务器连接腾讯云数据库 MySQL，以内、外网两种不同的方式连接云数据库 MySQL。常用的客户端有标准的 MySQL 服务自带的连接工具、DBDesigner、MySQL Workbench 等。其中 MySQL Workbench 是下一代的可视化数据库设计、管理的工具，如图 6-27 所示。MySQL Workbench 是一款专为 MySQL 设计的 ER/数据库建模工具。它是著名的数据库设计工具 DBDesigner4 的继任者。可以用 MySQL Workbench 设计和创建新的数据库图示，建立数据库文档，以及进行复杂的 MySQL 迁移。本实训以 MySQL

Workbench 为例，连接 MySQL 客户端，讲解腾讯云数据库 MySQL 实例。

1）Windows 操作系统端

（1）登录到 Windows 云服务器，登录官网并下载一个 MySQL Workbench，如图 6-27 所示。

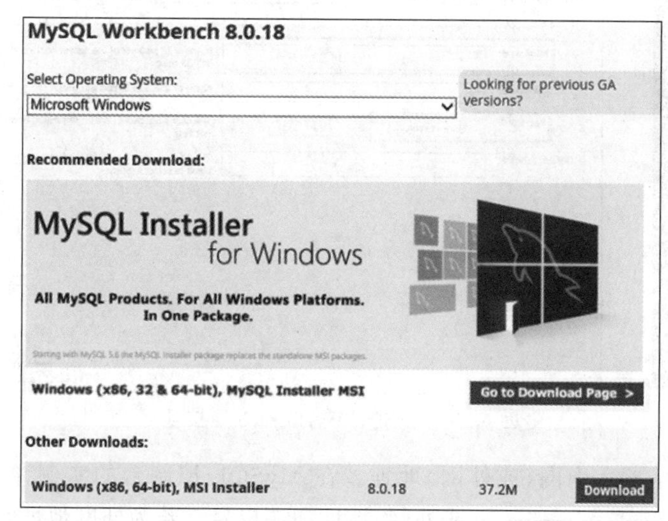

图 6-27　MySQL 安装包 Windows 端

（2）在该 Windows 云服务器上，安装 Microsoft .NET Framework 4.5 和 Visual C++ Redistributable for Visual Studio 2015。用户可以单击 MySQL Workbench 安装向导中的 Download Prerequisites，跳转至对应页面下载并安装这两个软件，如图 6-28 所示。

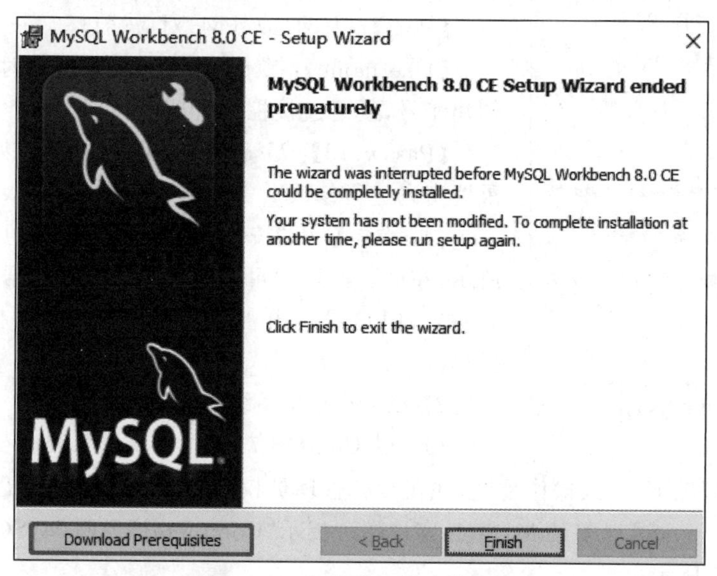

图 6-28　安装附加基础软件包

（3）打开 MySQL Workbench，选择 Database > Connect to Database，输入 MySQL 数据库实例的内网（或外网）地址和用户名、密码等相关信息，如图 6-29 所示，具体配置项如下。

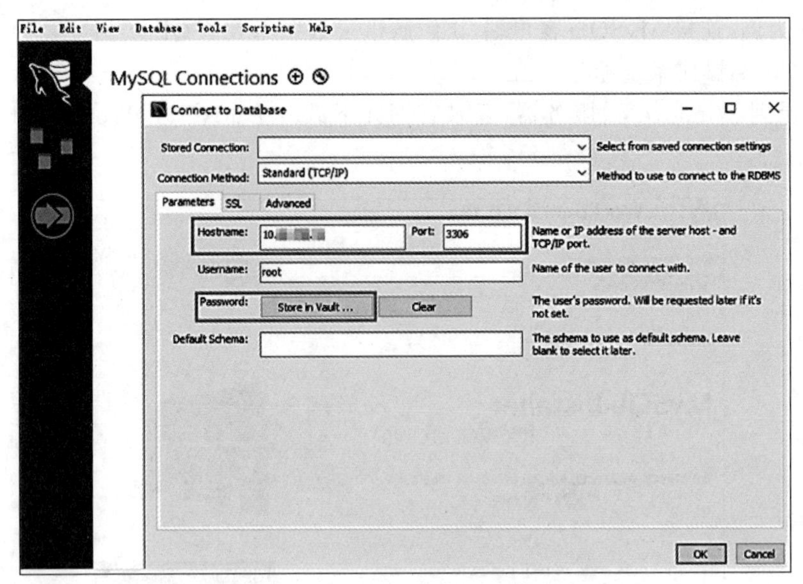

图 6-29 MySQL Workbench 连接项

【Hostname】：输入内网(或外网)地址。在 MySQL 控制台的实例详情页可查看内网(或外网)地址和端口号。若为外网地址，请在实例列表中单击实例 ID 或操作列的管理，进入实例【基本信息】页面。在实例【基本信息】页面下方的【外网地址】处，确认外网地址是否已【开启】，如图 6-30 所示。

基本信息	
实例名称	731
实例ID	
状态/任务	运行中 / -
地域/可用区	华北地区（北京）/ 北京二区
所属项目	默认项目 转至其他项目
GTID	已开启
字符集	UTF8
所属网络	Default-VPC - Default-Subnet 更换网络
内网地址	172.21.0.7 一键连接检查
内网端口	3306
外网地址	开启
标签	修改

图 6-30 开启外网地址

在实例详情页下的外网地址处，单击开启。

【Port】：内网(或外网)对应端口。

【Username】：默认为 root，外网连接时建议用户单独创建账号，便于连接控制管理。

【Password】：Username 对应的密码，如忘记密码，可重置密码进行修改。

(4) 单击【OK】按钮，进入登录成功的页面，如图 6-31 所示，在此页面用户可以看到 MySQL 数据库的各种模式和对象，用户可以开始创建表，进行数据插入和查询等操作。

2) Linux 操作系统端

(1) 以 CentOS 7 64 位系统的 Linux 云服务器为例，确保网络连通情况下，登入操作系统，并在具有管理员权限的用户环境命令提示符中执行命令“yum install mysql”以安装 MySQL 客户端。提示“Complete!”说明 MySQL 客户端安装完成，如图 6-32 所示。

(2) 使用内网连接时，在管理员权限的用户环境命令提示符中执行命令“mysql -h [hostname] -u [username] -p”，登录到 MySQL 数据库实例。命令中【hostname】替换为目标 MySQL 数据库实例的内网地址，内网地址可在 MySQL 控制台中查看。【username】替换为默认的用户名 root。在提示“Enter password:”后输入 MySQL 实例的 root 账号对应

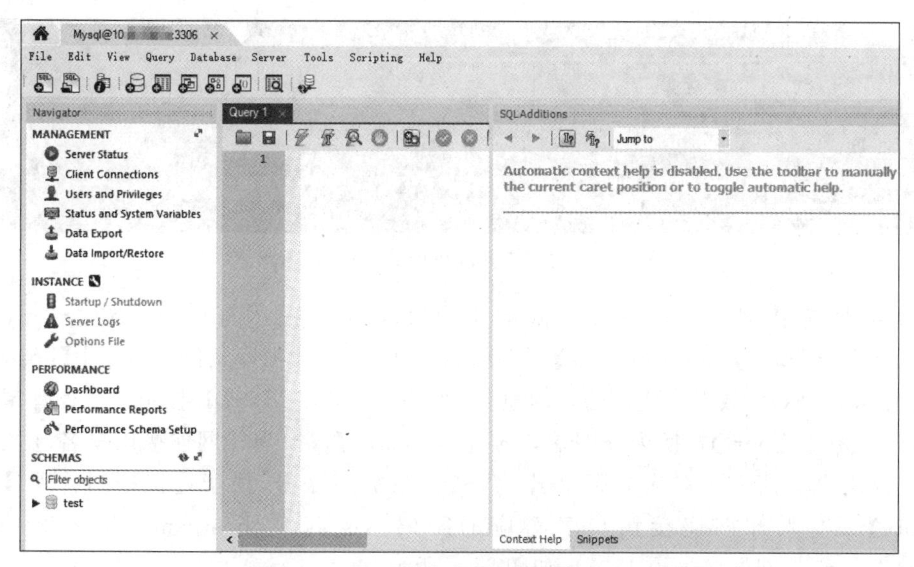

图 6-31　MySQL Workbench 连接成功列表

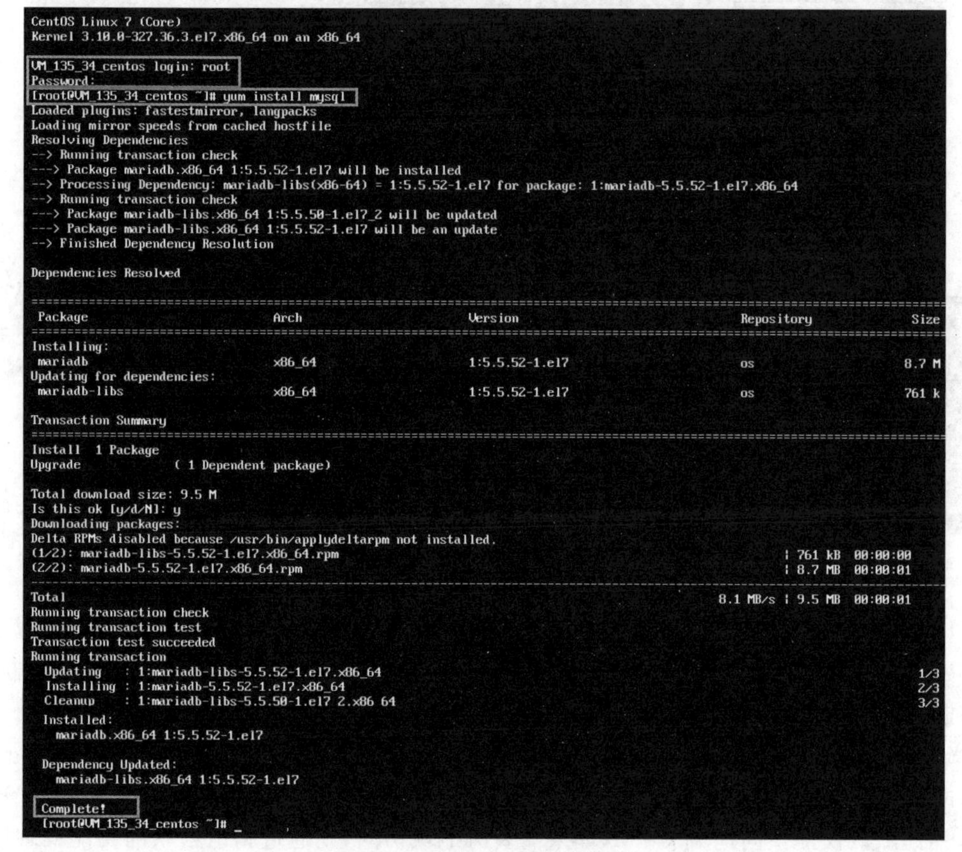

图 6-32　安装 MySQL 客户端

的密码,如忘记密码,请回看。本例中提示 MySQL [(none)]>,说明成功登录到 MySQL,如图 6-33 所示。

```
[root@VM_135_34_centos ~]# mysql -h 10.66.   .    -u root -p
Enter password:
Welcome to the MariaDB monitor.  Commands end with ; or \g.
Your MySQL connection id is 155439
Server version: 5.6.28-cdb20160902-log 20160902

Copyright (c) 2000, 2016, Oracle, MariaDB Corporation Ab and others.

Type 'help;' or '\h' for help. Type '\c' to clear the current input statement.

MySQL [(none)]> _
```

图 6-33　内网连接腾讯云数据库 MySQL

(3) 外网连接时：在管理员权限的用户环境命令提示符中执行命令“mysql -h【hostname】-P【port】-u【username】-p”登录到 MySQL 数据库实例。命令中【hostname】替换为目标 MySQL 数据库实例的外网地址，外网地址可在 MySQL 控制台中查看，并确保已开启外网地址；【port】替换为外网端口号；【username】替换为外网连接用户名，用于外网连接，建议用户单独创建对应的腾讯云 MySQL 数据库账号，便于连接控制管理；【Enter password】后输入外网连接用户名对应的密码。本例中，hostname 为 59281c4exxx.myqcloud.com，外网端口号为 15311，如图 6-34 所示。

```
[root@VM_135_34_centos src]# mysql -h 59281c4e            cloud.com -P 15311 -u cdb_outerroot -p
Enter password:
Welcome to the MariaDB monitor.  Commands end with ; or \g.
Your MySQL connection id is 322537
Server version: 5.6.28-cdb20160902-log 20160902

Copyright (c) 2000, 2016, Oracle, MariaDB Corporation Ab and others.

Type 'help;' or '\h' for help. Type '\c' to clear the current input statement.

MySQL [(none)]> _
```

图 6-34　外网连接腾讯云数据库 MySQL

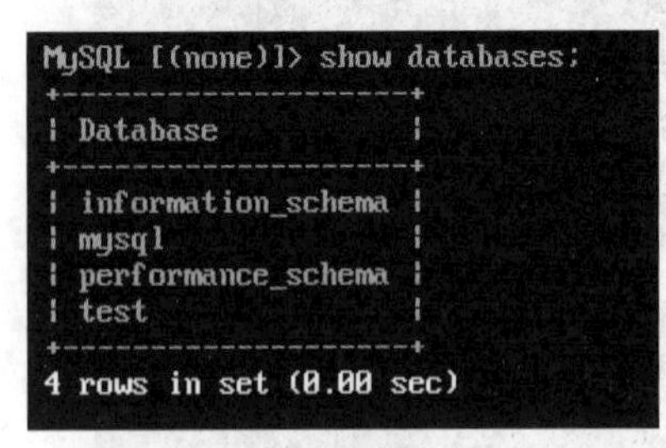

图 6-35　数据库查询结果

(4) 在 MySQL[(none)]>提示符下使用要执行的命令并发送到 MySQL 服务器即可实现相关的数据库操作。以“show databases”命令为例，数据库查询结果如图 6-35 所示。

5. 腾讯云数据库 MySQL 连接故障排查

当遇到无法连接腾讯云数据库 MySQL 实例的问题，用户可通过使用【一键连接检查工具】进行基本的排查，具体可按照以下步骤进行操作。

1) 内网连接检查

(1) 登录腾讯云数据库 MySQL 控制台，选择需要排查的腾讯云数据库实例，单击腾讯云数据库实例 ID，进入实例管理页面。

(2) 在实例管理页面，选择【连接检查】并进入【内网检查】页面。检查内网连接问题时，需单击添加访问此实例的云主机，添加访问此腾讯云数据库 MySQL 实例的 CVM。选择 CVM 时，默认仅提供同地域 CVM，如果需要跨地域访问，则通过腾讯云联网功能实现网络互通。

(3) 添加完成后，需要在【内网检查】页面单击【开始检查】按钮，检查任务完成后，会生成检查报告，如图 6-36 所示。

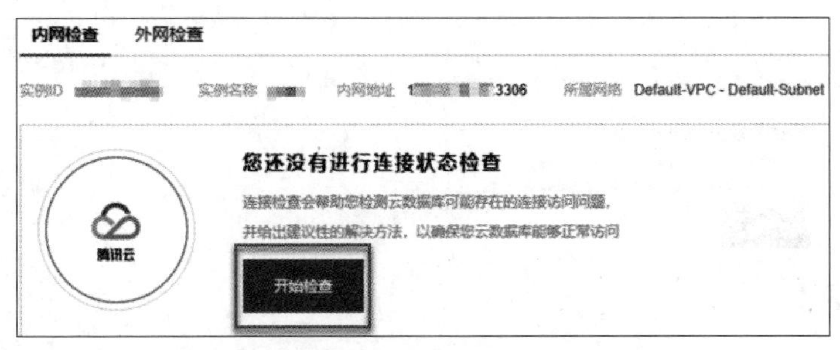

图 6-36 启动内网检查 123

(4) 在检查报告的【状态】列，单击【查看报告】可查看检查结果。若检查状态为【正常】，则表示 CVM 可以通过内网正常访问该 MySQL 实例。若检查状态为【异常】，则表示 CVM 无法通过内网正常访问该 MySQL 实例，如图 6-37 所示。

检查报告详情

云主机名称 未命名

检查项	状态	影响	处理建议
MySQL实例状态	正常	–	–
CVM实例状态	正常	–	–
CVM与MySQL处于同一VPC	异常	CVM无法访问MySQL实例	检测到您服务器与MySQL不在同一VPC网段，CVM需要与MySQL处于同一地域的同一VPC中，请参考这里进行处理。 请参考这里进行处理
CVM安全组策略	正常	–	–
MySQL安全组策略	正常	–	–

共5项

确定

图 6-37 腾讯云数据库 MySQL 实例检查情况

2) 外网连接检查

(1) 登录腾讯云数据库 MySQL 控制台，选择需要排查的数据库实例，单击数据库实例 ID，进入数据库实例管理页面。

(2) 在数据库实例管理页面，选择【连接检查】-【外网检查】。检查外网连接问题时，需单击添加访问此实例的外网服务器，添加访问此 MySQL 实例的外网服务器。添加完成后，单击【开始检查】按钮，检查任务完成后，会生成检查报告，如图 6-38 所示。

(3) 在检查报告的【状态】列，单击【查看报告】可查看检查结果。若检查状态为【正常】，则表示外网服务器可以通过外网正常访问该 MySQL 实例。若检查状态为【异常】，则表示外网服务器无法通过外网正常访问该 MySQL 实例，用户需要调整后再进行连接，如图 6-39 所示。

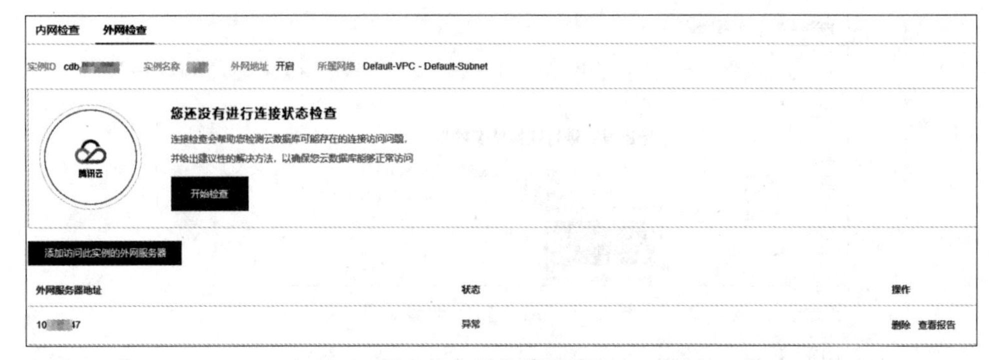

图 6-38 外网检查页面

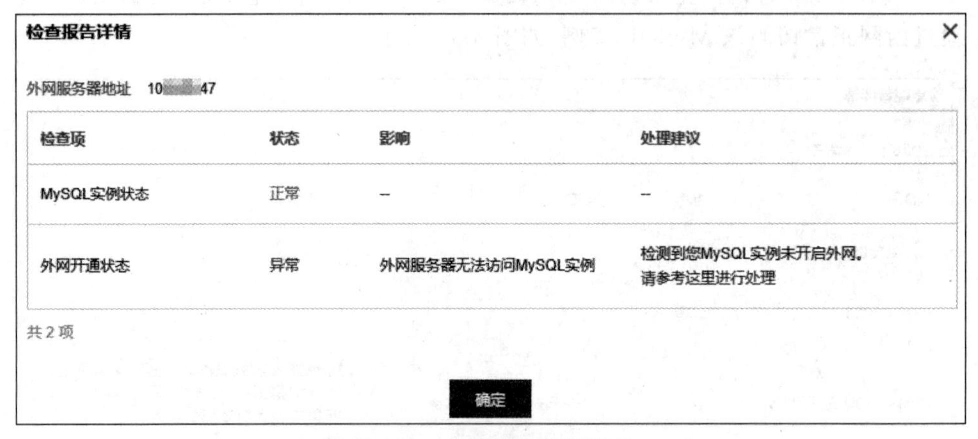

图 6-39 外网连接检查状态

6.7 项目开发及实现 2：腾讯云数据库应用场景

6.7.1 项目描述

赵刚任职于某公司的信息中心部门，主要负责公司网络维护及公司业务信息数据的存储、维护工作。经过对腾讯云数据库产品架构的基础认知，以及对腾讯云关系数据库、非关系数据库的进一步了解，结合公司的实际业务需求进行综合分析，认为腾讯云数据库 MySQL 的产品比较合适。赵刚在完成对腾讯云数据库 MySQL 的基础学习后，根据公司业务场景开始学习腾讯云数据库 MySQL 的进阶功能。

（1）了解腾讯云提供的关系型云数据库、非关系型云数据库的应用情景及数据灾备原理；

（2）掌握如何规范化使用腾讯云数据库 MySQL、提高业务负载能力及备份原理；

（3）掌握设置腾讯云数据库 MySQL 实例维护时间的方法；

（4）掌握管理腾讯云数据库 MySQL 灾备实例的方法；

（5）掌握腾讯云数据库 MySQL 实例的备份方法；

（6）掌握使用物理备份恢复腾讯云数据库 MySQL 实例的方法；

（7）掌握回档腾讯云数据库 MySQL 实例的方法。

6.7.2 项目实现

1. 设置实例维护时间

维护时间对于云数据库 MySQL 而言非常重要，为保证用户的云数据库 MySQL 实例的稳定性，后台系统会不定期在维护时间内对实例进行维护操作。用户对业务实例设置自己可接受的维护时间，一般设置在业务低峰期，将对业务的影响降到最低。

另外，建议实例规格调整、实例版本升级、实例内核升级等涉及数据搬迁的操作也放置在维护时间内(目前，主实例、只读实例与灾备实例都支持维护时间)。

以数据库实例规格升级为例，实例规格升级若涉及数据搬迁，那么在升级完成时会发生秒级数据库连接闪断。在发起升级时选择切换时间为维护时间内，实例规格切换将会在实例升级完成后的下一个维护时间内发起。需要注意的是，选择切换时间为维护时间内时，数据库规格升级完成时不会立即切换，会保持同步直到实例的维护时间内发起切换，因此可能延长整个实例升级所需时间。

云数据库 MySQL 在进行维护前，会向腾讯云账户内设置的联系人发送短信和邮件，请注意查收。实例切换时会发生秒级数据库连接闪断，请确保业务具备重连机制。

(1) 设置维护时间。登录 MySQL 控制台，在实例列表，单击 MySQL 数据库实例 ID 或【操作】列的【管理】，进入实例详情页面。在详情页的【维护信息】处，单击“修改”，如图 6-40 所示。

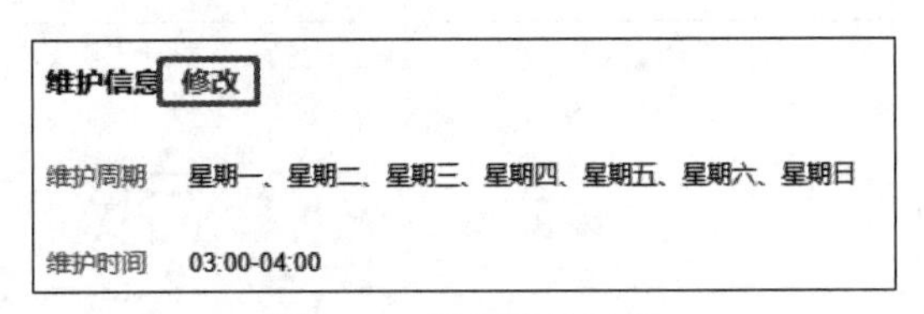

图 6-40 设置维护时间

(2) 在弹出的【修改维护周期和时间】对话框，选择用户所需的【维护周期】和【维护时间】，单击【确定】按钮，如图 6-41 所示。

图 6-41 修改维护周期和维护时间

(3) 使用立即切换功能。若某任务选择在维护时间内切换，但因特殊情况需在未到维护时间内做切换，则可单击【操作】列的【立即切换】。

注意：【立即切换】适用于实例规格升级、版本升级、内核升级等涉及数据搬迁的操作。

版本升级操作下，若实例关联多个实例，则切换顺序会依灾备实例、只读实例、主实例依次进行，如图 6-42 所示。

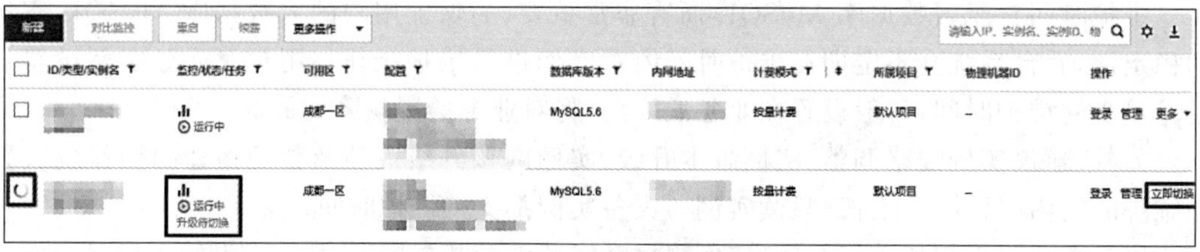

图 6-42 维护模式切换

2. 管理灾备实例

针对业务连续服务和对数据可靠性有强需求或是监管需要的场景，云数据库 MySQL 提供跨地域灾备实例，帮助用户以较低的成本提升业务连续服务的能力，同时提升数据的可靠性，灾备实例费用与主实例相同。

创建灾备实例步骤如下。

(1) 登录 MySQL 控制台，在实例列表，单击数据库实例 ID 或【操作】列的【管理】，进入详情页。在实例详情页的基本信息中确认 GTID 功能开启，在实例架构图中单击添加灾备实例，进入灾备实例购买页，如图 6-43 所示。

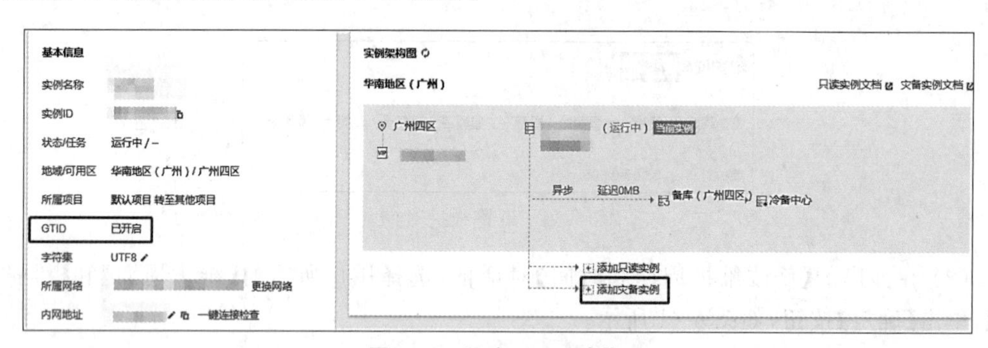

图 6-43 开启 GTID 功能

(2) 在弹出的购买页中设置灾备实例的【计费模式】【地域】【同步策略】等基本信息。其中同步策略为【立即同步】时，创建完灾备实例会立即同步数据。同步策略为【创建后同步】时，灾备实例创建成功后，需对灾备同步链接进行配置。创建时长受数据量的影响，期间主实例的控制台操作会被锁定，请妥善安排。

注意：灾备实例暂只支持整个实例数据同步，请确保磁盘空间充足。请确保主实例状态为运行中，并且没有任何运行相关变更任务执行，如升降配、重启等，否则同步任务有可能失败。确认无误后，单击【立即购买】，待灾备实例发货。返回实例列表，待实例状态变为运行中，即可进行后续操作。

(3) 创建同步链接。用户若在购买时选择的【同步策略】为【创建后同步】，则在灾备实例创建成功后，需对灾备同步链接进行配置，实现异地灾备。在主实例的实例详情页中，可查看灾备实例的同步状态，单击【创建同步任务】，如图 6-44 所示。为灾备实例创建与主实例内网同步的链接。

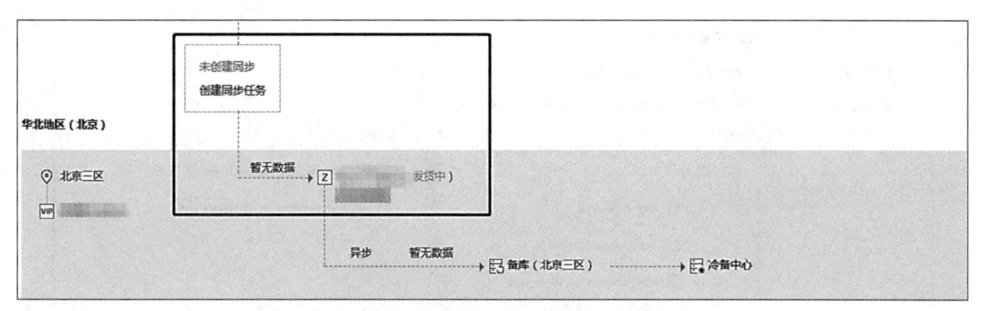

图 6-44 创建灾备实例同步链接

(4) 在【任务初始化】页面，为本次灾备任务填写【任务名称】，并确认【源库信息】和【目标库信息】，单击【保存并下一步】按钮，如图 6-45 所示。

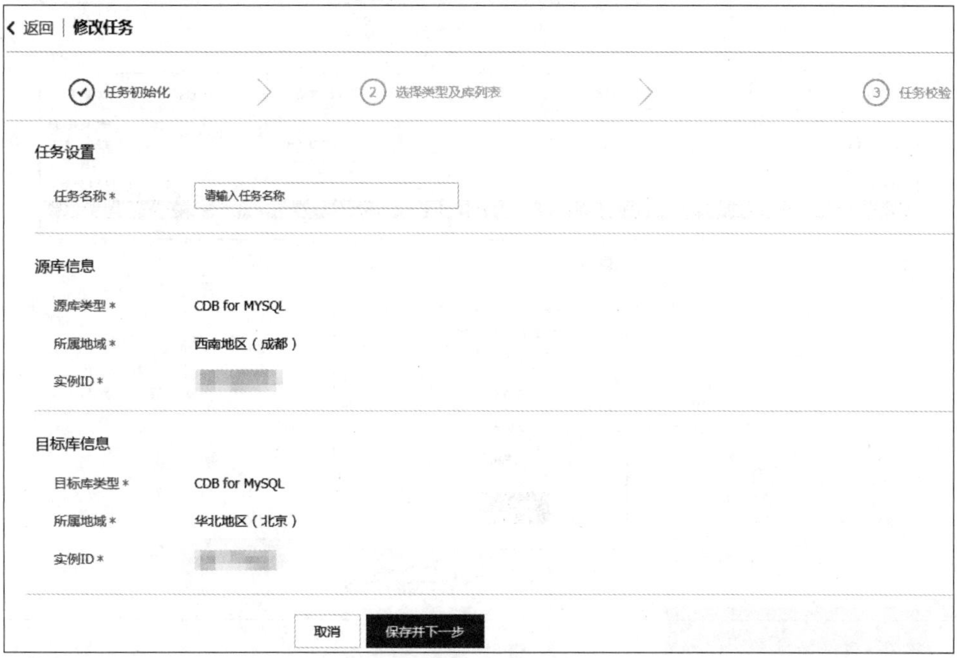

图 6-45 修改任务

(5) 在【选择类型及库列表】选择需要同步的对象，支持同步整个实例或仅同步部分库表。注意，目前暂不支持同步类型的选择，如图 6-46 所示。

(6) 单击【保存并校验】按钮进入校验页面，校验成功后单击启动任务，即可在 MySQL 的灾备同步页面中查看任务详情，如图 6-47 所示。

3. 管理灾备实例

(1) 查看灾备实例，已创建的灾备实例可在其所在地域查看，并在实例列表筛选出该地域全部灾备实例，如图 6-48 所示。

(2) 查看从属关系。用户通过单击每个灾备实例或主实例右方的图标，即可查看实例的从属关系，如图 6-49 所示。

图 6-46　灾备同步对象

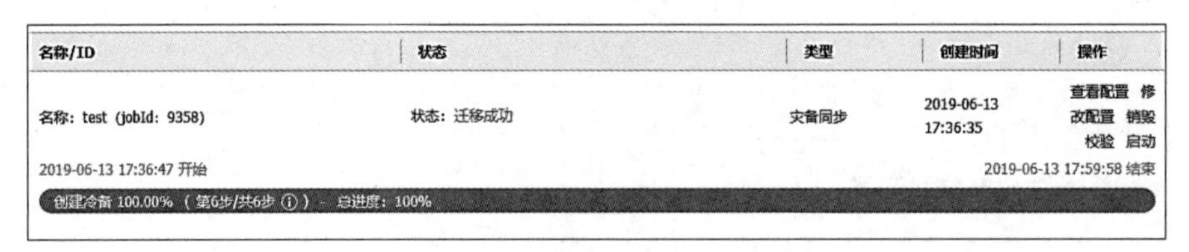

图 6-47　灾备任务创建完毕

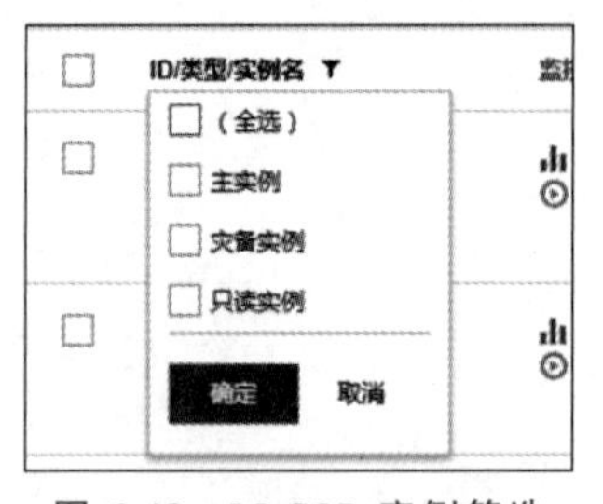

图 6-48　MySQL 实例筛选

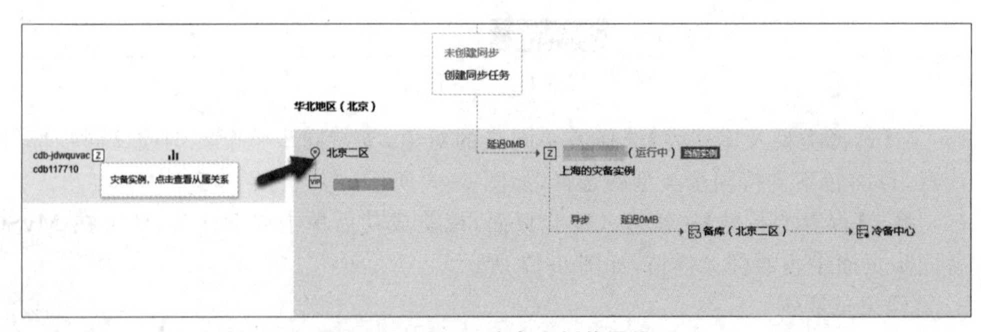

图 6-49　MySQL 灾备实例从属关系

（3）查看同步延迟。可在灾备实例的实例详情页上方查看主实例和灾备实例之间的同步延迟，如图 6-50 所示。

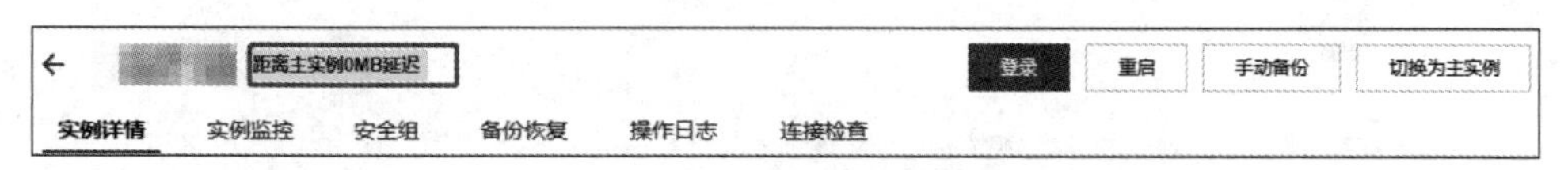

图 6-50 查看同步延迟

4. 灾备实例功能

灾备实例提供实例详情、实例监控、备份恢复、操作日志等功能。当用户需要切换灾备实例为主实例时,可在控制台主动切换灾备实例为主实例。

(1) 在实例列表,选择需要升级为主实例的灾备实例,单击实例 ID,进入实例管理页面。

(2) 在实例管理页面,单击右上角的【切换为主实例】,即可将灾备实例升级为主实例,如图 6-51 所示。切换后将断开与原主实例的同步连接,恢复实例数据库数据写入能力和完整的 MySQL 功能。注意,同步连接断开后不可重连,请谨慎操作。

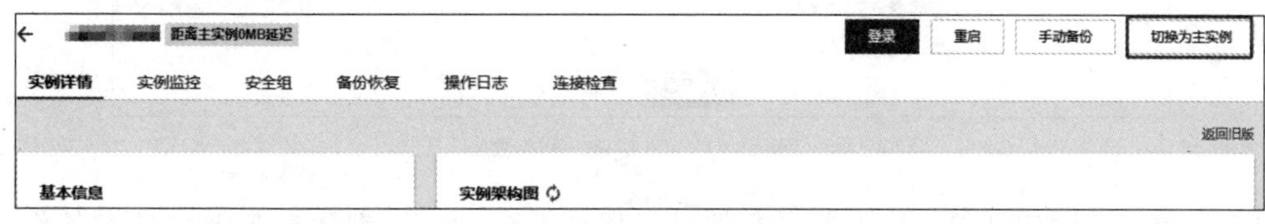

图 6-51 切换为主实例

5. 备份腾讯云数据库

为防止数据丢失或损坏,用户可以使用自动备份或手动备份的方式备份腾讯云数据库。

自动备份腾讯云数据库 MySQL 数据:

(1) 登录 MySQL 控制台,在实例列表,单击实例 ID 进入管理页面,选择【备份恢复】-【自动备份设置】,如图 6-52 所示。

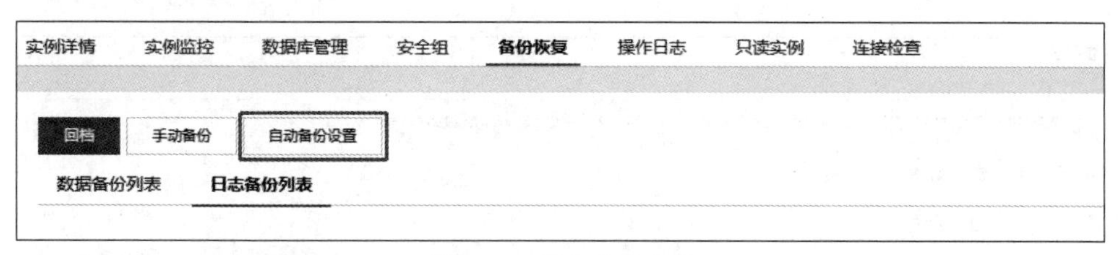

图 6-52 开启自动备份

(2) 在弹出的【备份设置】对话框,选择各备份参数,单击【确定】按钮,如图 6-53 所示。自动备份无法手动删除,可设置数据备份保留时间,到期后会自动删除。相关项目参数说明如下。

【备份周期】: 为保障用户的数据安全,请设置一周至少备份两次,默认为星期一至星期日。

【备份时间】: 默认时间为系统自动分配的备份发起时间。可自定义选择时间区间,建议设置为业务低峰期。备份发起时间只是备份开始启动的时间,并不代表备份结束的时间。例如,选择 02:00—06:00,系统会在 02:00—06:00 时间范围的某一个时间点发起备份,具体的发起时间点取决于后端备份策略和备份系统状况。

【数据备份保留时间】: 数据备份文件可以保留 7～732 天,默认为 7 天。

图 6-53　数据备份设置

【日志备份保留时间】：日志备份文件可以保留 7～732 天，默认为 7 天。日志备份天数必须小于或等于数据备份天数。

6. 手动备份 MySQL 数据

(1) 备份功能允许用户自助发起备份任务。在实例列表，单击实例 ID 进入管理页面，选择【备份恢复】-【手动备份】。

(2) 在弹出的【备份设置】对话框，选择备份方式和对象，单击【确定】按钮，如图 6-54 所示。

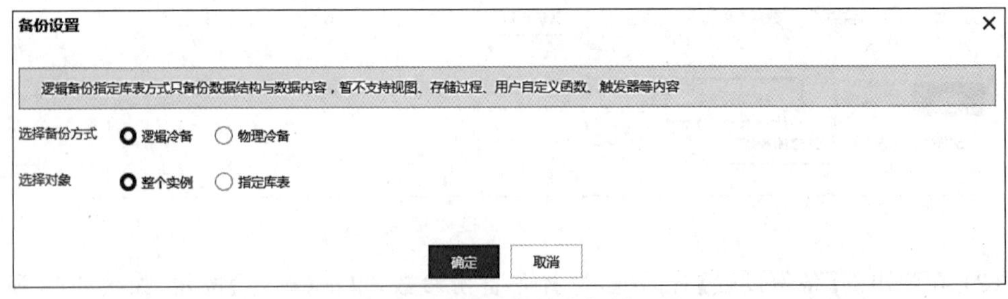

图 6-54　云 MySQL 数据库备份设置(1)

(3) 如果是逻辑备份下的单库备份或单表备份，请在左侧【选择库表】里勾选要备份的数据库或数据表，将数据库或表加入右侧列表。如用户还没有数据库，请先创建数据库或表，如图 6-55 所示。

7. 使用物理备份恢复数据库

为节约存储空间，云数据库 MySQL 的物理备份和逻辑备份文件，都会先经过 qpress 压缩，后经过 xbstream 打包(xbstream 为 Percona 的一种打包/解包工具)。本实训使用 XtraBackup 工具，将 MySQL 物理备份文件恢复至其他主机上的自建数据库。默认每个 IP 限制 10 个链接，每个链接下载速度可达 20～30Mp/s。

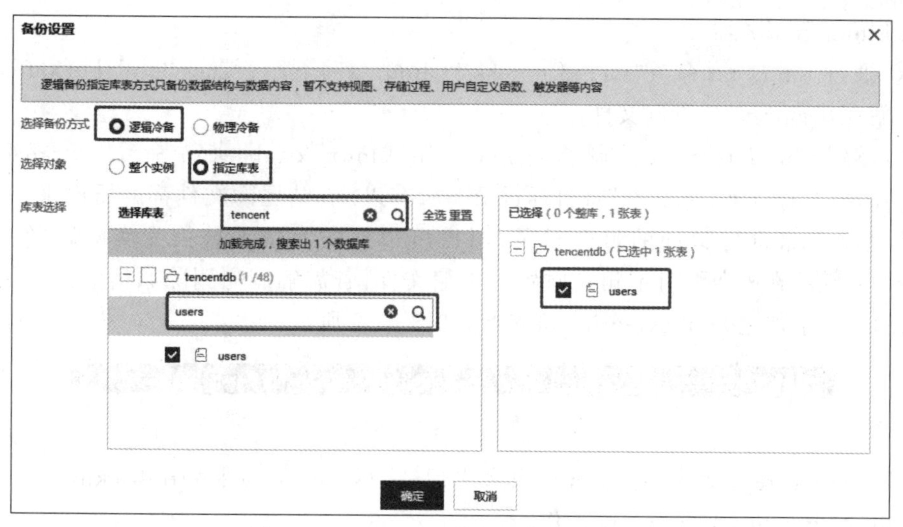

图 6-55　云 MySQL 数据库备份设置(2)

1) 下载备份文件

(1) 通过控制台下载云数据库 MySQL 的数据备份、日志备份。登录 MySQL 控制台，在实例列表，单击实例 ID 或【操作】列的【管理】，进入实例管理页面。

(2) 在实例管理页面，选择“备份恢复”>“数据备份列表”，选择需要下载的备份，在【操作】列单击【下载】。

(3) 在弹出的对话框中复制下载地址，并登录到云数据库所在 VPC 下的 CVM(Linux 系统)中，运用 Linux 的 wget 命令：“wget -c '备份文件下载地址' -O 自定义文件名.xb”进行内网高效高速下载。也可以直接进行本地下载，但耗时较长。

2) 恢复数据

(1) 下载备份文件后，需要解包备份文件方能进行下一步骤。解包备份文件后可以使用 Linux xbstream 命令“xbstream -x --parallel=2 -C /data/mysql<~/test.xb”将备份文件解包到目标目录。其中“/data/mysql”为备份文件的实际路径，“~/test.xb”则替换为用户的备份文件，解包结果如图 6-56 所示。

```
[root@VM_17_57_centos ~]# ll /data
total 30680
-rw-r----- 1 root root      396 Nov 27 16:50 backup-my.cnf.qp
drwxr-x--- 2 root root     4096 Nov 27 16:50 hello
-rw-r----- 1 root root  1005586 Nov 27 16:50 ibdata1.qp
-rw-r----- 1 root root   165279 Nov 27 16:50 ibtmp1.qp
drwxr-x--- 2 root root     4096 Nov 27 16:50 mysql
drwxr-x--- 2 root root     4096 Nov 27 16:50 performance_schema
drwxr-x--- 2 root root     4096 Nov 27 16:50 test
-rw-r----- 1 root root 30037154 Nov 27 16:50 undo001.qp
-rw-r----- 1 root root      165 Nov 27 16:50 xtrabackup_binlog_info.qp
-rw-r----- 1 root root      390 Nov 27 16:50 xtrabackup_cdb_result.qp
-rw-r----- 1 root root      188 Nov 27 16:50 xtrabackup_checkpoints.qp
-rw-r----- 1 root root      732 Nov 27 16:50 xtrabackup_info.qp
-rw-r----- 1 root root   108488 Nov 27 16:50 xtrabackup_logfile.qp
-rw-r----- 1 root root      197 Nov 27 16:50 xtrabackup_slave_info.qp
```

图 6-56　解包备份文件

(2) 在解包文件后，需要对所解包文件解压出备份文件。使用 wget 下载命令“wget http://www.quicklz.com/qpress-11-linux-x64.tar”下载 qpress 工具。若 wget 下载提示错误，用户可至 www.quicklz.com 官网下载 qpress 工具到本地后，再将 qpress 工具通过 SCP

上传至 Linux 云服务器。

(3) 通过 Linux tar 命令"tar -xf qpress-11-linux-x64.tar -C /usr/local/binsource /etc/profile"解压出 qpress 二进制文件。

(4) 解压出 qpress 二进制文件后,使用 Linux xtrabackup 命令"xtrabackup --decompress --target-dir=/data"将目标目录下所有以.qp 结尾的文件都解压出来。其中"/data"为之前存储备份文件的目标目录,用户可根据实际情况替换为实际路径。注意,xtrabackup 默认在解压缩时不删除原始的压缩文件,若需解压完删除原始的压缩文件,可在上面的命令中加上--remove-original 参数,如图 6-57 所示。

```
[root@node1 ~]# xtrabackup --decompress --target-dir=/data
```

图 6-57 解压备份文件

(5) prepare 备份文件。备份解压出来之后,执行 Linux 命令"xtrabackup --prepare --target-dir=/data"进行 apply log 操作。

执行后若结果中包含如下输出,则表示 prepare 成功,如图 6-58 所示。

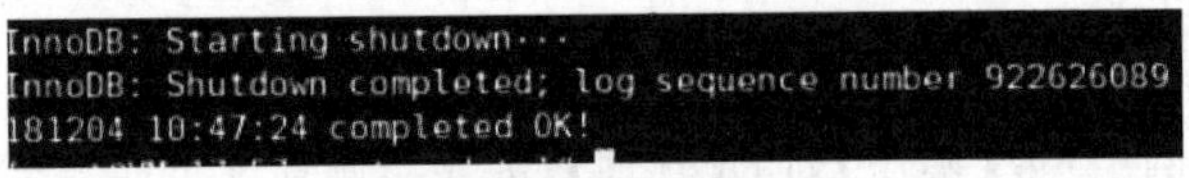

```
InnoDB: Starting shutdown...
InnoDB: Shutdown completed; log sequence number 922626089
181204 10:47:24 completed OK!
```

图 6-58 prepare 备份文件

(6) 备份配置文件。执行 Linux 命令"vi /data/backup-my.cnf"打开 backup-my.cnf 文件。本实训以目标目录"/data"为例,用户可以根据实际情况将其替换成实际路径。由于可能存在版本问题,因此请在解压文件 backup-my.cnf 中加入下面一系列参数进行注释,如图 6-59 所示。

```
innodb_checksum_algorithm
innodb_log_checksum_algorithm
innodb_fast_checksum
innodb_page_size
innodb_log_block_size
redo_log_version
```

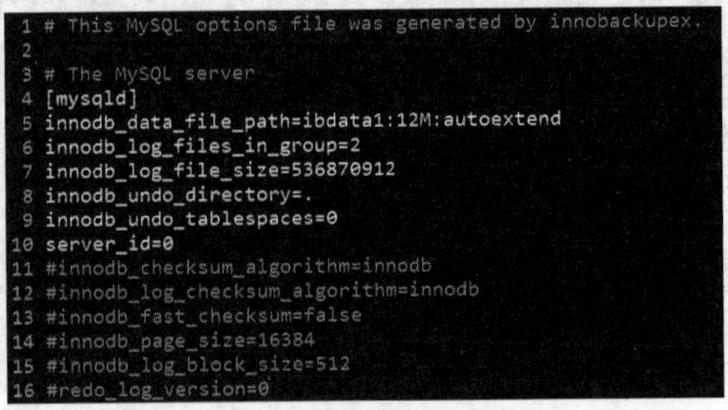

```
1 # This MySQL options file was generated by innobackupex.
2
3 # The MySQL server
4 [mysqld]
5 innodb_data_file_path=ibdata1:12M:autoextend
6 innodb_log_files_in_group=2
7 innodb_log_file_size=536870912
8 innodb_undo_directory=.
9 innodb_undo_tablespaces=0
10 server_id=0
11 #innodb_checksum_algorithm=innodb
12 #innodb_log_checksum_algorithm=innodb
13 #innodb_fast_checksum=false
14 #innodb_page_size=16384
15 #innodb_log_block_size=512
16 #redo_log_version=0
```

图 6-59 备份配置文件

(7) 修改文件属性。通过使用 Linux chown 命令"chown -R mysql:mysql /data"修改文件属性,将检查文件所属为 mysql 用户,如图 6-60 所示。

```
总用量 34884
-rw-r----- 1 mysql mysql      424 11月  9 18:15 backup-my.cnf
-rw-r----- 1 mysql mysql 12582912 11月  9 18:12 ibdata1
-rw-r----- 1 mysql mysql 12582912 11月  9 16:30 ibtmp1
-rw-r----- 1 mysql mysql 10485760 11月  9 16:30 undo001
drwxr-x--- 2 mysql mysql     4096 11月  9 16:30 mysql
drwxr-x--- 2 mysql mysql     4096 11月  9 16:30 test
drwxr-x--- 2 mysql mysql     4096 11月  9 16:30 performance_schema
drwxr-x--- 2 mysql mysql     4096 11月  9 16:30 sbtest
```

图 6-60　修改文件属性

（8）启动 mysqld 进程并登录验证。通过使用 Linux chown 命令"mysqld_safe --defaults-file=/data/backup-my.cnf --user=mysql --datadir=/data &"启动 mysqld 进程。启动 mysqld 进程后，使用 linux 命令"mysql -uroot"登录客户端进行 mysql 验证，如图 6-61 所示。

```
154822]$ mysql -S /tmp/mysql_3307.sock
Welcome to the MySQL monitor.  Commands end with ; or \g.
Your MySQL connection id is 2
Server version: 5.6.23 Source distribution

Copyright (c) 2000, 2011, Oracle and/or its affiliates. All rights reserved.

Oracle is a registered trademark of Oracle Corporation and/or its
affiliates. Other names may be trademarks of their respective
owners.

Type 'help;' or '\h' for help. Type '\c' to clear the current input statement.

mysql> show databases;
+--------------------+
| Database           |
+--------------------+
| information_schema |
| test               |
+--------------------+
2 rows in set (0.00 sec)

mysql>
```

图 6-61　启动 mysqld 进程

8. 回档腾讯云数据库

腾讯云数据库 MySQL 不会改动用户的任何数据，因用户个人原因造成的数据损毁可自行回档修复。云数据库 MySQL 回档通过定期镜像和实时流水重建，将云数据库或表回档到指定时间，且可以保证所有数据的时间切片一致，期间原有数据库或表的访问不受影响，回档操作会产生新的数据库或表至原实例中。回档完后，用户可以看到原来的数据库或表，以及新建的数据库或表。

（1）登录 MySQL 控制台，在实例列表选择一个或多个需要回档的实例，选择【更多操作】-【回档】。若只需进行一个实例的回档，也可进入实例管理页，在右上角单击【回档】，同一个 APPID 下可同时发起最多 5 个回档任务，如图 6-62 所示。

图 6-62　腾讯云数据库 MySQL 回档操作

（2）在回档页面，选择【回档库表】，单击【下一步：设置回档时间和库表名】按钮，如图 6-63 所示，具体设置项解释如下。

选择回档方式
普通
快速
极速
导入该实例的全量备份，再在对选中的库、表进行回档。该回档模式无限制，但回档速度较慢。
选择回档库表
全选 | 选择回档库表
库
请输入库名
表
请输入表名
搜索
已选择
cdb
test
cdb1
(已选中 1 个库表)
test (整库选中)
单个实例一次最多可选择 500 个库表进行回档
取消
下一步：设置回档时间和库表名

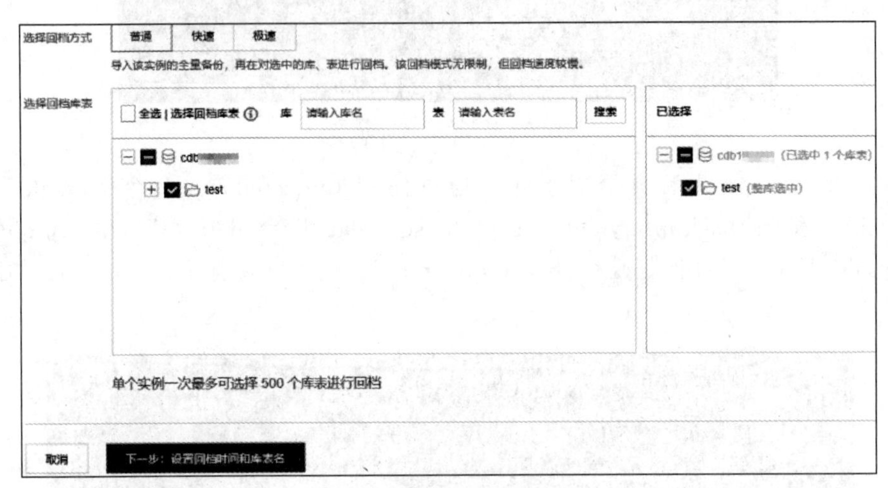

图 6-63　回档库表配置页面

【普通】：导入该实例的全量备份，再对选中的库、表进行回档。该回档模式无限制，但回档速度较慢。

【快速】：量备份＋库级别 binlog，如有跨库操作，且关联库未同时被选中，将会导致回档失败。

【极速】：全量备份＋表级别 binlog，如有跨表操作，且关联表未同时被选中，将会导致回档失败。

需要注意目前仅支持名称为数字、字母、下画线及其组合的库表回档，库表名为其他特殊字符的暂不支持回档。如果回档执行 binlog 时，涉及其他库表的复合操作或者表涉及了外键等约束，SQL 语句有可能失败。

（3）在弹出的【设置回档时间和库表名】页面中设置库表名和回档时间，设置过程中需要注意的事项如下，设置完毕后单击【回档】按钮，如图 6-64 所示。

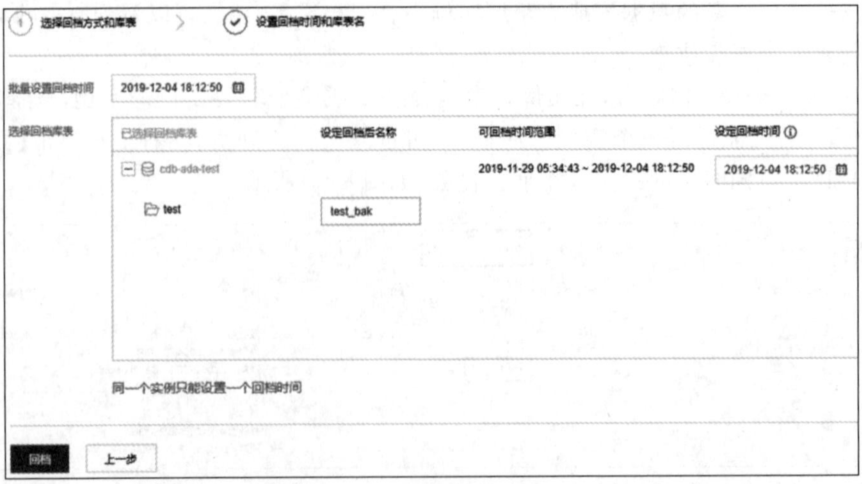

选择回档方式和库表
设置回档时间和库表名
批量设置回档时间
2019-12-04 18:12:50
选择回档库表
已选择回档库表
设定回档后名称
可回档时间范围
设定回档时间
cdb-ada-test
2019-11-29 05:34:43 ~ 2019-12-04 18:12:50
2019-12-04 18:12:50
test
test_bak
同一个实例只能设置一个回档时间
回档
上一步

图 6-64　设置回档时间和库表名

- 每个实例只能设置一个回档时间。
- 选择设置批量回档时间，所有库表以批量回档时间为准。
- 选择设置单表回档时间，库表以各自设置的回档时间为准。
- 回档后的库表名仅支持64位内的英文、数字、小数点(.)、中横线(-)、下画线(_)、$。

(4) 提交成功后，选择【操作日志】-【回档日志】返回回档日志页面，可查看回档进度，单击【查看详情】可实时查看回档日志，如图6-65所示。

慢查询日志　回档日志

待回档库表	回档后库表	回档状态	回档进度	开始时间/结束时间	操作
	_bak	执行成功	100%	2019-08-08 12:13:30 / 2019-08-08 12:...	查看详情

图6-65　回档日志页面

(5) 回档完成后，选择【数据库管理】-【数据库列表】，可在原实例中看到回档后的新库表，如图6-66所示。

数据库列表　参数设置　帐号管理

数据导入　导入记录

数据库名	状态	字符集
aa	运行中	UTF8
_bak	运行中	UTF8

图6-66　数据库列表界面

6.8　实验任务1：腾讯云数据库服务

6.8.1　任务简介

赵刚任职于某公司的信息中心部门，主要负责公司网络维护及公司业务信息数据的存储、维护工作。经过对腾讯云数据库产品架构的基础认知，以及对腾讯云关系数据库、非关系数据库的进一步了解，结合公司的实际业务需求进行综合分析，认为腾讯云数据库MySQL的产品比较合适。于是赵刚开始学习腾讯云数据库MySQL的基础知识，具体学习任务如下。

(1) 掌握腾讯云数据库MySQL地区及可用区、端口及连接方式、连接检查工具相关概念；

(2) 掌握创建腾讯云数据库MySQL实例的方法；

(3) 掌握初始化腾讯云数据库MySQL实例的方法；

(4) 掌握配置腾讯云数据库MySQL实例连接基础；

(5) 掌握配置腾讯云数据库MySQL实例连接方法。

6.8.2　项目实现

具体实现如下。

（1）腾讯云数据库 MySQL 地区及可用区、端口及连接方式、连接检查工具相关概念；
（2）创建腾讯云数据库 MySQL 实例的方法；
（3）初始化腾讯云数据库 MySQL 实例的方法；
（4）配置腾讯云数据库 MySQL 实例连接基础；
（5）配置腾讯云数据库 MySQL 实例连接方法。

6.8.3 实验报告

完成以上内容，并完成实验报告。实验至少包含以下内容。
（1）腾讯云数据库 MySQL 地区及可用区、端口及连接方式、连接检查工具相关概念；
（2）创建腾讯云数据库 MySQL 实例的方法；
（3）初始化腾讯云数据库 MySQL 实例的方法；
（4）配置腾讯云数据库 MySQL 实例连接基础；
（5）配置腾讯云数据库 MySQL 实例连接方法。

6.9 实验任务 2：腾讯云数据库应用场景

6.9.1 任务简介

赵刚任职于某公司的信息中心部门，主要负责公司网络维护及公司业务信息数据的存储、维护工作。经过对腾讯云数据库产品架构的基础认知，以及对腾讯云关系数据库、非关系数据库的进一步了解，结合公司的实际业务需求进行综合分析，认为腾讯云数据库 MySQL 的产品比较合适。赵刚在完成对腾讯云数据库 MySQL 的基础学习后，根据公司业务场景开始学习腾讯云数据库 MySQL 的进阶功能，学习任务如下。
（1）了解腾讯云提供的关系云数据库、非关系云数据库的应用情景及数据灾备原理；
（2）掌握如何规范化使用腾讯云数据库 MySQL、提高业务负载能力及备份原理；
（3）掌握设置腾讯云数据库 MySQL 实例维护时间的方法；
（4）掌握管理腾讯云数据库 MySQL 灾备实例的方法；
（5）掌握腾讯云数据库 MySQL 实例的备份方法；
（6）掌握使用物理备份恢复腾讯云数据库 MySQL 实例的方法；
（7）掌握回档腾讯云数据库 MySQL 实例的方法。

6.9.2 项目实现

具体实现如下。
（1）腾讯云提供的关系云数据库、非关系云数据库的应用情景及数据灾备原理；
（2）规范化使用腾讯云数据库 MySQL、提高业务负载能力及备份原理；
（3）设置腾讯云数据库 MySQL 实例维护时间的方法；
（4）管理腾讯云数据库 MySQL 灾备实例的方法；
（5）腾讯云数据库 MySQL 实例的备份方法；
（6）使用物理备份恢复腾讯云数据库 MySQL 实例的方法；

(7) 回档腾讯云数据库 MySQL 实例的方法。

6.9.3 实验报告

完成以上内容,并完成实验报告。实验至少包含以下内容。

(1) 腾讯云提供的关系云数据库、非关系云数据库的应用情景及数据灾备原理;

(2) 规范化使用腾讯云数据库 MySQL、提高业务负载能力及备份原理;

(3) 设置腾讯云数据库 MySQL 实例维护时间的方法;

(4) 管理腾讯云数据库 MySQL 灾备实例的方法;

(5) 腾讯云数据库 MySQL 实例的备份方法;

(6) 使用物理备份恢复腾讯云数据库 MySQL 实例的方法;

(7) 回档腾讯云数据库 MySQL 实例的方法。

6.10 课后练习

一、选择题

1. 腾讯云数据库是依托于(　　)技术延伸和衍生的在线数据库模式。

A. 云计算　　B. 传统存储　　C. 计算机　　D. 交换机

2. 腾讯云数据库主要分为(　　)数据库和非关系数据库。

A. 关系　　B. 线性　　C. NoDB　　D. 并联

3. 腾讯云数据库具有动态可扩展性、低代价性、(　　)和易用性等特点。

A. 吞吐能力受限　　B. 扩容复杂　　C. 高可用性　　D. 存储类型单一

4. 腾讯云数据库 MySQL 客户默认字符编码格式是(　　)。

A. UTF8　　B. MP4　　C. ANSI　　D. UTF16

5. 云数据库 MySQL binlog 日志文件默认保留(　　)天。

A. 7　　B. 8　　C. 9　　D. 10

二、简答题

1. 简述云数据库的基本概念。

2. 简述腾讯云数据库 MySQL 的使用规范。

3. 简述使用腾讯云数据库 MySQL 提高业务负载能力的注意事项。

4. 简述腾讯云数据库 MySQL 的账号创建注意事项。

5. 简述腾讯云数据库 MySQL 的标签使用限制。

第 7 章　基于 LAMP 架构 Web 网站云主机部署实战

7.1　云主机基础环境设置

7.1.1　云主机服务器

云服务器(Cloud Virtual Machine,CVM)是由云端提供的可扩展的计算服务。使用 CVM 避免了使用传统服务器时需要预估资源用量及前期投入,帮助您在短时间内快速启动任意数量的云服务器并即时部署应用程序。

云服务器 CVM 支持用户自定义一切资源,如 CPU、内存、硬盘、网络、安全等,并可以在需求发生变化时轻松地调整它们。

7.1.2　如何使用云服务器

一般云端提供如下方式进行云服务器的配置和管理。

控制台:一般云端提供的 Web 服务界面,用于配置和管理云服务器。

API:一般云端也提供了 API 方便管理 CVM。

SDK:可以使用 SDK 编程或使用命令行工具 TCCLI 调用 CVM API。

7.2　在 Linux 云主机中配置 Apache、MySQL、PHP 环境

7.2.1　Linux 操作系统

Linux 是一个开源的操作系统,最初是芬兰的 Helsinki 大学的一位年轻学生 Linux Torvalds 作为爱好开发的,是一套免费使用和自由传播的类 UNIX 操作系统,是一个多用户、多任务、支持多线程和多 CPU 的操作系统。

7.2.2　Apache

Apache HTTP Server(简称 Apache)是 Apache 软件基金会的一个开放源码的网页服务器,可以在大多数计算机操作系统中运行,其由于多平台和安全性被广泛使用,是最流行的 Web 服务器端软件之一。它快速、可靠,并且可通过简单的 API 扩展,将 Perl/Python 等解释器编译到服务器中。

7.2.3　MySQL 数据库

数据库(Database)是依照数据结构设计、存储和管理数据信息的数据集合。每个数据库都拥有不同的 API 用以建立、访问、管理、检索和复制所存储的数据信息。

如今,数据库人员一般应用数据库管理系统(RDBMS)存储和管理大信息量。关系数据

库是基于关系模型建立的数据库,其凭借集合代数等数学概念和方式处理数据库中的数据信息。

MySQL就是一个数据库管理系统软件,数据库是结构化数据的集合,这些数据可以是简易的采购清单的图片或网络中的信息内容。为了添加、访问和处理存储在企业数据库中的数据信息,需要一个数据库管理系统软件,MySQL便是其中之一。因为计算机善于对大量的数据信息进行处理,作为应用程序或是别的应用的一部分,数据库管理系统软件在数据计算中起着十分重要的作用。

7.2.4 PHP语言

PHP(Hypertext Preprocessor)即"超文本预处理器",是在服务器端执行的脚本语言,尤其适用于Web开发并可嵌入HTML中。PHP语法学习了C语言,吸纳Java和Perl多个语言的特色发展出自己的特色语法,并根据它们的长项持续改进以提升自己,例如Java的面向对象编程,该语言当初创建的主要目标是让开发人员快速编写出优质的Web网站。

7.3 配置安装phpMyAdmin

phpMyAdmin是一个以PHP为基础,以Web-Base方式架构在网站主机上的MySQL的数据库管理工具,让管理者可用Web接口管理MySQL数据库。

因此,通过Web接口可以成为一个简易方式输入繁杂SQL语法的较佳途径,尤其处理大量资料的汇入及汇出更为方便。

其中一个更大的优势在于,由于phpMyAdmin跟其他PHP程式一样在网页服务器上执行,但是您可以在任何地方使用这些程式产生的HTML页面,也就是于远端管理MySQL数据库,方便地建立、修改、删除数据库及资料表。

也可借由phpMyAdmin建立常用的PHP语法,方便编写网页时所需要的SQL语法正确性。

7.4 配置PHP服务

(1) 更新yum中PHP的软件源,如图7-1所示,rpm命令用来安装、卸载、校验、查看和更新Linux系统上的软件包。

```
[root@im_dev ~]# rpm -Uvh https://mirrors.cloud.tencent.com/epel/epel-release-latest-7.noarch.rpm
Retrieving https://mirrors.cloud.tencent.com/epel/epel-release-latest-7.noarch.rpm
warning: /var/tmp/rpm-tmp.fmVby2: Header V4 RSA/SHA256 Signature, key ID 352c64e5: NOKEY
Preparing...                          ################################# [100%]
Updating / installing...
   1:epel-release-7-14                warning: /etc/yum.repos.d/epel.repo created as /etc/yum.rep
################################# [100%]
[root@im_dev ~]# rpm -Uvh https://mirror.webtatic.com/yum/el7/webtatic-release.rpm
Retrieving https://mirror.webtatic.com/yum/el7/webtatic-release.rpm
warning: /var/tmp/rpm-tmp.uJH9Hx: Header V4 RSA/SHA1 Signature, key ID 62e74ca5: NOKEY
Preparing...                          ################################# [100%]
Updating / installing...
   1:webtatic-release-7-3             ################################# [100%]
```

图7-1 安装PHP软件源

(2) 安装所需要的类库,如图 7-2 所示,intall 命令用于安装指定的软件命令。

```
[root@VM-32-9-centos ~]# yum install -y make cmake gcc gcc-c++ autoconf automake
libpng-devel libjpeg-devel zlib libxml2-devel ncurses-devel bison
libtool-ltdl-devel libiconv libmcrypt mhash mcrypt pcre-devel openssl-devel
freetype-devel libcurl-devel
```

图 7-2　安装所需要的类库

(3) 安装 PHP 所需要的包,如图 7-3 所示。

```
[root@VM-32-9-centos ~]# yum install php-common php-fpm php-opcache php-gd
php-mysqlnd php-mbstring php-pecl-redis php-devel php-json
```

图 7-3　安装 PHP 所需要的包

(4) 查看 PHP 版本,如图 7-4 所示,用 php -v 命令查看 PHP 版本信息。返回结果如图 7-4 所示,表示安装成功。

```
[root@VM-32-9-centos ~]# php -v
PHP 7.2.24 (cli) (built: Oct 22 2019 08:28:36) ( NTS )
Copyright (c) 1997-2018 The PHP Group
Zend Engine v3.2.0, Copyright (c) 1998-2018 Zend Technologies
    with Zend OPcache v7.2.24, Copyright (c) 1999-2018, by Zend Technologies
```

图 7-4　查看 PHP 版本

7.5　项目开发及实现 1：云主机基础环境设置

7.5.1　项目描述

小明是某网络公司的 IT 部员工,公司想在腾讯云上假设基于 LAMP 架构的 Web 站点。现需要小明以最简单的方式搭建一个 Linux 云服务器。

7.5.2　项目实现

云服务器准备(以腾讯云为例)。

1) 注册腾讯云账号

注册地址为 https://cloud.tencent.com/register。

2) 购买 Linux 云服务器(见图 7-5)

地域：选择与您最近的一个地区,例如您在“深圳”,地域选择“广州”。

机型：选择您需要的云服务器机型配置。这里选择“入门配置(1 核 1GB)”。

镜像：选择您需要的云服务器操作系统。这里选择“CentOS 7.2 64 位”。

公网带宽：勾选后会为您分配公网 IP,默认为“1Mb/s”,可以根据需求调整。

购买数量：默认为“1 台”。

购买时长：默认为“1 个月”。

付费完成,即完成了云服务器的购买。云服务器可以作为个人虚拟机或者您建站的服务器。接下来就可以登录您购买的这台服务器了。

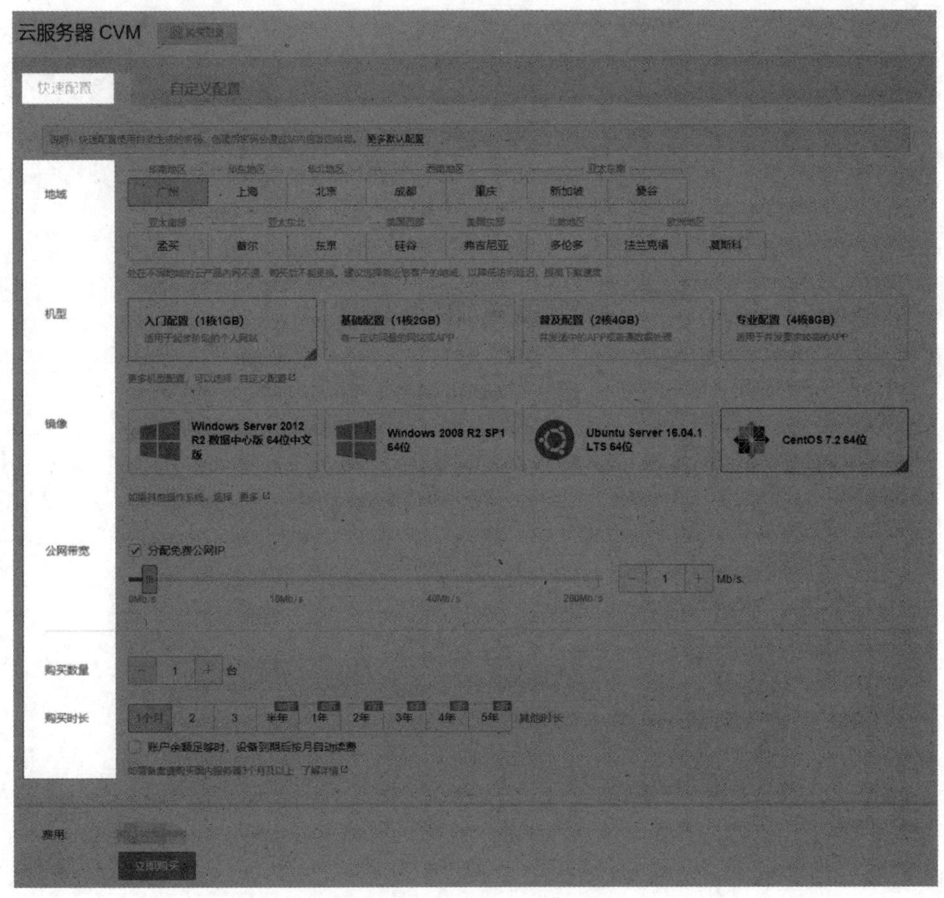

图 7-5　购买 Linux 云服务器

3）登录云服务器(后台登录)

注意：通过快速配置购买的云服务器，系统将为您自动分配云服务器登录密码，并发送到您的站内信中。此密码为登录云服务器的凭据，如图 7-6 所示。

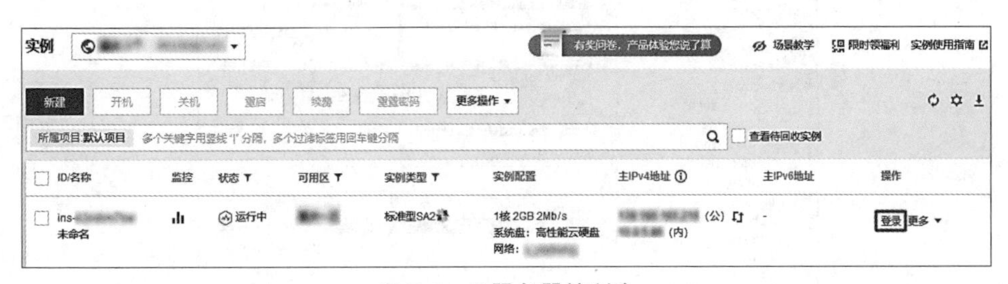

图 7-6　云服务器控制台

(1) 登录【云服务器控制台】，在【实例】列表中找到刚购买的云服务器，在右侧的【操作】列中单击【登录】。

(2) 在【标准登录|Linux 实例】窗口中输入云服务器的用户名和密码，单击【登录】按钮即可正常登录，如图 7-7 所示。

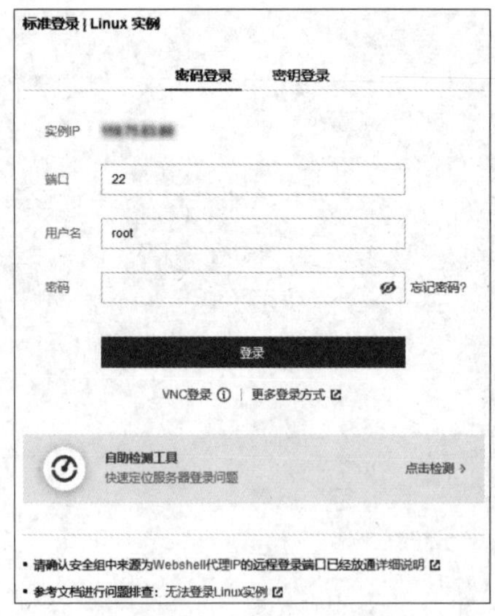

图 7-7　密码登录

(3) 登录成功后，界面如图 7-8 所示。

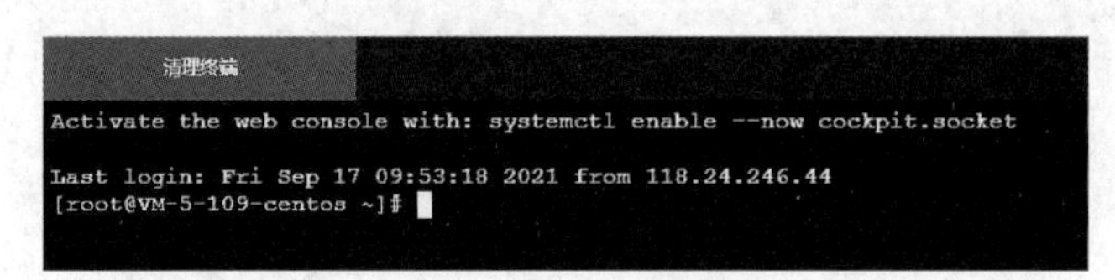

图 7-8　登录成功后的界面

4) 登录云服务器(PuTTY 登录)

PuTTY 的下载地址为 https://www.chiark.greenend.org.uk/~sgtatham/putty/latest.html。

打开 PuTTY，在 HostName 中输入公网 IP 地址，单击【Open】按钮，如图 7-9 所示。

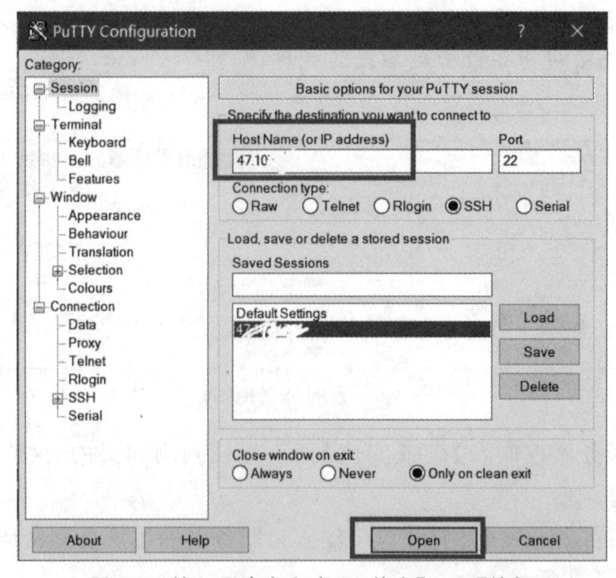

图 7-9　输入用户名和密码，单击【Open】按钮

使用登录云服务器(PuTTY 登录)登录成功后,在 Linux 端测试是否登录成功,如图 7-10 所示。

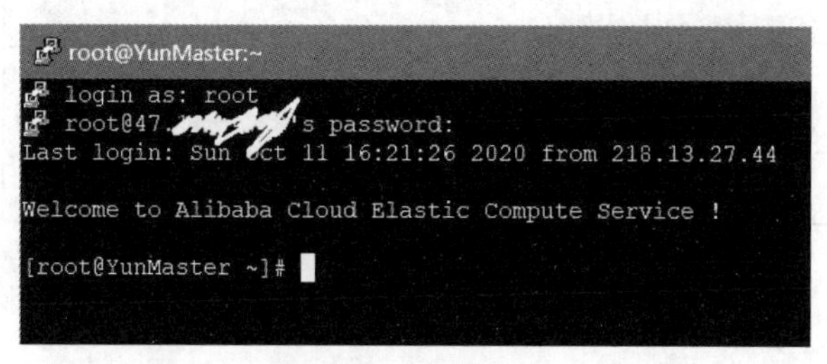

图 7-10　登录成功

7.6　项目开发及实现 2:在 Linux 云主机中配置 Apache、MySQL、PHP 环境

7.6.1　项目描述

小明是某网络公司的 IT 部员工,公司想在腾讯云上假设基于 LAMP 架构的 Web 站点。

LAMP 环境是指 Linux 系统下由 Apache+MySQL+PHP 及其他相关辅助组件组成的网站服务器架构。本文档介绍如何在云服务器上手动搭建 LAMP 环境。

手动搭建 LAMP 环境,小明需要熟悉 Linux 命令,在 Linux 环境下通过 Yum 安装软件等常用命令,并了解所安装软件使用的版本特性。

7.6.2　项目实现

1. 登录 Linux 实例

PuTTY 的下载地址为 https://www.chiark.greenend.org.uk/~sgtatham/putty/latest.html。

打开 PuTTY,如图 7-11 所示,在 HostName 中输入公网 IP 地址,之后单击【Open】按钮。

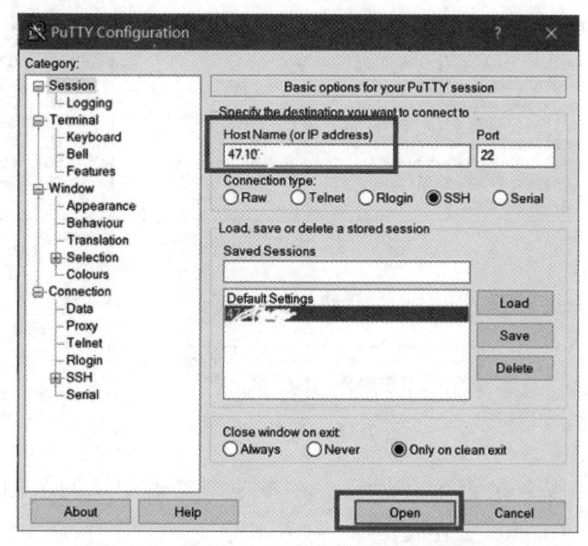

图 7-11　输入 IP、用户名和密码,登录用户

在 Linux 端测试是否登录成功,如图 7-12 所示。

```
Connecting to 81.71.49.73:22...
Connection established.
To escape to local shell, press 'Ctrl+Alt+]'.

WARNING! The remote SSH server rejected X11 forwarding request.
Activate the web console with: systemctl enable --now cockpit.socket

Last login: Fri Oct 29 14:57:13 2021 from 125.88.8.165
[root@VM-32-9-centos ~]#
```

图 7-12　成功登录

2. 安装并配置 Apache

(1) 检查 Linux 上是否已经安装 Apache,如图 7-13 所示,如果没有安装,就没有信息;如图 7-14 所示,如果已经安装 Apache,就会有信息提示。

```
[root@VM-0-12-centos ~]# rpm -qa httpd
[root@VM-0-12-centos ~]#
```

图 7-13　没有安装 Apache

```
[root@VM-32-9-centos ~]# rpm -qa httpd
httpd-2.4.37-39.module el8.4.0+950+0577e6ac.1.x86 64
```

图 7-14　已安装 Apache

(2) 安装 Apache,如图 7-15 所示,install 命令用于安装服务。

```
[root@im_dev ~]# yum install httpd -y
Loaded plugins: fastestmirror
Repository epel is listed more than once in the configuration
Repository epel-debuginfo is listed more than once in the configuration
Repository epel-source is listed more than once in the configuration
Determining fastest mirrors
 * base: mirror.lzu.edu.cn
 * extras: mirrors.aliyun.com
 * updates: mirror.lzu.edu.cn
 * webtatic: us-east.repo.webtatic.com
base                                          | 3.6 kB   00:00
docker-ce-stable                              | 3.5 kB   00:00
epel                                          | 4.7 kB   00:00
extras                                        | 2.9 kB   00:00
updates                                       | 2.9 kB   00:00
webtatic                                      | 3.6 kB   00:00
(1/8): epel/x86_64/group_gz                     |  96 kB   00:00
(2/8): docker-ce-stable/x86_64/primary_db       |  67 kB   00:00
(3/8): webtatic/x86_64/group_gz                 |  448 B   00:01
(4/8): epel/x86_64/updateinfo                   | 1.0 MB   00:02
(5/8): extras/7/x86_64/primary_db               | 243 kB   00:02
(6/8): webtatic/x86_64/primary_db               | 271 kB   00:02
(7/8): epel/x86_64/primary_db                   | 7.0 MB   00:07
(8/8): updates/7/x86_64/primary_db              |  12 MB   00:13
Resolving Dependencies
```

图 7-15　安装 Apache

(3) 启动 Apache,并设置为开机自启动,如图 7-16 所示。

```
[root@VM-32-9-centos ~]# systemctl start httpd
[root@VM-32-9-centos ~]# systemctl enable httpd
[root@VM-32-9-centos ~]#
```

图 7-16　启动 Apache

(4) 查看 Apache 服务是否正常运行。在本地浏览器中访问公网 IP 地址,若显示如图 7-17 所示,则说明 Apache 安装成功。

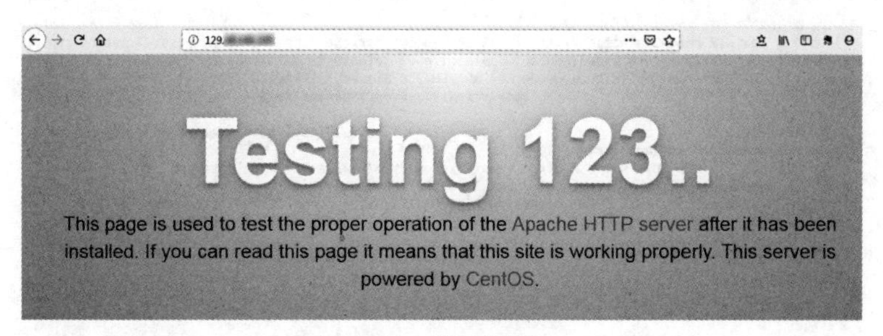

图 7-17　访问公网 IP

3. 安装并配置 MySQL

(1) 下载并安装 MySQL 官方的 Yum Repository,如图 7-18 所示,wget 命令用于从指定的 URL 下载文件,install 命令用于安装服务,disable 命令用于禁用模块(以防自带的服务冲突)。

```
[root@VM-32-9-centos ~]# wget -q -i -c http://dev.mysql.com/get/mysql57-communi
ty-release-el7-10.noarch.rpm
[root@VM-32-9-centos ~]# yum -y install mysql57-community-release-el7-10.noarch
.rpm
[root@VM-32-9-centos ~]# sudo yum module disable mysql
Repository epel is listed more than once in the configuration
Last metadata expiration check: 0:30:16 ago on Sat 30 Oct 2021 12:10:16 PM CST
Dependencies resolved.
Nothing to do.
Complete!
```

图 7-18　安装 MySQL 官方的 Yum Repository

(2) 安装 MySQL 服务,如图 7-19 所示,install 命令用于安装服务。

```
[root@VM-32-9-centos ~]# yum -y install mysql-community-server
```

图 7-19　安装 MySQL 服务

(3) 启动 MySQL 服务,并设置为开机自启动,如图 7-20 所示。

```
[root@VM-32-9-centos ~]# systemctl start mysqld
[root@VM-32-9-centos ~]# systemctl enable mysqld
[root@VM-32-9-centos ~]# 
```

图 7-20　启动 MySQL 服务

(4) 查看默认密码,如图 7-21 所示,grep 命令用于查看文本信息。

```
[root@VM-32-9-centos ~]# grep 'temporary password' /var/log/mysqld.log
2021-10-29T03:27:42.585285Z 1 [Note] A temporary password is generated for root@localhost
[root@VM-32-9-centos ~]# 
```

图 7-21　查看默认密码

(5) 查看 MySQL 版本号,如图 7-22 所示,用"mysql -V"命令查看。返回结果如下所示,表示 MySQL 安装成功。

```
[root@VM-32-9-centos phpmyadmin]# mysql -V
mysql  Ver 14.14 Distrib 5.7.36, for Linux (x86_64) using  EditLine wrapper
```

图 7-22　查看 MySQL 版本号

4. 安装并配置 PHP

(1) 更新 Yum 中 PHP 的软件源,如图 7-23 所示,rpm 命令用来安装、卸载、校验、查询和更新 Linux 系统上的软件包。

```
[root@im_dev ~]# rpm -Uvh https://mirrors.cloud.tencent.com/epel/epel-release-latest-7.noarch.rpm
Retrieving https://mirrors.cloud.tencent.com/epel/epel-release-latest-7.noarch.rpm
warning: /var/tmp/rpm-tmp.fmVby2: Header V4 RSA/SHA256 Signature, key ID 352c64e5: NOKEY
Preparing...                          ################################# [100%]
Updating / installing...
   1:epel-release-7-14                warning: /etc/yum.repos.d/epel.repo created as /etc/yum.rep
################################# [100%]
[root@im_dev ~]# rpm -Uvh https://mirror.webtatic.com/yum/el7/webtatic-release.rpm
Retrieving https://mirror.webtatic.com/yum/el7/webtatic-release.rpm
warning: /var/tmp/rpm-tmp.uJH9Hx: Header V4 RSA/SHA1 Signature, key ID 62e74ca5: NOKEY
Preparing...                          ################################# [100%]
Updating / installing...
   1:webtatic-release-7-3             ################################# [100%]
```

图 7-23　安装 PHP 软件源

(2) 安装所需要的类库,如图 7-24 所示,install 命令用于安装指定的软件命令。

```
[root@VM-32-9-centos ~]# yum install -y make cmake gcc gcc-c++ autoconf automake
libpng-devel libjpeg-devel zlib libxml2-devel ncurses-devel bison
libtool-ltdl-devel libiconv libmcrypt mhash mcrypt pcre-devel openssl-devel
freetype-devel libcurl-devel
```

图 7-24　安装所需要的类库

(3) 安装 PHP 所需要的包,如图 7-25 所示。

```
[root@VM-32-9-centos ~]# yum install php-common php-fpm php-opcache php-gd
php-mysqlnd php-mbstring php-pecl-redis php-devel php-json
```

图 7-25　安装 PHP 所需要的包

(4) 查看 PHP 版本,如图 7-26 所示,用 php -v 命令查看 PHP 版本信息。若返回结果如下所示,则表示安装成功。

```
[root@VM-32-9-centos ~]# php -v
PHP 7.2.24 (cli) (built: Oct 22 2019 08:28:36) ( NTS )
Copyright (c) 1997-2018 The PHP Group
Zend Engine v3.2.0, Copyright (c) 1998-2018 Zend Technologies
    with Zend OPcache v7.2.24, Copyright (c) 1999-2018, by Zend Technologies
```

图 7-26　查看 PHP 版本

7.7　项目开发及实现 3：配置 Apache、MySQL

7.7.1　项目描述

赵刚是某公司运维部的员工,主要负责公司中一些关于 Apache 和 MySQL 等服务的更新、维护、配置工作,为了工作上的需要,赵刚经常会在云服务机上对相关的服务进行配置操作。具体要求如下。

(1) 修改/etc/httpd/conf/httpd.conf 文件。

(2) 配置 Apache 服务,使 Apache 服务可正常访问。

(3) 配置 MySQL 服务,使 MySQL 服务可正常访问,并进入数据库。

(4) 修改 MySQL 安全性配置,重置 MySQL 默认密码,关闭游客访问权限。

7.7.2　项目实现

1. 登录 Linux 实例

PuTTY 的下载地址为 https://www.chiark.greenend.org.uk/~sgtatham/putty/

latest.html。

打开PuTTY，如图7-27所示，在HostName中输入公网IP地址，之后单击【Open】按钮。

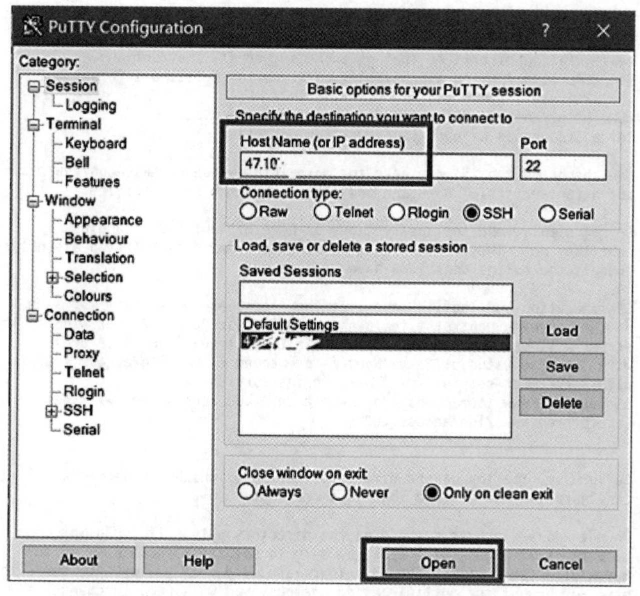

图7-27 输入IP、用户名和密码，登录用户

在Linux端测试是否登录成功，如图7-28所示。

```
Connecting to 81.71.49.73:22...
Connection established.
To escape to local shell, press 'Ctrl+Alt+]'.

WARNING! The remote SSH server rejected X11 forwarding request.
Activate the web console with: systemctl enable --now cockpit.socket

Last login: Fri Oct 29 14:57:13 2021 from 125.88.8.165
[root@VM-32-9-centos ~]#
```

图7-28 成功登录

2. 配置Apache

(1) 查看Apache基本信息，如图7-29所示，用"rpm -qi"命令查看。

```
[root@VM-32-9-centos ~]# rpm -qi httpd
Name        : httpd
Version     : 2.4.37
Release     : 39.module_el8.4.0+950+0577e6ac.1
Architecture: x86_64
Install Date: Fri 29 Oct 2021 10:55:56 AM CST
Group       : System Environment/Daemons
Size        : 4485000
License     : ASL 2.0
Signature   : RSA/SHA256, Wed 13 Oct 2021 08:21:04 AM CST, Key ID 05b555b38483c65
Source RPM  : httpd-2.4.37-39.module_el8.4.0+950+0577e6ac.1.src.rpm
Build Date  : Wed 13 Oct 2021 07:36:08 AM CST
Build Host  : x86-01.mbox.centos.org
Relocations : (not relocatable)
Packager    : CentOS Buildsys <bugs@centos.org>
Vendor      : CentOS
URL         : https://httpd.apache.org/
Summary     : Apache HTTP Server
Description :
The Apache HTTP Server is a powerful, efficient, and extensible
web server.
```

图7-29 Apache基本信息

(2) 认识配置文件里的主要参数，如图 7-30 所示，用 vim /etc/httpd/conf/httpd.conf 命令查看。

```
[root@VM-32-9-centos ~]# vim /etc/httpd/conf/httpd.conf

#
# This is the main Apache HTTP server configuration file.  It contains the
# configuration directives that give the server its instructions.
# See <URL:http://httpd.apache.org/docs/2.4/> for detailed information.
# In particular, see
# <URL:http://httpd.apache.org/docs/2.4/mod/directives.html>
# for a discussion of each configuration directive.
#
# See the httpd.conf(5) man page for more information on this configuration,
# and httpd.service(8) on using and configuring the httpd service.
#
# Do NOT simply read the instructions in here without understanding
# what they do.  They're here only as hints or reminders.  If you are unsure
# consult the online docs. You have been warned.
#
# Configuration and logfile names: If the filenames you specify for many
# of the server's control files begin with "/" (or "drive:/" for Win32), the
# server will use that explicit path.  If the filenames do *not* begin
# with "/", the value of ServerRoot is prepended -- so 'log/access_log'
# with ServerRoot set to '/www' will be interpreted by the
# server as '/www/log/access_log', where as '/log/access_log' will be
# interpreted as '/log/access_log'.

#
# ServerRoot: The top of the directory tree under which the server's
# configuration, error, and log files are kept.
#
# Do not add a slash at the end of the directory path.  If you point
# ServerRoot at a non-local disk, be sure to specify a local disk on the
# Mutex directive, if file-based mutexes are used.  If you wish to share the
# same ServerRoot for multiple httpd daemons, you will need to change at
# least PidFile.
#
ServerRoot "/etc/httpd"

#
# Listen: Allows you to bind Apache to specific IP addresses and/or
# ports, instead of the default. See also the <VirtualHost>
# directive.
#
# Change this to Listen on specific IP addresses as shown below to
# prevent Apache from glomming onto all bound IP addresses.
#
#Listen 12.34.56.78:80
Listen 80

#
# Dynamic Shared Object (DSO) Support
#
# To be able to use the functionality of a module which was built as a DSO y
# have to place corresponding `LoadModule' lines at this location so the
# directives contained in it are actually available _before_ they are used.
# Statically compiled modules (those listed by `httpd -l') do not need
# to be loaded here.
```

图 7-30　参数配置

配置文件里的主要参数如下。

```
31 ServerRoot "/etc/httpd"                  #存放配置文件的目录
42 Listen 80                                #Apache 服务监听端口
66 User apache                              #子进程的用户
67 Group apache                             #子进程的组
86 ServerAdmin root@localhost               #设置管理员邮件地址
119 DocumentRoot "/var/www/html"            #设置 DocumentRoot 指定目录的属性
131 <Directory "/var/www/html">             #网站容器开始标识
144 Options Indexes FollowSymLinks          #找不到主页时，以目录的方式呈现
151 AllowOverride None                      #none 不使用.htaccess 控制，all 允许
```

```
156 Require all granted          #granted:允许访问,denied 拒绝访问
157 </Directory>                 #容器结束
164 DirectoryIndex index.html    #定义主页文件
316 AddDefaultCharset UTF-8      #字符编码
```

(3) 查看 Apache 服务是否正常运行,如图 7-31 所示,在本地浏览器中访问公网 IP 地址。若显示图 7-31 所示的内容,则说明 Apache 安装成功。

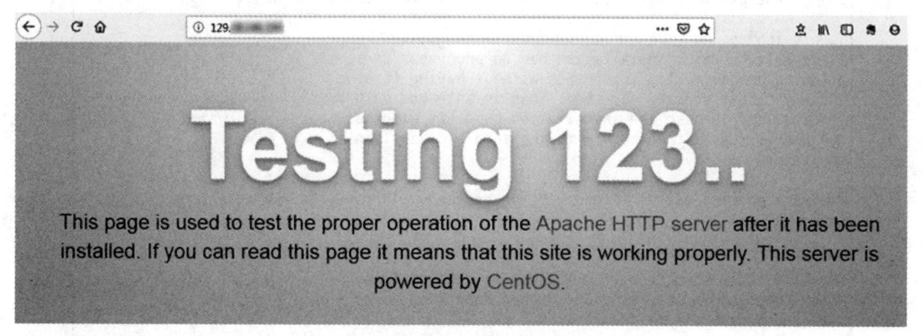

图 7-31　访问公网 IP

3. 配置 MySQL

(1) 查看默认密码,如图 7-32 所示,grep 命令用于查看文本信息。

```
[root@VM-32-9-centos ~]# grep 'temporary password' /var/log/mysqld.log
2021-10-29T03:27:42.585285Z 1 [Note] A temporary password is generated for root@localhost
[root@VM-32-9-centos ~]#
```

图 7-32　查看默认密码

(2) 配置 MySQL 的安全性,如图 7-33 所示。mysql_secure_installation 命令用于配置 MySQL 的一些基本安全性。

安全性的配置包含以下 5 方面。

1) 重置 root 账号的密码

```
Enter password for user root: #输入上一步(图 7-32)获取的 root 用户初始密码
The 'validate_password' plugin is installed on the server.
The subsequent steps will run with the existing configuration of the plugin.
Using existing password for root.
Estimated strength of the password: 100
Change the password for root? (Press y|Y for Yes, any other key for No) : Y
#是否更改 root 用户密码,输入 Y
New password: #输入新密码,长度为 8~30 个字符,必须包含大小写英文、数字和特殊符号
Re-enter new password: #再次输入新密码
Estimated strength of the password: 100
Do you wish to continue with the password provided?(Press y|Y for Yes, any other
key for No) : Y
```

2) 删除匿名用户账号

```
Remove anonymous users? (Press y|Y for Yes, any other key for No): Y
Success.
```

```
[root@VM-32-9-centos ~]# mysql_secure_installation

Securing the MySQL server deployment.

Enter password for user root:
The 'validate_password' plugin is installed on the server.
The subsequent steps will run with the existing configuration
of the plugin.
Using existing password for root.

Estimated strength of the password: 100
Change the password for root ? ((Press y|Y for Yes, any other key for No) : n

 ... skipping.
By default, a MySQL installation has an anonymous user,
allowing anyone to log into MySQL without having to have
a user account created for them. This is intended only for
testing, and to make the installation go a bit smoother.
You should remove them before moving into a production
environment.

Remove anonymous users? (Press y|Y for Yes, any other key for No) : y
Success.

Normally, root should only be allowed to connect from
'localhost'. This ensures that someone cannot guess at
the root password from the network.

Disallow root login remotely? (Press y|Y for Yes, any other key for No) : n

 ... skipping.
By default, MySQL comes with a database named 'test' that
anyone can access. This is also intended only for testing,
and should be removed before moving into a production
environment.


Remove test database and access to it? (Press y|Y for Yes, any other key for No) : n

 ... skipping.
Reloading the privilege tables will ensure that all changes
made so far will take effect immediately.

Reload privilege tables now? (Press y|Y for Yes, any other key for No) : y
Success.

All done!
```

图 7-33　安全性配置

3）禁止 root 账号远程登录

```
Disallow root login remotely? (Press y|Y for Yes, any other key for No): Y
- Dropping test database…
Success.
```

4）删除 test 库以及对 test 库的访问权限

```
Remove test database and access to it? (Press y|Y for Yes, any other key for No): Y
Success.
```

5）重新加载授权表

```
Reload privilege tables now? (Press y|Y for Yes, any other key for No) : Y
i.Success.
All done!
```

7.8 项目开发及实现 4：配置 PHP 服务

7.8.1 项目描述

赵刚是某公司运维部的员工，主要负责公司的一些关于 PHP 服务的更新、维护、配置工作，为了工作上的需要，赵刚经常在云服务机上对相关的服务进行配置操作，具体要求如下。

（1）配置 php.ini 文件。

（2）配置 php-fpm.conf 文件。

（3）安装常用 PHP 的依赖库。

7.8.2 项目实现

1. 登录 Linux 实例

PuTTY 的下载地址为 https://www.chiark.greenend.org.uk/～sgtatham/putty/latest.html。

打开 PuTTY，如图 7-34 所示，在 HostName 中输入公网 IP 地址，之后单击【Open】按钮。

PuTTY Configuration
Category:
Session
Logging
Terminal
Keyboard
Bell
Features
Window
Appearance
Behaviour
Translation
Selection
Colours
Connection
Data
Proxy
Telnet
Rlogin
SSH
Serial
Basic options for your PuTTY session
Specify the destination you want to connect to
Host Name (or IP address)
47.10
Port
22
Connection type:
Raw
Telnet
Rlogin
SSH
Serial
Load, save or delete a stored session
Saved Sessions
Default Settings
Load
Save
Delete
Close window on exit
Always
Never
Only on clean exit
About
Help
Open
Cancel

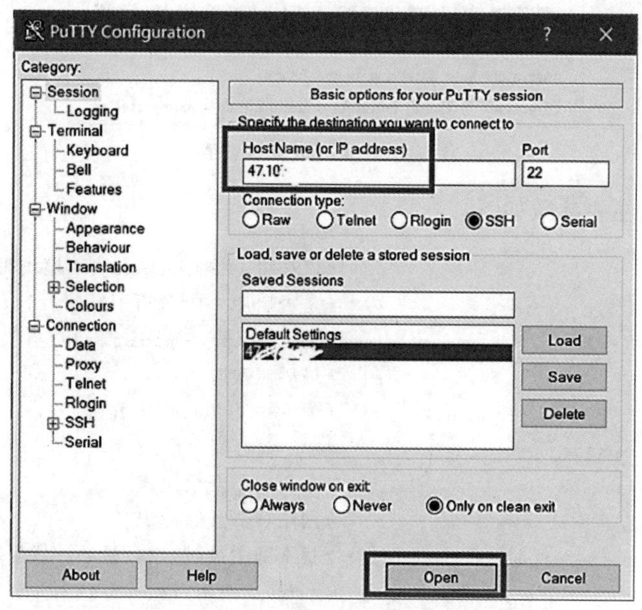

图 7-34 输入 IP、用户名和密码，登录用户

在 Linux 端测试是否登录成功，如图 7-35 所示。

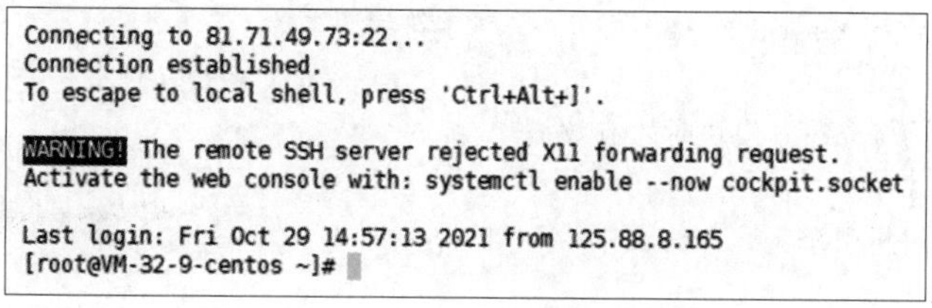

Connecting to 81.71.49.73:22...
Connection established.
To escape to local shell, press 'Ctrl+Alt+]'.
WARNING! The remote SSH server rejected X11 forwarding request.
Activate the web console with: systemctl enable --now cockpit.socket
Last login: Fri Oct 29 14:57:13 2021 from 125.88.8.165
[root@VM-32-9-centos ~]#

图 7-35 成功登录

2. 配置文件信息

(1) 打开 php.ini 文件。如图 7-36 所示,可用 vi 命令打开并编辑文件。php.ini 文件为 PHP 服务的必须配置文件,是 PHP 解析器的配置文件,详情可通过官方文档 https://www.php.net/manual/zh/ini.list.php 查看。

```
[PHP]

;;;;;;;;;;;;;;;;;;;
; About php.ini   ;
;;;;;;;;;;;;;;;;;;;
; PHP's initialization file, generally called php.ini, is respons
ible for
; configuring many of the aspects of PHP's behavior.

; PHP attempts to find and load this configuration from a number
of locations.
; The following is a summary of its search order:
; 1. SAPI module specific location.
; 2. The PHPRC environment variable. (As of PHP 5.2.0)
; 3. A number of predefined registry keys on Windows (As of PHP 5
.2.0)
; 4. Current working directory (except CLI)
; 5. The web server's directory (for SAPI modules), or directory
of PHP
; (otherwise in Windows)
; 6. The directory from the --with-config-file-path compile time
option, or the
; Windows directory (C:\windows or C:\winnt)
; See the PHP docs for more specific information.
; http://php.net/configuration.file

; The syntax of the file is extremely simple.  Whitespace and lin
es
; beginning with a semicolon are silently ignored (as you probabl
y guessed).
; Section headers (e.g. [Foo]) are also silently ignored, even th
ough
; they might mean something in the future.

; Directives following the section heading [PATH=/www/mysite] onl
```

图 7-36 php.ini 文件内容

配置文件里的主要参数如下:

```
[Apache]                              #仅在将 PHP 作为 Apache 模块时才有效
engine = On                           #是否启用 PHP 解析引擎
last_modified = Off                   #是否在 last-modified 应答头中放置 PHP 脚本的
                                      #最后修改时间
xbithack = Off                        #为 PHP 可执行位组解析
[PHP-Core-SafeMode]                   #PHP 核心安全模式
safe_mode = Off                       #是否启用安全模式
131 <Directory "/var/www/html">       #网站容器开始标识
144 Options Indexes FollowSymLinks    #找不到主页时,以目录的方式呈现
151 AllowOverride None                #none 不使用.htaccess 控制,all 允许
156 Require all granted               #granted: 允许访问;denied: 拒绝访问
157 </Directory>                      #容器结束
164 DirectoryIndex index.html         #定义主页文件
316 AddDefaultCharset UTF-8           #字符编码
[Apache]
#仅在将 PHP 作为 Apache 模块时才有效
engine = On
#是否启用 PHP 解析引擎
```

可以在 httpd.conf 中基于目录或者虚拟主机打开或者关闭 PHP 解析引擎。

```
last_modified = Off
#是否在 last-modified 应答头中放置该 PHP 脚本的最后修改时间
xbithack = Off
#是否不管文件结尾是什么,都作为 PHP 可执行位组解析
child_terminate = Off
#PHP 脚本在请求结束后是否允许使用 apache_child_terminate()函数终止子进程。该指令仅
#在 UNIX 平台上将 PHP 安装为 Apache 1.3 的模块时可用。其他情况下皆不存在
[PHP-Core-DateTime]
#前四个配置选项目前仅用于 date_sunrise()和 date_sunset()函数
date.default_latitude = 31.7667
#默认纬度
date.default_longitude = 35.2333
#默认经度
date.sunrise_zenith = 90.583333
#默认日出天顶
date.sunset_zenith = 90.583333
#默认日落天顶
date.timezone =
#未设定 TZ 环境变量时,用于所有日期和时间函数的默认时区
#中华人民共和国应当使用"PRC"
```

应用时区的优先顺序为：

(1) 用 date_default_timezone_set()函数设定的时区(如果设定了的话)。

(2) TZ 环境变量(如果非空的话)。

(3) 该指令的值(如果设定了的话)。

(4) PHP 自己推测(如果操作系统支持)。

(5) 如果以上都不成功,则使用 UTC：

```
[PHP-Core-Assert]
assert.active = On
#是否启用 assert()断言评估
assert.bail = Off
#是否在发生失败断言时中止脚本的执行
assert.callback = On
#发生失败断言时执行的回调函数
assert.quiet_eval = Off
#是否使用安静评估(不显示任何错误信息,相当于 error_reporting=0)
```

若关闭,则在评估断言表达式的时候使用当前的 error_reporting 指令值。

```
assert.warning = On
#是否对每个失败断言都发出警告
[PHP-Core-SafeMode]
#安全模式是为了解决共享服务器的安全问题而设立的
```

但试图在 PHP 层解决这个问题在结构上是不合理的,正确的做法应当是修改 Web 服务器层和操作系统层。

因此,在 PHP6 中废除了安全模式,并打算使用 open_basedir 指令取代之。

```
safe_mode = Off
#是否启用安全模式
```

打开时,PHP 将检查当前脚本的拥有者是否和被操作的文件的拥有者相同,若相同,则允许操作;若不同,则拒绝操作。

```
safe_mode_gid = Off
```

在安全模式下,默认在访问文件时做 UID 比较检查。

但有些情况下严格的 UID 检查反而是不适合的,宽松的 GID 检查已经足够。

如果想将其放宽到仅做 GID 比较,可以打开这个参数。

```
safe_mode_allowed_env_vars = "PHP_"
#在安全模式下,用户仅可以更改的环境变量的前缀列表(逗号分隔)
```

允许用户设置某些环境变量,可能导致潜在的安全漏洞。

注意:如果这一参数值为空,PHP 将允许用户更改任意环境变量!

```
safe_mode_protected_env_vars = "LD_LIBRARY_PATH"
#在安全模式下,用户不能更改的环境变量列表(逗号分隔)
```

这些变量即使在 safe_mode_allowed_env_vars 指令设置为允许的情况下,也会得到保护。

```
safe_mode_exec_dir = "/usr/local/php/bin"
```

在安全模式下,只有该目录下的可执行程序才允许被执行系统程序的函数执行。

这些函数是 system,escapeshellarg,escapeshellcmd,exec,passthru,proc_close,proc_get_status,proc_nice,proc_open,proc_terminate,shell_exec。

```
safe_mode_include_dir =[空值]
```

在安全模式下,该组目录和其子目录下的文件被包含时,将跳过 UID/GID 检查。换句话说,如果此处的值为空,任何 UID/GID 不符合的文件都不允许被包含。这里设置的目录必须已经存在于 include_path 指令中或者用完整路径包含。

```
[PHP-Core-Error]
error_reporting=E_ALL & ~E_NOTICE
```

错误报告级别是位字段的叠加,推荐使用 E_ALL|E_STRICT。

```
1  E_ERROR              #致命的运行时错误
2  E_WARNING            #运行时警告(非致命性错误)
4  E_PARSE              #编译时解析错误
8  E_NOTICE             #运行时提醒(经常是 Bug,也可能是有意的)
16  E_CORE_ERROR        #PHP 启动时初始化过程中的致命错误
```

```
32   E_CORE_WARNING              #PHP启动时初始化过程中的警告(非致命性错误)
64   E_COMPILE_ERROR             #编译时致命性错误
128  E_COMPILE_WARNING           #编译时警告(非致命性错误)
256  E_USER_ERROR                #用户自定义的致命错误
512  E_USER_WARNING              #用户自定义的警告(非致命性错误)
1024  E_USER_NOTICE              #用户自定义的提醒(经常是Bug,也可能是有意的)
2048  E_STRICT                   #编码标准化警告(建议如何修改,以向前兼容)
4096  E_RECOVERABLE_ERROR        #接近致命的运行时错误,若未被捕获,则视同E_ERROR
6143  E_ALL                      #除E_STRICT外的所有错误(PHP6中为8191,即包含所有)
```

(2) 打开php-fpm.conf文件,如图7-37所示,可用vi命令打开并编辑文件。php-fpm.conf是PHP-FPM特有的配置文件。

```
[root@VM-32-9-centos ~]# vi /etc/php-fpm.conf

;;;;;;;;;;;;;;;;;;;;;
; FPM Configuration ;
;;;;;;;;;;;;;;;;;;;;;

; All relative paths in this configuration file are relative to PH
P's install
; prefix.

; Include one or more files. If glob(3) exists, it is used to incl
ude a bunch of
; files from a glob(3) pattern. This directive can be used everywh
ere in the
; file.
include=/etc/php-fpm.d/*.conf

;;;;;;;;;;;;;;;;;;
; Global Options ;
;;;;;;;;;;;;;;;;;;

[global]
; Pid file
; Default Value: none
pid = /run/php-fpm/php-fpm.pid

; Error log file
; If it's set to "syslog", log is sent to syslogd instead of being
 written
; in a local file.
; Default Value: /var/log/php-fpm.log
error_log = /var/log/php-fpm/error.log

; syslog_facility is used to specify what type of program is loggi
ng the
; message. This lets syslogd specify that messages from different
facilities
; will be handled differently.
; See syslog(3) for possible values (ex daemon equiv LOG_DAEMON)
; Default Value: daemon
;syslog.facility = daemon
```

图7-37　php-fpm.conf文件内容

配置文件里的全局参数配置(由标志[global]开始):

```
pid = run/php-fpm.pid                     #设置pid文件的位置
error_log = log/php-fpm.log               #记录错误日志的文件
syslog.facility = daemon                  #用于指定什么类型的程序日志消息
syslog.ident = php-fpm                    #用于FPM多实例甄别
log_level = notice                        #记录日志的等级,默认为notice
emergency_restart_threshold=0             #子进程带有IGSEGV或SIGBUS退出,重启fpm
emergency_restart_interval = 0            #设置间隔服务的初始化时间,默认单位为秒
process_control_timeout = 0               #子进程等待master进程对信号的回应
```

```
process.max = 128                #控制最大进程数,使用时需谨慎
process.priority = -19           #处理 nice(2)的进程优先级别-19(最高)到 20(最低)
rlimit_files = 1024              #设置主进程文件描述符 rlimit 的数量
rlimit_core = 0                  #设置主进程 rlimit 最大核数
events.mechanism = epoll         #使用处理 event 事件的机制
```

7.9 项目开发及实现 5：动态 PHP 网站实现

7.9.1 项目描述

LAMP 环境是指 Linux 系统下，由 Apache+MySQL+PHP 及其他相关辅助组件组成的网站服务器架构。本文档介绍如何在云服务器上手动搭建 LAMP 环境。

手动搭建 LAMP 环境，需要熟悉 Linux 命令，在 Linux 环境下通过 Yum 安装软件等常用命令，并了解所安装软件使用的版本特性。

7.9.2 项目实现

1. 登录 Linux 实例

PuTTY 的下载地址为 https://www.chiark.greenend.org.uk/~sgtatham/putty/latest.html。

打开 PuTTY，如图 7-38 所示，在 HostName 中输入公网 IP 地址，单击【Open】按钮。

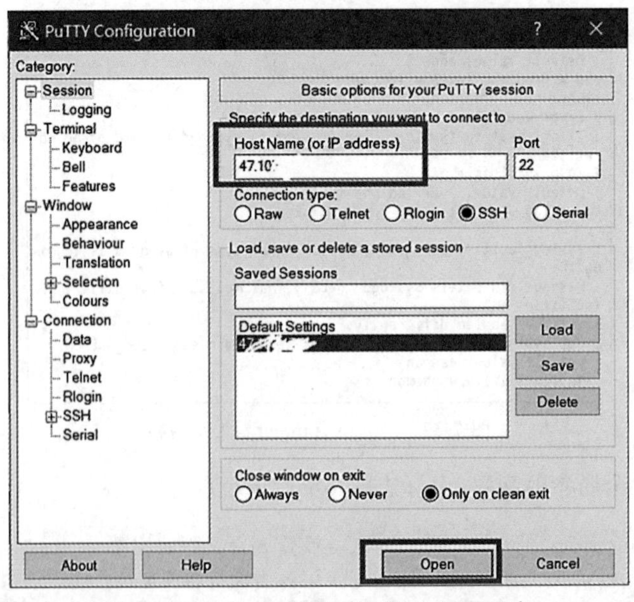

图 7-38 输入 IP、用户名和密码，登录用户

在 Linux 端测试是否登录成功，如图 7-39 所示。

2. 动态 PHP 网站实现

(1) 修改 Apache 配置文件，如图 7-40 所示，vi 编辑器是所有 UNIX 及 Linux 系统下标准的编辑器。

```
Connecting to 81.71.49.73:22...
Connection established.
To escape to local shell, press 'Ctrl+Alt+]'.

WARNING! The remote SSH server rejected X11 forwarding request.
Activate the web console with: systemctl enable --now cockpit.socket

Last login: Fri Oct 29 14:57:13 2021 from 125.88.8.165
[root@VM-32-9-centos ~]#
```

图 7-39　成功登录

```
[root@VM-32-9-centos ~]# vi /etc/httpd/conf/httpd.conf

#
# This is the main Apache HTTP server configuration file.  It contains the
# configuration directives that give the server its instructions.
# See <URL:http://httpd.apache.org/docs/2.4/> for detailed information.
# In particular, see
# <URL:http://httpd.apache.org/docs/2.4/mod/directives.html>
# for a discussion of each configuration directive.
#
# See the httpd.conf(5) man page for more information on this configuration,
# and httpd.service(8) on using and configuring the httpd service.
#
# Do NOT simply read the instructions in here without understanding
# what they do.  They're here only as hints or reminders.  If you are unsure
# consult the online docs. You have been warned.
#
# Configuration and logfile names: If the filenames you specify for many
# of the server's control files begin with "/" (or "drive:/" for Win32), the
# server will use that explicit path.  If the filenames do *not* begin
# with "/", the value of ServerRoot is prepended -- so 'log/access_log'
# with ServerRoot set to '/www' will be interpreted by the
# server as '/www/log/access_log', where as '/log/access_log' will be
# interpreted as '/log/access_log'.

#
# ServerRoot: The top of the directory tree under which the server's
# configuration, error, and log files are kept.
#
# Do not add a slash at the end of the directory path.  If you point
# ServerRoot at a non-local disk, be sure to specify a local disk on the
# Mutex directive, if file-based mutexes are used.  If you wish to share the
# same ServerRoot for multiple httpd daemons, you will need to change at
# least PidFile.
#
ServerRoot "/etc/httpd"

#
# Listen: Allows you to bind Apache to specific IP addresses and/or
# ports, instead of the default. See also the <VirtualHost>
# directive.
#
# Change this to Listen on specific IP addresses as shown below to
# prevent Apache from glomming onto all bound IP addresses.
#
#Listen 12.34.56.78:80
Listen 80
```

图 7-40　修改 Apache 配置文件

(2) 按 i 键切换至编辑模式,并修改为如图 7-41 所示的内容。

在 ServerName www.example.com:80 下另起一行,输入以下内容:

```
ServerName localhost:80
```

将<Directory>中的 Require all denied 修改为 Require all granted。

将<IfModule dir_module>中的内容替换为 DirectoryIndex index.php index.html。

(3) 按 Esc 键,输入":wq",保存文件并返回。

(4) 重启 Apache 服务,如图 7-42 所示。restart 命令用于重启服务。

```
#
# ServerName gives the name and port that the server uses to identify itsel
# This can often be determined automatically, but we recommend you specify
# it explicitly to prevent problems during startup.
#
# If your host doesn't have a registered DNS name, enter its IP address her
#
#ServerName www.example.com:80
ServerName localhost:80

<IfModule dir_module>
    DirectoryIndex index.html index.php
</IfModule>
#
# Deny access to the entirety of your server's filesystem. You must
# explicitly permit access to web content directories in other
# <Directory> blocks below.
#
<Directory />
    AllowOverride none
    Require all denied
</Directory>

#
# Note that from this point forward you must specifically allow
# particular features to be enabled - so if something's not working as
# you might expect, make sure that you have specifically enabled it
# below.
```

图 7-41　输入框选内容

```
[root@VM-32-9-centos ~]# systemctl restart httpd
[root@VM-32-9-centos ~]#
```

图 7-42　重启 Apache 服务

(5) 创建测试文件,如图 7-43 所示,echo 命令可用于将输入的字符串送往标准输出到指定的文本。

```
[root@VM-32-9-centos ~]# echo "<?php phpinfo(); ?>" >> /var/www/html/index.php
[root@VM-32-9-centos ~]#
```

图 7-43　创建测试文件

(6) 在本地浏览器中访问 http://81.71.49.73/index.php(81.71.49.73 为公网 IP),查看环境配置是否成功。若显示如图 7-44 所示,则说明环境配置成功。

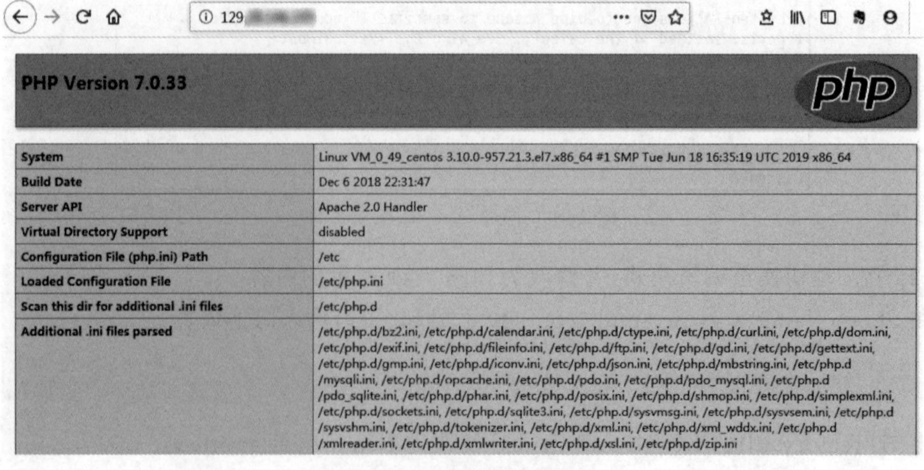

PHP Version 7.0.33

System	Linux VM_0_49_centos 3.10.0-957.21.3.el7.x86_64 #1 SMP Tue Jun 18 16:35:19 UTC 2019 x86_64
Build Date	Dec 6 2018 22:31:47
Server API	Apache 2.0 Handler
Virtual Directory Support	disabled
Configuration File (php.ini) Path	/etc
Loaded Configuration File	/etc/php.ini
Scan this dir for additional .ini files	/etc/php.d
Additional .ini files parsed	/etc/php.d/bz2.ini, /etc/php.d/calendar.ini, /etc/php.d/ctype.ini, /etc/php.d/curl.ini, /etc/php.d/dom.ini, /etc/php.d/exif.ini, /etc/php.d/fileinfo.ini, /etc/php.d/ftp.ini, /etc/php.d/gd.ini, /etc/php.d/gettext.ini, /etc/php.d/gmp.ini, /etc/php.d/iconv.ini, /etc/php.d/json.ini, /etc/php.d/mbstring.ini, /etc/php.d/mysqli.ini, /etc/php.d/opcache.ini, /etc/php.d/pdo.ini, /etc/php.d/pdo_mysql.ini, /etc/php.d/pdo_sqlite.ini, /etc/php.d/phar.ini, /etc/php.d/posix.ini, /etc/php.d/shmop.ini, /etc/php.d/simplexml.ini, /etc/php.d/sockets.ini, /etc/php.d/sqlite3.ini, /etc/php.d/sysvmsg.ini, /etc/php.d/sysvsem.ini, /etc/php.d/sysvshm.ini, /etc/php.d/tokenizer.ini, /etc/php.d/xml.ini, /etc/php.d/xml_wddx.ini, /etc/php.d/xmlreader.ini, /etc/php.d/xmlwriter.ini, /etc/php.d/xsl.ini, /etc/php.d/zip.ini

图 7-44　访问测试页面

(7) 下载 Discuz 论坛安装包,如图 7-45 所示,wget 命令用于从指定的 URL 下载文件。

```
[root@VM-32-9-centos ~]# wget 'https://www.dismall.com/forum.php?mod=attachment&aid=MT
A0fGEzYmRkMWM4fDE2MzU0OTA1Njd8MHw3Mw==' -O Discuz_X3.4_SC_UTF8_20210926.zip
--2021-10-30 12:16:05--  https://www.dismall.com/forum.php?mod=attachment&aid=MTA0fGEz
YmRkMWM4fDE2MzU0OTA1Njd8MHw3Mw==
Resolving www.dismall.com (www.dismall.com)... 182.254.59.207, 121.51.175.120
Connecting to www.dismall.com (www.dismall.com)|182.254.59.207|:443... connected.
HTTP request sent, awaiting response... 200 OK
Length: 12360128 (12M) [application/octet-stream]
Saving to: 'Discuz_X3.4_SC_UTF8_20210926.zip'

Discuz_X3.4_SC_UTF8_2 100%[======================>]  11.79M  80.3KB/s    in 84s     A

2021-10-30 12:17:30 (143 KB/s) - 'Discuz_X3.4_SC_UTF8_20210926.zip' saved [12360128/12
360128]
```

图 7-45　下载 Discuz 论坛安装包

(8) 创建对应网站目录,如图 7-46 所示。

```
[root@VM-32-9-centos ~]# mkdir /var/www/html/dz
[root@VM-32-9-centos ~]#
```

图 7-46　创建对应网站目录

(9) 解压 Discuz.zip 后将 upload 目录复制到/var/www/html/dz 目录下,再进行授权,如图 7-47 所示,unzip 命令用于解压 zip 文件,cp 命令用于复制文件或目录。

```
[root@VM-32-9-centos ~]# unzip -q Discuz_X3.4_SC_UTF8_20210926.zip
[root@VM-32-9-centos ~]# cp -r upload/* /var/www/html/dz
```

图 7-47　解压 Discuz.zip 并复制到网站目录

(10) 对目录进行授权,如图 7-48 所示,chmod 命令控制用户对文件的权限。

```
[root@VM-32-9-centos ~]# chmod -R 777 /var/www/html/dz
[root@VM-32-9-centos ~]#
```

图 7-48　对目录进行授权

(11) 安装向导,如图 7-49 所示,访问 http://81.71.49.73/dz/install/。

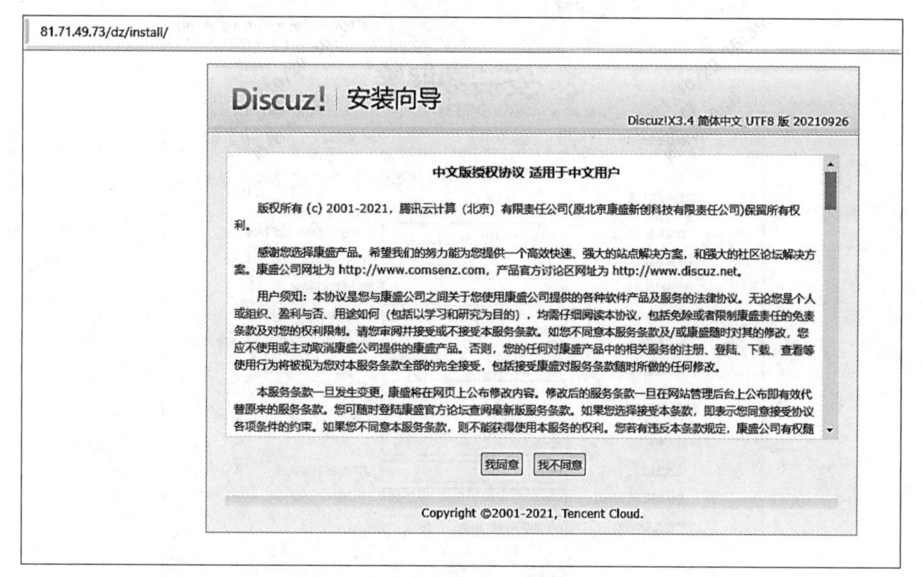

图 7-49　安装向导

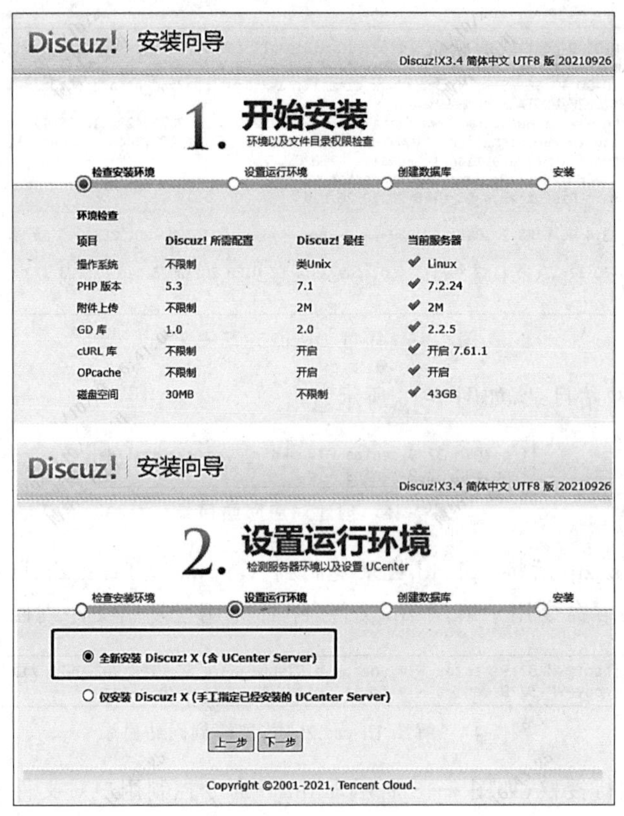

图 7-49 （续）

如图 7-50 所示，这里的数据库密码为前面的 mysql_secure_installation 命令（见图 7-33）重置后的密码。

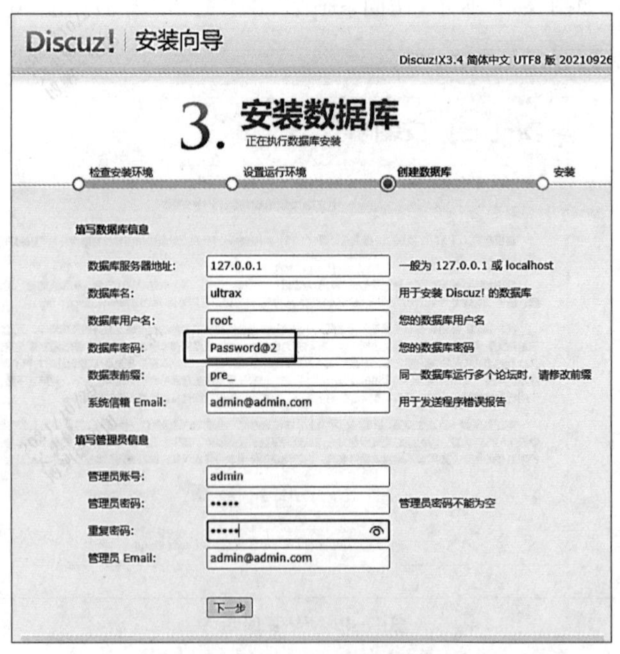

图 7-50 输入对应的数据库密码

系统安装已完成，相关信息如图7-51所示。

图7-51　完成论坛安装

(12) 到此，安装完成，可输入http://81.71.49.73/dz/查看效果，如图7-52所示。

图7-52　访问Discuz网站

7.10 实验任务1：云主机基础环境设置

7.10.1 任务简介

小明是某网络公司的IT部员工，公司想在腾讯云上假设基于LAMP架构的Web站点。现需要小明以最简单的方式搭建一个Linux云服务器。

7.10.2 项目实现

具体实现如下。

(1) 注册腾讯云账号。

(2) 购买Linux云服务器。

(3) 登录云服务器(后台登录)。

(4) 登录云服务器(PuTTY登录)。

7.10.3 实验报告

完成以上内容，并完成实验报告。实验至少包含以下内容。

(1) 注册腾讯云账号。

(2) 购买Linux云服务器。

(3) 登录云服务器(后台登录)。

(4) 登录云服务器(PuTTY登录)。

7.11 实验任务2：在Linux云主机中配置Apache、MySQL、PHP

7.11.1 任务简介

小明是某网络公司的IT部员工，公司想在腾讯云上假设基于LAMP架构的Web站点。

LAMP环境是指Linux系统下由Apache+MySQL+PHP及其他相关辅助组件组成的网站服务器架构。本文档介绍如何在云服务器上手动搭建LAMP环境。

手动搭建LAMP环境，需要熟悉Linux命令，在Linux环境下通过Yum安装软件等常用命令，并了解所安装软件使用的版本特性。

7.11.2 项目实现

具体实现如下。

(1) 登录Linux实例。

(2) 安装并配置Apache。

(3) 安装并配置MySQL。

(4) 安装并配置PHP。

7.11.3 实验报告

完成以上内容,并完成实验报告。实验至少包含以下内容。

(1) 登录 Linux 实例。

(2) 安装并配置 Apache。

(3) 安装并配置 MySQL。

(4) 安装并配置 PHP。

7.12 实验任务 3: 配置 PHP 服务

7.12.1 任务简介

赵刚是某公司运维部的员工,主要负责公司的一些关于 PHP 服务的更新、维护、配置工作,为了工作上的需要,赵刚经常会在云服务机上对相关的服务进行配置操作。具体要求如下。

(1) 配置 php.ini 文件。

(2) 配置 php-fpm.conf 文件。

(3) 安装常用 PHP 的依赖库。

7.12.2 项目实现

具体实现如下。

(1) 登录 Linux 实例。

(2) 配置文件信息。

7.12.3 实验报告

完成以上内容,并完成实验报告。实验至少包含以下内容。

(1) 登录 Linux 实例。

(2) 配置文件信息。

7.13 实验任务 4: 动态 PHP 网站实现

7.13.1 任务简介

LAMP 环境是指 Linux 系统下由 Apache+MySQL+PHP 及其他相关辅助组件组成的网站服务器架构。本文档介绍如何在云服务器上手动搭建 LAMP 环境。

手动搭建 LAMP 环境,需要熟悉 Linux 命令,在 Linux 环境下通过 Yum 安装软件等常用命令,并了解所安装软件使用的版本特性。

7.13.2 项目实现

具体实现如下。

(1) 登录 Linux 实例。

(2) 动态 PHP 网站实现。

7.13.3 实验报告

完成以上内容,并完成实验报告。实验至少包含以下内容。

(1) 登录 Linux 实例。

(2) 动态 PHP 网站实现。

7.14 课后练习

一、选择题

1. (　　)不是云端提供进行云服务器的配置和管理的方式。

A. API　　B. SDK　　C. 控制台　　D. 直连

2. Apache HTTP Server 是 Apache 软件基金会的一个开放源码的网页服务器,(　　)上运行。

A. 仅在 Windows　　B. 仅在 Linux

C. 仅在 Windows 和 Linux　　D. 在大多数计算机操作系统

3. (　　)不可以通过 Putty 进行连接。

A. SSH　　B. Telnet　　C. vpn　　D. Serial

4. 安装 Apache 服务时,使用的命令是(　　)。

A. yum install　Apache　　B. yum install httpd

C. yum install　Apached　　D. yum install http

5. 配置 MySQL 的安装性时,使用的命令是(　　)。

A. mysql_secure_installation　　B. mysql_installation

C. mysql_secure　　D. mysql_security_installation

6. phpMyAdmin 是一个(　　)工具。

A. 文档编辑　　B. 缓存清理

C. MySQL 数据库管理　　D. 用户管理

7. 在 Linux 操作系统中,使用 vi 编辑工具时,按(　　)键可切换至编辑模式。

A. t　　B. s　　C. p　　D. i

二、简答题

1. 简要介绍 PHP。

2. 简要介绍 MySQL。

3. 简要写出基于 LAMP 架构部署 Web 站点的步骤。

第 8 章　云+课堂平台云化应用实战

8.1　项目开发及实现 1：云主机控制台配置 Linux 云主机

8.1.1　项目描述

小明是某公司网络中心的员工，主要负责腾讯云主机的部署及维护。现需要利用已注册的腾讯云账号登录腾讯云的云主机，采用 Webshell 方式远程连接腾讯云主机，验证云主机的配置是否符合配置要求，并对基本的 Linux 操作命令进行测试。

（1）购买并连接云主机。

（2）进行 Linux 系统安装及组件安装。

8.1.2　项目实现

1. 购买 CMV 云服务器并利用 Webshell 方式连接云主机

（1）登录腾讯云平台，购买云服务器 CVM。

（2）在【选择机型】选项卡中，计费模式选择“按量计费”，地域选择“广州”，可用区选择“随机可用区”，如图 8-1 所示。

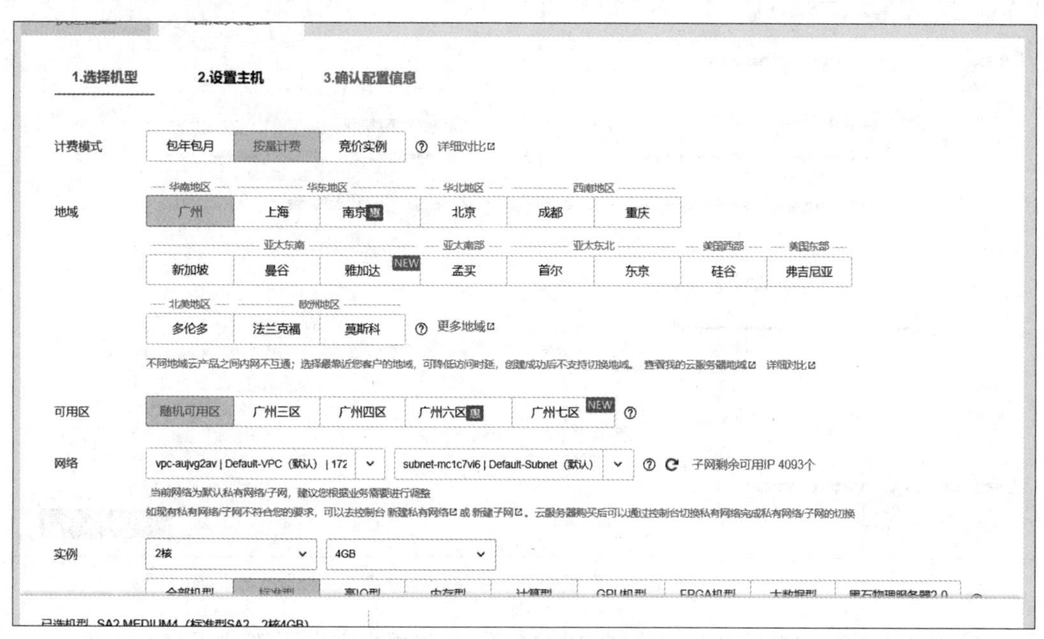

图 8-1　【选择机型】选项卡

（3）机型：选择需要的云服务器机型配置。这里选择“2 核 CPU”“4GB 内存”，如图 8-2 所示。

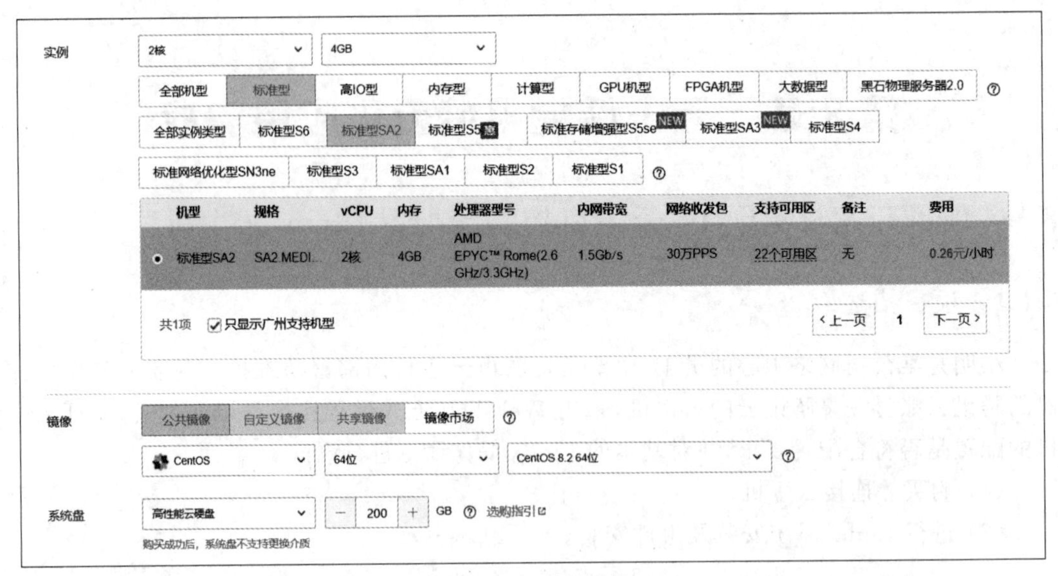

图 8-2　机型和镜像

(4) 镜像：选择需要的云服务器操作系统。这里选择“CentOS 8.2 64 位”，如图 8-2 所示。

(5) 系统盘：本案例选择 200GB，如图 8-3 所示。

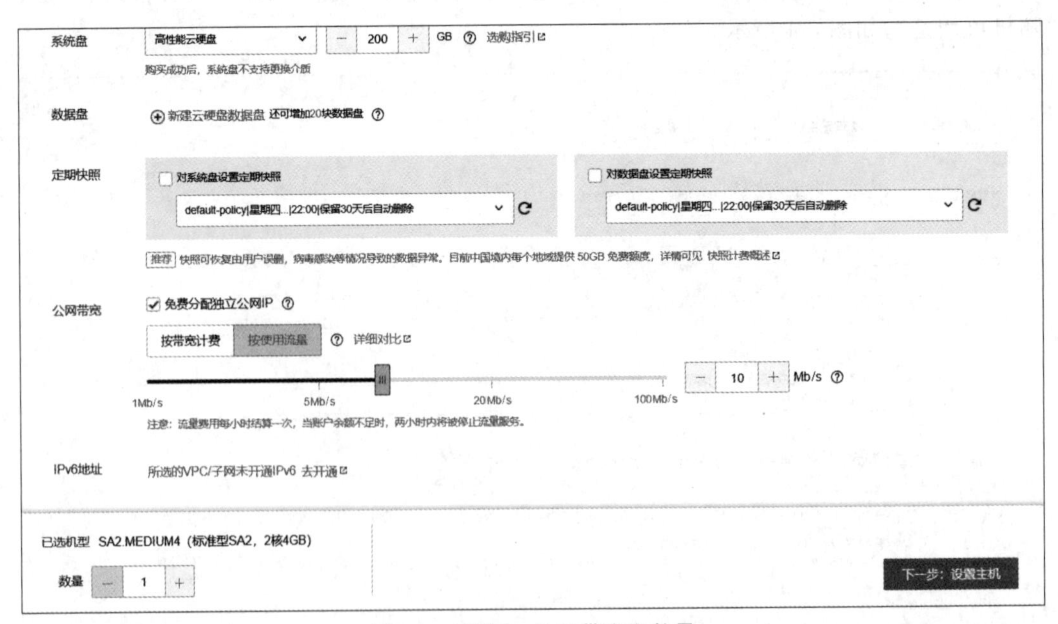

图 8-3　系统盘、公网带宽和数量

(6) 公网带宽：勾选后会分配公网 IP，1Mb/s，可以根据需求调整，如图 8-3 所示。

(7) 数量：默认购买 1 台，如图 8-3 所示。

(8) 设置主机：已有安全组，如图 8-4 所示。

(9) 实例名称：这里设置为 GZ，如图 8-5 所示。

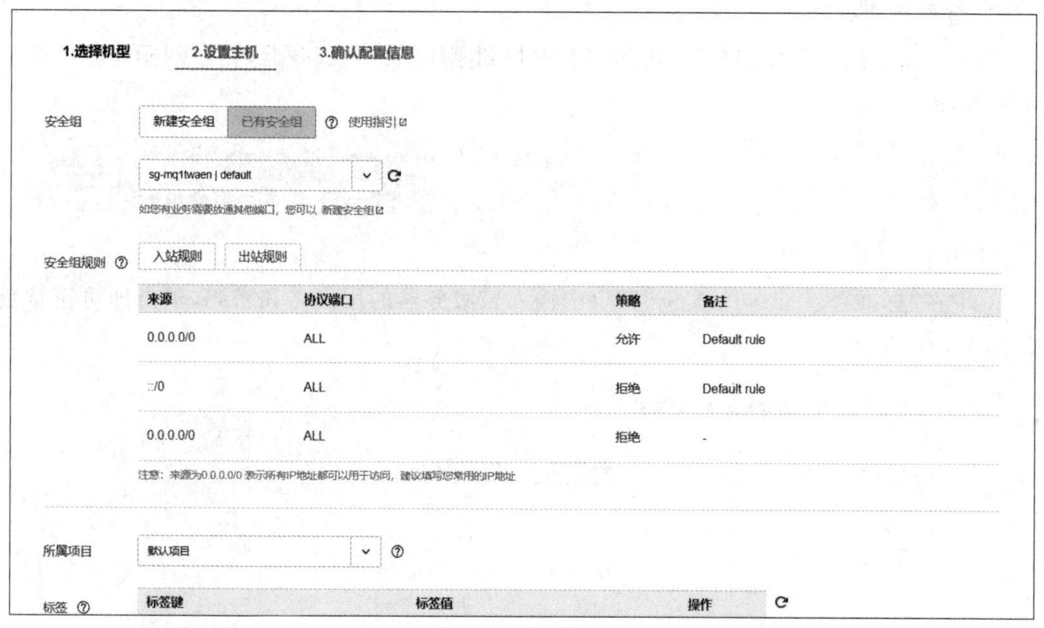

图 8-4 设置主机

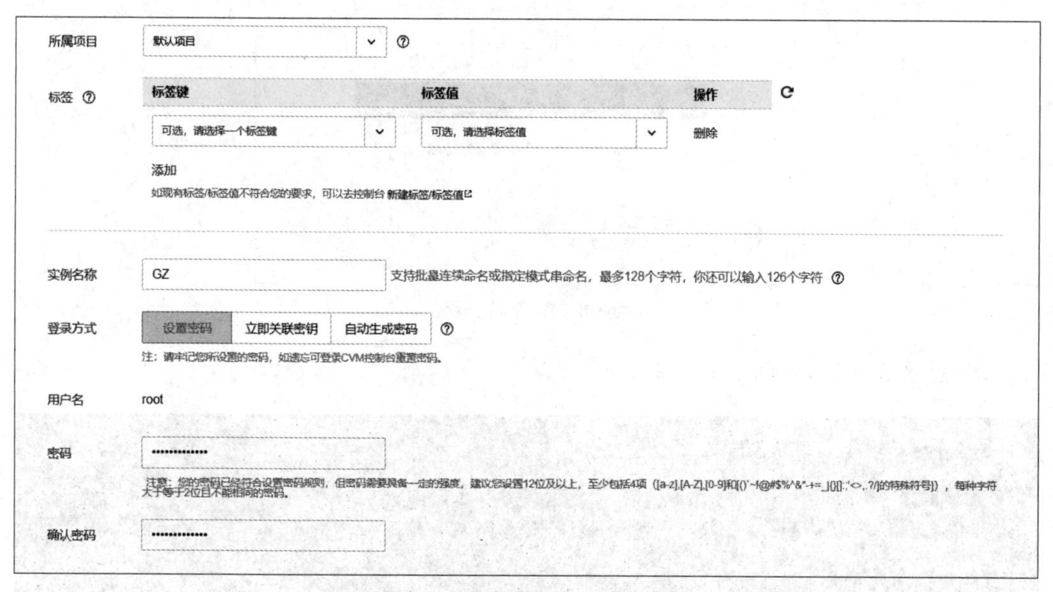

图 8-5 设备实例名称等信息

（10）登录方式：设置密码，如图 8-5 所示。

（11）用户名：root，如图 8-5 所示。

（12）密码：GZinnovate123，如图 8-5 所示。

付费完成后，即完成了云服务器的购买。云服务器可以作为个人虚拟机或者建站的服务器。接下来可以登录购买的这台服务器。

2. 登录云服务器

(1) 登录云服务器控制台,在实例列表中找到刚购买的云服务器,在右侧操作栏中单击登录,如图 8-6 所示。

图 8-6　登录

(2) 在“标准登录|Linux 实例”窗口中输入云服务器的用户名和密码,单击即可正常登录,如图 8-7 所示。

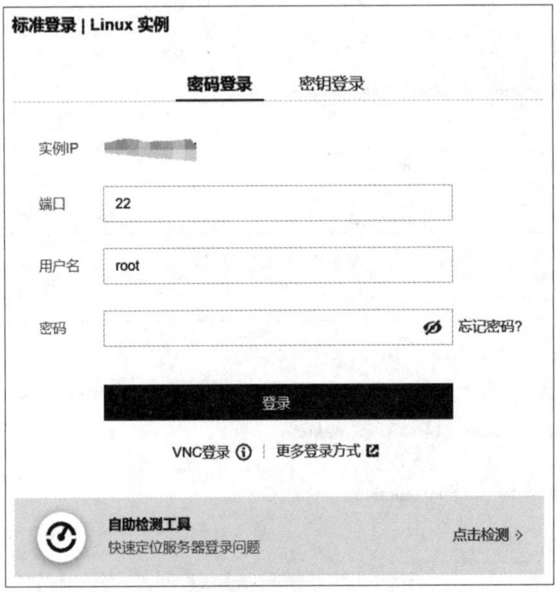

图 8-7　密码登录

(3) 登录成功后,界面如图 8-8 所示。

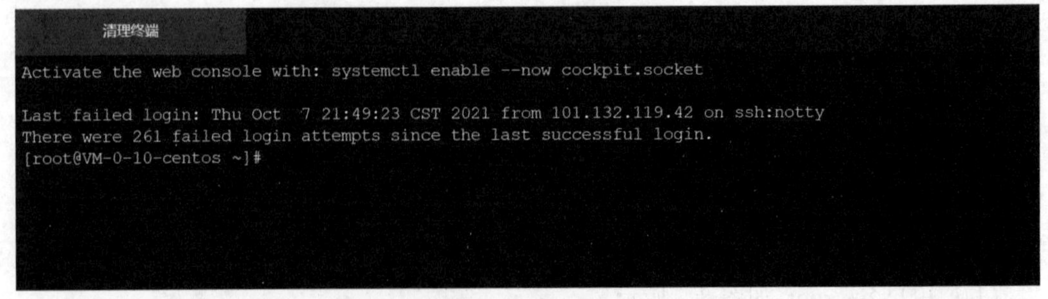

图 8-8　登录成功

3. 验证所需实验需求的云主机的配置

本实验所需云主机的基本配置为 2 核 CPU、4GB 内存、1M 带宽和 100GB 硬盘,选用 CentOS 7 操作系统。

1）查看 CPU 型号

使用下述命令查看 CPU 型号。

```
[root@VM-16-35-centos ~]# cat /proc/cpuinfo | grep name | cut -f2 -d: | uniq -c
      2  AMD EPYC 7K62 48-Core Processor
[root@VM-16-35-centos ~]#
```

2）查看物理 CPU 个数

```
[root@VM-16-35-centos ~]# cat /proc/cpuinfo| grep "physical id"| sort| uniq| wc -l
1
[root@VM-16-35-centos ~]#
```

3）查看每个 CPU 的物理核数

```
[root@VM-16-35-centos ~]# cat /proc/cpuinfo| grep "cpu cores"| uniq
cpu cores       : 2
[root@VM-16-35-centos ~]#
```

4）查看 CPU 的逻辑核数

```
[root@VM-16-35-centos ~]# cat /proc/cpuinfo| grep "processor"| wc -l
2
[root@VM-16-35-centos ~]#
```

5）查看内存大小

```
[root@VM-16-35-centos ~]# cat /proc/meminfo| grep MemTotal
MemTotal:        3880240 kB
[root@VM-16-35-centos ~]#
```

6）查看空闲内存大小

```
[root@VM-16-35-centos ~]# cat /proc/meminfo| grep MemFree
MemFree:         3463900 kB
[root@VM-16-35-centos ~]#
```

7）查看操作系统的内核版本信息

```
[root@VM-16-35-centos ~]# uname -r
3.10.0-1062.18.1.el7.x86_64
[root@VM-16-35-centos ~]#
```

8）查看分区信息

```
[root@VM-16-35-centos ~]# fdisk -l /dev/vda

Disk /dev/vda: 53.7 GB, 53687091200 bytes, 104857600 sectors
Units = sectors of 1 * 512 = 512 bytes
Sector size (logical/physical): 512 bytes / 512 bytes
I/O size (minimum/optimal): 512 bytes / 512 bytes
Disk label type: dos
Disk identifier: 0x0009ac89

   Device Boot      Start         End      Blocks   Id  System
/dev/vda1   *        2048   104857566    52427759+  83  Linux
[root@VM-16-35-centos ~]#
```

4. 下载附件

1）输入本案例提供链接下载附件

```
[root@VM-16-35-centos ~]# wget https://sandbox-images-pro-1304756856.cos.ap-guangzhou.my
qcloud.com/companyId-244/qcloudId-100013804764/1595725915114-test.txt
--2021-09-22 20:06:23--  https://sandbox-images-pro-1304756856.cos.ap-guangzhou.myqcloud
.com/companyId-244/qcloudId-100013804764/1595725915114-test.txt
Resolving sandbox-images-pro-1304756856.cos.ap-guangzhou.myqcloud.com (sandbox-images-pr
o-1304756856.cos.ap-guangzhou.myqcloud.com)... 169.254.0.47
Connecting to sandbox-images-pro-1304756856.cos.ap-guangzhou.myqcloud.com (sandbox-image
s-pro-1304756856.cos.ap-guangzhou.myqcloud.com)|169.254.0.47|:443... connected.
HTTP request sent, awaiting response... 200 OK
Length: 3 [text/plain]
Saving to: '1595725915114-test.txt'

100%[==========================================>] 3          --.-K/s   in 0s

2021-09-22 20:06:23 (1.25 MB/s) - '1595725915114-test.txt' saved [3/3]

[root@VM-16-35-centos ~]# 
```

2）使用 ls 命令查看下载的附件

```
[root@VM-16-35-centos ~]# ls
1595725915114-test.txt
```

8.2 项目开发及实现 2：本地部署 Putty 工具与云主机

8.2.1 项目描述

曹明是某公司网络中心的员工，主要负责腾讯云主机的部署及维护。现需要利用已注册的腾讯云账号登录腾讯云的云主机，采用本地部署 Putty 工具，配置 Putty 工具实现与云主机的互通，部署 Putty 工具。掌握利用 Putty 工具实现远程连接云主机。掌握利用 Pscp 工具实现文件上传。

8.2.2 项目实现

1. Putty 相关工具包部署

（1）下载 Putty 相关工具，打开浏览器，在地址栏中输入以下网址，打开 Putty 官方网站的下载页面。

```
https://www.chiark.greenend.org.uk/~sgtatham/putty/latest.html
```

（2）在下载页面中，根据系统主机的版本和功能需求下载对应的工具[本实验所用主机操作系统选用 Windows 10(64 位)]，将工具下载到 C 盘根目录下的 PuttyTools 目录中，如图 8-9 所示。

（3）在 C 盘根目录下新建一个目录(C:\PuttyTools)，用于存放下载好的工具，如图 8-10 所示。

（4）将刚才下载的两个工具移到新建的 C:\PuttyTools 目录下，然后打开目录，查看工具是否准备完成，如图 8-11 所示。

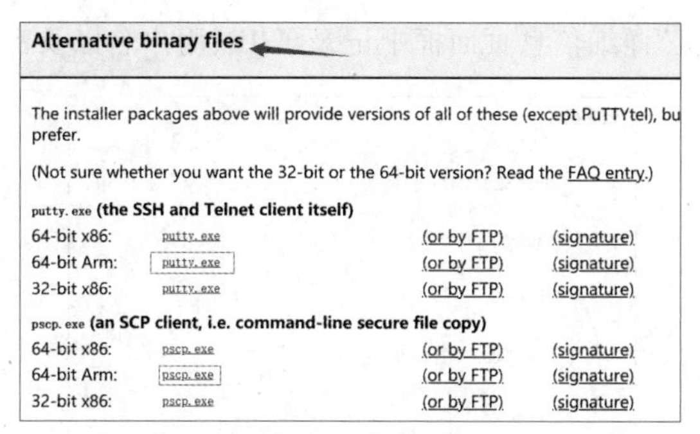

图 8-9 下载工具

图 8-10 存放工具

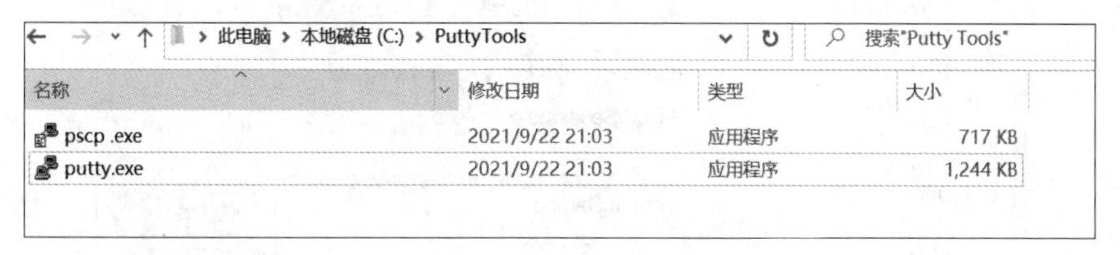

图 8-11 存在成功

2. 查看云主机的基本信息

(1) 单击页面右侧的"查看详情"按钮，查看云主机的详细信息，如图 8-12 所示。

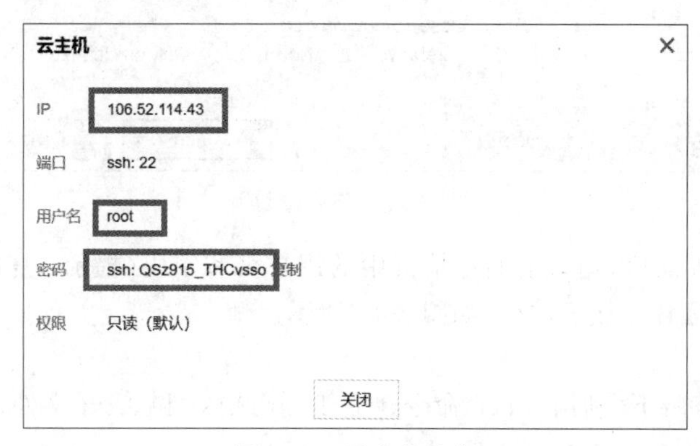

图 8-12 云主机信息

(2) 打开的“云主机”详细信息页面框中记录了 IP、用户名以及密码,如图 8-13 所示。

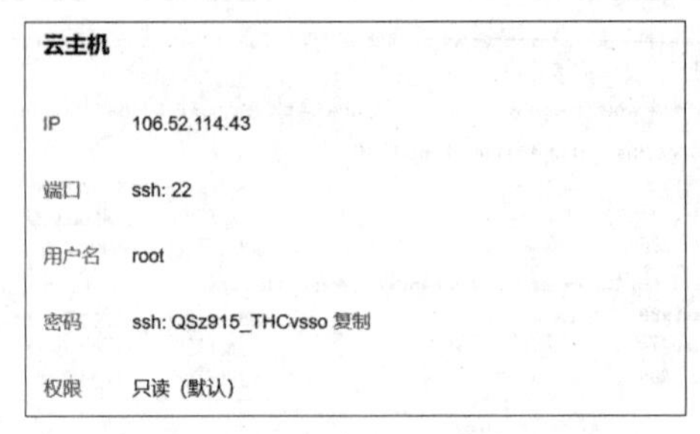

图 8-13 IP、用户名以及密码信息

3. 利用 Putty 工具连接云主机

(1) 双击“putty.exe”应用程序,打开 Putty。

(2) 在“Host Name(or IP address)”文本框中输入刚才记录下的云主机的访问地址,单击【Open】按钮,如图 8-14 所示。

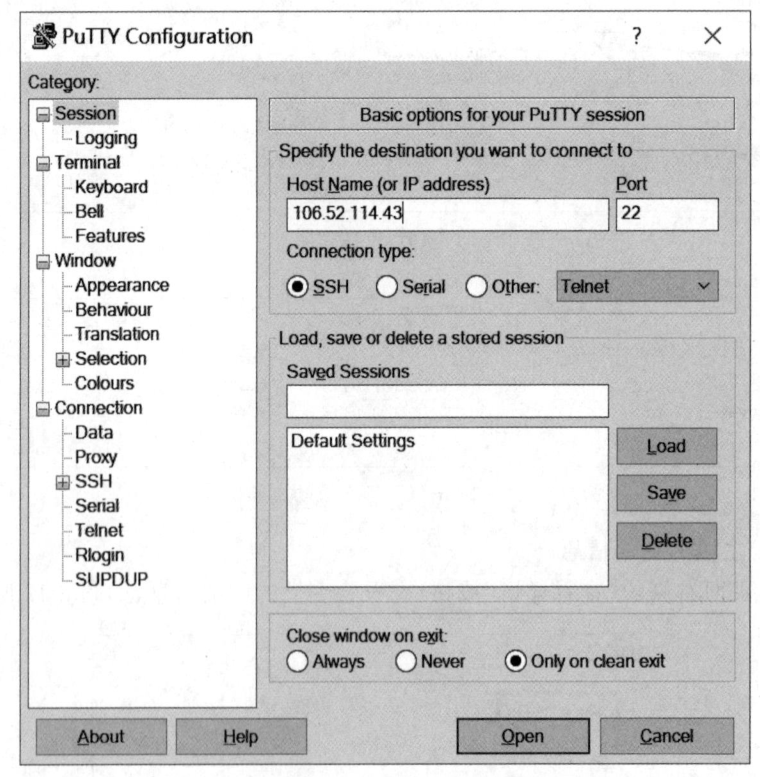

图 8-14 访问地址

(3) 打开连接界面后,输入上面详情页中的用户名和密码(提示:复制后单击鼠标右键就可以粘贴),即可远程连接云主机,如图 8-15 所示。

4. 验证

(1) 在 Putty 终端下,利用 touch 命令建立 1.txt、2.txt 和 3.txt 文件,并用 ls 命令查看,如图 8-16 所示。

(2) 进入 CVM 终端,如图 8-17 所示。

root@VM-16-46-centos:~
login as: root
root@106.52.114.43's password:
Last login: Wed Sep 22 21:20:51 2021 from 14.23.181.86
[root@VM-16-46-centos ~]#

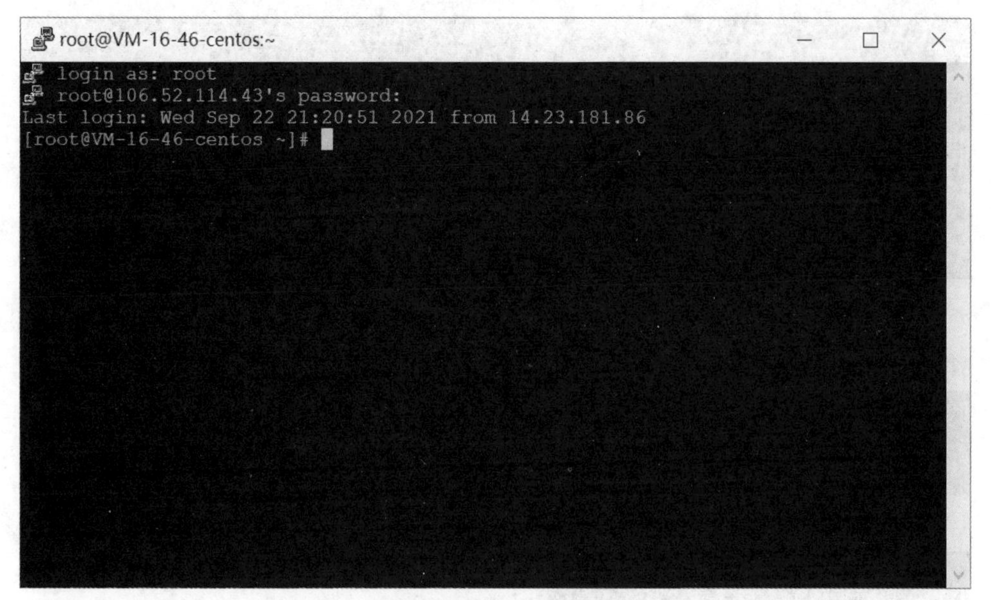

图 8-15　远程连接云主机

root@VM-16-46-centos:~
login as: root
root@106.52.114.43's password:
Last login: Wed Sep 22 21:20:51 2021 from 14.23.181.86
[root@VM-16-46-centos ~]# touch 1.txt 2.txt 3.txt
[root@VM-16-46-centos ~]# ls
1.txt 2.txt 3.txt
[root@VM-16-46-centos ~]#

图 8-16　用 ls 命令查看

(3) 在 CVM 下利用 ls 命令查看。

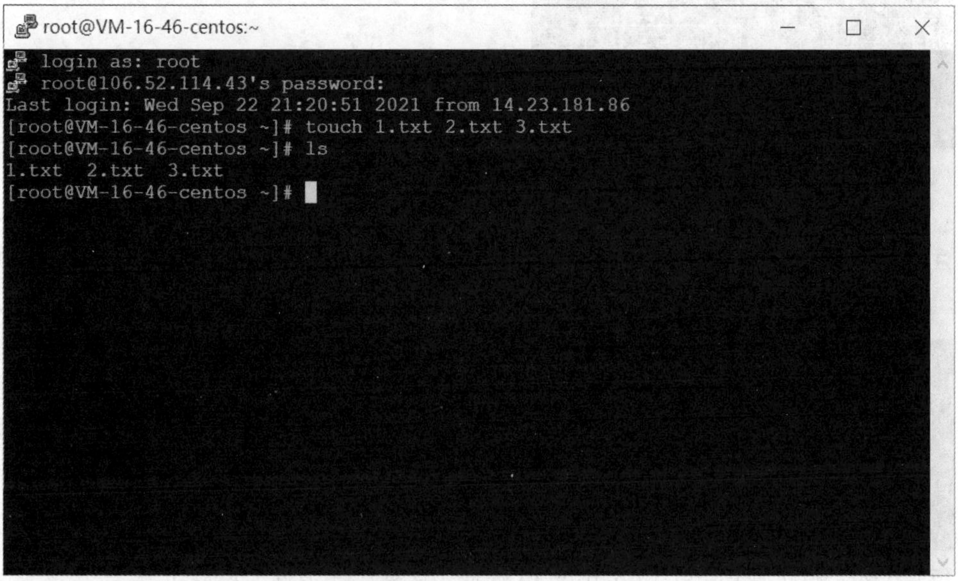

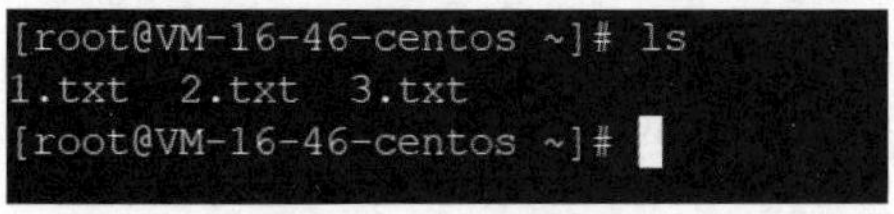

[root@VM-16-46-centos ~]# ls
1.txt 2.txt 3.txt
[root@VM-16-46-centos ~]#

从以上现象可以看出,利用 Putty 终端和利用 Webshell 方式,都可远程连接到云主机进行操作。

5. 利用 pscp.exe 工具上传文件

(1) 按 Win+R 快捷键,打开"运行"对话框。输入 cmd 命令,单击"确定"按钮。

```
清理终端
Activate the web console with: systemctl enable --now cockpit.socket

Last failed login: Thu Oct  7 21:49:23 CST 2021 from 101.132.119.42 on ssh:notty
There were 261 failed login attempts since the last successful login.
[root@VM-0-10-centos ~]#
```

图 8-17　进入 CVM 终端

(2) 在命令提示符下输入"cd \Putty Tools"命令，切换到"\PuttyTools"目录下。

```
C:\Users\caojiehong>cd \Putty Tools

C:\PuttyTools>
```

(3) 利用 dir 命令查看目录信息。

```
C:\Putty Tools>dir
 驱动器 C 中的卷没有标签。
 卷的序列号是 0CE4-3632

 C:\Putty Tools 的目录

2021/09/22  21:06    <DIR>
2021/09/22  21:06    <DIR>
2021/09/22  21:03           733,904 pscp .exe
2021/09/22  21:03         1,273,576 putty.exe
               2 个文件      2,007,480 字节
               2 个目录 24,906,240,000 可用字节

C:\Putty Tools>
```

(4) 将目录下的 pscp.exe 文件上传到云主机的"/tmp"目录下。

注意：IP 要换成自己云主机的 IP，输入的密码也是云主机详情页中记录的。

```
C:\PuttyTools>pscp  -P 22 c:\PuttyTools\pscp.exe root@106.52.114.43:/tmp
root@106.52.114.43's password:
pscp: -P: No such file or directory

pscp: 22: No such file or directory

pscp.exe                  | 716 kB | 716.7 kB/s | ETA: 00:00:00 | 100%

C:\PuttyTools>
```

(5) 在云主机上使用"ls /tmp/pscp.exe"命令查看文件是否上传成功。

```
[root@VM-16-46-centos ~]# ls /tmp/pscp.exe
/tmp/pscp.exe
[root@VM-16-46-centos ~]#
```

8.3　项目开发及实现 3：云主机安装配置 Nginx、PHP、MySQL

8.3.1　项目描述

曹明是某公司网络中心的员工，主要负责腾讯云主机的部署及维护。现需要在云主机中安装 Nginx、PHP、MySQL 服务，并进行配置。

8.3.2 项目实现

1. 防火墙和 SELinux 设置

(1) 使用“systemctl stop firewalld”命令关闭防火墙，使用“systemctl disable firewalld”命令设置防火墙开机不自启。

```
[root@VM-16-2-centos ~]# systemctl stop firewalld
[root@VM-16-2-centos ~]#
```

```
root@VM-16-2-centos ~]# systemctl disable firewalld
root@VM-16-2-centos ~]#
```

(2) 使用“systemctl status firewalld”命令查看防火墙状态，结果显示 Active：inactive (dead)，表示防火墙已经关闭。

```
[root@VM-16-2-centos ~]# systemctl status firewalld
● firewalld.service - firewalld - dynamic firewall daemon
  Loaded: loaded (/usr/lib/systemd/system/firewalld.service; disabled; vendor preset: e
nabled)
  Active: inactive (dead)
    Docs: man:firewalld(1)
[root@VM-16-2-centos ~]#
```

(3) 通过下述命令设置 SELinux，设置/etc/selinux/config 文件中的 SELINUX 状态为 disabled。

```
[root@VM-16-2-centos ~]# sed -ri '/^SELINUX/s/(SELINUX=).*/\1disabled/g' /etc/selinux/co
nfig
[root@VM-16-2-centos ~]#
```

(4) 完成 SELinux 设置后，查看/etc/selinux 目录下的 config 文件内容，确认 SELinux 状态为 disabled。

```
[root@VM-16-2-centos ~]# cat /etc/selinux/config

# This file controls the state of SELinux on the system.
# SELINUX= can take one of these three values:
#     enforcing - SELinux security policy is enforced.
#     permissive - SELinux prints warnings instead of enforcing.
#     disabled - No SELinux policy is loaded.
SELINUX=disabled
# SELINUXTYPE= can take one of three values:
#     targeted - Targeted processes are protected,
#     minimum - Modification of targeted policy. Only selected processes are protected.
#     mls - Multi Level Security protection.
SELINUXTYPE=targeted
```

2. 配置 YUM 源

(1) 在目录“/etc/yum.repo.d”下创建“nginx.repo”文件。

```
[root@VM-16-42-centos ~]# vi /etc/yum.repos.d/nginx.repo
[root@VM-16-42-centos ~]#
```

(2) 按 i 键切换至编辑模式，录入以下内容。

```
[nginx]
name=nginx
baseurl=http://nginx.org/packages/centos/$releasever/$basearch/
gpgcheck=0
enabled=1
gpgkey=https://nginx.org/keys/nginx_signing.key
```

(3) 参数编辑完成后，按 Esc 键，输入“:wq”，保存文件并返回到命令行后，使用“yum clean all 命令”清除 YUM 缓存。

```
[root@VM-16-42-centos ~]# yum clean all
Loaded plugins: fastestmirror, langpacks
Cleaning repos: epel extras nginx os updates
```

(4) 使用“yum makecache fast”命令清除 YUM 缓存。

```
[root@VM-16-42-centos ~]# yum makecache fast
Loaded plugins: fastestmirror, langpacks
Determining fastest mirrors
epel                                         | 4.7 kB  00:00:00
extras                                       | 2.9 kB  00:00:00
nginx                                        | 2.9 kB  00:00:00
os                                           | 3.6 kB  00:00:00
updates                                      | 2.9 kB  00:00:00
(1/8): epel/7/x86_64/group_gz                |  96 kB  00:00:00
(2/8): extras/7/x86_64/primary_db            | 243 kB  00:00:00
(3/8): epel/7/x86_64/updateinfo              | 1.0 MB  00:00:00
(4/8): os/7/x86_64/group_gz                  | 153 kB  00:00:00
(5/8): os/7/x86_64/primary_db                | 6.1 MB  00:00:00
(6/8): epel/7/x86_64/primary_db              | 7.0 MB  00:00:00
(7/8): updates/7/x86_64/primary_db           |  11 MB  00:00:00
(8/8): nginx/7/x86_64/primary_db             |  67 kB  00:00:01
Metadata Cache Created
[root@VM-16-42-centos ~]#
```

(5) 使用“yum -y install nginx”命令安装 Nginx 服务。

```
[root@VM-16-42-centos ~]# yum -y install nginx
Loaded plugins: fastestmirror, langpacks
Loading mirror speeds from cached hostfile
Resolving Dependencies
--> Running transaction check
---> Package nginx.x86 64 1:1.20.1-2.el7 will be installed
```

3. 启动 Nginx 服务，并查看服务状态

(1) 启动 Nginx 服务。

```
[root@VM-16-42-centos ~]# systemctl start nginx
[root@VM-16-42-centos ~]#
```

(2) 设置 Nginx 服务开机自启动。

```
[root@VM-16-42-centos ~]# systemctl enable nginx
Created symlink from /etc/systemd/system/multi-user.target.wants/nginx.service to /usr/
lib/systemd/system/nginx.service.
```

(3) 查看 Nginx 服务状态，“Active: active(running)”表示 Nginx 服务处于运行状态。

```
[root@VM-16-42-centos ~]# systemctl status nginx
● nginx.service - The nginx HTTP and reverse proxy server
   Loaded: loaded (/usr/lib/systemd/system/nginx.service; enabled; vendor preset: disab
led)
   Active: active (running) since Thu 2021-09-23 20:54:22 CST; 1min 56s ago
 Main PID: 4188 (nginx)
   CGroup: /system.slice/nginx.service
           ├─4188 nginx: master process /usr/sbin/nginx
           ├─4189 nginx: worker process
           └─4190 nginx: worker process

Sep 23 20:54:22 VM-16-42-centos systemd[1]: Starting The nginx HTTP and reverse pr.....
Sep 23 20:54:22 VM-16-42-centos nginx[4182]: nginx: the configuration file /etc/ng...ok
Sep 23 20:54:22 VM-16-42-centos nginx[4182]: nginx: configuration file /etc/nginx/...ul
Sep 23 20:54:22 VM-16-42-centos systemd[1]: Started The nginx HTTP and reverse pro...r.
Hint: Some lines were ellipsized, use -l to show in full.
```

(4) 使用“netstat -ntlp | grep nginx”命令查看 Nginx 的进程状态。

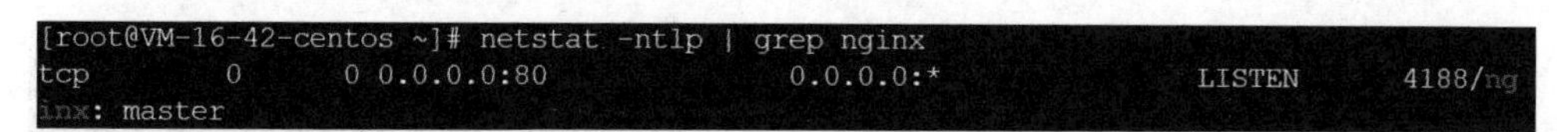

（5）通过 CVM 控制台查看云主机的详细信息。打开的“云主机”详细信息页面框中记录了自己的云主机对外服务地址，如图 8-18 所示。

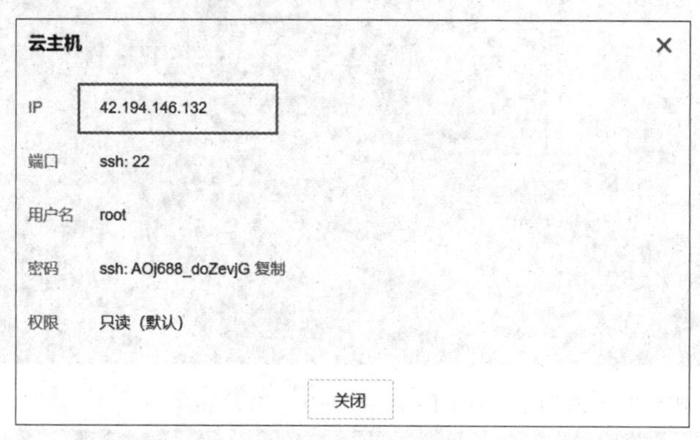

图 8-18　云主机

（6）打开浏览器，在浏览器中输入“http://云服务器实例的公网 IP 地址”，查看 nginx 服务是否正常运行，若如图 8-19 显示，则表示 Nginx 服务安装成功。

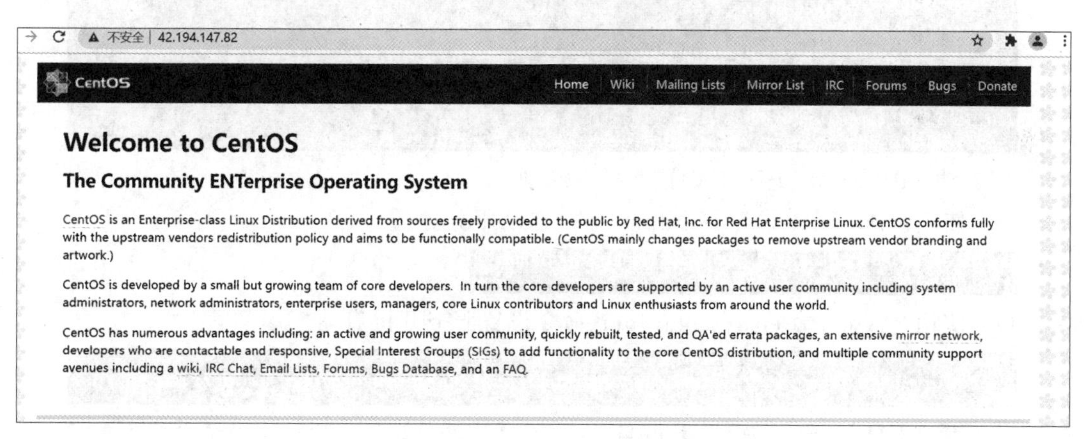

图 8-19　Nginx 服务安装成功

4. 配置 YUM 源，安装 PHP 服务

（1）利用 vi 编辑器，在“/etc/yum.repos.d/”目录下新增 php.repo 文件，添加 PHP 服务的 YUM 源。新增内容如下。

```
[php70]
name=PHP 7.0
baseurl =https://mirrors.tuna.tsinghua.edu.cn/remi/enterprise/7/php70/x86_64/
enabled=1
gpgcheck=0
gpgkey=file:///etc/pki/rpm-gpg/RPM-GPG-KEY-remi
```

（2）完成编辑后，按“:wq”保存退出，并使用“yum clean all”和“yum makecache fast”命令刷新 YUM 源缓存。

```
[root@VM-16-26-centos ~]# yum clean all
Loaded plugins: fastestmirror, langpacks
Repository epel is listed more than once in the configuration
Cleaning repos: epel extras mysql-connectors-community mysql-tools-community
              : mysql56-community os php70 updates webtatic
Cleaning up list of fastest mirrors
```

```
[root@VM-16-26-centos ~]# yum makecache fast
Loaded plugins: fastestmirror, langpacks
Repository epel is listed more than once in the configuration
Determining fastest mirrors
 * webtatic: us-east.repo.webtatic.com
epel                                                        | 4.7 kB  00:00:00
extras                                                      | 2.9 kB  00:00:00
mysql-connectors-community                                  | 2.6 kB  00:00:01
mysql-tools-community                                       | 2.6 kB  00:00:00
mysql56-community                                           | 2.6 kB  00:00:01
os                                                          | 3.6 kB  00:00:00
php70                                                       | 3.0 kB  00:00:00
updates                                                     | 2.9 kB  00:00:00
webtatic                                                    | 3.6 kB  00:00:00
```

(3) 通过“yum install -y php-fpm php-mysql”命令安装 PHP。

```
[root@VM-16-26-centos ~]# yum install -y php-fpm php-mysql
Loaded plugins: fastestmirror, langpacks
Repository epel is listed more than once in the configuration
Loading mirror speeds from cached hostfile
 * webtatic: us-east.repo.webtatic.com
Package php-mysql is obsoleted by php-mysqlnd, trying to install php-mysqlnd-7.0.33-29.e
l7.remi.x86_64 instead
Resolving Dependencies
--> Running transaction check
---> Package php-fpm.x86_64 0:7.0.33-29.el7.remi will be obsoleting
--> Processing Dependency: php-common(x86-64) = 7.0.33-29.el7.remi for package: php-fpm-
7.0.33-29.el7.remi.x86_64
---> Package php-mysqlnd.x86_64 0:7.0.33-29.el7.remi will be obsoleting
```

5. 启动 PHP-FRM 服务,并设置开机自启动

(1) 使用“systemctl start php-fpm”命令启动服务。

```
[root@VM-16-26-centos ~]# systemctl start php-fpm
[root@VM-16-26-centos ~]#
```

(2) 使用“systemctl enable php-fpm”命令设置服务开机启动。

```
[root@VM-16-26-centos ~]# systemctl enable php-fpm
Created symlink from /etc/systemd/system/multi-user.target.wants/php-fpm.service to /usr
/lib/systemd/system/php-fpm.service.
```

6. 设置 YUM 源,安装 MySQL 服务

(1) 使用“wget http://repo.mysql.com/mysql-community-release-el7-5.noarch.rpm”命令下载 MySQL 的 repo 源。

```
[root@VM-16-40-centos ~]# wget http://repo.mysql.com/mysql-community-release-el7-5.noarc
h.rpm
--2021-09-25 18:39:16--  http://repo.mysql.com/mysql-community-release-el7-5.noarch.rpm
Resolving repo.mysql.com (repo.mysql.com)... 104.85.245.54
Connecting to repo.mysql.com (repo.mysql.com)|104.85.245.54|:80... connected.
HTTP request sent, awaiting response... 200 OK
Length: 6140 (6.0K) [application/x-redhat-package-manager]
Saving to: 'mysql-community-release-el7-5.noarch.rpm'

100%[==============================================>] 6,140       --.-K/s   in 0s

2021-09-25 18:39:16 (793 MB/s) - 'mysql-community-release-el7-5.noarch.rpm' saved [6140/
6140]

[root@VM-16-40-centos ~]#
```

(2) 安装 mysql-community-release-el7-5.noarch.rpm 包。

```
[root@VM-16-40-centos ~]# rpm -ivh mysql-community-release-el7-5.noarch.rpm
Preparing...                          ################################# [100%]
Updating / installing...
   1:mysql-community-release-el7-5    ################################# [100%]
[root@VM-16-40-centos ~]#
```

(3) 软件包安装完成后,可获得两个 MySQL 的 repo 源,可利用"ll"命令查看。

```
[root@VM-16-40-centos ~]# ll /etc/yum.repos.d/mysql*.repo
-rw-r--r-- 1 root root 1209 Jan 29  2014 /etc/yum.repos.d/mysql-community.repo
-rw-r--r-- 1 root root 1060 Jan 29  2014 /etc/yum.repos.d/mysql-community-source.repo
[root@VM-16-40-centos ~]#
```

(4) 通过"yum -y install mysql-server"命令安装 MySQL。

```
[root@VM-16-40-centos ~]# ll /etc/yum.repos.d/mysql*.repo
-rw-r--r-- 1 root root 1209 Jan 29  2014 /etc/yum.repos.d/mysql-community.repo
-rw-r--r-- 1 root root 1060 Jan 29  2014 /etc/yum.repos.d/mysql-community-source.repo
[root@VM-16-40-centos ~]# yum -y install mysql-server
Loaded plugins: fastestmirror, langpacks
Determining fastest mirrors
epel                                                        | 4.7 kB  00:00:00
extras                                                      | 2.9 kB  00:00:00
mysql-connectors-community                                  | 2.6 kB  00:00:00
```

(5) 安装完成后,通过"systemctl start mysqld"命令启动 mysqld 服务,并设置服务开机自启动。

```
[root@VM-16-40-centos ~]# systemctl start mysqld
[root@VM-16-40-centos ~]#
```

(6) 使用"systemctl enable mysqld"命令配置 mysqld 服务开机自启动。

```
[root@VM-16-40-centos ~]# systemctl enable mysqld
[root@VM-16-40-centos ~]#
```

(7) 使用"systemctl status mysqld"命令查看 mysqld 服务运行状态,确认 mysqld 服务处于运行状态。

```
[root@VM-16-40-centos ~]# systemctl status mysqld
● mysqld.service - MySQL Community Server
   Loaded: loaded (/usr/lib/systemd/system/mysqld.service; enabled; vendor preset: disab
led)
   Active: active (running) since Sat 2021-09-25 18:44:14 CST; 1min 34s ago
 Main PID: 3050 (mysqld_safe)
   CGroup: /system.slice/mysqld.service
           ├─3050 /bin/sh /usr/bin/mysqld_safe --basedir=/usr
           └─3216 /usr/sbin/mysqld --basedir=/usr --datadir=/var/lib/mysql --plugin-d...

Sep 25 18:44:13 VM-16-40-centos mysql-systemd-start[2984]: To do so, start the server...
Sep 25 18:44:13 VM-16-40-centos mysql-systemd-start[2984]: /usr/bin/mysqladmin -u roo...
Sep 25 18:44:13 VM-16-40-centos mysql-systemd-start[2984]: /usr/bin/mysqladmin -u roo...
Sep 25 18:44:13 VM-16-40-centos mysql-systemd-start[2984]: Alternatively you can run:
Sep 25 18:44:13 VM-16-40-centos mysql-systemd-start[2984]: /usr/bin/mysql_secure_inst...
Sep 25 18:44:13 VM-16-40-centos mysql-systemd-start[2984]: which will also give you t...
Sep 25 18:44:13 VM-16-40-centos mysql-systemd-start[2984]: databases and anonymous us...
Sep 25 18:44:13 VM-16-40-centos mysqld_safe[3050]: 210925 18:44:13 mysqld_safe Loggi....
Sep 25 18:44:13 VM-16-40-centos mysqld_safe[3050]: 210925 18:44:13 mysqld_safe Start...l
Sep 25 18:44:14 VM-16-40-centos systemd[1]: Started MySQL Community Server.
Hint: Some lines were ellipsized, use -l to show in full.
```

7. 设置 MySQL 的密码

(1) 重新设置 MySQL 的密码,将 root 用户的密码设置为"000000"。由于初次安装 MySQL 服务时,root 用户是没有密码的,因此无法登录。所以,应该绕过密码验证,利用 vi

编辑器修改“/etc”目录中的 my.cnf 文件，绕过密码验证。在 socket=/var/lib/mysql/mysql.sock 下新增一行内容。

```
datadir=/var/lib/mysql
socket=/var/lib/mysql/mysql.sock
skip-grant-tables
# Disabling symbolic-links is recommended to prevent assorted security risks
symbolic-links=0
```

（2）参数编辑完成后，按 Esc 键，输入“:wq”，保存文件并返回到命令行后，重启 MySQL 服务。

```
[root@VM-16-40-centos ~]# systemctl restart mysqld
[root@VM-16-40-centos ~]#
```

（3）执行下述操作，在 MySQL 服务中通过“update user set password=password("000000") where user="root";”语句修改密码。

```
[root@VM-16-40-centos ~]# mysql
Welcome to the MySQL monitor.  Commands end with ; or \g.
Your MySQL connection id is 2
Server version: 5.6.51 MySQL Community Server (GPL)

Copyright (c) 2000, 2021, Oracle and/or its affiliates. All rights reserved.

Oracle is a registered trademark of Oracle Corporation and/or its
affiliates. Other names may be trademarks of their respective
owners.

Type 'help;' or '\h' for help. Type '\c' to clear the current input statement.
```

```
mysql> use mysql
Reading table information for completion of table and column names
You can turn off this feature to get a quicker startup with -A

Database changed
```

```
mysql> update user set password=password("000000") where user="root";
Query OK, 4 rows affected (0.00 sec)
Rows matched: 4  Changed: 4  Warnings: 0

mysql>
```

（4）完成密码修改后，需用“flush privileges”命令刷新 MySQL 的系统权限相关表。

```
mysql> flush privileges;
Query OK, 0 rows affected (0.00 sec)
```

（5）退出 MySQL，重新编辑“etc”目录下的“my.cnf”文件，并注释或者去掉 skip-grant-tables，然后输入：wq，保存后退出。

```
# join_buffer_size = 128M
# sort_buffer_size = 2M
# read_rnd_buffer_size = 2M
datadir=/var/lib/mysql
socket=/var/lib/mysql/mysql.sock
skip-grant-tables
# Disabling symbolic-links is recommended to prevent assorted security risks
symbolic-links=0

# Recommended in standard MySQL setup
sql_mode=NO_ENGINE_SUBSTITUTION,STRICT_TRANS_TABLES
```

（6）重启 MySQL 服务。

```
[root@VM-16-40-centos ~]# systemctl restart mysqld
[root@VM-16-40-centos ~]#
```

8.4 项目开发及实现4：获取在线视频学习网站源码配置操作

8.4.1 项目描述

曹明是某公司网络中心的员工，主要负责腾讯云主机的部署及维护。现需要利用已注册的腾讯云账号登录腾讯云的云主机，获取云课堂运行源码，实现云课堂的基本部署。

8.4.2 项目实现

1. 获取云课堂运行环境

获取云课堂源码并解压到“/usr/share/nginx/html”目录下。

(1) 通过 wget 获取云课堂源码，地址为 https://sandbox-images-pro-1304756856.cos.ap-guangzhou.myqcloud.com/cloud_learning_new.zip。

```
[root@VM-16-13-centos ~]# wget https://sandbox-images-pro-1304756856.cos.ap-guangzhou.my
qcloud.com/cloud_learning_new.zip
--2021-09-25 19:09:40--  https://sandbox-images-pro-1304756856.cos.ap-guangzhou.myqcloud
.com/cloud_learning_new.zip
Resolving sandbox-images-pro-1304756856.cos.ap-guangzhou.myqcloud.com (sandbox-images-pr
o-1304756856.cos.ap-guangzhou.myqcloud.com)... 169.254.0.47
Connecting to sandbox-images-pro-1304756856.cos.ap-guangzhou.myqcloud.com (sandbox-image
s-pro-1304756856.cos.ap-guangzhou.myqcloud.com)|169.254.0.47|:443... connected.
HTTP request sent, awaiting response... 200 OK
Length: 4987843 (4.8M) [application/x-zip-compressed]
Saving to: 'cloud_learning_new.zip'

100%[=============================================>] 4,987,843   --.-K/s   in 0.05s

2021-09-25 19:09:41 (99.6 MB/s) - 'cloud_learning_new.zip' saved [4987843/4987843]

[root@VM-16-13-centos ~]#
```

(2) 通过“ll”命令查看下载文件。

```
[root@VM-16-13-centos ~]# ll cloud_learning_new.zip
-rw-r--r-- 1 root root 4987843 Aug 19 22:12 cloud_learning_new.zip
```

(3) 解压“cloud_learning_new.zip”文件。

```
[root@VM-16-13-centos ~]# unzip cloud_learning_new.zip -d /usr/share/nginx/html/
Archive:  cloud_learning_new.zip
   creating: /usr/share/nginx/html/application/
  inflating: /usr/share/nginx/html/application/common.php
   creating: /usr/share/nginx/html/application/v1/
  inflating: /usr/share/nginx/html/application/v1/middleware.php
   creating: /usr/share/nginx/html/application/v1/controller/
  inflating: /usr/share/nginx/html/application/v1/controller/Profile.php
  inflating: /usr/share/nginx/html/application/v1/controller/URLRedirect.php
  inflating: /usr/share/nginx/html/application/v1/controller/Calendar.php
  inflating: /usr/share/nginx/html/application/v1/controller/Admin.php
  inflating: /usr/share/nginx/html/application/v1/controller/Student.php
  inflating: /usr/share/nginx/html/application/v1/controller/Direction.php
  inflating: /usr/share/nginx/html/application/v1/controller/Note.php
  inflating: /usr/share/nginx/html/application/v1/controller/Login.php
  inflating: /usr/share/nginx/html/application/v1/controller/College.php
  inflating: /usr/share/nginx/html/application/v1/controller/Schedule.php
  inflating: /usr/share/nginx/html/application/v1/controller/Course.php
  inflating: /usr/share/nginx/html/application/v1/controller/StuClass.php
  inflating: /usr/share/nginx/html/application/v1/controller/Detail.php
  inflating: /usr/share/nginx/html/application/v1/controller/Graduate.php
   creating: /usr/share/nginx/html/application/v1/service/
  inflating: /usr/share/nginx/html/application/v1/service/GraduateService.php
```

（4）由于 php-fpm 的默认用户为 apache，因此需将/usr/share/nginx/html 目录的访问权限授予 apache 用户查看。

```
[root@VM-16-13-centos ~]# ll /usr/share/nginx/html/
total 40
-rw-r--r-- 1 root root  494 Apr 21  2020 50x.html
drwxr-xr-x 6 root root 4096 Jul 31  2019 application
drwxr-xr-x 2 root root 4096 Oct 30  2019 config
drwxr-xr-x 2 root root 4096 Jul 31  2019 extend
-rw-r--r-- 1 root root  612 Apr 21  2020 index.html
drwxr-xr-x 3 root root 4096 Feb 25  2020 public
drwxr-xr-x 2 root root 4096 Jul 31  2019 route
drwxr-xr-x 2 root root 4096 Oct 30  2019 runtime
drwxr-xr-x 5 root root 4096 Jul 31  2019 thinkphp
drwxr-xr-x 2 root root 4096 Jul 31  2019 vendor
[root@VM-16-13-centos ~]#
```

（5）设置/usr/share/nginx/html 目录的访问权限给 apache 用户。

```
[root@VM-16-13-centos ~]# chown -R apache:apache /usr/share/nginx/html/
[root@VM-16-13-centos ~]#
```

（6）查看/usr/share/nginx/html 目录的访问权限。

```
[root@VM-16-13-centos ~]# ll /usr/share/nginx/html/
total 40
-rw-r--r-- 1 apache apache  494 Apr 21  2020 50x.html
drwxr-xr-x 6 apache apache 4096 Jul 31  2019 application
drwxr-xr-x 2 apache apache 4096 Oct 30  2019 config
drwxr-xr-x 2 apache apache 4096 Jul 31  2019 extend
-rw-r--r-- 1 apache apache  612 Apr 21  2020 index.html
drwxr-xr-x 3 apache apache 4096 Feb 25  2020 public
drwxr-xr-x 2 apache apache 4096 Jul 31  2019 route
drwxr-xr-x 2 apache apache 4096 Oct 30  2019 runtime
drwxr-xr-x 5 apache apache 4096 Jul 31  2019 thinkphp
drwxr-xr-x 2 apache apache 4096 Jul 31  2019 vendor
[root@VM-16-13-centos ~]#
```

2. 部署云课堂所需的数据库环境

（1）连接 MySQL 并创建 learning 数据库。完成后，退出 MySQL 环境。

```
mysql> CREATE DATABASE learning;
Query OK, 1 row affected (0.00 sec)

mysql>
```

（2）获取"云课堂"的数据库脚本，并通过脚本建立相关数据表，通过 wget 获取数据库脚本，脚本地址为 https://sandbox-images-pro-1304756856.cos.ap-guangzhou.myqcloud.com/learning.sql。

```
[root@VM-16-44-centos ~]# wget https://sandbox-images-pro-1304756856.cos.ap-guangzhou.my
qcloud.com/learning.sql
--2021-09-25 19:38:20--  https://sandbox-images-pro-1304756856.cos.ap-guangzhou.myqcloud
.com/learning.sql
Resolving sandbox-images-pro-1304756856.cos.ap-guangzhou.myqcloud.com (sandbox-images-pr
o-1304756856.cos.ap-guangzhou.myqcloud.com)... 169.254.0.47
Connecting to sandbox-images-pro-1304756856.cos.ap-guangzhou.myqcloud.com (sandbox-image
s-pro-1304756856.cos.ap-guangzhou.myqcloud.com)|169.254.0.47|:443... connected.
HTTP request sent, awaiting response... 200 OK
Length: 25590 (25K) [application/x-sql]
Saving to: 'learning.sql'

100%[============================================>] 25,590      --.-K/s   in 0s

2021-09-25 19:38:20 (68.0 MB/s) - 'learning.sql' saved [25590/25590]

[root@VM-16-44-centos ~]#
```

（3）使用"ll"命令查看脚本是否下载成功，并通过"mysql -uroot -p learning<learning.sql"命令导入脚本。

```
[root@VM-16-44-centos ~]# mysql -uroot -p learning < learning.sql
Enter password:
[root@VM-16-44-centos ~]#
```

（4）导入后，通过"mysql -uroot -p learning -e "show tables;""命令验证是否能查看到相应的表。

```
[root@VM-16-44-centos ~]# mysql -uroot -p learning -e "show tables;"
Enter password:
+--------------------+
| Tables_in_learning |
+--------------------+
| adminaccount       |
| allocation         |
| calendar           |
| class              |
| college            |
| course             |
| direction          |
| graduate           |
| oauth              |
| profile            |
| schedule           |
| scheduledetail     |
| student            |
+--------------------+
[root@VM-16-44-centos ~]#
```

8.5 项目开发及实现5：配置Nginx访问云课堂网站

8.5.1 项目描述

曹明是某公司网络中心的员工，主要负责腾讯云主机的部署及维护。现需要利用已注册的腾讯云账号登录腾讯云的云主机，部署云课堂所需的Nginx环境。掌握云课堂中对Nginx的配置部署。

8.5.2 项目实现

1. 配置Nginx及云课堂相关文件

（1）删除Nginx默认的配置文件"/etc/nginx/conf.d/ default.conf"。

```
[root@VM-16-38-centos conf.d]# rm -rvf default.conf
removed 'default.conf'
[root@VM-16-38-centos conf.d]#
```

（2）在/etc/nginx/conf.d目录下创建learning.conf配置文件，并添加如下代码。

```
server {
  listen 80;
  index  index.php index.htm index.html;
  root /usr/share/nginx/html/public;
  location / {
  root /usr/share/nginx/html/public/static;
  try_files $uri $uri /index.html;
  }
  location ^~/v1/ {
  rewrite ^/v1/(.*)$/index.php/v1/$1 last;
  }
  location ~[^/]\.php(/|$) {
  fastcgi_pass  127.0.0.1:9000;
  fastcgi_index index.php;
```

```
  fastcgi_split_path_info ^(.+?\.php)(/.*)$;
  set $path_info $fastcgi_path_info;
  fastcgi_param PATH_INFO $path_info;
  try_files $fastcgi_script_name =404;
  fastcgi_param SCRIPT_FILENAME     $document_root$fastcgi_script_name;
  fastcgi_param  QUERY_STRING       $query_string;
  fastcgi_param  REQUEST_METHOD     $request_method;
  fastcgi_param  CONTENT_TYPE       $content_type;
  fastcgi_param  CONTENT_LENGTH     $content_length;
  fastcgi_param  SCRIPT_NAME        $fastcgi_script_name;
  fastcgi_param  REQUEST_URI        $request_uri;
  fastcgi_param  DOCUMENT_URI       $document_uri;
  fastcgi_param  DOCUMENT_ROOT      $document_root;
  fastcgi_param  SERVER_PROTOCOL    $server_protocol;
  fastcgi_param  REQUEST_SCHEME     $scheme;
  fastcgi_param  HTTPS              $https if_not_empty;
  fastcgi_param  GATEWAY_INTERFACE  CGI/1.1;
  fastcgi_param  SERVER_SOFTWARE    nginx/$nginx_version;
  fastcgi_param  REMOTE_ADDR        $remote_addr;
  fastcgi_param  REMOTE_PORT        $remote_port;
  fastcgi_param  SERVER_ADDR        $server_addr;
  fastcgi_param  SERVER_PORT        $server_port;
  #PHP only, required if PHP was built with --enable-force-cgi-redirect
  fastcgi_param  REDIRECT_STATUS    200;
  }
}
```

(3) 验证 learning.conf 文件是否配置正确，并重启 Nginx 服务。

```
[root@VM-16-38-centos conf.d]# nginx -t
nginx: the configuration file /etc/nginx/nginx.conf syntax is ok
nginx: configuration file /etc/nginx/nginx.conf test is successful
[root@VM-16-38-centos conf.d]#
```

```
[root@VM-16-38-centos conf.d]# systemctl restart nginx
[root@VM-16-38-centos conf.d]#
```

2. 访问云课堂网站

(1) 配置连接 MySQL 的 php 文件。

切换到/usr/share/nginx/html/config 目录，修改目录下的 database.php 文件中的连接信息。

```
<?php
// +----------------------------------------------------------------------
// | ThinkPHP [ WE CAN DO IT JUST THINK ]
// +----------------------------------------------------------------------
// | Copyright (c) 2006~2018 http://thinkphp.cn All rights reserved.
// +----------------------------------------------------------------------
// | Licensed ( http://www.apache.org/licenses/LICENSE-2.0 )
// +----------------------------------------------------------------------
// | Author: liu21st <liu21st@gmail.com>
// +----------------------------------------------------------------------

return [
    // 数据库类型
    'type'            => 'mysqi',
    // 服务器地址
    'hostname'        => '127.0.0.1',
    // 数据库名
    'database'        => 'learning',
    // 用户名
    'username'        => 'root',
    // 密码
    'password'        => '000000',
    // 端口
    'hostport'        => '3306',
```

(2) 查看云主机的详细信息。在打开的“云主机”详细信息页面框中记录云主机对外服务地址，如图 8-20 所示。

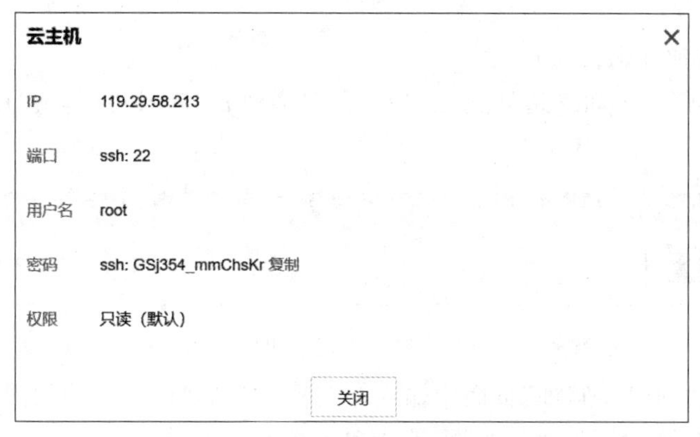

图 8-20 查看云主机

(3) 打开浏览器，在浏览器中输入“http://云主机的公网 IP 地址/login”，打开“腾讯云+课堂”网站，输入用户名“stu10000”和密码“123456”后，单击【Log in】按钮登录。

(4) 登录成功后，可以看到云+课堂的学生课程广场，如图 8-21 所示。

图 8-21 登录访问

8.6 项目开发及实现 6: 配置云存储、云视频及云缓存

8.6.1 项目描述

曹明是某公司网络中心的员工，主要负责腾讯云主机的部署及维护。现需要利用已注册的腾讯云账号登录腾讯云的云主机，理解腾讯云存储服务的概念及使用。

8.6.2 项目实现

1. 配置云存储

首先创建存储桶并上传文件。

(1) 选择“控制台”页面左边导航栏中的“存储桶列表”选项,再单击“创建存储桶”按钮,如图 8-22 所示。

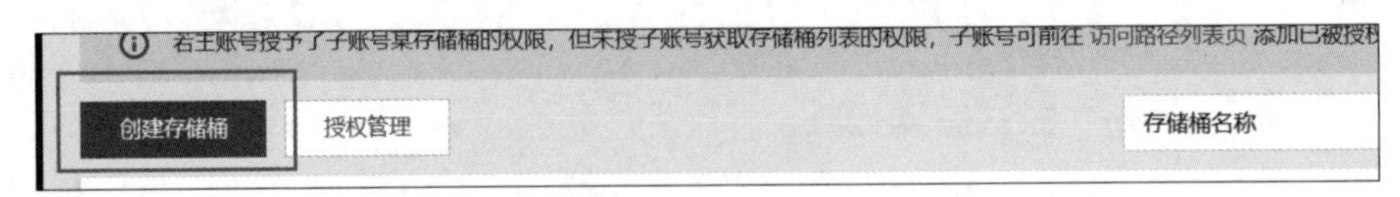

图 8-22 创建存储桶

(2) 在打开的“创建存储桶”页面中输入存储桶的名称“gd”,访问权限选择“公有读私有写”,服务器端加密选择“不加密”,如图 8-23 和图 8-24 所示。

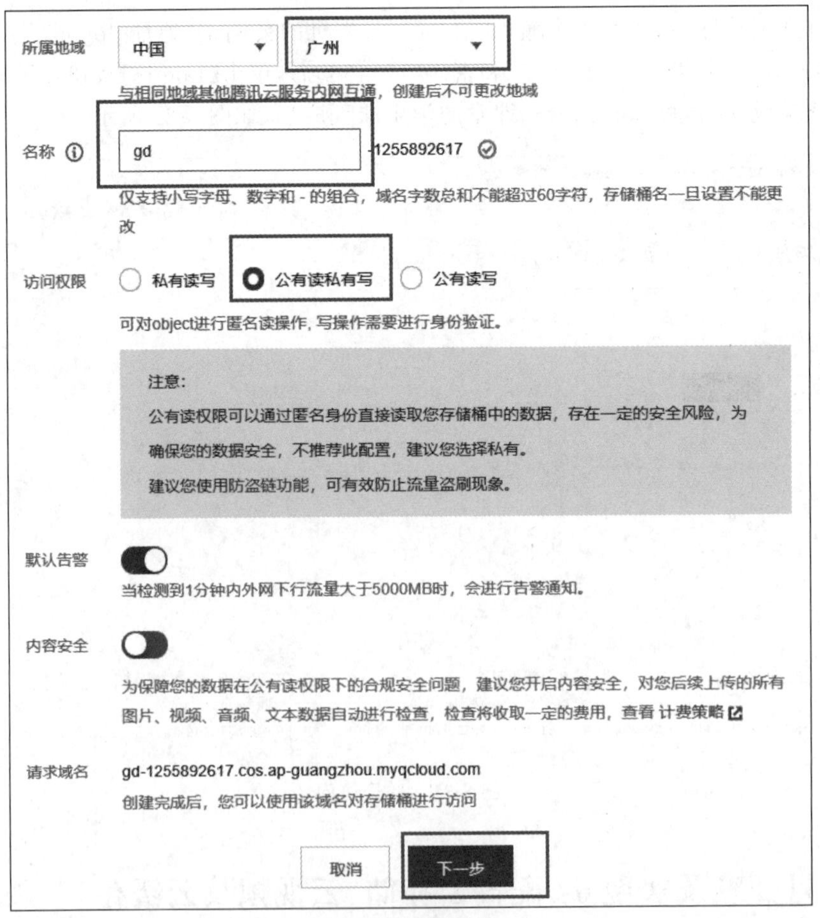

图 8-23 设置参数(1)

说明如下。

所属地域:存储对象所存放的位置,这个选项很重要,选择“云+课堂”部署服务器所在的地方,这样可以使用内网加速,加快上传、下载时间,案例选择“广州”。

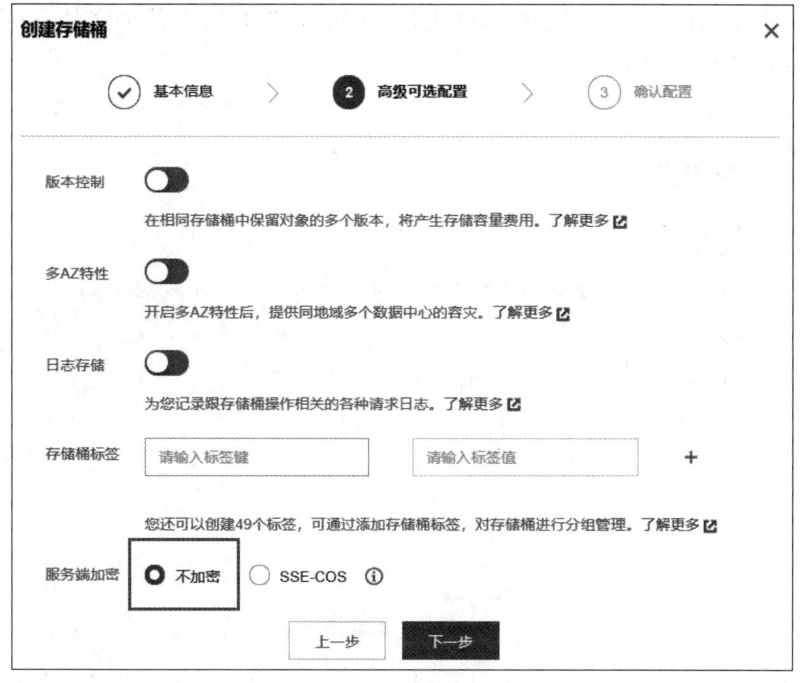

图 8-24 设置参数(2)

访问权限：需要身份验证，才能对对象进行访问操作。

(3) 创建存储桶后，在本地创建测试文档，注意编码需要为 ANSI，如图 8-25 所示。然后进入存储桶页面，单击“上传文件”按钮。

图 8-25 选择编码 ANSI

（4）在“上传文件”页面中单击“选择文件”按钮后，选择需上传的文件，单击“上传”按钮进行上传，如图 8-26 所示。

图 8-26　上传文件

（5）文件上传成功后，显示如图 8-27 所示。

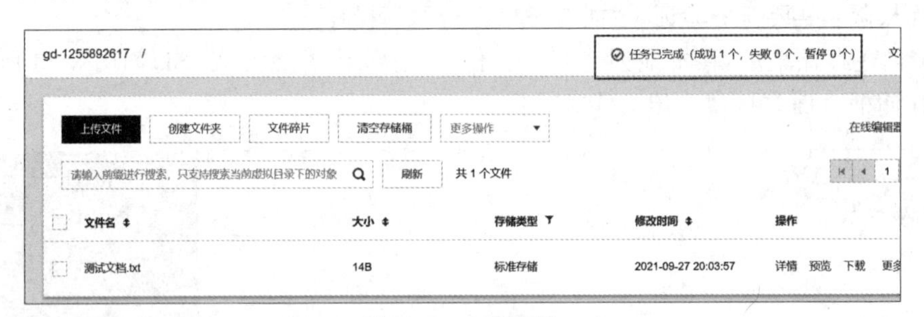

图 8-27　上传确认

（6）下载云存储中上传的文件，单击测试文档的“详情”按钮，在弹出的“基本页面”中复制 URL，如图 8-28 所示。

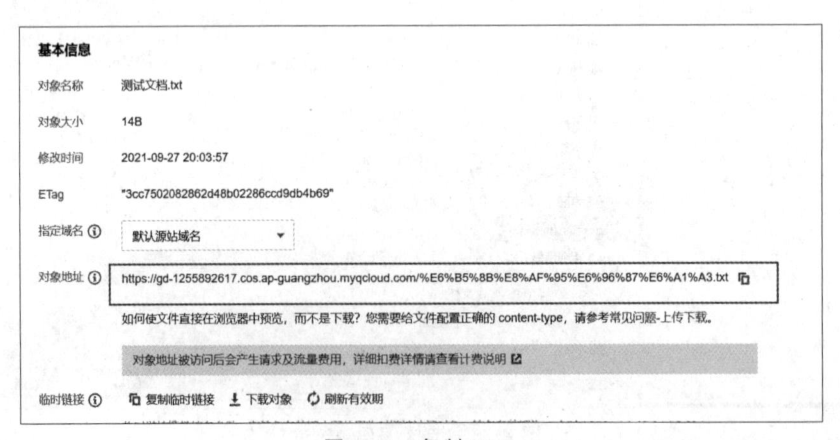

图 8-28　复制 URL

(7) 打开浏览器,在浏览器的地址栏中粘贴 URL,网页显示测试文档中的内容,如图 8-29 所示。

gd-1255892617.cos.ap-guangzhou.myqcloud.com/测试文档.txt
应用
欢迎使用云存储

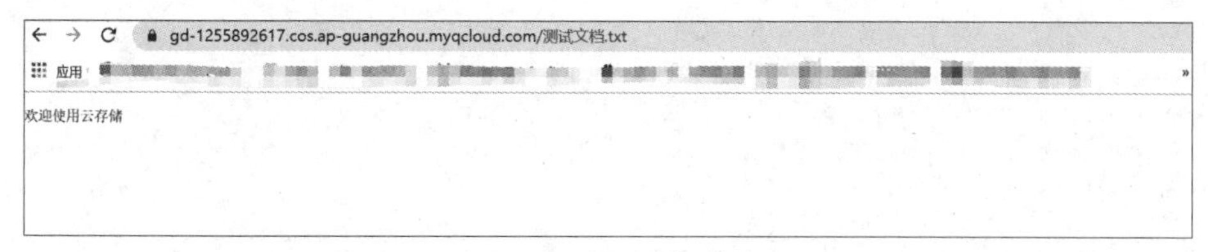

图 8-29 测试文档

2. 将云对象存储整合到云课堂

(1) 获取存储信息,打开【COS 控制台】并登录。

(2) 在控制台页面右侧的"存储桶列表"中单击所需存储桶的【配置管理】按钮,如图 8-30 所示。

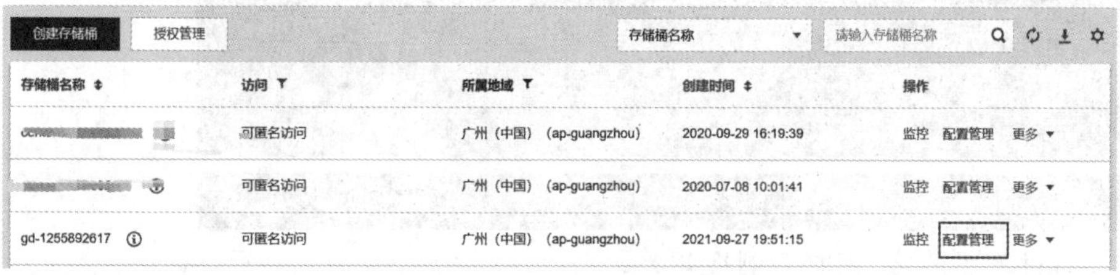
创建存储桶
授权管理
存储桶名称
请输入存储桶名称
存储桶名称
访问
所属地域
创建时间
操作
可匿名访问
广州（中国） (ap-guangzhou)
2020-09-29 16:19:39
监控 配置管理 更多
可匿名访问
广州（中国） (ap-guangzhou)
2020-07-08 10:01:41
监控 配置管理 更多
gd-1255892617
可匿名访问
广州（中国） (ap-guangzhou)
2021-09-27 19:51:15
监控 配置管理 更多

图 8-30 配置管理

(3) 在打开的页面中单击"基础配置",可获得 COS 的存储桶名称、所属地域、访问域名,如图 8-31 所示。单击"账户信息"可获得 APPID。

基本信息
存储桶名称 gd-1255892617
所属地域 广州（中国） (ap-guangzhou)
创建时间 2021-09-27 19:51:15
访问权限 公有读私有写
域名信息
访问域名 https://gd-1255892617.cos.ap-guangzhou.myqcloud.com
使用访问域名进行内网访问
默认CDN加速域名 --
自定义CDN加速域名 --
自定义源站域名 0条
全球加速域名 未开启

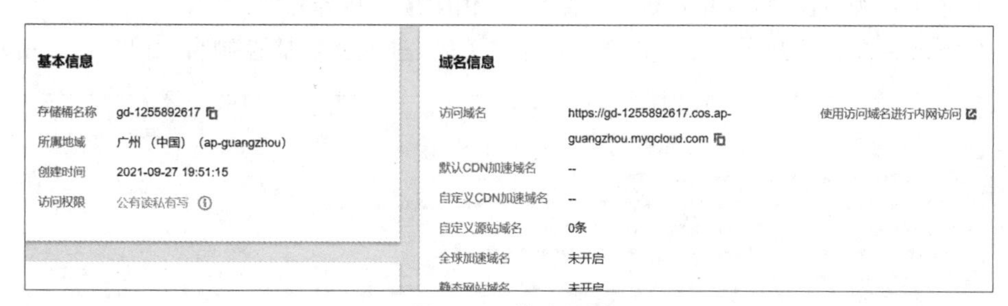

图 8-31 基础配置

(4) 进入 cvm 终端,修改/usr/share/nginx/html/config/cos.php 文件。编辑内容如图 8-32 所示。

```
<?php

return [
    'appId' => '',
    'secretId' => '',
    'secretKey' => '',
    'region' => '',
    'bucketName' => '',
    'prefix' => '',
    'host' => '',
];
~
~
```

图 8-32 修改文件

各参数值修改后，内容如下。

```
'appId' => '1255892617',
'secretId' => 'AKIDCX8TXgebDtJTQ********',
'secretKey' => '4vX4PL1E2d7NXS85rW2s********',
'region' => 'ap-guangzhou',
'bucketName' => 'gz-1255892617',
'prefix' => '',
'host' => 'https://gz-1255892617.cos.ap-guangzhou.myqcloud.com',
```

(5) 使用"yum install -y php-xml"命令安装 php-xml 并重启 php-fpm。

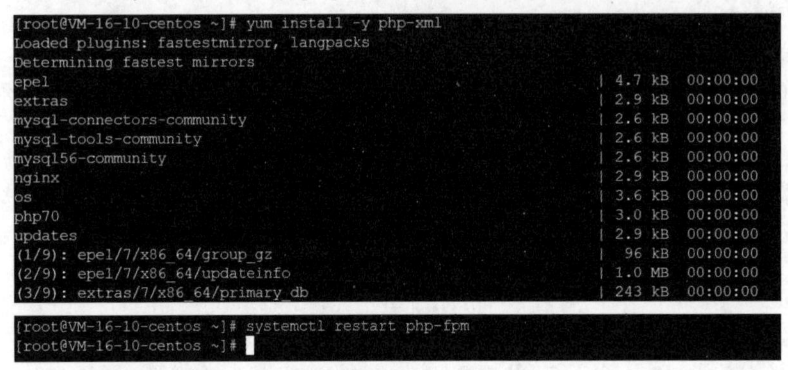

(6) 通过下述链接，获取案例视频。

```
https://sandbox-images-pro-1304756856.cos.ap-guangzhou.myqcloud.com/
companyId-244/qcloudId-100013804629/1595562582139-Cloud.mp4
```

(7) 打开云视频控制台，单击【云点播 VOD】中的【控制台】。

(8) 登录后进入控制台页面，将跳出的弹窗关闭，进入云点播控制台，如图 8-33 所示。

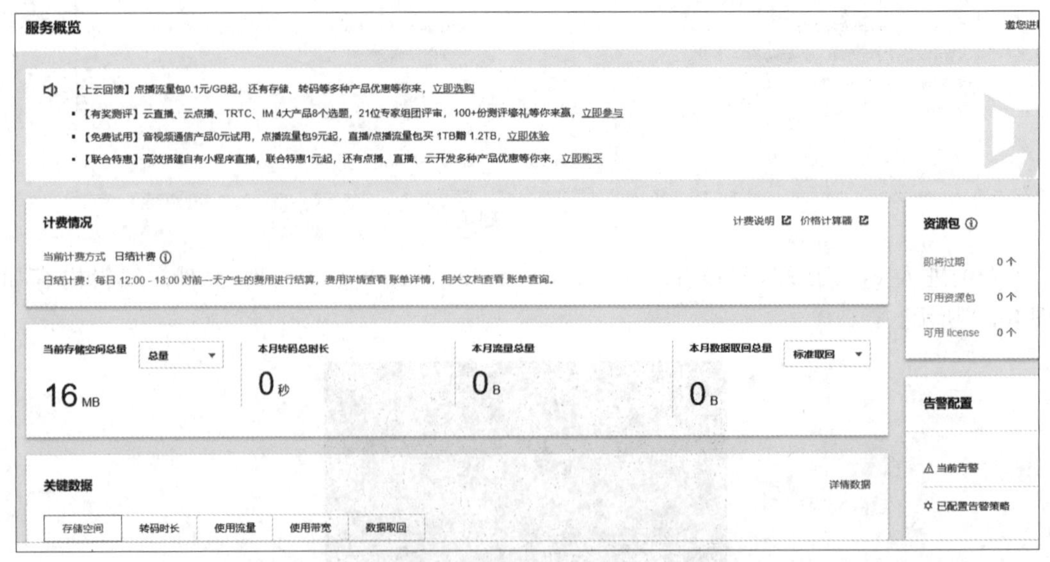

图 8-33 云点播控制台

(9) 上传视频，选择导航栏中的【媒资管理】选项下的【音视频管理】，如图 8-34 所示。

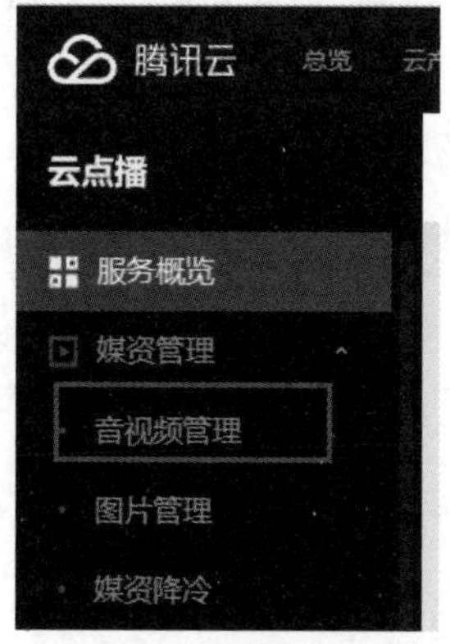

图 8-34 音视频管理

(10) 在打开的"媒资管理"页面中单击"上传视频"按钮,如图 8-35 所示。

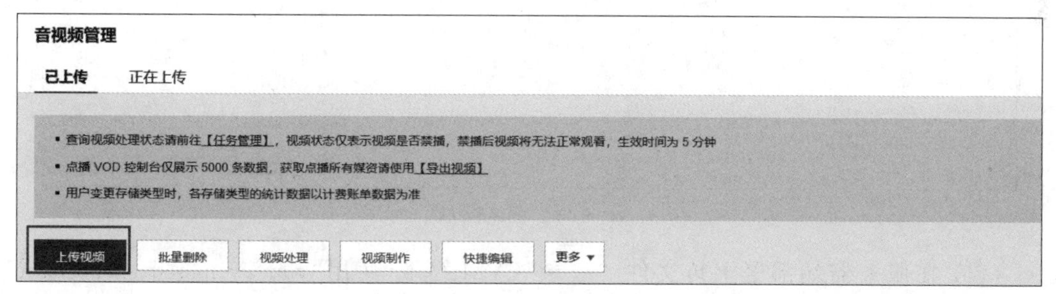

图 8-35 上传视频

(11) 在页面中选择"上传方式"为"本地上传",单击"选择视频"按钮,选择刚才下载的视频文件后,单击页面底部的"开始上传"按钮上传视频文件,如图 8-36 所示。

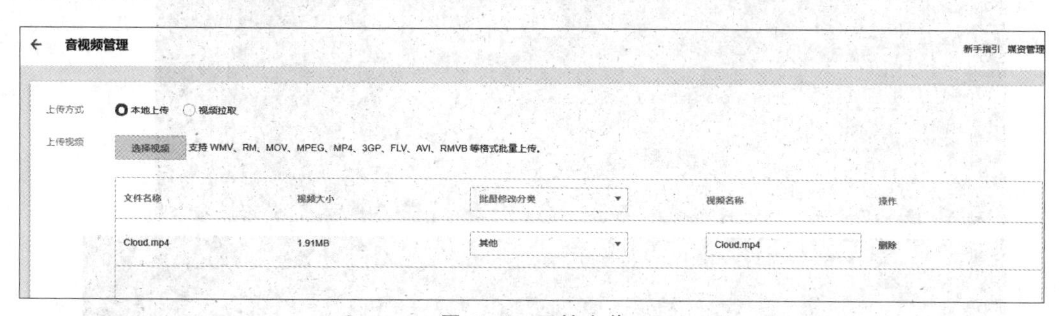

图 8-36 开始上传

说明:如不需要处理视频,则直接上传。如需要对视频做处理,自行根据需要使用不同的转码和水印模板处理视频即可。还可以根据需要截首帧做封面。

(12) 文件上传成功后,可在"已上传"中查看,如图 8-37 所示。

(13) 如需播放视频,可单击对应视频的"管理"按钮。在打开的视频"基本信息"页面中复制视频地址。打开浏览器,在地址栏中粘贴复制的视频地址即可测试播放,如图 8-38 所示。

图 8-37　查看文件

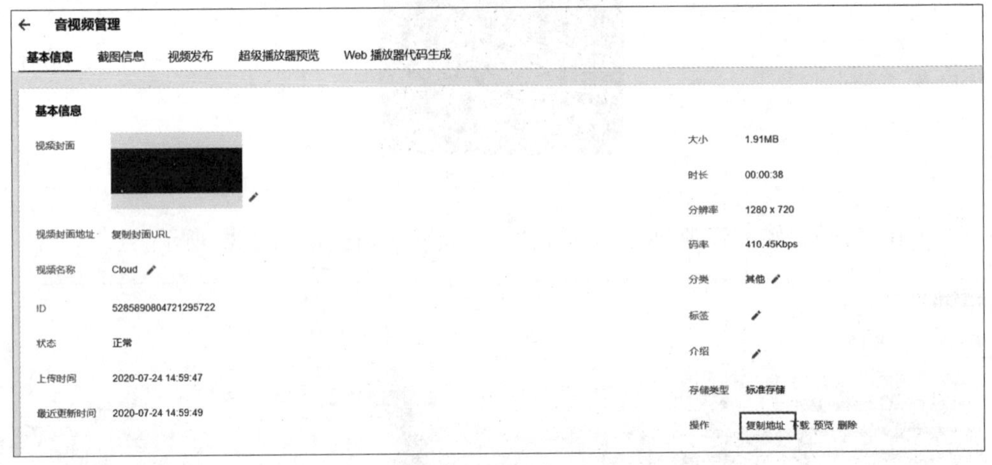

图 8-38　测试播放

（14）在服务器端部署上传文件，“登录”CVM 终端，使用“yum -y install epel-release”“yum -y install python-pip”“pip install vod-python-sdk”命令安装 pip 以及 vod-python-sdk。

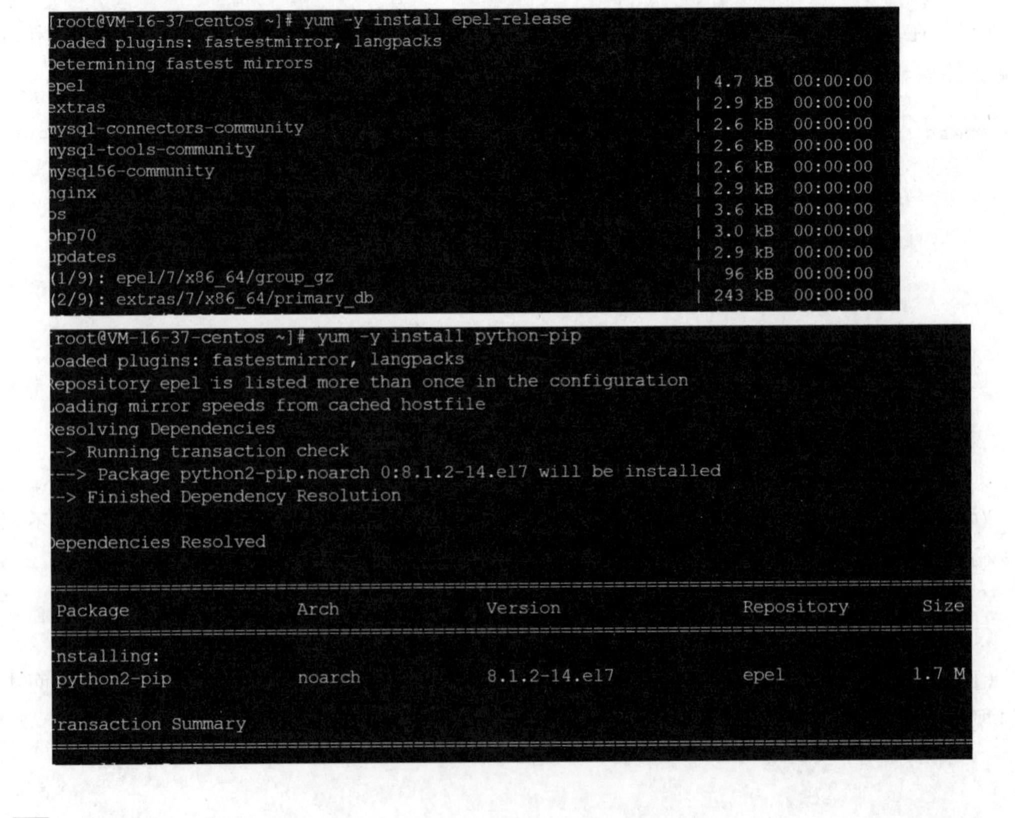

```
[root@VM-16-37-centos ~]# pip install vod-python-sdk
Collecting vod-python-sdk
  Downloading http://mirrors.tencentyun.com/pypi/packages/3f/2a/c21e7f1a8e78ac3ce203612a69fd18775b02d392326e42f853460a73ca69/vod-python-sdk-1.4.3.tar.gz
Collecting cos-python-sdk-v5 (from vod-python-sdk)
  Downloading http://mirrors.tencentyun.com/pypi/packages/56/00/adfd8c15cfcfcbfbe41eef63d59bfc1e0a26a69de452322f18291be4eeff/cos-python-sdk-v5-1.9.8.tar.gz (57kB)
    100% |████████████████████████████████| 61kB 10.7MB/s
Collecting tencentcloud-sdk-python (from vod-python-sdk)
  Downloading http://mirrors.tencentyun.com/pypi/packages/d1/ff/e1ce2427e73eb69397363853 16efd4373f07c126b18c1dbd755bccbd0eee/tencentcloud_sdk_python-3.0.493-py2.py3-none-any.whl (3.8MB)
```

(15) 新建一个 data 目录，用于存放下载的资源，并在终端利用 wget 命令下载 compute.mp4 测试视频。测试视频的地址为 https://sandbox-images-pro-1304756856.cos.ap-guangzhou.myqcloud.com/companyId-244/qcloudId-100013804629/1595570120420-compute.mp4。

```
[root@VM-16-37-centos data]# wget https://sandbox-images-pro-1304756856.cos.ap-guangzhou.myqcloud.com/companyId-244/qcloudId-100013804629/1595570120420-compute.mp4
--2021-09-27 20:44:56--  https://sandbox-images-pro-1304756856.cos.ap-guangzhou.myqcloud.com/companyId-244/qcloudId-100013804629/1595570120420-compute.mp4
Resolving sandbox-images-pro-1304756856.cos.ap-guangzhou.myqcloud.com (sandbox-images-pro-1304756856.cos.ap-guangzhou.myqcloud.com)... 169.254.0.47
Connecting to sandbox-images-pro-1304756856.cos.ap-guangzhou.myqcloud.com (sandbox-images-pro-1304756856.cos.ap-guangzhou.myqcloud.com)|169.254.0.47|:443... connected.
HTTP request sent, awaiting response... 200 OK
Length: 2007926 (1.9M) [video/mp4]
Saving to: '1595570120420-compute.mp4'

100%[==============================================>] 2,007,926   --.-K/s   in 0.02s

2021-09-27 20:44:57 (83.4 MB/s) - '1595570120420-compute.mp4' saved [2007926/2007926]
```

(16) 在终端利用 wget 命令下载 wallpaper.png 视频封面。视频封面地址为 https://sandbox-images-pro-1304756856.cos.ap-guangzhou.myqcloud.com/companyId-244/qcloudId-100013804629/1595577673358-wallpaper.png。

```
[root@VM-16-37-centos data]# wget https://sandbox-images-pro-1304756856.cos.ap-guangzhou.myqcloud.com/companyId-244/qcloudId-100013804629/1595577673358-wallpaper.png
--2021-09-27 20:46:05--  https://sandbox-images-pro-1304756856.cos.ap-guangzhou.myqcloud.com/companyId-244/qcloudId-100013804629/1595577673358-wallpaper.png
Resolving sandbox-images-pro-1304756856.cos.ap-guangzhou.myqcloud.com (sandbox-images-pro-1304756856.cos.ap-guangzhou.myqcloud.com)... 169.254.0.47
Connecting to sandbox-images-pro-1304756856.cos.ap-guangzhou.myqcloud.com (sandbox-images-pro-1304756856.cos.ap-guangzhou.myqcloud.com)|169.254.0.47|:443... connected.
HTTP request sent, awaiting response... 200 OK
Length: 771146 (753K) [image/png]
Saving to: '1595577673358-wallpaper.png'

100%[==============================================>] 771,146     --.-K/s   in 0.005s

2021-09-27 20:46:06 (146 MB/s) - '1595577673358-wallpaper.png' saved [771146/771146]

[root@VM-16-37-centos data]#
```

(17) 为了访问方便，将下载的测试视频及封面文件分别改名为 compute.mp4 和 wallpaper.png。

```
[root@VM-16-37-centos data]# mv *compute.mp4 compute.mp4
[root@VM-16-37-centos data]#
```

```
[root@VM-16-37-centos data]# mv *wallpaper.png wallpaper.png
[root@VM-16-37-centos data]#
```

(18) 在 data 目录下新建一个脚本文件 vod1.py，将服务器下的"/data"目录下的视频上传到 VOD，并添加如下代码。

```
# -*- coding: UTF-8 -*-
from qcloud_vod.vod_upload_client import VodUploadClient
from qcloud_vod.model import VodUploadRequest
#填入腾讯账号的API密钥
client = VodUploadClient("AKIDCX8TXgebDtJTQCrwPcg                ", "4vX4PL1E2d7NXS85rW2sVv
f          ")
request = VodUploadRequest()
#指定视频与图片路径
request.MediaFilePath = "/data/compute.mp4"
request.CoverFilePath = "/data/wallpaper.png"
try:
    response = client.upload("ap-guangzhou", request)
    print(response.FileId)
    print(response.MediaUrl)
    print(response.CoverUrl)
except Exception as err:
    #处理业务异常
    print(err)
```

(19) 使用“chmod +x”命令授予脚本执行权限,并运行脚本。

```
[root@VM-16-37-centos data]# chmod +x vod1.py
[root@VM-16-37-centos data]#
```

```
[root@VM-16-37-centos data]# python vod1.py
3701925924893953562
http://1255892617.vod2.myqcloud.com/409bc9f0vodcq1255892617/89f9bd913701925924893953562/
f0.mp4
http://1255892617.vod2.myqcloud.com/409bc9f0vodcq1255892617/89f9bd913701925924893953562/
3701925924893953563.png
[root@VM-16-37-centos data]#
```

(20) 完成后,在云点播控制台中可以查看上传的文件。

3. 将云视频整合到云课堂

(1) 获取相关信息,单击【云点播 VOD】的【控制台】,打开控制台。在控制台页面单击容器右上角的【账户信息】可获得 APPID,如图 8-39 所示。

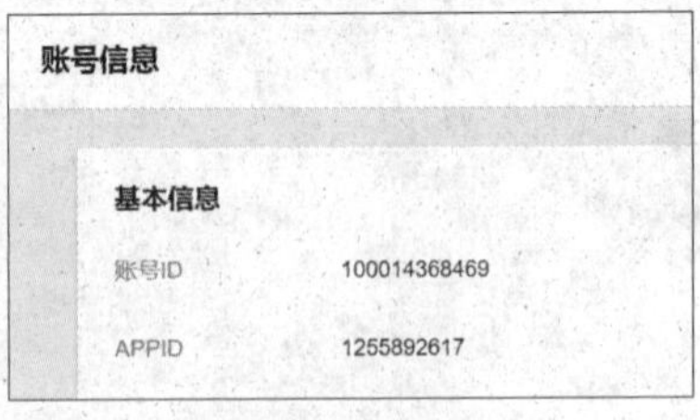

图 8-39　基本信息

(2) 选择导航栏中【媒资管理】选项下的【视频管理】命令,记录相关视频的 ID 号,如图 8-40 所示。

图 8-40　视频管理

(3) 登录 CVM,利用 vi 命令修改视频点播的实例页面,页面路径为“/usr/share/nginx/html/public/static/video.html”。

替换成用户的 APPID 和视频文件 ID,修改 video.html 文件末尾的代码片段。

```
<script>
var player = TCPlayer("player-container-id", { // player-container-id 为播放器容器ID, 可以自行设置, 但必须与上面html代码中的一致
fileID: "5285890805421574640", // 请传入需要播放的视频filID 必须
appID: "1255895994", // 请传入点播账号的appID 必须
autoplay: true //是否自动播放
//其他参数请在开发文档中查看
});
</script>
```

4. 配置腾讯云弹性缓存 Redis

(1) 安装 Redis 服务,安装 EPEL 源及 YUM 源。

```
[root@VM-16-33-centos ~]# yum install -y epel-release yum-utils
Loaded plugins: fastestmirror, langpacks
Repository epel is listed more than once in the configuration
Determining fastest mirrors
epel                                                        | 4.7 kB  00:00:00
extras                                                      | 2.9 kB  00:00:00
mysql-connectors-community                                  | 2.6 kB  00:00:00
mysql-tools-community                                       | 2.6 kB  00:00:00
mysql56-community                                           | 2.6 kB  00:00:00
nginx                                                       | 2.9 kB  00:00:00
os                                                          | 3.6 kB  00:00:00
php70                                                       | 3.0 kB  00:00:00
updates                                                     | 2.9 kB  00:00:00
(1/9): epel/7/x86_64/group_gz                               |  96 kB  00:00:00
(2/9): epel/7/x86_64/updateinfo                             | 1.0 MB  00:00:00
(3/9): extras/7/x86_64/primary_db                           | 243 kB  00:00:00
```

```
[root@VM-16-33-centos ~]# yum install -y http://rpms.remirepo.net/enterprise/remi-releas
e-7.rpm
Loaded plugins: fastestmirror, langpacks
Repository epel is listed more than once in the configuration
remi-release-7.rpm                                          |  23 kB  00:00:00
Examining /var/tmp/yum-root-7E_6U0/remi-release-7.rpm: remi-release-7.9-2.el7.remi.noarc
h
Marking /var/tmp/yum-root-7E_6U0/remi-release-7.rpm to be installed
Resolving Dependencies
--> Running transaction check
---> Package remi-release.noarch 0:7.9-2.el7.remi will be installed
--> Finished Dependency Resolution

Dependencies Resolved
```

```
[root@VM-16-33-centos ~]# yum-config-manager --enable remi
Loaded plugins: fastestmirror, langpacks
Repository epel is listed more than once in the configuration
===================================== repo: remi =====================================
[remi]
async = True
bandwidth = 0
base_persistdir = /var/lib/yum/repos/x86_64/7
baseurl =
cache = 0
cachedir = /var/cache/yum/x86_64/7/remi
check_config_file_age = True
compare_providers_priority = 80
cost = 1000
deltarpm_metadata_percentage = 100
deltarpm_percentage =
enabled = 1
enablegroups = True
exclude =
failovermethod = priority
ftp_disable_epsv = False
gpgcadir = /var/lib/yum/repos/x86_64/7/remi/gpgcadir
gpgcakey =
gpgcheck = True
gpgdir = /var/lib/yum/repos/x86_64/7/remi/gpgdir
```

（2）安装 Redis。

```
[root@VM-16-33-centos ~]# yum -y install redis
Loaded plugins: fastestmirror, langpacks
Repository epel is listed more than once in the configuration
Loading mirror speeds from cached hostfile
 * remi: mirrors.tuna.tsinghua.edu.cn
 * remi-safe: mirrors.tuna.tsinghua.edu.cn
remi                                                    | 3.0 kB  00:00:00
remi-safe                                               | 3.0 kB  00:00:00
(1/2): remi-safe/primary_db                             | 2.1 MB  00:00:00
(2/2): remi/primary_db                                  | 3.2 MB  00:00:00
Resolving Dependencies
--> Running transaction check
---> Package redis.x86_64 0:6.2.5-1.el7.remi will be installed
--> Finished Dependency Resolution
```

（3）修改配置文件“/etc/redis.conf”，并找到 bind 127.0.0.1。将 127.0.0.1 改为 0.0.0.0，设置允许所有人登录。

```
# ~~~ WARNING ~~~ If the computer running Redis is directly exposed to the
# internet, binding to all the interfaces is dangerous and will expose the
# instance to everybody on the internet. So by default we uncomment the
# following bind directive, that will force Redis to listen only on the
# IPv4 and IPv6 (if available) loopback interface addresses (this means Redis
# will only be able to accept client connections from the same host that it is
# running on).
#
# IF YOU ARE SURE YOU WANT YOUR INSTANCE TO LISTEN TO ALL THE INTERFACES
# JUST COMMENT OUT THE FOLLOWING LINE.
# ~~~~~~~~~~~~~~~~~~~~~~~~~~~~~~~~~~~~~~~~~~~~~~~~~~~~~~~~~~~~~~~~~~~~~~~~
bind 0.0.0.0
```

（4）在“/etc/redis.conf”文件中添加 requirepass redispass，redispass 是为 Redis 设置的密码。

```
# IMPORTANT NOTE: starting with Redis 6 "requirepass" is just a compatibility
# layer on top of the new ACL system. The option effect will be just setting
# the password for the default user. Clients will still authenticate using
# AUTH <password> as usually, or more explicitly with AUTH default <password>
# if they follow the new protocol: both will work.
#
requirepass redispass
```

（5）启动 Redis，并设置开机自启。

```
[root@VM-16-33-centos ~]# systemctl start redis
[root@VM-16-33-centos ~]#
```

```
[root@VM-16-33-centos ~]# systemctl enable redis
Created symlink from /etc/systemd/system/multi-user.target.wants/redis.service to /usr/l
ib/systemd/system/redis.service.
```

（6）本地登录 Redis。因为是在安装有 Redis 的服务器登录 Redis，所以可以不指定 IP 与端口，只指定 Redis 密码。命令默认指定 127.0.0.1 的 6379 端口进行登录。

```
[root@VM-16-29-centos ~]# redis-cli -a redispass
Warning: Using a password with '-a' or '-u' option on the command line interface may not
 be safe.
127.0.0.1:6379>
```

```
127.0.0.1:6379> set a 2
OK
127.0.0.1:6379>
```

5. 配置 Nginx 负载均衡

(1) 基础环境设置。在 node1 云主机上配置基础环境，进入 CVM 终端。利用 hostnamectl 命令修改第一台 CVM 的主机名。

```
[root@VM-16-41-centos ~]# hostnamectl set-hostname node1
[root@VM-16-41-centos ~]#
```

(2) 关闭防火墙并设置为开机不自启。

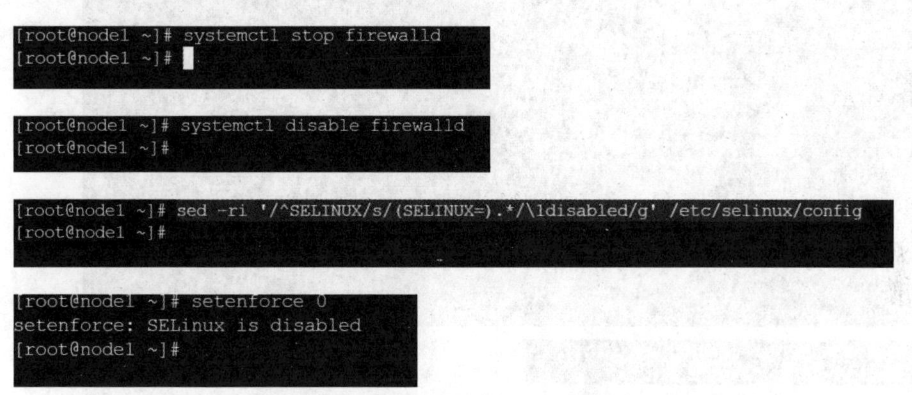

(3) 在 node2 云主机上配置基础环境，进入 CVM 终端。利用 hostnamectl 命令修改第二台 CVM 的主机名。配置方法可参考上述 node1 主机。

(4) 在 node1 主机上安装 Nginx，配置 Nginx 服务的 YUM 源"/etc/yum.repos.d/nginx.repo"，并添加如下内容。

```
[nginx]
name=nginx
baseurl=http://nginx.org/packages/centos/$releasever/$basearch/
gpgcheck=0
enabled=1
gpgkey=https://nginx.org/keys/nginx_signing.key
```

(5) 编辑完成后，按【Esc】键，输入":wq"，保存文件并退出。返回命令行后，进行 YUM 源的刷新。

```
[root@node1 ~]# yum clean all
Loaded plugins: fastestmirror, langpacks
Cleaning repos: epel extras nginx os updates
Cleaning up list of fastest mirrors
[root@node1 ~]#
```

```
[root@node1 ~]# yum makecache fast
Loaded plugins: fastestmirror, langpacks
Determining fastest mirrors
epel                                                     | 4.7 kB  00:00:00
extras                                                   | 2.9 kB  00:00:00
nginx                                                    | 2.9 kB  00:00:00
os                                                       | 3.6 kB  00:00:00
updates                                                  | 2.9 kB  00:00:00
(1/8): epel/7/x86_64/group_gz                            |  96 kB  00:00:00
(2/8): epel/7/x86_64/updateinfo                          | 1.0 MB  00:00:00
(3/8): extras/7/x86_64/primary_db                        | 243 kB  00:00:00
(4/8): os/7/x86_64/group_gz                              | 153 kB  00:00:00
(5/8): epel/7/x86_64/primary_db                          | 7.0 MB  00:00:00
(6/8): os/7/x86_64/primary_db                            | 6.1 MB  00:00:00
(7/8): updates/7/x86_64/primary_db                       |  11 MB  00:00:00
```

(6) 安装 Nginx 服务，并启动 Nginx 服务。

```
[root@node1 ~]# yum -y install nginx
Loaded plugins: fastestmirror, langpacks
Loading mirror speeds from cached hostfile
Resolving Dependencies
--> Running transaction check
---> Package nginx.x86_64 1:1.20.1-2.el7 will be installed
--> Processing Dependency: nginx-filesystem = 1:1.20.1-2.el7 for package: 1:nginx-1.20.1
-2.el7.x86_64
--> Processing Dependency: libcrypto.so.1.1(OPENSSL_1_1_0)(64bit) for package: 1:nginx-1
.20.1-2.el7.x86_64
--> Processing Dependency: libssl.so.1.1(OPENSSL_1_1_0)(64bit) for package: 1:nginx-1.20
.1-2.el7.x86_64
--> Processing Dependency: libssl.so.1.1(OPENSSL_1_1_1)(64bit) for package: 1:nginx-1.20
.1-2.el7.x86_64
--> Processing Dependency: nginx-filesystem for package: 1:nginx-1.20.1-2.el7.x86_64
--> Processing Dependency: libcrypto.so.1.1()(64bit) for package: 1:nginx-1.20.1-2.el7.x
86_64
--> Processing Dependency: libprofiler.so.0()(64bit) for package: 1:nginx-1.20.1-2.el7.x
86_64
--> Processing Dependency: libssl.so.1.1()(64bit) for package: 1:nginx-1.20.1-2.el7.x86_
64
--> Running transaction check
---> Package gperftools-libs.x86_64 0:2.6.1-1.el7 will be installed
---> Package nginx-filesystem.noarch 1:1.20.1-2.el7 will be installed
---> Package openssl11-libs.x86_64 1:1.1.1g-3.el7 will be installed
--> Finished Dependency Resolution
```

```
[root@node1 ~]# systemctl start nginx
[root@node1 ~]#
```

```
[root@node1 ~]# systemctl enable nginx
Created symlink from /etc/systemd/system/multi-user.target.wants/nginx.service to /usr/l
ib/systemd/system/nginx.service.
[root@node1 ~]#
```

(7) 在 node1 主机上配置 jdk，在 node1 和 node2 云主机上查看所需的 jdk 文件。

```
[root@node1 ~]# ll
total 195432
-rw-r--r-- 1 root root  10301260 Jul 23  2020 apache-tomcat-8.5.43.zip
-rw-r--r-- 1 root root 189815615 Jul 23  2020 jdk-8u162-linux-x64.tar.gz
```

(8) 在 node1 云主机上使用“tar zxvf jdk-8u162-linux-x64.tar.gz”命令解压 jdk。

```
[root@node1 ~]# tar zxvf jdk-8u162-linux-x64.tar.gz
jdk1.8.0_162/
jdk1.8.0_162/javafx-src.zip
jdk1.8.0_162/bin/
jdk1.8.0_162/bin/jmc
jdk1.8.0_162/bin/serialver
jdk1.8.0_162/bin/jmc.ini
jdk1.8.0_162/bin/jstack
jdk1.8.0_162/bin/rmiregistry
jdk1.8.0_162/bin/unpack200
jdk1.8.0_162/bin/jar
jdk1.8.0_162/bin/jps
jdk1.8.0_162/bin/wsimport
```

(9) 将解压出来的 jdk 文件夹移动到“/usr/local/java”目录中。

```
[root@node1 ~]# mv jdk1.8.0_162/ /usr/local/java
[root@node1 ~]#
```

(10) 编辑环境配置文件“/etc/profile”，在文件末尾添加如下内容。

```
JAVA_HOME=/usr/local/java
PATH=$JAVA_HOME/bin:$PATH
CLASSPATH=.:$JAVA_HOME/lib/dt.jar:$JAVA_HOME/lib/tools.jar
```

(11) 保存后退出，返回命令行后，执行命令“source /etc/profile”，刷新环境配置，使其生效。

```
[root@node1 ~]# source /etc/profile
[root@node1 ~]#
```

(12) 在 node2 云主机上参考 1-5 步骤配置 jdk。

（13）在 node1 和 node2 云主机上配置 tomcat，在 node1 云主机上安装 unzip。

```
[root@node1 ~]# yum -y install unzip
Loaded plugins: fastestmirror, langpacks
Loading mirror speeds from cached hostfile
Resolving Dependencies
--> Running transaction check
---> Package unzip.x86_64 0:6.0-20.el7 will be updated
---> Package unzip.x86_64 0:6.0-22.el7_9 will be an update
--> Finished Dependency Resolution

Dependencies Resolved
```

（14）使用 unzip 解压 tomcat 压缩包。

```
[root@node1 ~]# unzip apache-tomcat-8.5.43.zip
Archive:  apache-tomcat-8.5.43.zip
   creating: apache-tomcat-8.5.43/
   creating: apache-tomcat-8.5.43/bin/
   creating: apache-tomcat-8.5.43/conf/
   creating: apache-tomcat-8.5.43/lib/
   creating: apache-tomcat-8.5.43/logs/
   creating: apache-tomcat-8.5.43/temp/
   creating: apache-tomcat-8.5.43/webapps/
   creating: apache-tomcat-8.5.43/webapps/ROOT/
   creating: apache-tomcat-8.5.43/webapps/ROOT/WEB-INF/
   creating: apache-tomcat-8.5.43/webapps/docs/
```

（15）利用 mv 命令将 apache-tomcat-8.5.43 目录移动到"/usr/local"目录下。

```
[root@node1 ~]# mv apache-tomcat-8.5.43 /usr/local/
[root@node1 ~]#
```

（16）修改"/usr/local/apache-tomcat-8.5.43/bin/"路径中所有文件的权限，并启动 tomcat。

```
[root@node1 bin]# chmod +x *.sh
[root@node1 bin]#
```

```
[root@node1 bin]# ./startup.sh
Using CATALINA_BASE:   /usr/local/apache-tomcat-8.5.43
Using CATALINA_HOME:   /usr/local/apache-tomcat-8.5.43
Using CATALINA_TMPDIR: /usr/local/apache-tomcat-8.5.43/temp
Using JRE_HOME:        /usr/local/java
Using CLASSPATH:       /usr/local/apache-tomcat-8.5.43/bin/bootstrap.jar:/usr/local/apac
he-tomcat-8.5.43/bin/tomcat-juli.jar
Tomcat started.
```

（17）打开浏览器，输入 http://node1 节点的云主机的 IP:8080/，如图 8-41 所示。

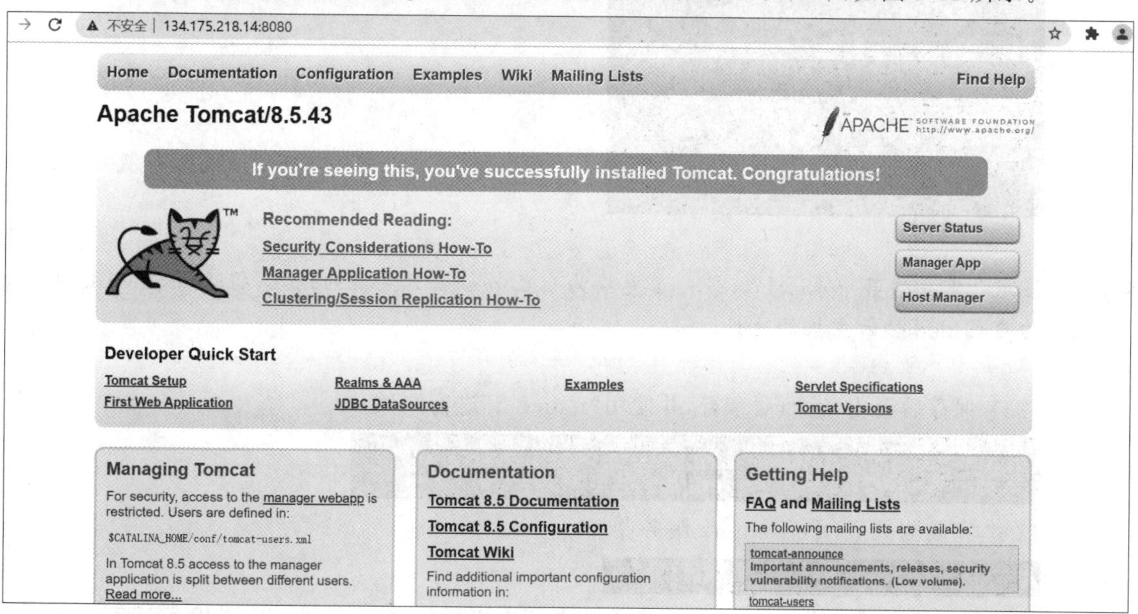

图 8-41　查看节点

(18) 参考上述步骤，在 node2 云主机上配置 tomcat。

(19) 在 node1 和 node2 云主机上编写测试负载的页面，在 node1 云主机的“/usr/local/apache-tomcat-8.5.43/webapps/”目录中创建一个 test 文件夹，并新建一个 index.html 文件作为测试页，文件内容为“welcome use node1”。

```
[root@node1 webapps]# echo "<h1> welcome use node1 </h1>" > test/index.html
[root@node1 webapps]#
```

(20) 在 node2 云主机上重复上述步骤，测试页面内容更改为“welcome use node2”。

(21) 分别在 node1 和 node2 节点上查看测试页面，如图 8-42 和图 8-43 所示。

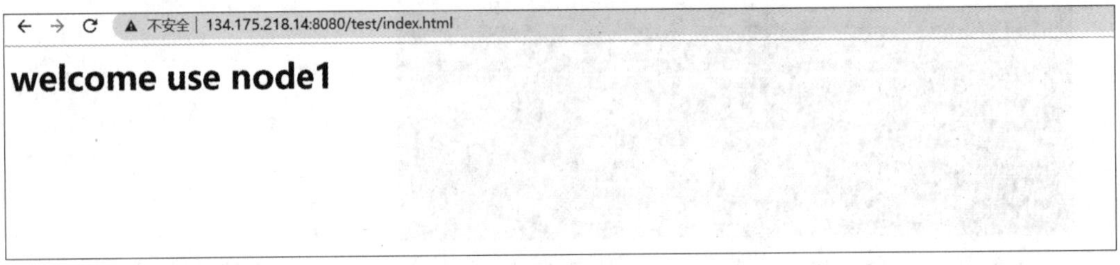

不安全 | 134.175.218.14:8080/test/index.html

welcome use node1

图 8-42　测试页面 node1

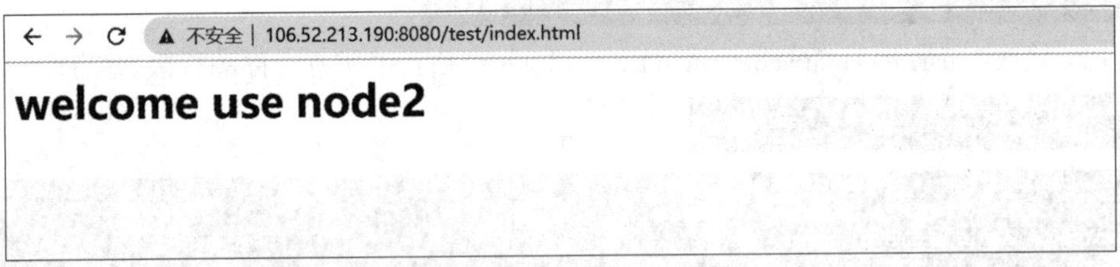

不安全 | 106.52.213.190:8080/test/index.html

welcome use node2

图 8-43　测试页面 node2

(22) 配置负载均衡，在 node1 节点上修改配置文件“/etc/nginx/conf.d/nginx.conf”，添加如下内容。

```
upstream testTomcat{
 server 134.175.218.14:8080 weight=1;
 server 106.52.213.190:8080 weight=1;
 }
 server {
 listen       80;
 server_name  localhost;
 location / {
 index   index.html index.htm;
 proxy_pass http://testTomcat/test/;
 }
}
```

注意：需要将其中 134.175.218.14 更换为自己 node1 云主机的地址，将 106.52.213.190 更换为自己 node2 云主机的地址。

(23) 保存后退出，返回命令行，并使用“nginx -t”进行测试。

```
[root@node1 conf.d]# nginx -t
nginx: the configuration file /etc/nginx/nginx.conf syntax is ok
nginx: configuration file /etc/nginx/nginx.conf test is successful
```

(24) 完成测试后，重启 Nginx 服务器。

```
[root@node1 conf.d]# systemctl restart nginx
[root@node1 conf.d]#
```

(25) 打开浏览器，输入“http:/ node1 节点云主机的外网访问地址”，打开页面后，不停刷新页面，可看到两个 tomcat 服务页面，如图 8-44 和图 8-45 所示。

图 8-44　tomcat 服务页面(1)

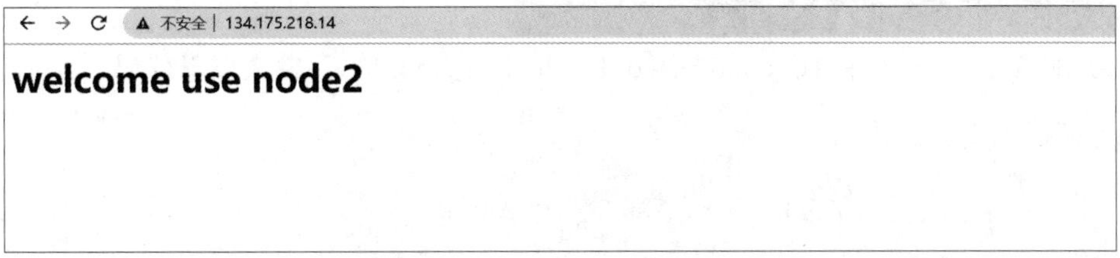

图 8-45　tomcat 服务页面(2)

8.7　项目开发及实现 7：配置云主机访问安全策略访问云课堂

8.7.1　项目描述

曹明是某公司网络中心的员工，主要负责腾讯云主机的部署及维护。现需要利用已注册的腾讯云账号登录腾讯云的云主机，访问云课堂并实现本地视频播放。

8.7.2　项目实现

整合 Redis 到项目。

(1) 编辑"/usr/share/nginx/html/config/cache.php"文件，修改文件末尾关于驱动方式的定义。

```
return [
//驱动方式
'type' => 'Redis',
//Redis 地址
'host' => '127.0.0.1',                //这里替换成 Redis 地址
//端口
'port' => '6379',
//密码
'password' => 'redispass',            //这里替换成创建 Redis 时的密码
//全局缓存有效期(0 为永久有效)
'expire' => 1800,
//缓存前缀
'prefix' => 'think',
//
'timeout' => 3600,
];
```

（2）安装 php-redis，并重启 php-fpm 服务。

```
[root@VM-16-11-centos ~]# yum install -y php-redis
Loaded plugins: fastestmirror, langpacks
Repository epel is listed more than once in the configuration
Determining fastest mirrors
 * remi: mirrors.tuna.tsinghua.edu.cn
 * remi-safe: mirrors.tuna.tsinghua.edu.cn
epel                                                     | 4.7 kB  00:00:00
extras                                                   | 2.9 kB  00:00:00
mysql-connectors-community                               | 2.6 kB  00:00:00
mysql-tools-community                                    | 2.6 kB  00:00:00
mysql56-community                                        | 2.6 kB  00:00:00
nginx                                                    | 2.9 kB  00:00:00
```

```
[root@VM-16-11-centos ~]# systemctl restart php-fpm
[root@VM-16-11-centos ~]#
```

（3）配置 Nginx 文件“/etc/nginx/conf.d/learning.conf”，并输入以下代码。

```
server {
  listen 80;
  index  index.php index.htm index.html;
  root /usr/share/nginx/html/public;
  location / {
  root /usr/share/nginx/html/public/static;
  try_files $uri $uri /index.html;
  }
  location ^~ /v1/ {
  rewrite ^/v1/(.*)$/index.php/v1/$1 last;
  }
  location ~ [^/]\.php(/|$) {
  fastcgi_pass  127.0.0.1:9000;
  fastcgi_index index.php;
  fastcgi_split_path_info ^(.+?\.php)(/.*)$;
  set $path_info $fastcgi_path_info;
  fastcgi_param PATH_INFO $path_info;
  try_files $fastcgi_script_name =404;
  fastcgi_param  SCRIPT_FILENAME    $document_root$fastcgi_script_name;
  fastcgi_param  QUERY_STRING       $query_string;
  fastcgi_param  REQUEST_METHOD     $request_method;
  fastcgi_param  CONTENT_TYPE       $content_type;
  fastcgi_param  CONTENT_LENGTH     $content_length;
  fastcgi_param  SCRIPT_NAME        $fastcgi_script_name;
  fastcgi_param  REQUEST_URI        $request_uri;
  fastcgi_param  DOCUMENT_URI       $document_uri;
  fastcgi_param  DOCUMENT_ROOT      $document_root;
  fastcgi_param  SERVER_PROTOCOL    $server_protocol;

  fastcgi_param  REQUEST_SCHEME     $scheme;
  fastcgi_param  HTTPS              $https if_not_empty;
  fastcgi_param  GATEWAY_INTERFACE  CGI/1.1;
  fastcgi_param  SERVER_SOFTWARE    nginx/$nginx_version;
  fastcgi_param  REMOTE_ADDR        $remote_addr;
  fastcgi_param  REMOTE_PORT        $remote_port;
  fastcgi_param  SERVER_ADDR        $server_addr;
  fastcgi_param  SERVER_PORT        $server_port;
```

```
        fastcgi_param  SERVER_NAME        $server_name;
        #PHP only, required if PHP was built with --enable-force-cgi-redirect
        fastcgi_param  REDIRECT_STATUS    200;
        }
    }
```

(4) 保存后退出,返回命令行,并使用"nginx -t"进行测试。

```
[root@VM-16-11-centos conf.d]# nginx -t
nginx: [warn] conflicting server name "" on 0.0.0.0:80, ignored
nginx: [warn] conflicting server name "" on 0.0.0.0:80, ignored
nginx: the configuration file /etc/nginx/nginx.conf syntax is ok
nginx: configuration file /etc/nginx/nginx.conf test is successful
```

(5) 完成测试后,重启 Nginx 服务。

```
[root@VM-16-11-centos conf.d]# systemctl restart nginx
[root@VM-16-11-centos conf.d]#
```

(6) 修改 COS 配置文件"vi /usr/share/nginx/html/config/cos.php",并编辑如下内容。

```
<?php
return [
'appId' => '',
'secretId' => '',
'secretKey' => '',
'region' => '',            //进入 COS 控制台选择存储桶查看基础配置获取
'bucketName' => '',        //进入 COS 控制台选择存储桶查看基础配置获取
'prefix' => '',
'host' => '',              //进入 COS 控制台选择存储桶查看基础配置获取
];
```

(7) 获取 appId、secretId、secretKey、bucketName、region、host 信息,并填入 COS 配置文件。

(8) 从 COS 控制台的详细信息获取 secretId 与 secretKey。

(9) 进入 COS 控制台,选择存储桶查看基础配置,获取 bucketName、region、host,如图 8-46 所示。

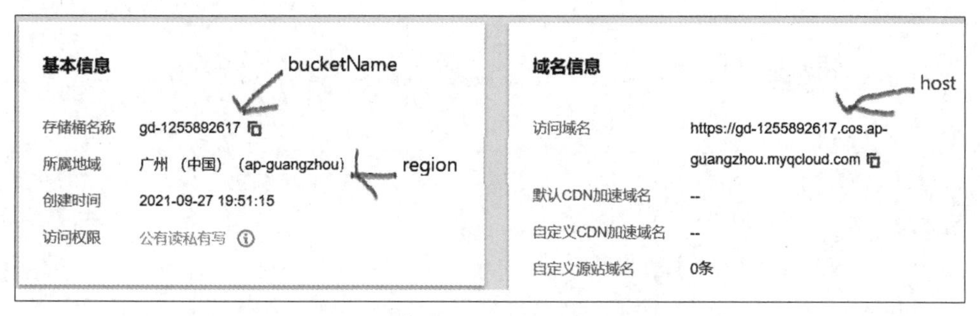

图 8-46 获取 bucketName、region、host

(10) COS 配置文件编辑完成后,如图 8-47 所示。

(11) 登录云课堂,单击 CVM 的"查看详情"按钮,在弹出的"云主机"页面中查看云主机的详细信息。

```
<?php
return [
'appId' => '1255892617',
'secretId' => 'AKIDCX8TXgebDtJTQCrwPcgCZjd',
'secretKey' => '4vX4PL1E2d7NXS85rW2sVvF',
'region' => 'ap-guangzhou', //进入cos控制台选择存储桶查看基础配置获取
'bucketName' => 'gd-1255892617', //进入cos控制台选择存储桶查看基础配置获取
'prefix' => '',
'host' => 'https://gd-1255892617.cos.ap-guangzhou.myqcloud.com',  //进入cos控制台选择存储桶查看基础配置获取
];
```

图 8-47　COS 配置文件编辑完成

(12) 打开浏览器，在浏览器中输入"http://云主机的公网 IP 地址/login"，打开"腾讯云＋课堂"网站，输入正确的用户名(stu10000) 和密码(123456) 后，单击【Log in】按钮，如图 8-48 所示。

图 8-48　登录主界面

(13) 登录成功后，可以看到云＋课堂的学生课程广场，如图 8-49 所示。

图 8-49　登录成功

(14) 单击任意一门课程,在打开的课程页面中单击第一章下第一节的【视频播放地址】测试播放,如图 8-50 所示。

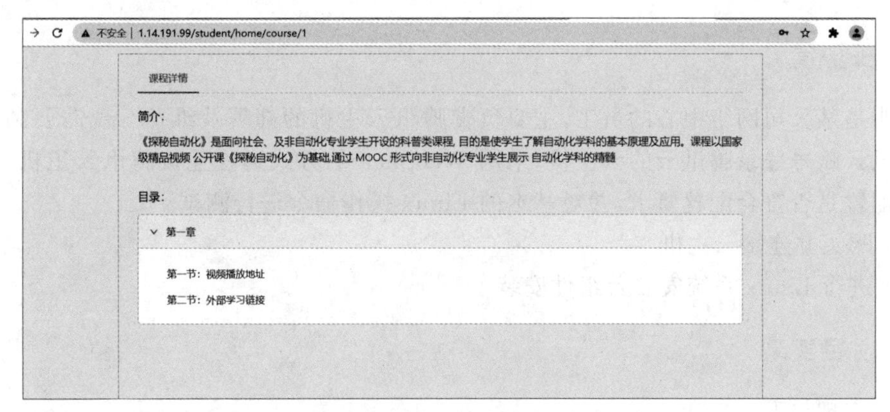

图 8-50 测试播放

(15) 返回到课程广场,单击容器上方的"个人中心"按钮,并单击下拉子菜单中的"个人资料"按钮,打开"个人资料"页面,如图 8-51 所示。

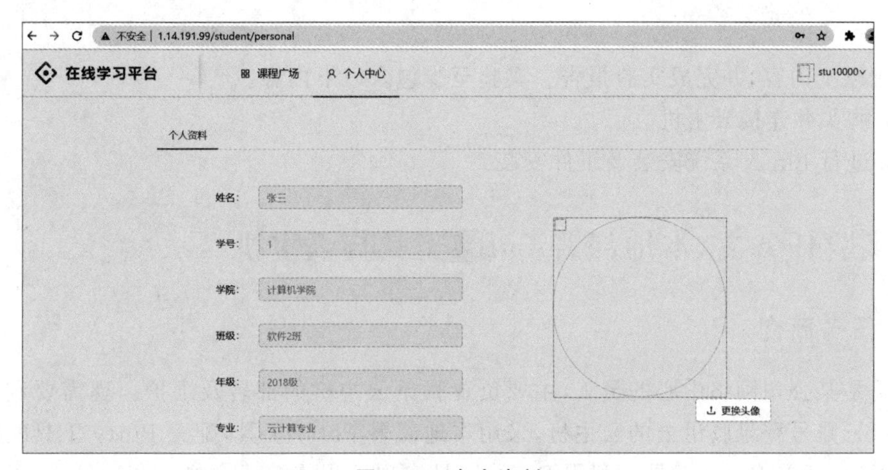

图 8-51 个人资料

(16) 单击"更换头像"按钮,选择一张图片并上传(见图 8-52),待上传成功后,登录 COS 控制台,进入对应的 COS 存储桶中可以找到上传的文件。

图 8-52 更换头像

8.8 实验任务 1：云主机控制台配置 Linux 云主机

8.8.1 任务简介

小明是某公司网络中心的员工，主要负责腾讯云主机的部署及维护。现需要利用已注册的腾讯云账号登录腾讯云的云主机，采用 WebShell 的方式远程连接腾讯云主机，验证云主机的配置是否符合配置要求，并对基本的 Linux 操作命令进行测试。

(1) 购买并连接云主机。

(2) 进行 Linux 系统安装及组件安装。

8.8.2 项目实现

具体实现如下。

(1) 购买并连接云主机。

(2) 进行 Linux 系统安装及组件安装。

8.8.3 实验报告

完成以上内容，并完成实验报告。实验至少包含以下内容。

(1) 购买并连接云主机。

(2) 进行 Linux 系统安装及组件安装。

8.9 实验任务 2：本地部署 Putty 工具与云主机

8.9.1 任务简介

曹明是某公司网络中心的员工，主要负责腾讯云主机的部署及维护。现需要利用已注册的腾讯云账号登录腾讯云的云主机，采用本地部署 Putty 工具，配置 Putty 工具实现与云主机的互通，部署 Putty 工具。利用 Putty 工具实现远程连接云主机。利用 pscp 工具实现文件上传。

8.9.2 项目实现

具体实现如下。

(1) Putty 相关工具包部署。

(2) 查看云主机的基本信息。

(3) 利用 Putty 工具连接云主机。

(4) 验证。

(5) 利用 pscp 工具上传文件。

8.9.3 实验报告

完成以上内容，并完成实验报告。实验至少包含以下内容。

(1) Putty 相关工具包部署。
(2) 查看云主机的基本信息。
(3) 利用 Putty 工具连接云主机。
(4) 验证。
(5) 利用 pscp 工具上传文件。

8.10 实验任务 3：云主机安装配置 Nginx、PHP、MySQL

8.10.1 任务简介

曹明是某公司网络中心的员工，主要负责腾讯云主机的部署及维护。现需要在云主机中安装 Nginx、PHP、MySQL 服务并进行配置。

8.10.2 项目实现

具体实现如下。
(1) 防火墙和 SELinux 设置。
(2) 配置 YUM 源。
(3) 启动 Nginx 服务，并查看服务状态。
(4) 配置 YUM 源，安装 PHP 服务。
(5) 启动 php-frm 服务，并设置开机自启动。
(6) 设置 YUM 源，安装 MySQL 服务。
(7) 设置 MySQL 的密码。

8.10.3 实验报告

完成以上内容，并完成实验报告。实验至少包含以下内容。
(1) 防火墙和 SELinux 设置。
(2) 配置 YUM 源。
(3) 启动 Nginx 服务，并查看服务状态。
(4) 配置 YUM 源，安装 PHP 服务。
(5) 启动 php-frm 服务，并设置开机自启动。
(6) 设置 YUM 源，安装 MySQL 服务。
(7) 设置 MySQL 的密码。

8.11 实验任务 4：配置 Nginx 访问云课堂网站

8.11.1 任务简介

曹明是某公司网络中心的员工，主要负责腾讯云主机的部署及维护。现需要利用已注册的腾讯云账号登录腾讯云的云主机，部署云课堂所需的 Nginx 环境。掌握云课堂中对 Nginx 的配置部署。

8.11.2 项目实现

具体实现如下。

(1) 配置 Nginx 及云课堂相关文件。

(2) 访问云课堂网站。

8.11.3 实验报告

完成以上内容,并完成实验报告。实验至少包含以下内容。

(1) 配置 Nginx 及云课堂相关文件。

(2) 访问云课堂网站。

8.12 实验任务5:配置云存储、云视频及云缓存

8.12.1 任务简介

曹明是某公司网络中心的员工,主要负责腾讯云主机的部署及维护。现需要利用已注册的腾讯云账号登录腾讯云的云主机,理解腾讯云存储服务的概念及使用。

8.12.2 项目实现

具体实现如下。

(1) 配置云存储。

(2) 实现将云对象存储整合到云课堂。

(3) 实现将云视频整合到云课堂。

(4) 配置腾讯云弹性缓存 Redis。

(5) 配置 Nginx 负载均衡。

8.12.3 实验报告

完成以上内容,并完成实验报告。实验至少包含以下内容。

(1) 配置云存储。

(2) 实现将云对象存储整合到云课堂。

(3) 实现将云视频整合到云课堂。

(4) 配置腾讯云弹性缓存 Redis。

(5) 配置 Nginx 负载均衡。

8.13 实验任务6:配置云主机访问安全策略访问云课堂

8.13.1 任务简介

曹明是某公司网络中心的员工,主要负责腾讯云主机的部署及维护。现需要利用已注册的腾讯云账号登录腾讯云的云主机,访问云课堂并实现本地视频播放。

8.13.2 项目实现

具体实现如下。

(1) 整合 Redis 到项目。

(2) 安装 php-redis,并重启 php-fpm 服务。

(3) 配置 Nginx 文件"/etc/nginx/conf.d/learning.conf"。

8.13.3 实验报告

完成以上内容,并完成实验报告。实验至少包含以下内容。

(1) 整合 Redis 到项目。

(2) 安装 php-redis,并重启 php-fpm 服务。

(3) 配置 Nginx 文件"/etc/nginx/conf.d/learning.conf"。

8.14 课后练习

选择题

1. 在 CentOS 中,(　　)是查看 CPU 型号的命令。

   A. cat /proc/cpuinfo　　B. cat /proc/cpu

   C. cat /cpu　　D. cat /cpuinfo

2. "云主机"详细信息页面框中,不会记录(　　)信息。

   A. IP　　B. SSH 私钥　　C. 用户名　　D. 密码

3. (　　)是 YUM 源存放的目录。

   A. /usr/yum.repo.d　　B. /etc/yum.repo.d

   C. /var/yum.repo.d　　D. /yum.repo.d

4. flush privileges 命令的作用是(　　)。

   A. 重启 MySQL　　B. 刷新 MySQL 系统

   C. 刷新 MySQL 的系统权限相关表　　D. 刷新系统权限

5. (　　)是 nginx 默认的配置文件位置。

   A. /etc/nginx/conf.d/default.conf

   B. /etc/nginx/default.conf

   C. /nginx/conf.d/default.conf

   D. /etc/nginx/conf.d/nginx.conf

6. 在"COS 基础配置"页面中可获得的信息有(　　)。

   A. 地域　　B. COS 的存储桶名称

   C. 域名　　D. 用户